高等学校文科类专业“十一五”计算机规划教材
根据《高等学校文科类专业大学计算机教学基本要求》组织编写

丛书主编　卢湘鸿

# 计算机办公软件应用案例教程
# （Windows 7＋Office 2010）

李智慧 陈军 李冬松 董瑞卿 编著



清华大学出版社
北京

## 内 容 简 介

本书是一本新编教材，为了适应当今的教学要求，从编写内容、编写技巧和方法等方面我们做了必要革新。本书共分7章，包括计算机基础概述、Windows 7操作系统管理、Word 2010基础应用和高级应用、使用Excel 2010数据处理和数据分析以及PowerPoint 2010演示文稿制作等章节。

本书的突出点是引用了大量的教学案例，通过应用技能的"案例引导"，使学生和读者真正了解办公软件基本功能和技巧的应用，所有案例素材均可以从 http://www.tup.com.cn 下载。

本书不仅可以满足大学文科院校计算机基础教育的需要，同时也可满足社会各培训机构的需要。



**图书在版编目(CIP)数据**

计算机办公软件应用案例教程(Windows 7＋Office 2010)/李智慧等编著. --北京：清华大学出版社，2013 (2023.8重印)

高等学校文科类专业"十一五"计算机规划教材

ISBN 978-7-302-33775-1

Ⅰ. ①计… Ⅱ. ①李… Ⅲ. ①Windows操作系统－高等学校－教材 ②办公自动化－应用软件－高等学校－教材 Ⅳ. ①TP316.7 ②TP317.1

中国版本图书馆CIP数据核字(2013)第211330号

**责任编辑**：龙启铭
**封面设计**：常雪影
**责任校对**：焦丽丽
**责任印制**：沈 露

**出版发行**：清华大学出版社
**网 址**：http://www.tup.com.cn，http://www.wqbook.com
**地 址**：北京清华大学学研大厦A座 **邮 编**：100084
**社 总 机**：010-83470000 **邮 购**：010-62786544
**投稿与读者服务**：010-62776969，c-service@tup.tsinghua.edu.cn
**质量反馈**：010-62772015，zhiliang@tup.tsinghua.edu.cn
**课件下载**：http://www.tup.com.cn，010-83470236
**印 装 者**：三河市春园印刷有限公司
**经 销**：全国新华书店
**开 本**：185mm×260mm **印 张**：18 **字 数**：415千字
**版 次**：2013年10月第1版 **印 次**：2023年8月第6次印刷
**定 价**：34.50元

---

产品编号：052834-01

# 前　言

目前，在大学各院校普遍开设的计算机文化基础教育课程具有重要的社会意义，它也是衡量大学生计算机文化素质的一个重要标志。随着计算机技术的发展和网络应用技术的普及，计算机基础教育也在不断向前推进。我们编写的这本全新教材将为文科院校深入开展计算机文化教育，适应新时期社会的新需求，起着基础和引导作用。

本教材内容构成共分7章，从编写内容、编写技巧和方法等方面做了必要革新：

(1) 从实际教学需求出发，本教材内容精细，应用技能突出，充分体现大学计算机基础教育的基本技能训练和能力培养，不仅满足大学人才培养之需，也可满足当前普及计算机基础应用之需。

(2) 本教材采用了大量的典型案例，紧密结合实际应用，通俗易懂地讲解各种实用功能的应用场合及应用目的，特别是办公软件部分划分出基础应用和高级应用，充分体现了本教材的适用范围和实用价值，使学生在学习计算机基本知识、掌握计算机基本应用技能的基础上，还可以通过本教材自学，自然进入延伸学习。

(3) 本教材的突出点是Office部分引用了大量的教学案例[①]，通过应用技能的"案例引导"，使学生和读者真正了解办公软件基本功能和技巧的应用，所有案例素材可以从http://www.tup.com.cn下载。

本教材不仅可以满足大学文科院校计算机基础教育的需要，同时也可满足社会各级培训机构的需要。

本教材的编写分工如下：

第1章、第3章和第4章由李智慧负责编写。

第2章由董瑞卿负责编写。

第5章和第6章由陈军负责编写。

第7章由李冬松负责编写。

① 本教材采用的大量教学案例，部分素材来自网络搜索，在引用中已经对这些素材做了简单编辑和处理，在此特做申明。

# 目　录

# 第1章　计算机基础概述

## 1.1　信息社会与计算机文化

**学习要点：**

1. 认识信息社会的特点
2. 何谓计算机文化

### 1.1.1　信息社会

在20世纪80年代，关于"信息社会"较为流行的说法有：3C社会即通信化、计算机化和自动控制化；3A社会即工厂自动化、办公室自动化、家庭自动化，以及4A社会即3A＋加农业自动化。到了20世纪90年代，关于信息社会的说法又加上多媒体技术和信息高速公路网络的普遍采用等条件。

现今，对"信息社会"有了进一步的解释，即指信息技术和信息产业在经济和社会发展中的作用日益加强并发挥着主导的作用，它以信息产业在国民经济中的比重、信息技术在传统产业中的应用程度和信息基础设施建设水平为主要标志。其特点主要有：

(1) 在信息社会中，信息、知识成为重要的生产力要素，和物质、能量一起构成社会赖以生存的三大资源。

(2) 信息社会是以信息经济、知识经济为主导的经济，它有别于农业社会是以农业经济为主导，工业社会是以工业经济为主导的经济。

(3) 在信息社会，劳动者的知识成为基本要求，也即信息社会对一个社会人具有的基本知识和技能有了更高的要求。

(4) 科技与人文在信息、知识的作用下更加紧密地结合起来。

(5) 在信息社会里，人类生活不断趋向和谐，社会可持续发展。

### 1.1.2　计算机文化

人类文化的发展与传播文化的媒体技术有极大的关系。随着计算机技术和网络技术的发展，它冲击着人类的创造基础、人类的思维方式和人类的交流途径，由此形成独特的"计算机文化"正成为人们关注的热点。

所谓计算机文化，就是人类社会的生存方式因使用计算机而发生根本性变化而产生的一种崭新文化形态，这种崭新的文化形态可以体现为：

(1) 计算机理论及其技术对自然科学、社会科学的广泛渗透表现的丰富文化内；

(2) 计算机的软、硬件设备，作为人类所创造的物质设备丰富了人类文化的物质设备品种；

(3) 计算机应用介入人类社会的方方面面，从而创造和形成的科学思想、科学方法、科学精神、价值标准等成为一种崭新的文化观念。

计算机文化作为当今最具活力的一种崭新文化形态，其所产生的思想观念、所带来的物质基础条件，以及计算机文化教育的普及等等，都有利地推进了人类社会的进步和发展。

计算机文化将代表一个新的时代文化，它是人类接受文化教育和能力培养的新构成。在信息社会中，我们除了拥有传统的基本文化知识外，还要具有计算机文化知识，即具有计算机信息处理的基本技能和能力。

## 1.2 计算机信息

**学习要点：**

1. 认识信息与数据间的关系
2. 信息在计算机中的表示方式
3. 介绍常见的几种字符编码
4. 了解汉字编码与西文字符编码的不同及汉字四种编码的转换过程
5. 了解多媒体信息是如何数字化的

### 1.2.1 信息与数据

**1. 信息**

信息是现实世界在人们头脑中的反应，是指对客观事物的状态、运动方式和特征的描述，反映的是某一客观事物的属性或表现形式。

**2. 数据**

数据是一种物理符号的序列，用于记录客观事物的状况，是对客观事物及其属性或表现形式进行的描述，以文字、数字、符号、声音、图像等形式记录并进行传递和处理。

**3. 信息的价值**

数据经过汇总、整合、分析等数据处理后，其表现形式依然是数据。但是，经过数据处理后的数据成为了有价值的“信息”并对客观世界产生着影响，在市场经济条件下，这时的信息已经成为一种极其重要的商品。

可以这样理解，数据是信息的载体，是承载信息的物理符号；而信息是数据的语义。数据是符号，是客观存在的，具有物理性；而信息是数据的内涵，是观念上存在的，受制于人们对客观事物变化规律的认知和解释，具有逻辑性；信息的价值体现在对数据加工处理之后所得到的数据并对实体行动或决策所产生的影响力度。

### 1.2.2 计算机中信息表示方式

自然界中的各种信息可以用各种形式的数据表达，但是，在计算机世界中，只能用二进制码表示，也就是说，计算机的世界就是二进制数字的世界。所以，在计算机内，无论是数值型数据，还是非数值型数据，诸如数字、字符、文字、图形、图像、动画和声音等等，均需要转化成二进制码来表述。

计算机内采用二进制计数法表述的依据主要是由二进制计数在技术上的可行性、可操作性以及二进制所具有的可靠性、简易性和逻辑性所决定的。所以,在计算机内,度量信息的最小单位是“位”(b),即表示一个二进制数 0 或 1,称之为比特(bit)。

在计算机中,由 8 个连续的二进制位构成一个“字节”,是数据表示或存储的基本单位。一个字节的二进制表述从最小值 00000000 到最大值 11111111 可有 256 种状态变化,计算机就是利用这一组组二进制不同的状态来表示不同的信息。如用一个字节的不同状态分别表示一个西文字符;用两个字节或四个字节的不同状态分别表示一个汉字等等。

### 1.2.3 字符编码

计算机处理的数据要想在全世界通用和被识别,就必须采用公认的标准格式对字符进行编码。常用的字符编码有:BCD 码、ASCII 码和汉字编码。

**1. BCD 码**

BCD 码(Binary-Coded Decimal)也称为二-十进制代码,是每位十进制数用 4 位二进制数来表示的编码,如图 1-1 所示。其扩展 BCD 码是用 8 位二进制码来表示的。

| 十进制数 | 0 | 1 | 2 | 3 | 4 | 5 | 6 | 7 | 8 | 9 |
|---|---|---|---|---|---|---|---|---|---|---|
| BCD码 | 0000 | 0001 | 0010 | 0011 | 0100 | 0101 | 0110 | 0111 | 1000 | 1001 |

图 1-1 BCD 码

**示例:**

十进制数 256,其在计算机存储的 BCD 码为:0010 0101 0110。

这种编码技巧常用于会计系统的设计里,因为会计制度经常需要对很长的数字串作准确的计算。相对于一般的浮点式记数法,采用 BCD 码,既可保证数值的精确度,又可免去计算机浮点运算时所耗费的时间。此外,对于其他需要高精确度的计算,BCD 编码亦很常用。

**2. ASCII 码**

ASCII 是 American Standard Code for Information Interchange 的缩写,ASCII 码是美国信息交换标准代码,它是一种使用 7 个连续的二进制位进行编码的方案。

目前,使用最广泛的西文字符编码就是 ASCII 码,如图 1-2 所示。它同时也被国际标准化组织 ISO(International Organization for Standardization)批准为国际标准。

**示例:**

把 computer 一词存储到计算机中,将占用 8 个字节,其二进制表示为:01100011 01101111 01101101 01110000 01110101 01110100 01100101 01110010。

**3. 汉字编码**

汉字的特点是图形文字。常用汉字多且形状和笔画差异大,这决定了汉字的编码方案无法像西文编码那么简单,必须要解决汉字的输入编码、存储编码、输出编码等问题。所以,汉字在不同的应用场合其编码是不同的,可分为外码、交换码、机内码和字形码。

| 低四位 | 高三位 | | | | | | | |
|---|---|---|---|---|---|---|---|---|
| | 000 | 001 | 010 | 011 | 100 | 101 | 110 | 111 |
| 0000 | | | SP | 0 | @ | P | ` | p |
| 0001 | | | ! | 1 | A | Q | a | q |
| 0010 | | | “ | 2 | B | R | b | r |
| 0011 | | | # | 3 | C | S | c | s |
| 0100 | | | $ | 4 | D | T | d | t |
| 0101 | | | % | 5 | E | U | e | u |
| 0110 | | | & | 6 | F | V | f | v |
| 0111 | | | ‘ | 7 | G | W | g | w |
| 1000 | | | ( | 8 | H | X | h | x |
| 1001 | | | ) | 9 | I | Y | i | y |
| 1010 | | | * | : | J | Z | j | z |
| 1011 | | | + | ; | K | [ | k | { |
| 1100 | | | , | < | L | \ | l | \| |
| 1101 | | | - | = | M | ] | m | } |
| 1110 | | | . | > | N | ^ | n | ~ |
| 1111 | | | / | ? | O | – | o | DEL |

图 1-2　ASCII 码

1）外码

外码也叫输入码，是用来将汉字输入到计算机中的一组键盘编码，如拼音码、五笔字型码、区位码和电报码等等。一种好的输入码应有编码规则简单、易学好记、操作方便、重码率低、输入速度快等优点。很多人喜欢使用的“搜狗拼音输入法”就是一种外码。

2）交换码

计算机内部处理的信息都是用二进制代码表示的，汉字也不例外。为了统一汉字外码输入标准，中国标准总局 1981 年制定了《信息交换用汉字编码字符集——基本集》，即中华人民共和国国家标准 GB2312—80，简称“国标码”，也即交换码，它是由 2 个字节的低 7 位来表述一个汉字的编码。

“区位码”是国标码的另一种表现形式，如图 1-3 所示，把国标 GB2312—80 中的汉字、图形符号组成一个 94×94 的方阵，分为 94 个“区”，每区包含 94 个“位”，其中“区”的序号由 01 至 94，“位”的序号也是由 01 至 94，分别对应国标码 2 个字节的低 7 位。94 个区的总位置数有：94×94＝8836 个，其中有 7445 个位置对应于 7445 个汉字和图形字符，剩下 1391 个空位用于自定义或保留备用。

示例：

如图 1-3 中的第 16 区第 1 位的位置，对应的汉字是“啊”，其“区位码”就是 1601，对应 2 个字节的低 7 位二进制是 011 0000 和 010 0001，此二进制码即为汉字“啊”的交换码或国标码。

3）机内码

机内码是在计算机的存储介质上保存汉字的编码。

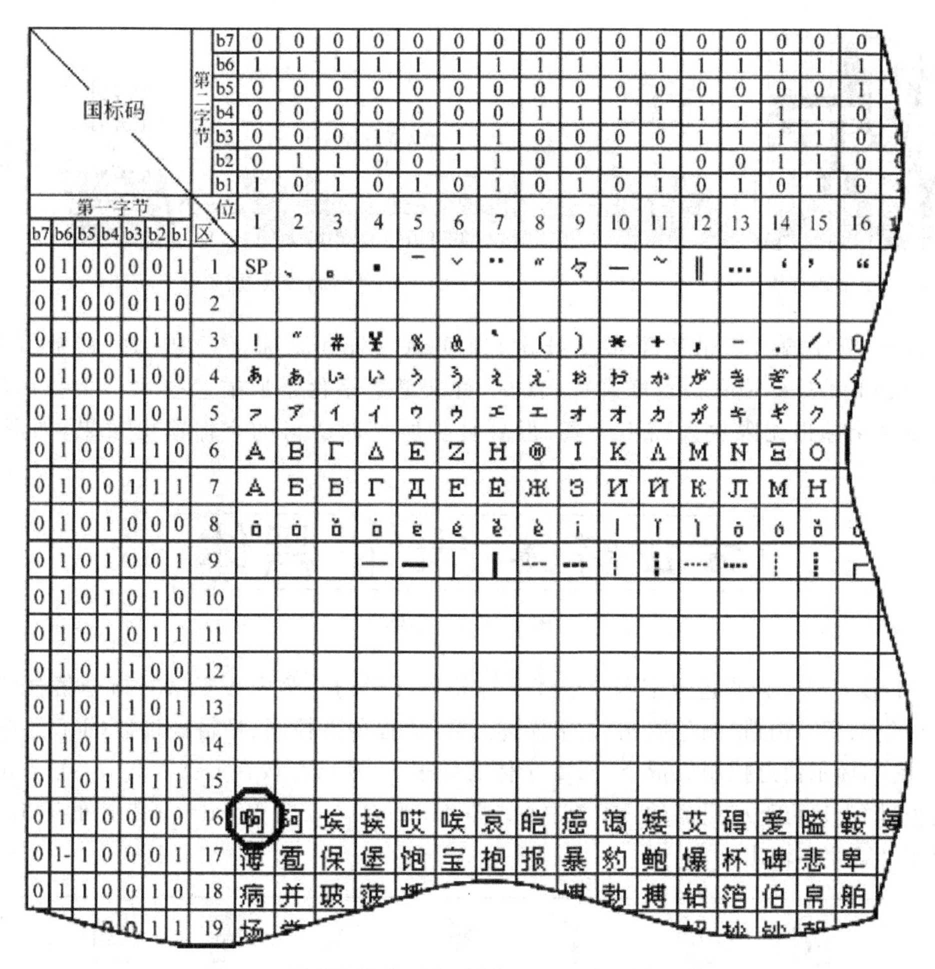

| 国标码 | | | | | | | 第二字节 | | | | | | | | | | | | | | | | |
|---|---|---|---|---|---|---|---|---|---|---|---|---|---|---|---|---|---|---|---|---|---|---|---|
| | | | | | | | b7 | 0 | 0 | 0 | 0 | 0 | 0 | 0 | 0 | 0 | 0 | 0 | 0 | 0 | 0 | 0 | 0 |
| | | | | | | | b6 | 1 | 1 | 1 | 1 | 1 | 1 | 1 | 1 | 1 | 1 | 1 | 1 | 1 | 1 | 1 | 1 |
| | | | | | | | b5 | 0 | 0 | 0 | 0 | 0 | 0 | 0 | 0 | 0 | 0 | 0 | 0 | 0 | 0 | 0 | 1 |
| | | | | | | | b4 | 0 | 0 | 0 | 0 | 0 | 0 | 0 | 1 | 1 | 1 | 1 | 1 | 1 | 1 | 1 | 0 |
| | | | | | | | b3 | 0 | 0 | 0 | 1 | 1 | 1 | 1 | 0 | 0 | 0 | 0 | 1 | 1 | 1 | 1 | 0 |
| | | | | | | | b2 | 0 | 1 | 1 | 0 | 0 | 1 | 1 | 0 | 0 | 1 | 1 | 0 | 0 | 1 | 1 | 0 |
| | | | | | | | b1 | 1 | 0 | 1 | 0 | 1 | 0 | 1 | 0 | 1 | 0 | 1 | 0 | 1 | 0 | 1 | 0 |
| 第一字节 | | | | | | | 位 | | | | | | | | | | | | | | | | |
| b7 | b6 | b5 | b4 | b3 | b2 | b1 | 区 | 1 | 2 | 3 | 4 | 5 | 6 | 7 | 8 | 9 | 10 | 11 | 12 | 13 | 14 | 15 | 16 |
| 0 | 1 | 0 | 0 | 0 | 0 | 1 | 1 | SP | 、 | 。 | · | ˉ | ˇ | ¨ | 〃 | 々 | — | ～ | ‖ | … | ‘ | ’ | “ |
| 0 | 1 | 0 | 0 | 0 | 1 | 0 | 2 | | | | | | | | | | | | | | | | |
| 0 | 1 | 0 | 0 | 0 | 1 | 1 | 3 | ！ | ＂ | ＃ | ￥ | ％ | ＆ | ＇ | （ | ） | ＊ | ＋ | ， | － | ． | ／ | 0 |
| 0 | 1 | 0 | 0 | 1 | 0 | 0 | 4 | ぁ | あ | ぃ | い | ぅ | う | ぇ | え | ぉ | お | か | が | き | ぎ | く | |
| 0 | 1 | 0 | 0 | 1 | 0 | 1 | 5 | ァ | ア | ィ | イ | ゥ | ウ | ェ | エ | ォ | オ | カ | ガ | キ | ギ | ク | |
| 0 | 1 | 0 | 0 | 1 | 1 | 0 | 6 | Α | Β | Γ | Δ | Ε | Ζ | Η | Θ | Ι | Κ | Λ | Μ | Ν | Ξ | Ο | |
| 0 | 1 | 0 | 0 | 1 | 1 | 1 | 7 | А | Б | В | Г | Д | Е | Ё | Ж | З | И | Й | К | Л | М | Н | |
| 0 | 1 | 0 | 1 | 0 | 0 | 0 | 8 | ā | á | ǎ | à | ē | é | ě | è | ī | í | ǐ | ì | ō | ó | ǒ | |
| 0 | 1 | 0 | 1 | 0 | 0 | 1 | 9 | | | | ─ | ━ | │ | ┃ | ┄ | ┅ | ┆ | ┇ | ┈ | ┉ | ┊ | ┋ | ┌ |
| 0 | 1 | 0 | 1 | 0 | 1 | 0 | 10 | | | | | | | | | | | | | | | | |
| 0 | 1 | 0 | 1 | 0 | 1 | 1 | 11 | | | | | | | | | | | | | | | | |
| 0 | 1 | 0 | 1 | 1 | 0 | 0 | 12 | | | | | | | | | | | | | | | | |
| 0 | 1 | 0 | 1 | 1 | 0 | 1 | 13 | | | | | | | | | | | | | | | | |
| 0 | 1 | 0 | 1 | 1 | 1 | 0 | 14 | | | | | | | | | | | | | | | | |
| 0 | 1 | 0 | 1 | 1 | 1 | 1 | 15 | | | | | | | | | | | | | | | | |
| 0 | 1 | 1 | 0 | 0 | 0 | 0 | 16 | 啊 | 阿 | 埃 | 挨 | 哎 | 唉 | 哀 | 皑 | 癌 | 蔼 | 矮 | 艾 | 碍 | 爱 | 隘 | 鞍 |
| 0 | 1 | 1 | 0 | 0 | 0 | 1 | 17 | 薄 | 雹 | 保 | 堡 | 饱 | 宝 | 抱 | 报 | 暴 | 豹 | 鲍 | 爆 | 杯 | 碑 | 悲 | 卑 |
| 0 | 1 | 1 | 0 | 0 | 1 | 0 | 18 | 病 | 并 | 玻 | 菠 | | | | | | 勃 | 搏 | 铂 | 箔 | 伯 | 帛 | 舶 |
| | | | | 0 | 1 | 1 | 19 | 场 | | | | | | | | | | | | | | | |

图 1-3　图形字符代码表(部分)——国标码和区位码

根据国标码的规定，每个汉字都有确定的交换码，为了在存储上区分西文字符的ASCII 码，汉字的“机内码”就是将汉字交换码对应的两个字节的高位用 1 填补上。

示例

如汉字“啊”对应的交换码为 011 0000 010 0001，其机内码就是 1011 0000 1010 0001。

4）字形码

字形码是汉字的输出码，即汉字输出时所采用的图形方块编码，如图 1-4 所示。

每个汉字，无论笔画多少，都可以写在同样大小的方块中，常用 16×16 或 24×24 点阵或更高分辨率的点阵方块来表示，如在显示器上显示汉字的点阵一般是 16×16。

这种用点阵方式表示的字形码其缺点是字体放大后会出现锯齿现象，导致汉字输出失真，同时，字形码文件也占用很大的磁盘空间，不便于携带。

示例

如一个汉字“次”从键盘输入到在显示器上输出，所经过的 4 种编码转换过程，如图 1-5 所示。

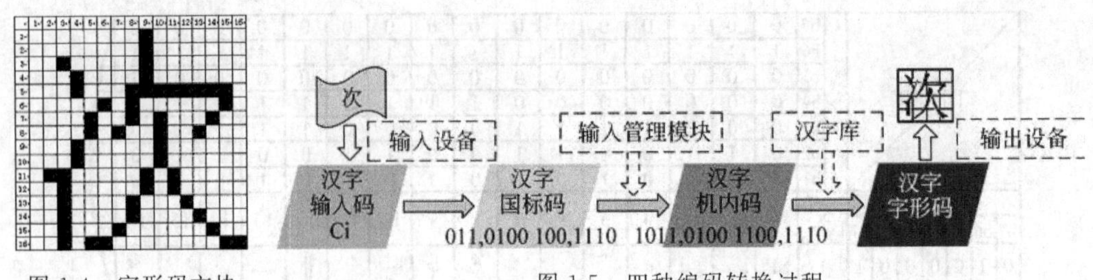


图 1-4　字形码方块　　　　　　　　图 1-5　四种编码转换过程

目前,汉字输出均采用了最新技术,即 True Type(简称 TT)技术。它是由美国 Apple 公司和 Microsoft 公司联合提出的一种新型数字化字形描述技术,TT 技术的出现使得汉字输出无限放大而不失真,得到真正所见即所得的字体输出效果,如图 1-6 所示。

方正舒体·宋体·黑体

图 1-6　TT 字体

TT 技术是一种彩色数字函数描述字体轮廓外形的一套内容丰富的指令集合,这些指令中包括字型构造、颜色填充、数字描述函数、流程条件控制、栅格处理器(TT 处理器)控制,附加提示信息控制等指令。TT 字体文件很小,默认存放在 C:\Windows\Fonts 文件夹里,网上还可下载更多的 TT 字体,如图 1-7 所示。任何 Windows 支持的输出设备都能用 TT 字体输出。

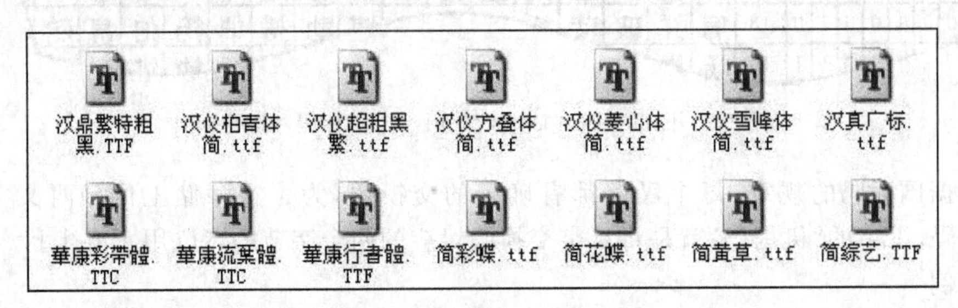


图 1-7　其他 TT 字体文件

### 1.2.4　多媒体信息数字化

#### 1. 声音数字化

声音信息源自模拟信号,将模拟信号转换成数字信号即为声音数字化处理。声音数字化的其一般处理过程是通过对声音的模拟信号进行"采样"和"量化"。

- 采样频率:每秒对声音波形采样的次数,单位为"赫兹"(Hz),也即次/秒。
- 量化位数:是用于保存采样点的位数,单位为"位"。

如一个声音信号转换为 WAV 格式的文件,其数字化后占用存储容量的计算公式:

=采样频率(Hz)×量化位数(位)×声道数(秒)×时间/8　(字节)

**示例**

已知满足 CD 音质的采样频率是 44100Hz，量化位数是 16 位，双声道。则 1 分钟的波形文件，将占用的存储容量为：

$$=44100\text{ 次/秒}\times16\text{ 位}\times2\times60\text{ 秒}/8=10584000\text{B}\approx10\text{MB}$$

**2. 图像数字化**

在计算机中，图像根据其数字化处理方式的不同可分为“位图”和“矢量图”。

1）位图

位图被称之为点阵图像或绘制图像，是由称作像素点（图片元素）组成的。即可以把整个位图图像想象成是一个大的棋盘，以其所有经线和纬线的交叉点（即像素点）数目来表示其“分辨率”，这是位图质量的一个非常重要指标，即像素越多，位图的画面越精细。位图图像的显示效果不仅与图像设置时的分辨率高低有关，而且还与输出或显示设备能够产生的细节程度有关。

位图的色彩采用每个点的“色彩深度”又叫色彩位数来表示，即每个像素点要用多少个二进制位来表示其颜色，这是位图质量的另一个重要指标。色彩深度常有 1 位（单色），2 位（4 色，CGA），4 位（16 色，VGA），8 位（256 色），16 位（增强色），24 位和 32 位（真彩色）等。

**示例**

如一分辨率为 1024×1024 的位图，其色彩深度为 24 位，将占用的存储容量为：

$$1024\times1024\times24/8/1024/1024=3\text{MB}$$

当位图图像被放大时，可以看见赖以构成整个图像的无数单个方块。扩大位图尺寸的效果即是增大单个像素，从而使图像的线条和形状显得参差不齐，出现锯齿，如图 1-8 所示。

2）矢量图

矢量图是根据几何特性使用直线和曲线来描述的图形，这些图形的元素是一些点、线、矩形、多边形、圆和弧线等等，它们都是通过数学公式计算获得的。一个足球的矢量图形，如图 1-9 所示，实际上它是由线段形成外框轮廓，由外框的颜色以及外框所封闭的颜色决定图形显示的效果。

图 1-8　位图放大后效果

图 1-9　矢量图放大后效果

矢量图只能靠软件生成，其占用空间较小。它的特点是放大、缩小或旋转图像后不会失真，其图像质量与分辨率无关；最大的缺点是难以表现色彩层次丰富的逼真图像效果。适用于图形设计、文字设计和一些标志设计、版式设计等。

## 1.3 计算机系统

**学习要点：**

1. 了解计算机系统的基本构成。

2. PC机的硬件构成有哪些。

3. 计算机的性能指标。

4. 计算机软件系统的分类。

一个完整的计算机系统由硬件系统和软件系统两部分组成，如图1-10所示。

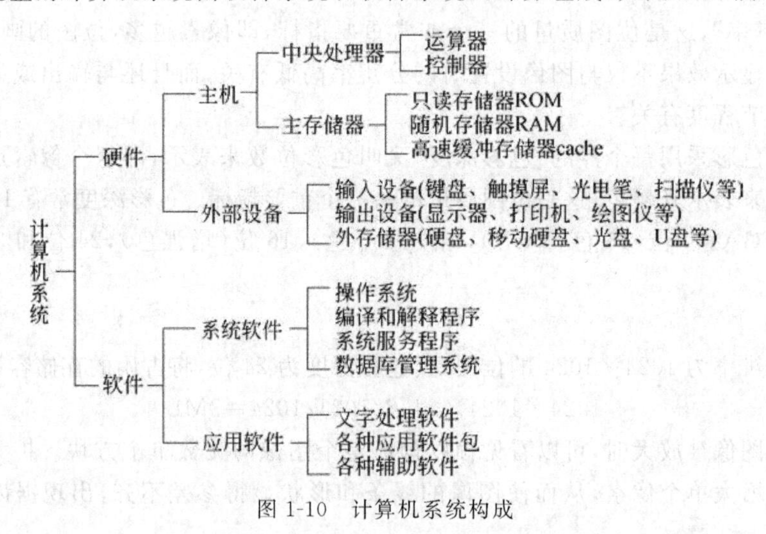


图1-10 计算机系统构成

计算机系统具有接收和存储信息、按程序指令快速计算和判断并输出处理结果等功能。前者是借助电、磁、光、机械等原理构成的各种物理部件的有机组合，是系统赖以工作的实体。后者是计算机运行的各种程序和文件，用于指挥系统按指定的要求进行工作。

### 1.3.1 计算机硬件系统

**1. 冯·诺依曼的硬件结构**

依据冯·诺依曼[①]确立的计算机硬件结构，一台计算机的硬件系统是由运算器、控制器、存储器、输入设备和输出设备五大基本部件组成，其结构示意图，如图1-11所示。

(1) 输入设备：将程序和数据转换为相应的电信号并读入存储器的设备。

(2) 输出设备：将计算机内部处理后的结果传递出来的设备。

(3) 存储器：指主存储器，其作用是用于存储计算机将要执行的指令或需要调用的程序和存储运算的数据或运算的结果，以及存储与外部设备交换的数据。

(4) 运算器：是计算机执行各种算术运算和逻辑运算操作的部件。

---

① 冯·诺依曼被称为“计算机之父”，美籍匈牙利人，世界著名数学家，其提出的计算机基本结构，采用二进制编码以及存储程序和程序控制等工作原理，至今仍为电子计算机设计者所遵循。

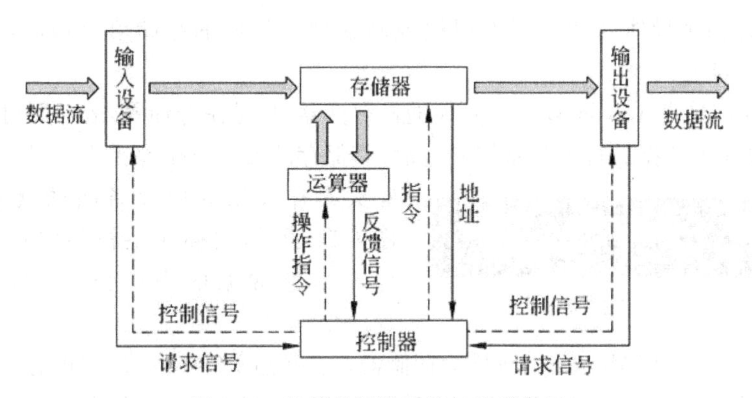


图 1-11　计算机硬件系统结构示意图

(5) 控制器：是整个计算机的指挥控制中心。控制器通过顺序执行存储器中一条条程序指令并发出相应控制信号来管理和指挥整个系统的工作。

**2. PC 的硬件构成**

PC(Personal Computer)机是面向个人使用的计算机。一台 PC 机的硬件构成大致有：CPU、内存、主板、硬盘、显卡、声卡、光驱、机箱、电源、显示器、键盘、鼠标以及音箱、打印机和耳麦等，其中主板是 PC 的基础设备，也是最基本的重要部件之一，如图 1-12 所示。

下面将依 CPU、内存、外存以及输入输出设备来简单介绍 PC 机硬件的基本特点。

1) CPU

CPU 即中央处理器(Central Processing Unit)，是一台计算机的运算核心和控制中心，其外形是一由运算器、控制器和寄存器等部件组成的集成块，如图 1-13 所示，插在主板的 CPU 插槽上。一旦把程序装入主存储器中，就可由 CPU 自动地完成从主存储器读取指令、执行指令并实现相应功能等一系列的任务。

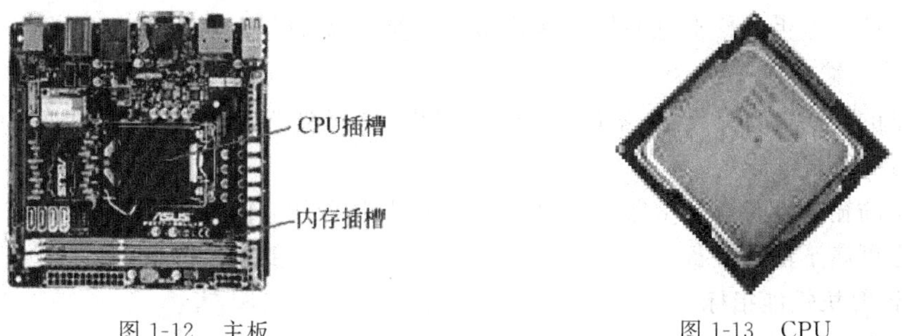


图 1-12　主板　　　　图 1-13　CPU

CPU 的性能在很大程度上决定了一台 PC 机的性能，主要体现在运行程序的速度上。而影响 CPU 运行速度的性能指标主要有：CPU 工作的时钟频率、运算速度、字长等参数。

2) 内存

内存(Memory)是 PC 中重要部件之一，其与 CPU 一起构成计算机的核心部件，称之为“主机”。内存的作用是用于存放 CPU 将要执行的程序指令、存放 CPU 需要运算的数据以及与硬盘等外部存储器交换的数据。

内存一般由半导体芯片采用大规模或超大规模集成的存储单元构成，包括 RAM、ROM 以及 Cache。

RAM(Random Access Memory)即随机存储器，也是**主存储器**，表示既可以从中读取数据，也可以写入数据。特点是系统断电后，其保存的数据将全部丢失。通常我们装机时购买或升级用的内存条指的就是 RAM，如图 1-14 所示，它插在主板的内存插槽上。目前市场上常见的内存条有 1G/条、2G/条、4G/条等。

图 1-14　内存条

ROM(Read Only Memory)即只读存储器。在制造 ROM 时，计算机的基本程序和数据被存入并永久保存其内，如 BIOS ROM，即使计算机断电，这些数据也不会丢失。ROM 一般都直接集成到主板上并与主板一起出售。

Cache 即高速缓存，具体又分一级缓存(L1 Cache)、二级缓存(L2 Cache)、三级缓存(L3 Cache)，集成在主板上。它一般是由静态存储芯片(SRAM)组成，容量比较小但速度比 RAM 快得多，接近于 CPU 的速度。

Cache 是位于 CPU 与 RAM 之间的存储器，当 CPU 向 RAM 写入或读出数据时，这些数据也被存储进 Cache 中；当 CPU 再次需要这些数据时，CPU 将直接从 Cache 读取，这样可部分弥补 RAM 读写速度低于 CPU 计算速度的差异，以提高系统的整体性能。

RAM 相对于 ROM 和 Cache 而言，RAM 是主存储器，所以，我们平时指内存有多大时，更多的是直接指 RAM 的容量。

在计算机中，所有程序的运行都是在内存中进行的，因此，内存的性能对计算机的整体性能影响也是非常大的，其主要指标体现在内存的工作频率上。

3) 外存

外存即外部存储器，通常是磁性介质或光盘。特点是系统断电后，此类存储器仍然能保存数据而不被丢失。常见的外部存储器有硬盘、光盘、U 盘以及移动硬盘等。

4) 输入输出设备

常见的输入设备有键盘、鼠标、触摸屏、光电笔、扫描仪等，作为读入数据的外存储器此时也可属于输入设备。

常见的输出设备有显示器、打印机、绘图仪、投影仪等，作为接收并保存数据的外存储器此时也可属于输出设备。

**3. 计算机性能指标**

1) CPU 主频

CPU 主频即 CPU 内核工作的时钟频率，单位是兆赫(MHz)或千兆赫(GHz)，用来表示 CPU 的运算、处理数据的速度。通常，主频越高，CPU 处理数据的速度就越快。它是衡量计算机性能的一项重要指标。目前 CPU 较为主流的主频 2.4GHz、2.66GHz、2.8GHz 等

2) 运算速度

运算速度是衡量计算机性能的另一项重要指标。通常所说的计算机运算速度(平均运算速度)是指每秒钟所能执行的指令条数，一般用“百万条指令/秒”来描述。具体衡量

一台计算机性能时，很少提此指标，更多用的 CPU 主频指标替代了。

3）字长

计算机在同一时间内能处理的一组二进制数称为一个“字”，而这组二进制数的长度称之为“字长”。

字长与计算机的性能有很大的关系，是计算机 CPU 的一个重要技术指标。如在计算机的其他指标相同情况下，字长越大的计算机其处理数据的速度就越快。

字长总是 8 的整数倍，早期的计算机处理器一般是 8 位和 16 位字长，386 以后的计算机处理器大多是 32 位字长。目前市面上的计算机处理器大部分已达到 64 位字长。

4）内存频率

内存频率和 CPU 主频一样，习惯上也被用来表示内存的速度，它代表内存所能达到的最高工作频率。内存频率是以 MHz（兆赫）为单位来计量的。内存频率越高在一定程度上代表着内存读写数据的速度越快。目前，主流内存 DD2 支持的内存频率有 800MHz 和 1066MHz，DD3 支持的内存频率有 1066MHz、1333MHz 和 1600MHz。

**4. 存储容量单位**

在计算机中，存储数据的基本单位是“字节”（B），它由 8 个连续的二进制位组成。

通常，将 1024（即 $2^{10}$）个字节称之为 1KB（读作千字节），将 1024 个千字节称之为 1MB（读作兆字节），将 1024 个兆字节称之为 1GB（读作吉字节），将 1024 个吉字节称之为 1TB（读作太字节），换算公式即：

1 字节＝8 位

1KB＝1024 字节

1MB＝1024KB

1GB＝1024MB

1TB＝1024GB

### 1.3.2 计算机软件系统

计算机软件系统一般分为**系统软件**和**应用软件**两大类。

系统软件是指控制和协调计算机及外部设备、支持应用软件开发和运行的系统，是无需用户干预的各种程序的集合；而应用软件则是为某一特定需求而开发的软件或工具。

**1. 系统软件**

系统软件里主要有：

1）操作系统

操作系统是系统软件的核心，位于所有软件的最内层，是最接近底层硬件系统的高级管理程序。可以这样理解，没有操作系统，其他任何软件或开发工具或应用软件都将无法直接在计算机上运行或工作。

2）编译或解释程序

软件开发一般是通过某种程序设计语言来实现的。而程序设计语言历经了机器语言、汇编语言、高级语言、非过程化语言和智能语言等 5 代的发展过程。

在计算机中，系统只能直接识别和执行由机器语言构成的机器指令。因此，由其他程序设计语言开发的源程序，必须经过相应翻译程序翻译成机器语言构成的机器指令，才能在计算机上运行并输出结果。

不同的程序设计语言其翻译程序的翻译方式有所不同，可大致分两类：一种是编译方式，一种是解释方式，统称编译或解释程序。

3）系统服务程序

主要指为系统提供测试的诊断工具、支撑软件以及调试、装备和连接等辅助程序。

4）数据库管理系统

这是一种操纵和管理数据库的软件，用于建立、使用和维护数据库，简称 DBMS（Database Management System）。它对数据库进行统一的管理和控制，以保证数据库的安全性和完整性。

**2. 应用软件**

应用软件是针对某种应用需要而开发的软件，它借助系统软件所提供的工作环境来运行，位于软件系统的最外层，如文字处理软件、电子报表软件、各种绘图工具等。

**3. 第三类软件**

还有一类软件，它们既不属于系统软件，又不完全是应用软件，而是介于系统软件和应用软件之间，诸如计算机防护类的软件，如瑞星监控中心和瑞星防火墙、360 文件系统保护和 360 安全卫士等。这类软件不仅对系统内核提供有力的加固，保护系统软件正常运行的工作环境，而且，这类软件还监控着应用软件的工作状态，确保应用软件正确、安全地工作，如办公软件的防护、计算机病毒的防御等。

这类软件卸载后，不影响计算机的正常工作，但是，计算机的正常工作又离不开这类软件的保护，所以，我们不能简单地把这类软件划分为是系统软件或是应用软件。

## 1.4 操作系统概述

**学习要点：**

1. 操作系统的基本功能
2. 操作系统的一般分类

### 1.4.1 何谓操作系统

操作系统是系统软件的核心，是其他应用软件工作的基础。

操作系统的一般定义为：操作系统是一系列程序的集合，控制和管理着计算机各种硬件资源和软件资源，合理有效地组织计算机系统的各种作业，并为用户提供一个使用方便、可扩展的工作环境。

### 1.4.2 操作系统功能

操作系统管理的对象是计算机的软件资源和硬件资源，它位于底层硬件与用户之间，是用户与计算机硬件沟通的桥梁。其提供的主要功能有：

(1) 进程管理：协调多道程序之间的关系，使 CPU 得到充分的利用。

(2) 内存管理：控制如何高效、快捷地分配并在适当的时候释放或回收内存资源。

(3) 文件系统：负责存储器空间的组织与分配，并提供对管理的文件进行保护和检索。

(4) 网络通信：提供必要的网络通信协议和资源共享等功能

(5) 安全机制：提供必要的身份认证机制、访问控制机制、最小特权管理机制等等。

(6) 用户界面：为其他软件开发或应用软件的运行提供稳定、可靠、友好的工作环境。

(7) 设备管理：提供各种必要的设备驱动程序。

### 1.4.3 操作系统分类

目前，常见的操作系统有 IBM、UNIX、Linux、Windows、NetWare 等系列。为了使读者对操作系统有个整体了解，我们将操作系统大致分为 6 种类型。

**1. 简单操作系统**

这是计算机初期所配置的操作系统，如 IBM 公司的磁盘操作系统 DOS(Disk Operating System)。其主要功能是操作命令执行、文件服务、支持高级程序设计语言、编译程序和控制外部设备等。

**2. 多用户操作系统**

一台主机同时为多个终端用户提供服务，各终端用户彼此独立互不干扰。多用户操作系统将主机的处理器时间按一定的时间间隔分片，轮流地切换给各终端用户相应的程序使用，所以这种操作系统又称为分时操作系统。由于时间间隔很短，每个用户的感觉就像是独占整个主机资源一样。如 UNIX 操作系统就是采用剥夺式动态优先的 CPU 调度，有力地支持多用户的操作。

**3. 单用户操作系统**

指一台计算机在同一时间只能由单一用户使用，该用户将独自享用系统的全部硬件和软件资源。如果用户在同一时间可以运行多个应用程序(每个应用程序被称作一个任务)，则这样的操作系统被称为**单用户多任务操作系统**。如果一个用户在同一时间只能运行一个应用程序，则对应的操作系统称为**单用户单任务操作系统**。

如早期的 DOS 操作系统是单用户单任务操作系统；目前，广泛被使用的 Windows XP、Windows 7、Windows 8 等则是单用户多任务操作系统，像 Linux、UNIX 则是多用户多任务操作系统。

**4. 实时操作系统**

实时操作系统是保证在一定时间限制内完成特定功能的操作系统。一般情况下，实时操作系统大部分是为特定的应用而设计的，例如，为确保某生产线上的机器人能获取某个物体而设计的实时操作系统。当然，还有一些是通用的实时操作系统，如微软的 Windows NT 或 IBM 的 OS/390 等均有实时操作系统的特征。

**5. 网络操作系统**

网络操作系统是网络的心脏和灵魂，运行在提供网络服务的计算机(称之为服务器)上。它除了提供标准 OS(Operation System)的功能外，还管理计算机与网络相关的硬件和软件资源，诸如网卡、网络打印机、大容量外存等，为用户提供文件共享、打印共享等各种网络服务以及电子邮件、WWW、FTP等专项服务。

20世纪90年代初期Novell公司的Netware系统就是典型的网络操作系统。目前，微软的Windows Server 2000、Windows Server 2003、Windows Server 2007、Windows Server 2008、全新的Windows Server 2012等以及Linux、UNIX均属于网络操作系统，其提供的网络服务和网络功能也越来越丰富。

**6. 分布操作系统**

它是为分布计算系统配置的操作系统。它在资源管理，通信控制和操作系统的结构等方面都与其他操作系统有着较大的区别。

由于分布计算机系统的数据资源分布于系统的不同计算机上，为了保证数据资源的一致性，分布操作系统必须具有控制数据资源的读、写等操作能力，如多个用户可同时读取同一个数据资源，而任一时刻最多只能有一个用户在修改该数据资源等控制功能。

分布操作系统的通信功能类似于网络操作系统。由于分布计算机系统不像网络分布得很广，同时分布操作系统还要支持并行处理，因此，它提供的通信机制和网络操作系统提供的有所不同，它要求的通信速度更高一些。分布操作系统的结构也不同于其他操作系统，它分布于系统中的各台计算机上，能并行地处理用户的各种需求，有较强的容错能力。

# 第2章 Windows 7 操作系统管理

微软公司于2009年10月23日正式推出Windows 7操作系统中文版。作为Windows XP和Vista系统的后继者，Windows 7具有更绚丽的界面、更快捷的操作、更强大的功能、更稳定的系统等优点。本章主要介绍Windows 7系统的基本知识和常用操作。

## 2.1 Windows 7 系统操作环境

在这一节里，介绍有关Windows 7系统操作环境，主要包括桌面、窗口、“开始”菜单以及“任务栏”等。

**学习要点：**

1. Windows 7 桌面组成及其相关操作
2. 认识 Windows 7 窗口，掌握相关操作
3. 了解“开始菜单”的使用
4. 掌握“任务栏”的相关操作

### 2.1.1 桌面

**1. 认识桌面**

桌面是打开计算机并登录到操作系统之后，用户所看到的主屏幕区域。第一次看到Windows 7桌面，你一定会被那水晶版的窗口、水皱波纹掠过的按钮特效、惊艳的个性化设置所吸引，如图2-1所示。

下面我们先简单了解一下桌面上有些什么。一片蔚蓝的背景中烘托着一个五彩的微软视窗标记，左上角有一个“回收站”图标（系统刚装好后，系统默认桌面背景和桌面图标）。

桌面左下角带有微软视窗标记的按钮是Windows 7的“开始”按钮，单击“开始”按钮，在弹出的开始菜单中，有我们常用的Windows程序和系统设置等。

最下面的蓝色长条是任务栏和快速启动栏。在“开始”按钮后面有一个e字形状的按钮是“IE浏览器”，上网的时候要用到的。另一个黄色文件夹的按钮是“资源管理器”，它就像电脑的管家，把程序、图片、音乐、视频等等分类存放，方便查找。

此外，桌面右下角有一个小黑色长条是输入法功能移动条，它的最左侧有凹凸的小点阵，用鼠标拖曳此处可移动功能移动条的位置；中间一个缩小版的键盘的图标，单击后可切换Windows 7输入法；问号“?”，单击后可获取帮助；最右边是一个“最小化”和“选项”两个钮，单击“最小化”那个白色横杠按钮后，输入法会自动缩放在任务栏右侧的系统托盘区的左侧。单击“选项”，可弹出菜单，对输入法等进行设置。

图 2-1　Windows 7 桌面

桌面的最右下角,也就是任务栏右侧的系统托盘区,显示了系统的时间、年月日,扬声器声音大小调整等系统设置。在托盘区的最右侧,有一个竖立的小矩形方框,是显示桌面按钮,当用户单击那里,就会最小化所有的程序,从而显示出桌面,非常方便。

有关“任务栏”的内容,请参阅后面“任务栏”部分的详细介绍。

**2. 桌面操作**

在了解了 Windows 7 桌面上的项目,有了感性的认识后,下面我们来介绍桌面的操作。

1) 使用桌面图标

桌面图标是指整齐排列在桌面上的小图片,是由图标图片和图标名称组成,代表了文件、文件夹、程序或其他项目,双击桌面图标会启动或打开它所代表的项目。

桌面图标主要分为系统图标和快捷图标两种,系统图标的主要特征是图标左下角没有箭头标志。快捷图标是指项目(文件、文件夹或应用程序)的快捷启动方式。

2) 添加和删除桌面图标

一些人喜欢桌面干净整齐,上面只有几个图标或没有图标。而一些人将很多图标都放在自己的桌面上,以便快速访问经常使用的程序、文件和文件夹。用户可以根据需要,随时添加或删除桌面图标。

Windows 7 系统刚装好后,默认只有一个“回收站”系统图标。用户还可以选择添加“计算机”、“个人文件夹”等其他系统图标。

**示例**

给桌面添加“计算机”、“控制面板”系统图标。

第一步:右键单击桌面上的空白区域,然后单击“个性化”选项,如图 2-2 所示。

第二步:在左窗格中,单击“更改桌面图标”。

第三步：在“桌面图标”下面，选中想要添加到桌面的每个图标的复选框(或清除不想显示的系统图标的复选框)，如图 2-3 所示。

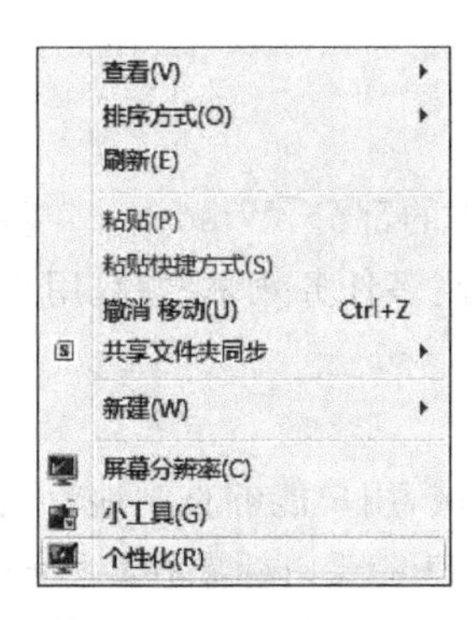


图 2-2 “个性化”选项

图 2-3 “桌面图标”选项卡

第四步：单击“确定”按钮。

如果要删除桌面图标，就右击该图标，然后在弹出的快捷菜单中选择“删除”。如果该图标是快捷方式，则只会删除该快捷方式，原始项目不会被删除。

3) 移动图标

Windows 默认将图标排列在桌面左侧的列中。但是，您可能不会坚持这种排列方式。可以通过鼠标拖动将其移到新位置。另外，还可以让 Windows 按名称、项目、修改日期以及大小等顺序排列图标，或设置自动排列图标。

**示例：**

自动排列桌面上的图标。

第一步：右键单击桌面上的空白区域，选择“查看”命令。

第二步：单击“自动排列图标”命令。Windows 将图标排列在左上角并将其锁定在此位置。若要对图标解除锁定以便可以再次移动它们，请再次单击“自动排列图标”命令，同时清除旁边的复选标记，如图 2-4 所示。

**注：**默认情况下，Windows 会在不可见的网格上均匀地隔开图标。若要将图标放置得更近或更精确，请关闭网格。右键单击桌面上的空白区域，指向“查看”命令，然后单击“将图标与网格对齐”以清除复选标记。重复这些步骤可将网格再次打开。

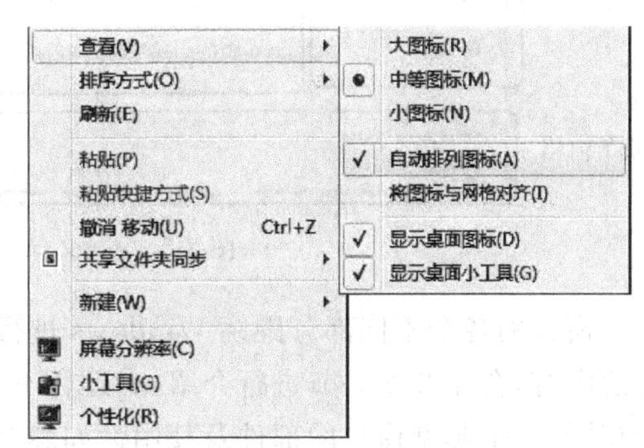


图 2-4 “自动排列图标”命令

4) 选择多个图标

若要一次移动或删除多个图标，必须首

先选中这些图标。单击桌面上的空白区域并拖动鼠标。用出现的矩形包围要选择的图标,然后释放鼠标按钮。现在,可以将这些图标作为一组来拖动或删除它们。

5）隐藏桌面图标

如果想要临时隐藏所有桌面图标,而实际并不删除它们,右键单击桌面上的空白部分,单击“查看”,然后单击“显示桌面项”,从该选项中清除复选标记。现在,桌面上就不再显示任何图标。

可以通过再次单击“显示桌面项”来显示图标。

### 2.1.2 窗口

Windows 窗口是 Windows 操作系统用户界面中最重要的部分,Windows 7 仍然沿用了一贯的 Windows 窗口式设计。基于窗口的设计能够提高多任务效率,并且用户能够很清晰地看到所打开的内容、所运行的程序。

**1. 认识窗口**

窗口为每一个计算机程序都规定了一个区域,在这个区域,用户能够直观地看到程序的内容。一般来说运行一个程序实例就会打开一个窗口,窗口主要由标题栏、地址栏、搜索框、工具栏、导航窗格、库窗格和细节窗格等元素组成,图 2-5 是 Windows 7 中的资源管理器窗口。

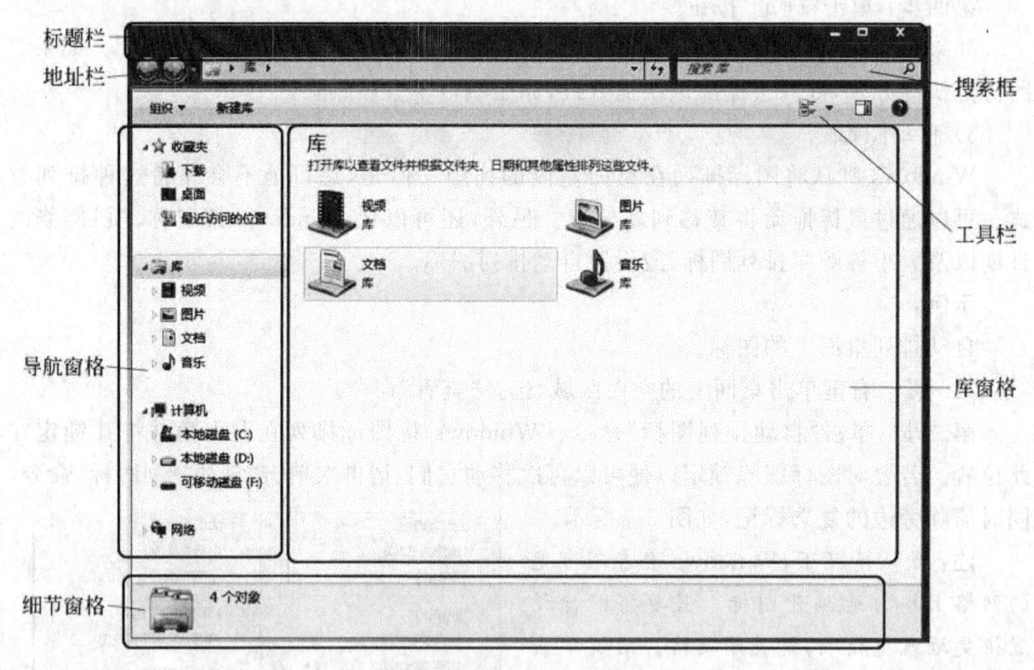


图 2-5 windows 7 资源管理器窗口

窗口的各个不同部分围绕 Windows 进行导航,更轻松地使用文件、文件夹或库(有关库的内容,会在 2.2.5 节进行介绍)。运行不同的项目,打开的窗口所包含的部件也不完全相同,一个典型窗口的部件及其用途如表 2-1 所示。

表 2-1 窗口部件及用途

| 窗口部件 | 用 途 |
| --- | --- |
| 导航窗格 | 使用导航窗格可以访问库、文件夹、保存的搜索结果，甚至可以访问整个硬盘。使用"收藏夹"部分可以打开最常用的文件夹和搜索；使用"库"部分可以访问库。您还可以使用"计算机"文件夹浏览文件夹和子文件夹。 |
| "后退""前进" | 使用"后退"按钮和"前进"按钮可以导航至已打开的其他文件夹或库，而无须关闭当前窗口。这些按钮可与地址栏一起使用；例如，使用地址栏更改文件夹后，可以使用"后退"按钮返回到上一文件夹。 |
| 工具栏 | 使用工具栏可以执行一些常见任务，如更改文件和文件夹的外观或启动数字图片的幻灯片放映。 |
| 地址栏 | 使用地址栏可以导航至不同的文件夹或库，或返回上一文件夹或库。 |
| 库窗格 | 仅当在某个库(例如文档库)中时，库窗格才会出现。使用库窗格可自定义库或按不同的属性排列文件。 |
| 列标题 | 使用列标题可以更改文件列表中文件的整理方式。例如，可以单击列标题的左侧以更改显示文件和文件夹的顺序，也可以单击右侧以采用不同的方法筛选文件。(注意，只有在"详细信息"视图中才有列标题。) |
| 文件列表 | 此为显示当前文件夹或库内容的位置。如果通过在搜索框中键入内容来查找文件，则仅显示与当前视图相匹配的文件(包括子文件夹中的文件)。 |
| 搜索框 | 在搜索框中键入词或短语可查找当前文件夹或库中的项。一开始键入内容，搜索就开始了。因此，例如，当键入"A"时，所有名称以字母 A 开头的文件都将显示在文件列表中。 |
| 细节窗格 | 使用细节窗格可以查看与选定文件关联的最常见属性。文件属性是关于文件的信息，如作者、上一次更改文件的日期，以及可能已添加到文件的所有描述性标记。 |
| 预览窗格 | 使用预览窗格可以查看大多数文件的内容。例如，如果选择电子邮件、文本文件或图片，则无须在程序中打开即可查看其内容。如果看不到预览窗格，可以单击工具栏中的"预览窗格"按钮打开预览窗格。 |

### 2. 窗口管理

Windows 7 的窗口管理功能也较之前的 Windows 版本进行了改进，大大提高了窗口操作的便捷性和趣味性。Windows 系统特有的 Aero 特效功能也可以改变窗口大小，比如，如果想要快速浏览其他窗口，用鼠标指向扫过任务栏图标后出现的缩略图大小的预览窗口时，此时除当前激活窗口外其他窗口都会"隐身"只剩下半透明的边框，而鼠标离开缩略图大小的预览窗口后，其他窗口状态即可复原。这一操作对于想快速检视桌面时也适用。

1) 移动窗口

若要移动窗口，请用鼠标指针指向其标题栏。然后将窗口拖动到希望的位置("拖动"意味着指向项目，按住鼠标按钮，用指针移动项目，然后释放鼠标按钮)。

2) 更改窗口的大小

- 若要使窗口填满整个屏幕，请单击其"最大化"按钮或双击该窗口的标题栏。
- 若要将最大化的窗口还原到以前大小，请单击其"还原"按钮(此按钮出现在"最大化"按钮的位置上)，或双击窗口的标题栏。
- 此外，用户还可以通过对窗口的拖曳来改变窗口的大小，只需将鼠标指针指向窗口的任意边框或角。当鼠标指针变成双箭头形状时，拖动边框或角可以缩小或放大窗口。Windows系统特有的Aero特效功能也可以改变窗口大小，比如窗口拖至屏幕顶端即可自动最大化，从顶端拖下即可恢复。将窗口拖至左右两侧即可自动占据50%的屏幕，这样一来用户可以相当方便的让两个窗口水平并列。

**小提示**：虽然多数窗口可被最大化和调整大小，但也有一些固定大小的窗口，如对话框。

3）隐藏窗口

隐藏窗口称为"最小化"窗口。如果要使窗口临时消失而不是关闭，则可将其最小化。

若要最小化窗口，请单击其"最小化"按钮。窗口会从桌面中消失，只在任务栏上显示为按钮。若要使最小化的窗口重新显示在桌面上，请单击其任务栏按钮。窗口会准确地按最小化前的样子显示。

4）关闭窗口

关闭窗口会将其从桌面和任务栏中删除。若要关闭窗口，请单击其标题栏右上角的"关闭"按钮，或在窗口标题栏上右击，在弹出的快捷菜单中选择"关闭"命令，也可以在任务栏上的对应窗口图标上右击，在弹出的快捷菜单中选择"关闭"命令。

**小提示**：如果关闭文档，而未保存对其所做的任何更改，则会显示一条消息，给出选项以保存更改。

5）在窗口间切换

如果打开了多个程序或文档，桌面会快速布满杂乱的窗口，通常不容易跟踪已打开了哪些窗口，因为一些窗口可能部分或完全覆盖了其他窗口。

• 使用任务栏进行窗口切换。

任务栏提供了整理所有窗口的方式。每个窗口都在任务栏上具有相应的按钮。若要切换到其他窗口，只需单击其任务栏按钮，该窗口将出现在所有其他窗口的前面，成为活动窗口。有关任务栏按钮的详细信息，请参阅任务栏部分。

若要轻松地识别窗口，指向任务栏按钮时，将看到一个缩略图大小的窗口预览，无论该窗口的内容是文档、照片，甚至是正在运行的视频。

• 使用Alt+Tab进行窗口切换。

通过按Alt+Tab可以切换到先前的窗口，或通过按住Alt并重复按Tab循环切换所有打开的窗口和桌面。释放Alt可以显示所选的窗口。

• 使用Aero三维窗口切换。

Aero三维窗口切换以三维堆栈排列窗口，可以快速浏览这些窗口。

**示例**

使用三维窗口切换。

第一步：按住Windows徽标键的同时按Tab可打开三维窗口切换。

第二步：当按下Windows徽标键时，重复按Tab或滚动鼠标滚轮可以循环切换打开的窗口。还可以按"向右键"或"向下键"向前循环切换一个窗口，或按"向左键"或"向上键"向后循环切换一个窗口。

第三步：释放Windows徽标键可以显示堆栈中最前面的窗口，或单击堆栈中某个窗口的任意部分来显示该窗口。

**小提示**：三维窗口切换是 Aero 桌面体验的一部分。如果计算机不支持 Aero，可以通过按 Alt＋Tab 查看计算机上打开的程序和窗口。

6）自动排列窗口

现在，已经了解如何移动窗口和调整窗口的大小，可以在桌面上按喜欢的任何方式排列窗口。还可以按以下三种方式之一使 Windows 自动排列窗口：层叠窗口、堆叠显示窗口或并排显示窗口。

若要选择这些选项之一，请在桌面上打开一些窗口，然后右键单击任务栏的空白区域，单击“层叠窗口”、“堆叠显示窗口”或“并排显示窗口”，即可看到按相应排列方式显示的窗口。

### 2.1.3 开始菜单

“开始”菜单是计算机程序、文件夹和设置的主门户。之所以称之为“菜单”，是因为它提供一个选项列表，就像餐馆里的菜单那样。至于“开始”的含义，在于它通常是要启动或打开某项内容的开始位置。

若要打开“开始”菜单，请单击屏幕左下角的“开始”按钮。在默认状态下，开始按钮位于屏幕的左下方，开始按钮是一颗圆形 Windows 标志。“开始”字样从 Windows 中已经无法看见，将滑鼠停留其上会出现「开始」的提示文字，按下 Windows 键或按组合键 Ctrl＋Esc 也可以激活开始选单。

**1. 认识“开始”菜单**

“开始”菜单可以理解为 Windows 的导航控制器，在这里可以实现 Windows 的一切功能，只要熟练掌握 Windows 的“开始”菜单，使用 Windows 将易如反掌。

“开始”菜单在 Windows 中分成了四大部分，如图 2-6 所示。

左上角 1 号区域为开始菜单常用软件历史菜单，Windows 会根据使用软件的频率自动把最常用的软件展示在那里。

右上角 2 号区域为 Windows 的常用系统设置功能区域，Windows 经常用到的系统功能如控制面板设置等，在 2 号区域最上边有一个 Administrator 的选项，其实是系统用户名和用户图片区，为了方便识别，我们把它归到了 2 号区域。Administrator 是 Windows 默认的系统管理员身份用户名，当然我们也可以自己创建新的用户名身份，上图中系统用户名为 jxk（教学科的缩写）。用户名既可以使用中文也可使用

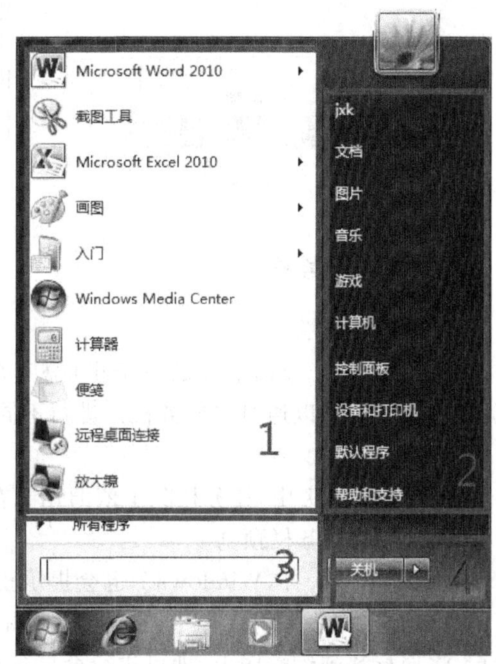


图 2-6 “开始”菜单

英文，这个在以后会了解到。

左下角 3 号区域为开始菜单的所有程序和文件搜索框，通过这里，可以进行文件和程序的导航操作。

右下角 4 号区域为开、关机控制区。

单击桌面左下角的“开始”菜单按钮，就可以看到图 2-6 所示的“开始”菜单了。

**2. 开始菜单之历史记录**

一般来说，Windows 开始菜单里 9 个常用程序里，最顶上的 3～4 个程序（不包含 IE 和 Windows Mail 等固定程序）位置比较固定，似乎是根据累计的使用频率决定的；而下面的 4～5 个程序，则变化非常快。一个新安装的程序，运行一次两次，就有可能踢掉某个现有程序而进入常用程序列表。这对于工作跨度较广的人来说是很方便的，能够非常迅速地反映工作热点的变化。同时，顶部的 3～4 个程序对于一直常用的程序也保留得很好。我们也可对开始菜单历史记录进行调整，使其不显示等操作。

示例

对开始菜单的历史记录进行调整，使其不显示

第一步：右击“开始”按钮，选择“属性”选项，如图 2-7 所示。

第二步：在弹出的“任务栏和「开始」菜单属性”面板中的“开始菜单”选项中，如图 2-8 所示。我们看到下面的“隐私”项，里面有两个可选项，默认是勾选状态，如果去掉勾选后再单击“确定”按钮。当我们再次打开开始菜单时会发现已经找不到历史记录了。

图 2-7 “属性”命令

任务栏和「开始」菜单属性
任务栏 「开始」菜单 工具栏
要自定义链接、图标和菜单在「开始」菜单中的外观和行为，请单击“自定义”。
自定义(C)...
电源按钮操作(B)： 关机
隐私
存储并显示最近在「开始」菜单中打开的程序(P)
存储并显示最近在「开始」菜单和任务栏中打开的项目(M)

图 2-8 “开始菜单”选项

## 2.1.4 任务栏

**1. 认识任务栏**

任务栏是位于桌面下方的一条粗横杠，在横杠上集中了“开始”菜单、“任务栏”操作区、“托盘区”。可以通过在任务栏上进行不同的操作而获得不同的功能，从而实现自己的目的。

在 Windows 7 中，任务栏除了依旧用于在窗口之间进行切换外，还加入了其他特性。

1）改进的任务栏预览

和以前版本一样，Windows 7 也会提示正在运行的程序，Windows 7 任务栏还增加了新的窗口预览方法。用鼠标指向任务栏图标，可查看已打开文件或程序的缩略图预览。然后，将鼠标移到缩略图上，即可进行全屏预览。你甚至还可以直接从缩略图预览关闭不

再需要的窗口，让操作更为便捷，如图 2-9 所示。

图 2-9　窗口缩略图

2）Aero Peek

这是 Windows 7 的一个全新功能，Aero Peek 会让选定的窗口正常显示，其他窗口则变成透明的，只留下一个个半透明边框，如图 2-10 所示。

图 2-10　显示窗口

3）“显示桌面”功能

在 Windows 7 中，“显示桌面”图标被移到了任务栏的最右边（屏幕右方靠近时钟的一块透明的矩形区域），操作起来更方便。当鼠标移过这块区域时，所有开打窗口都将变得透明，只剩一个框架。这样一来，用户就可以轻松看到桌面上有些什么了。

4）跟踪窗口

当前打开了哪些窗口？哪些是最小化的？通过任务栏上图标及图标状态，我们就可以分辨了。

以下图为例，如图 2-11 所示。任务栏上显示了 IE、Photoshop、Word、火狐和资源管理器等图标,表明当前打开了IE、Photoshop、Word、火狐和资源管理器,而Word图标高亮显示(突出显示其任务栏按钮),表明该窗口处于活动状态,其他的窗口在后台运行。

图 2-11 任务栏图标

IE浏览器图标外层有三层浅色边框,说明当前执行了至少三页网页。

此外,正常的窗口的图标是凸起的样子,最小化的窗口的图标看起来和背景在一个层面上,通过图标形式,就能判断哪些窗口是最小化了。

**2. 调整任务栏**

使用任务栏设置窗口,可以很方便地对任务栏进行调整。

1) 打开任务栏设置窗口

第一步: 将鼠标移动至任务栏空白处,然后右击任务栏。

第二步: 在弹出的任务栏属性菜单中选择“属性”菜单项,如图2-12所示。

第三步: 在打开的“任务栏和开始菜单属性”对话框中,单击“任务栏”选项卡,就可以看到许多关于任务栏的设置项目。可以根据自己的需要进行设置,如图2-13所示。

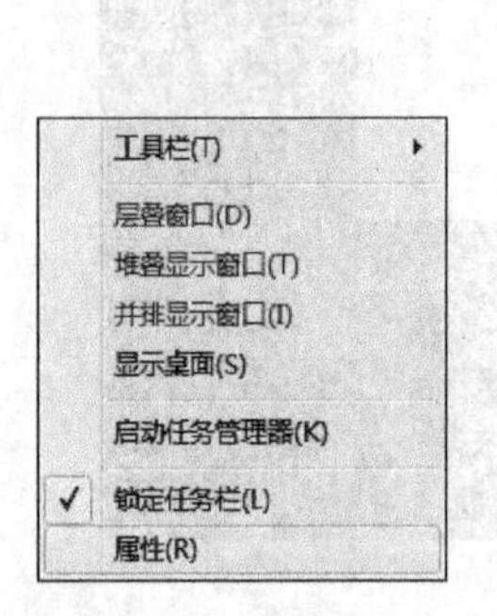


图 2-12 “属性”命令

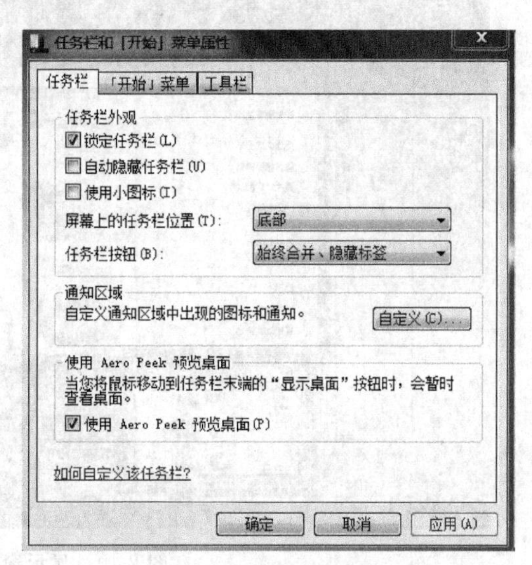


图 2-13 “任务栏”设置窗口

2) “任务栏”设置窗口介绍

从“任务栏”设置窗口中可以看出,任务栏主要分为三部分可选项,“任务栏外观”、“通知区域”和“使用Aero Peek预览桌面”。

(1) 锁定任务栏。

在进行日常电脑操作时,常会一不小心将“任务栏”拖曳到屏幕的左侧或右侧,有时还会将任务栏的宽度拉伸并十分难以调整到原来的状态,为此,Windows添加了“锁定任务栏”这个选项,可以将任务栏锁定。

(2) 自动隐藏任务栏。

有时需要的工作面积较大,隐藏屏幕下方的任务栏可以让桌面显得更大一些。勾选上"自动隐藏任务栏"即可。以后想要打开任务栏,把鼠标移动到屏幕下边即可看到,否则是不会显示任务栏了。

(3) 使用小图标。

图标大小的一个可选项,方便用户自我调整,根据自己需要进行调整。

(4) 屏幕上的任务栏位置。

默认是在底部。我们可以单击选择左侧、右侧、顶部。如果是在任务栏未锁定状态下的话,拖曳任务栏可直接将其拖曳至桌面四侧。

(5) 任务栏按钮。

三个可选项"始终合并、隐藏标签"、"当任务栏被占满时合并"、"从不合并",如图 2-14、图 2-15、图 2-16、图 2-17 所示。

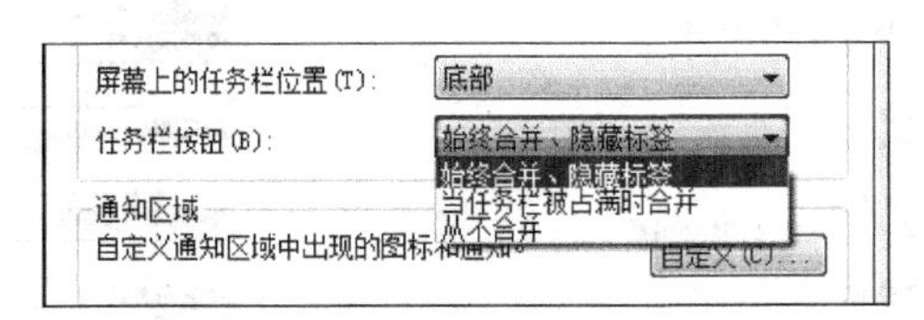


图 2-14 "始终合并、隐藏标签"状态

图 2-15 "当任务栏被占满时合并"状态

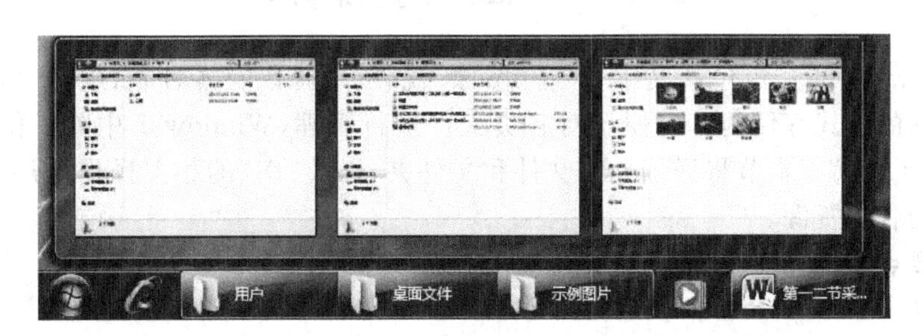


图 2-16 "从不合并"状态一

图 2-17 "从不合并"状态二

(6) 自定义通知区域。

在通知区域,可以自定义通知区域中出现的图标和通知,单击“自定义”按钮,如图 2-18 所示。

图 2-18 “通知区域”

会弹出通知区域图标和通知对话框,在对话框中,我们可以选择隐藏的图标和通知,如果想改变隐藏的图标状态使其不隐藏,而像声音图标小喇叭那样显示在系统托盘中,我们可以在这里调整它们的行为,是“显示图标和通知”还是“仅显示通知”、“隐藏图标和通知”,如图 2-19 所示。

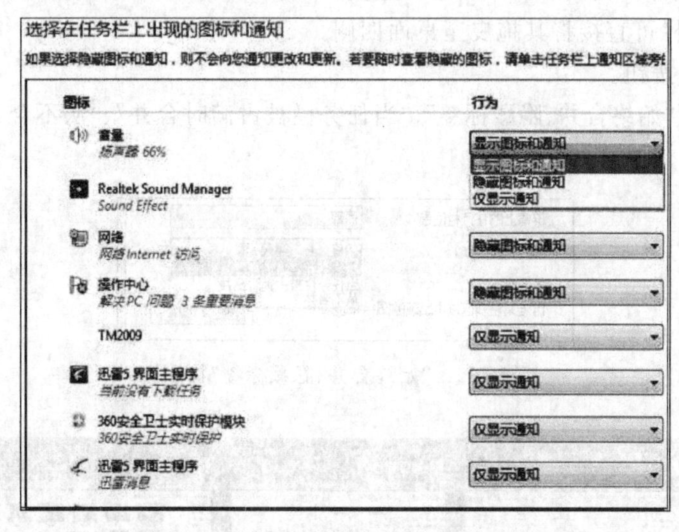


图 2-19 通知区域图标和通知区域对话框

(7) 使用 Aero Peek 预览桌面。

勾选“使用 Aero Peek 预览桌面”后,当鼠标移动到任务栏末端的“显示桌面”时,会暂时看到桌面。

## 2.2 Windows 资源管理

Windows 中的资源包括文字、声音、图像、视频、动画以及各种软、硬件等,这些资源均是以文件的形式存储的。为便于对各类文件进行管理,Windows7 中除了使用文件夹外,还新增了“库”。本节将详细介绍文件和文件夹,以及“库”的相关操作,帮助用户管理计算机中的各种资源。

**学习要点:**

1. 文件和文件夹的基本操作;
2. 设置文件和文件夹;
3. 使用库和回收站。

### 2.2.1 文件和文件夹

文件是储存在计算机磁盘内的一系列数据的集合。而文件夹则是文件的集合,用来存放单个或多个文件。

**1. 文件**

文件是 Windows 中最基本的存储单位，它包含文本、图像或数值数据等信息。在计算机中，任何文件都用文件名来标识。

文件名的格式为："文件名.扩展名"。通常，文件类型可以通过文件的扩展名来区分。如".docx"文件为 Word 文档。

**2. 文件夹**

文件夹是可以在其中存储文件的容器。如果在桌面上放置数以千计的纸质文件，要在需要时查找某个特定文件几乎是不可能的。这就是人们时常把纸质文件存储在文件柜内文件夹中的原因。计算机上文件夹的工作方式与此相似。

文件夹还可以存储其他文件夹。文件夹中包含的文件夹通常称为"子文件夹"。在 Windows 7 中，可以创建任何数量的子文件夹，每个子文件夹中又可以容纳任何数量的文件和其他子文件夹。

**3. 文件或文件夹的命名规则**

给文件或文件夹命名时，必须遵循以下规则：

(1) 名称不得超过 255 个字符。

(2) 名称除了开头之外任何地方都可以使用空格。

(3) 名称中不能有下列符号："\"、"/"、":"、"*"、"?"、"""、"<"、">"、"|"。

(4) 名称不区分大小写，但在显示时可以保留大小写格式。

### 2.2.2 Windows 7 资源管理器

"资源管理器"是 Windows 系统提供的资源管理工具，我们可以用它查看电脑中的所有资源，特别是它提供的树形的文件系统结构，使我们能更清楚、更直观地认识电脑的文件和文件夹，这是"我的电脑"所没有的。在实际的使用功能上，"资源管理器"和"我的电脑"没有什么不一样，两者都是用来管理系统资源的。

与 Windows XP 相比，Windows 7 的资源管理器在界面和功能上有了很大改进，例如增加了"预览窗格"以及内容更加丰富的"详细信息栏"等功能。

**1. 启动"资源管理器"启动方法**

方法 1：双击桌面"资源管理器"快捷方式图标。

方法 2：单击任务栏"资源管理器"快捷方式图标。

方法 3：右击任务栏上"开始"按钮，选择"资源管理器"。

方法 4：右击桌面上"我的电脑"、"我的文档"、"网上邻居"或"回收站"等系统图标，从快捷菜单中选择"资源管理器"命令。

方法 5：在"开始"菜单→"程序"→"附件"中选择"资源管理器"。

方法 6：在"我的电脑"窗口中，单击工具栏上的"文件夹"按钮。

**2. 资源管理器的界面及组成**

"资源管理器"的"浏览"窗口通常显示有标题栏、菜单栏、工具栏、左窗口、右窗口和状态栏等几部分。

“资源管理器”窗口与2.1节所述的窗口组成部分基本一致，用户可以对照学习。其窗口的特别之处，在于包括文件夹窗口和文件夹内容窗口。左边的文件夹窗口以树形目录的形式显示文件夹，右边的文件夹内容窗口是左边窗口中所打开的文件夹中的内容，如图2-20所示。

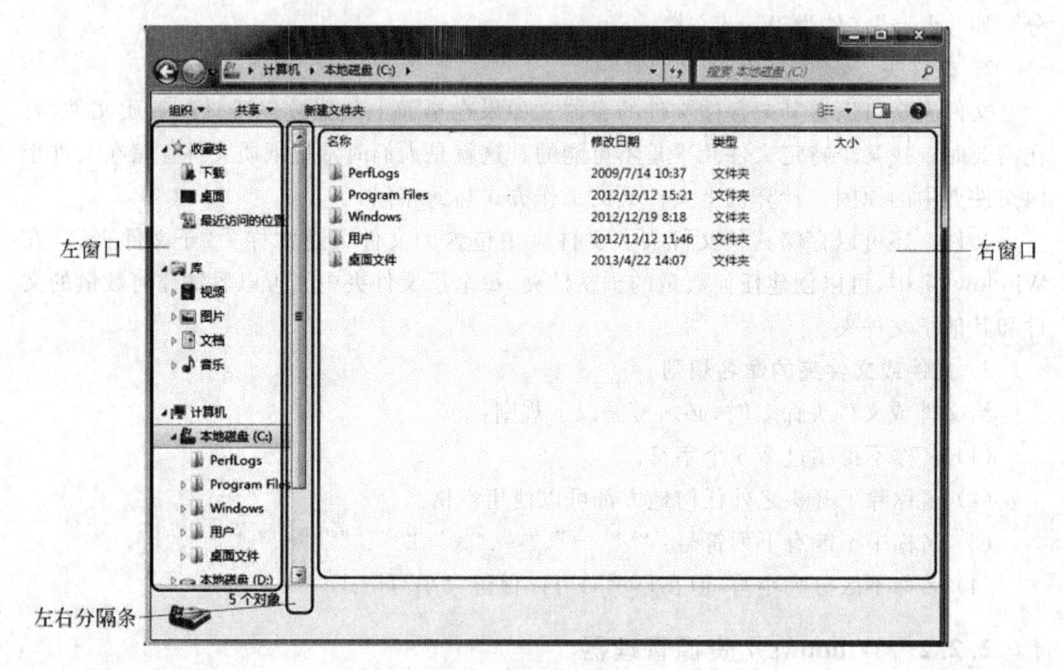


图2-20 “资源管理器”窗口

左窗口：

- 左窗口显示各驱动器及内部各文件夹列表等。
- 选中(单击文件夹)的文件夹称为当前文件夹，此时其图标呈打开状态，名称呈反向显示。
- 文件夹左方有＋标记的表示该文件夹有尚未展开的下级文件夹，单击＋可将其展开(此时变为－)，没有标记的表示没有下级文件夹。

右窗口：

- 右窗口显示当前文件夹所包含的文件和下一级文件夹。
- 右窗口的显示方式可以改变：右击选择“查看”命令或单击工具栏“更改您的视图”，用户可以选择超大图标、大图标、中等图标、小图标、列表、详细信息、平铺或内容等。
- 右窗口的排列方式可以改变：右击选择命令“排列方式”，用户可以选择按名称、按类型、按大小、按修改日期等方式对窗口中的文件进行排序。

左右分隔条：拖动窗口左右分隔条，可改变左右窗口大小。

### 2.2.3 文件和文件夹的基本操作

**1. 创建文件夹**

在使用应用程序编辑文件时，通常需要新建文件。用户也可以根据自己的需求，创建文件夹来存放相应类型的文件。

**示例**

在D盘新建一个名为“我的爱好”文件夹。

第一步：右击任务栏上“开始”按钮→选择“资源管理器”。

第二步：在“资源管理器”窗口左窗格中，选择D盘后，在右窗格空白处右击，在弹出的快捷菜单中选择“新建”→“文件夹”命令。

第三步：为新建的文件夹命名“我的爱好”，即可完成文件夹的创建。

**2. 选择文件和文件夹**

用户对文件和文件夹进行操作之前，先要选定文件和文件夹，选中的目标在系统默认下呈蓝色状态显示。Windows系统提供了以下几种选择文件和文件夹的方法。

（1）选择单个文件或文件夹：单击文件或文件夹图标即可将其选择。

（2）选择多个相邻的文件或文件夹：选择第一个文件或文件夹后，按住Shift键，然后单击最后一个文件或文件夹。

（3）选择多个不相邻的文件或文件夹：选择第一个文件或文件夹后，按住Ctrl键，逐一选择的文件或文件夹。

（4）选择所有的文件或文件夹：按Ctrl+A键即可选中当前窗口中所有文件或文件夹。

（5）选择某一区域的文件或文件夹：在需选择的文件或文件夹起始位置按住鼠标左键进行拖动，此时窗口中出现一个蓝色的矩形框，当该矩形框包含了需要选中的文件或文件夹后，松开鼠标左键。

**3. 复制和移动文件或文件夹**

有时，您可能希望更改文件在计算机中的存储位置，或需要对一些文件或文件夹进行备份，也就是创建文件或文件夹的副本，这里就需要用到“移动”命令和“复制”命令进行操作。

复制文件或文件夹的方法有以下几种。

方法1：选择要复制的文件或文件夹，按住Ctrl键拖曳鼠标到目标位置。

方法2：选择要复制的文件或文件夹，按住右键，并拖曳鼠标到目标位置，在弹出的快捷菜单中选择“复制到当前位置”菜单命令。

方法3：选择要复制的文件，按Ctr+C键，在目标位置按Ctrl+V键即可复制文件。用户还可以选择“复制”命令和“粘贴”命令，对文件或文件夹进行复制操作。

移动文件或文件夹的方法，与复制操作相似，请读者自己进行操作实践，在此不再复述。

**4. 重命名文件和文件夹**

用户在新建文件或文件夹后，已经给文件或文件夹命名了。不过在实际操作过程中，为了方便用户管理和查找文件和文件夹，可能要根据用户需求对其重新命名。

**示例**

如将D盘新建的“我的爱好”文件夹改名为MY HOBBY，右击“我的爱好”文件夹，在弹出的快捷菜单中选择“重命名”命令即可。

**5. 删除文件或文件夹**

为保持计算机中的文件系统的整洁、有条理，用户经常需要删除一些已经没有用的或损坏的文件和文件夹。

删除文件和文件夹的方法有以下几种：

方法 1：选中要删除的文件或文件夹，然后直接按 Delete 键。

方法 2：右击要删除的文件或文件夹，然后在弹出的快捷菜单中选择“删除”命令。

方法 3：将要删除的文件或文件夹，直接拖动到回收站里。

方法 4：选中要删除的文件或文件夹，单击窗口工具栏的“组织”按钮，在弹出的下拉菜单中选择“删除”删除命令。

**6. 查看文件和文件夹**

用户一般在窗口工作区对文件进行查看。

**示例**

查看 C 盘中的资源。

第一步：选择“开始”→“计算机”，打开计算机的窗口工作区，如图 2-21 所示。

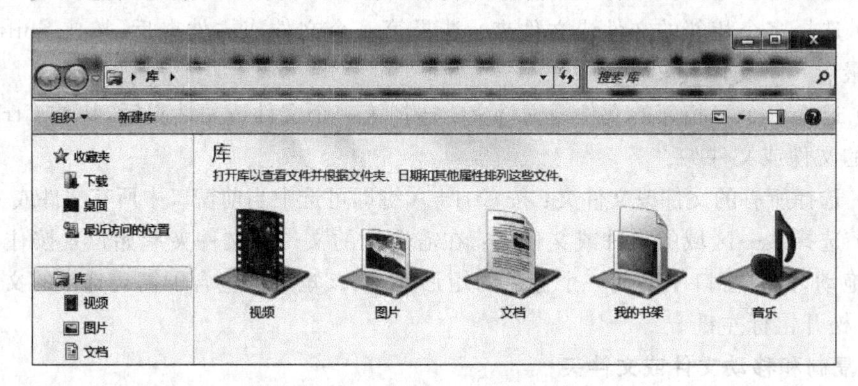


图 2-21　查看文件和文件夹

第二步：在该窗口工作区中双击 C 盘，打开 C 盘窗口，找到并双击“我的书架”文件夹，如图 2-22 所示。

图 2-22　“我的书架”文件夹

第三步：在该文件夹中找到要查看到的文件，双击打开该文件即可。

### 2.2.4 设置文件和文件夹

除了文件和文件夹的基本操作，用户还可以对文件和文件夹进行各种设置，以便于更好的管理文件和文件夹。

**1. 隐藏文件和文件夹**

如果用户不想让计算机的某些文件或文件夹被其他人看到，可以将这些文件或文件夹进行隐藏设置。当用户想查看时，再将其显示出来。

**示例**

隐藏 D 盘“MY HOBBY”文件夹，然后再重新显示该文件。

第一步：右击选中该文件夹，在弹出的快捷菜单中选择“属性”命令，如图 2-23 所示。

第二步：在打开的“属性”对话框的“常规”选项卡中，“属性”栏里选中“隐藏”复选框，如图 2-24 所示。

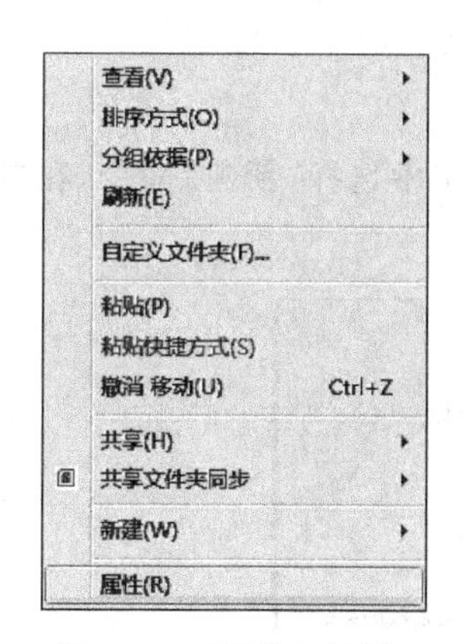


图 2-23 “属性”对话框

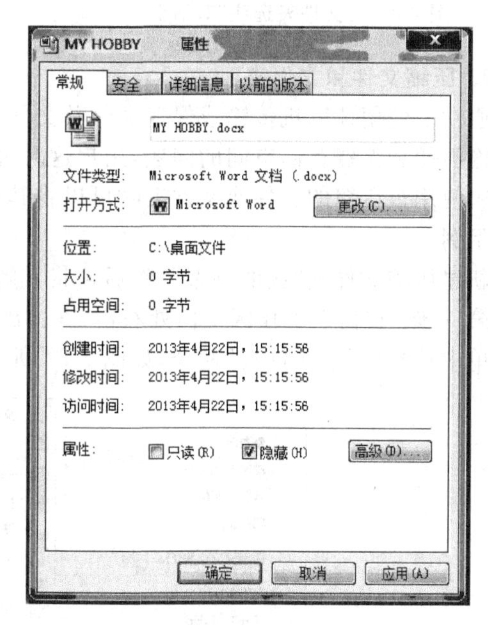


图 2-24 “常规”窗口

第三步：单击“确定”按钮，即可完成隐藏该文件的设置。

若用户想再显示该文件，则在窗口工作区中，操作进行如下：

第一步：单击工具栏上的“组织”按钮，在弹出菜单中选择“文件夹和搜索选项”命令，如图 2-25 所示。

第二步：在打开的“文件夹选项”对话框中，切换至“查看”选项卡，在“高级设置”列表框中“隐藏文件和文件夹”选项组中选中“显示隐藏的文件、文件夹和驱动器”单选按钮，如图 2-26 所示，单击“确定”按钮，被隐藏文件即可被显示出来。

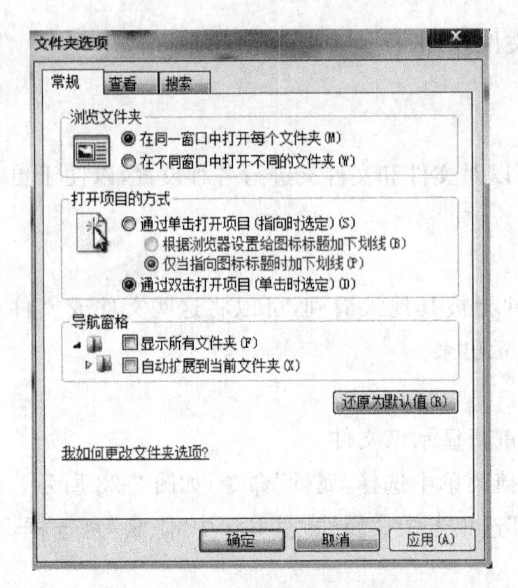


图 2-25 “文件夹选项”对话框

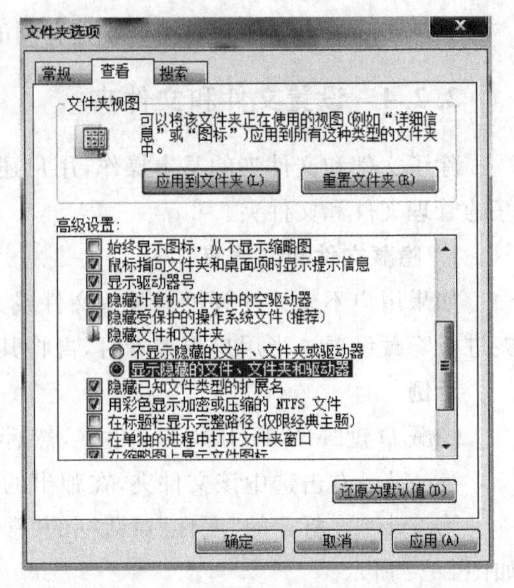


图 2-26 “查看”窗口

**2. 压缩文件和文件夹**

通常在使用计算机传输或保存文件及文件夹时，常常遇到文件或文件夹容量太大，造成传输不便和浪费存储空间的问题，用户这时可以压缩文件或文件夹使其减小体积，以后若再次使用被压缩的文件或文件夹时可以将其解压缩。

**示例**

新建压缩文件夹“我的书架”，然后再将其解压缩。

第一步：在窗口工作区空白处右击，在弹出的快捷菜单中选择“新建”命令，在打开的子菜单中选择“压缩文件夹”命令，如图 2-27 所示。

图 2-27 “压缩文件夹”命令

第二步：新建的压缩文件夹名字处于可编辑状态，输入“我的书架”后，按 Enter 键即可，如图 2-28 所示。

第三步：右击压缩“我的书架”文件夹，从弹出的快捷菜单中选择“全部提取”命令，如图 2-29 所示。

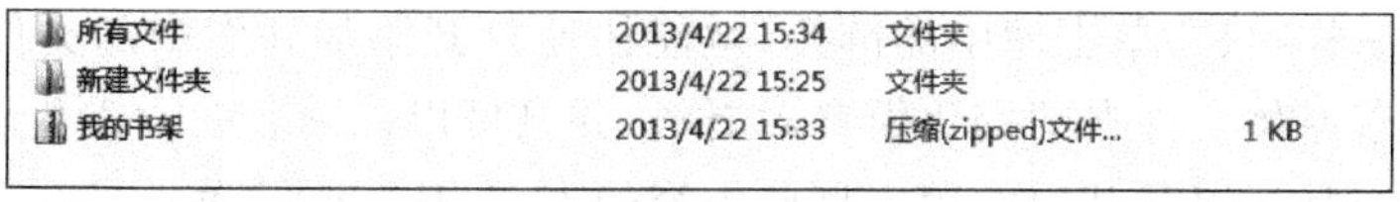

所有文件 2013/4/22 15:34 文件夹
新建文件夹 2013/4/22 15:25 文件夹
我的书架 2013/4/22 15:33 压缩(zipped)文件... 1 KB

图 2-28　“我的书架”压缩文件夹

所有文件 2013/4/22 15:34 文件夹
新建文件夹 2013/4/22 15:25 文件夹
我的书架 2013/4/22 15:33 压缩(zipped)文件... 1 KB
打开(O)
在新窗口中打开(E)
全部提取(T)...
打开方式(H)...
还原以前的版本(V)
发送到(N)
剪切(T)
复制(C)
创建快捷方式(S)
删除(D)
重命名(M)
属性(R)

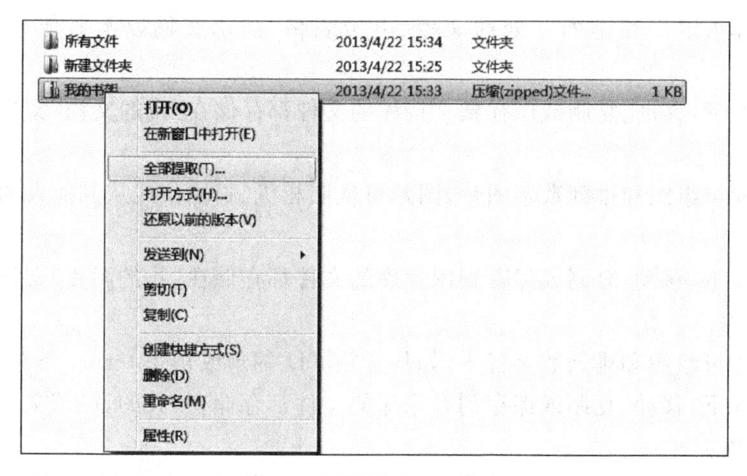

图 2-29　“全部提取”命令

第四步：打开“提取压缩文件夹”对话框，可以单击“浏览”按钮更改提取文件夹的路径，然后单击“提取”按钮，如图 2-30 所示。

提取压缩(Zipped)文件夹
选择一个目标并提取文件
文件将被提取到这个文件夹(F):
C:\桌面文件\我的书架
浏览(R)...
完成时显示提取的文件(H)
提取(E)
取消

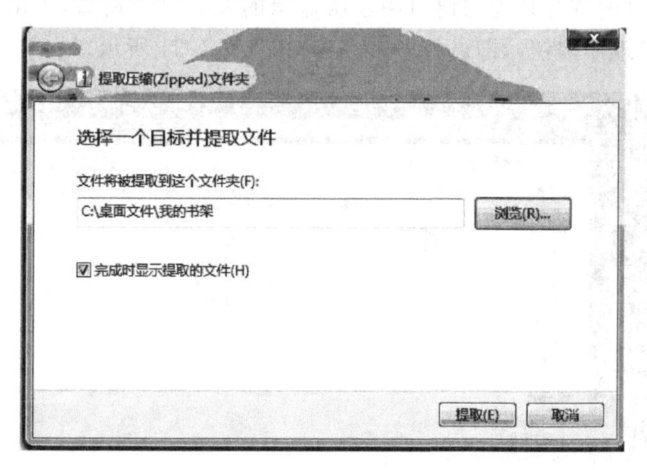

图 2-30　确认提取

第五步：当文件提取完毕后会自动打开存放提取文件的窗口，如果上一步骤未做路径改变，则会默认新建一个和原压缩文件夹同名的普通文件夹，压缩文件夹内的文件会被提取出并存储于该普通文件夹内。

## 2.2.5　使用 Windows 的库

### 1. 认识库

简单地讲，Windows 7 文件库可以将用户需要的文件和文件夹全部集中到一起，就像是网页收藏夹一样,只要单击库中的链接,就能快速打开添加到库中的文件夹。另外,库中的链接会随着原始文件夹的变化而自动更新,并且可以以同名的形式存在于文件库中。

以下是4个默认库及其通常用于哪些内容的列表,从“开始”菜单打开对应的库窗口:

1)文档库

使用该库可组织和排列字处理文档、电子表格、演示文稿以及其他与文本有关的文件。

默认情况下,移动、复制或保存到文档库的文件都存储在“我的文档”文件夹中。

2)图片库

使用该库可组织和排列数字图片,图片可从照相机、扫描仪或从其他人的电子邮件中获取。

默认情况下,移动、复制或保存到图片库的文件都存储在“我的图片”文件夹中。

3)音乐库

使用该库可组织和排列数字音乐,如从音频CD翻录或从Internet下载的歌曲。

默认情况下,移动、复制或保存到音乐库的文件都存储在“我的音乐”文件夹中。

4)视频库

使用该库可组织和排列视频,例如取自数字相机、摄像机的剪辑,或从Internet下载的视频文件。

默认情况下,移动、复制或保存到视频库的文件都存储在“我的视频”文件夹中。

在前面介绍过的资源管理器窗口中默认显示的就是“库”窗口,单击任务栏中的库文件夹按钮(资源管理器按钮),即可打开“库”窗口,如图2-31所示。

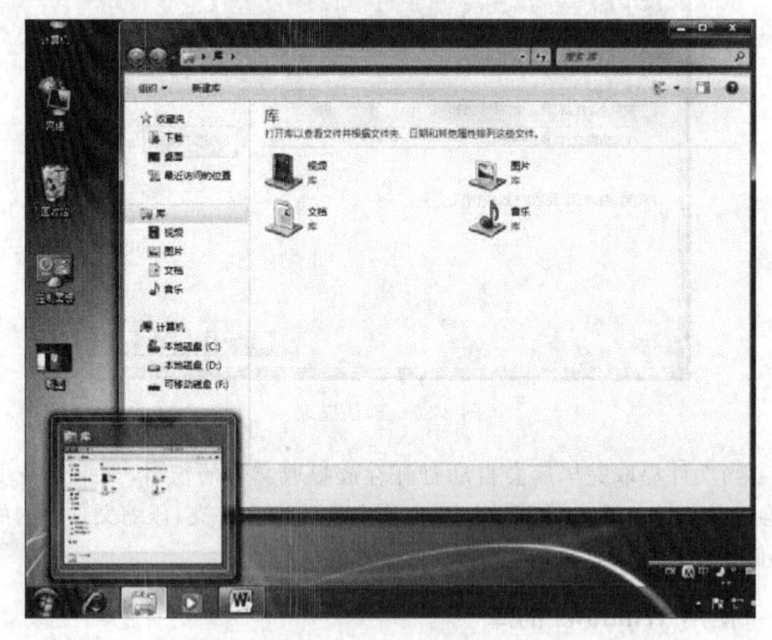


图2-31 “库”窗口

**2. 新建库**

如果用户觉得系统默认提供的“库”目录还不够用，还可以新建库目录，下面通过一个具体实例来介绍如何新建库。

**示例**

新建一个名为“我的书架”的库。

第一步：单击任务栏中的“库”按钮打开库窗口，在空白处右击，在弹出的快捷菜单中依次选择“新建”、“库”命令，如图 2-32 所示。

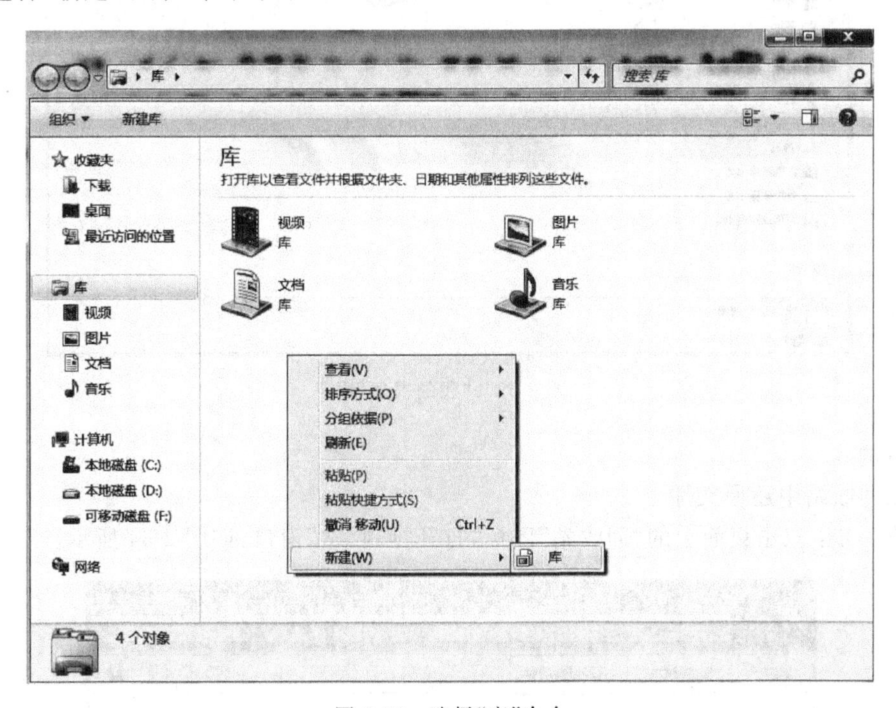


图 2-32　选择“库”命令

第二步：此时，在库窗口中即可自动出现一个名为“新建库”的库图标，并且其名称处于可编辑状态。

第三步：直接输入新库的名称“我的书架”，然后按下 Enter 键，即可新建一个库，如图 2-33 所示。

## 2.2.6　回收站

回收站是系统默认存放删除文件的场所，一般文件和文件夹删除的时候，都自动移动到回收站里，而不是从磁盘里彻底的删除，这样可以防止文件的误删除，随时可以从回收站里还原文件和文件夹。

**1. 回收站还原文件**

从回收站中还原文件有两种方法，一种是右击准备还原的文件，在弹出的快捷菜单中选择“还原”命令，即可将该文件还原到被删除之前文件所在的位置。另一种是直接使用回收站窗口中的菜单命令还原文件。

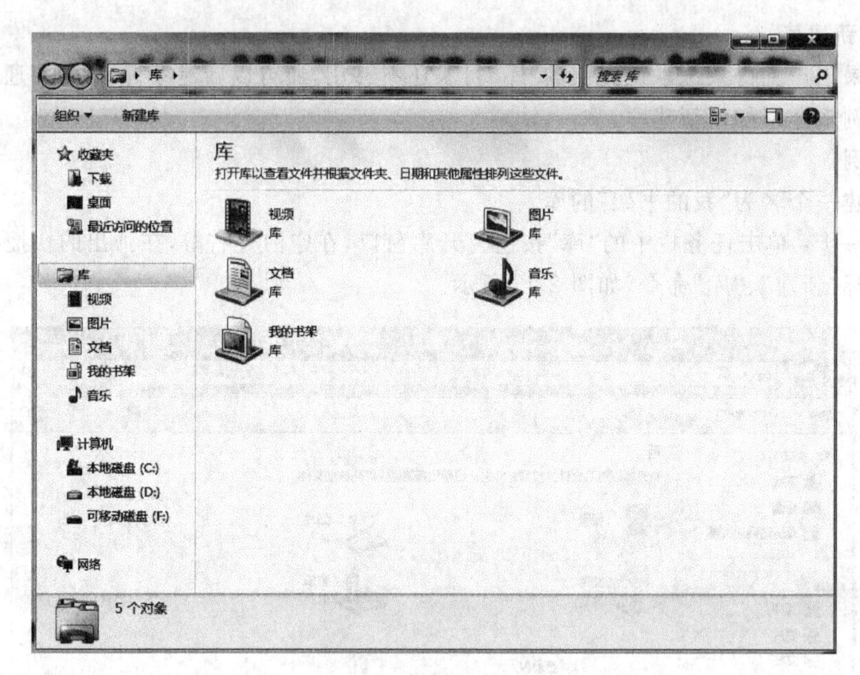


图 2-33 “我的书架”库

**示例**

在回收站中还原文件。

第一步：双击桌面上的“回收站”图标，打开“回收站”窗口，如图 2-34 所示。

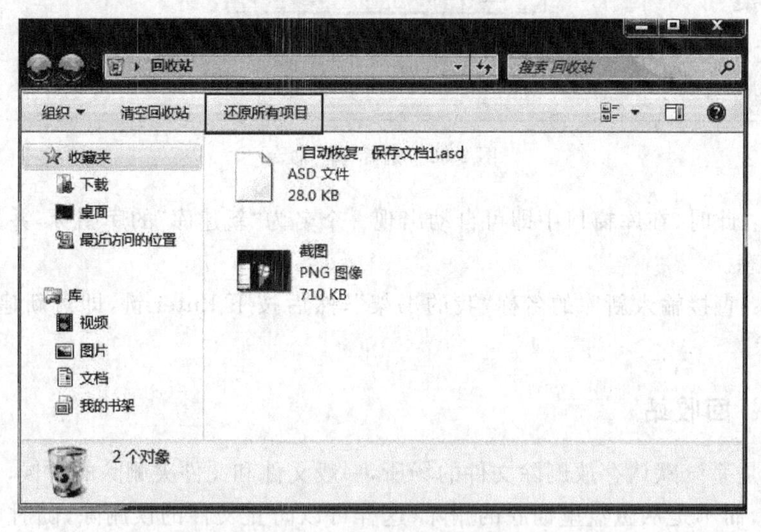


图 2-34 “回收站”窗口

第二步：右击“回收站”中要还原的文件，在弹出的快捷菜单中选择“还原”命令，即可将该文件还原到删除前的位置。

此外，选中要还原的文件后，单击“还原此项目”按钮，也可将文件还原。还原后“回收站”窗口内将失去该文件。

**2. 回收站删除文件**

在回收站中，删除文件和文件夹是永久删除，方法是右击要删除的文件，在弹出的快捷菜单中选择“删除”命令，如图 2-35 所示。

**3. 清空回收站**

清空回收站，即将回收站里的所有文件和文件夹全部永久删除，此时用户就不必去选择要删除文件，直接右击桌面“回收站”图标，在弹出的快捷菜单中选择“清空回收站”命令，如图 2-36 所示。

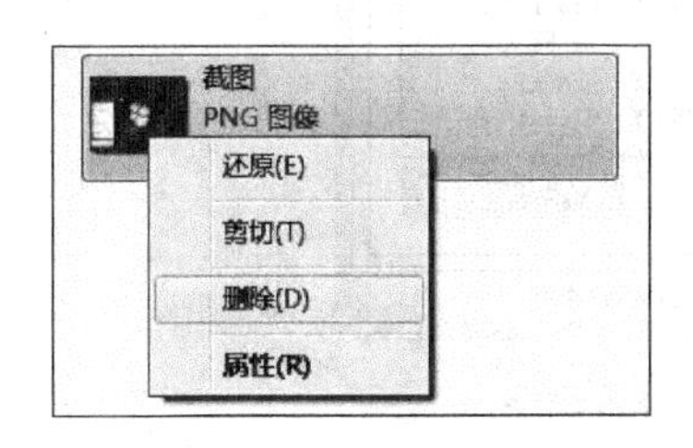

图 2-35 “删除”命令

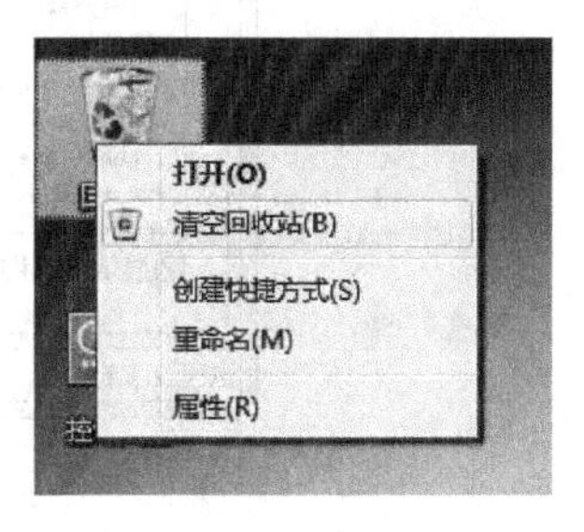

图 2-36 “清空回收站”命令

## 2.3 任务管理

每次启动系统后，在任务管理器中会看到系统加载很多进程，其中包括随机启动的程序、加载各项服务等，这些进程是不是都是我们用的呢？哪个进程占用的资源大呢？每个程序运行后启动了多少关联的程序呢？哪个程序是木马程序加载的呢？

在这一节里，我们将介绍 Windows 系统中，如何借助任务管理器，对系统中的各项进程进行管理。

**学习要点：**

1. 认识 Windows 7 系统的任务管理器
2. 了解任务管理器不同选项卡的功能
3. 进行类似实验，充分认识 Windows 7 系统

### 2.3.1 开启任务管理器

任务管理器是系统的检测工具，它可以帮助用户随时检测计算机的性能，监视内存的使用情况。在 Windows 系统中，开启任务管理器常用的方法有：

（1）用户按下 Ctrl＋Alt＋Delete 键，选择其中的“启动任务管理器”窗口；

（2）直接按下 Ctrl＋Shift＋Esc 键，即可打开如图 2-37 所示的“Windows 任务管理器”窗口；

（3）右键单击任务栏，选择其中的“启动任务管理器”，也能打开图 2-37 所示的窗口。

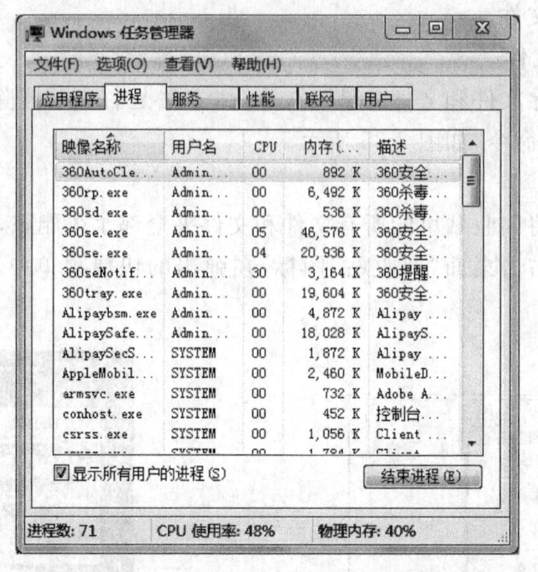


图 2-37 Windows 7 任务管理器

## 2.3.2 任务管理器的功能介绍

Windows 7 任务管理器提供了有关计算机性能的信息，并显示了计算机上所运行的程序和进程的详细信息；如果连接到网络，那么还可以查看网络状态并迅速了解网络是如何工作的。它的用户界面提供了文件、选项、查看、窗口、关机、帮助等六大菜单项，其下还有应用程序、进程、性能、联网、用户等五个标签页，窗口底部则是状态栏，从这里可以查看到当前系统的进程数、CPU 使用比率、物理内存等数据，默认设置下系统每隔两秒钟对数据进行一次自动更新，也可以单击“查看”→“更新速度”菜单重新设置。

**1. 应用程序**

“应用程序”显示了所有当前正在运行的应用程序，不过它只会显示当前已打开窗口的应用程序，而 QQ、MSN Messenger 等最小化至系统托盘区的应用程序则并不会显示出来。只有当正在使用 QQ 时，才会有所显示，如图 2-38 所示。

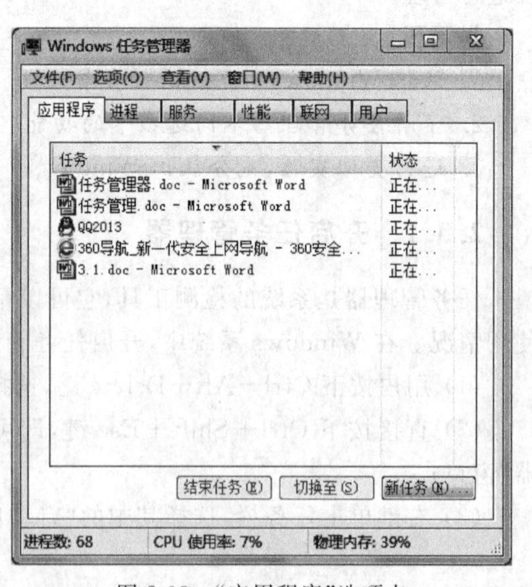


图 2-38 “应用程序”选项卡

可以在这里单击“结束任务”按钮直接关闭某个应用程序，如果需要同时结束多个任务，可以按住 Ctrl 键复选；单击“新任务”按钮，出现可以直接打开相应的程序、文件夹、文档或 Internet 资源，如果不知道程序的名称，可以单击“浏览”按钮进行搜索，如图 2-39 所示。

**2. 进程**

进程显示了所有当前正在运行的进程,包括应用程序、后台服务等,那些隐藏在系统底层深处运行的病毒程序或木马都可以在这里找到。找到需要结束的进程名,然后执行右键菜单中的"结束进程"命令,就可以强行终止,如图 2-40 所示,不过这种方式将丢失未保存的数据,而且如果结束的是系统服务,则系统的某些功能可能无法正常使用。

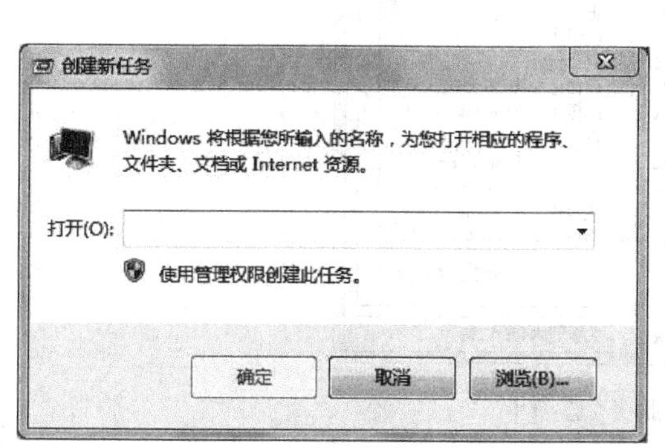


图 2-39 "创建新任务"对话框

图 2-40 "进程"选项卡

表 2-2 是给出的几个常用进程及其功能。

**表 2-2 实验记录**

| 映像名称 | 功能 |
| --- | --- |
| svchost. exe | 从动态链接库(DLL)中运行的服务 |
| mstask. exe | 允许程序在指定时间运行 |
| Sqlwriter. exe | SQL 编写器服务 |
| Spoolsv. exe | 打印功能 |
| Zhudongfangyu. exe | 主动防御服务模块 |
| Svchost. exe | 包含多项系统服务 |
| regsvc. exe | 允许远程注册表操作 |
| Lsass. exe | 用于本地安全和登陆策略 |
| Services. exe | 用于管理启动和停止服务 |
| Winlogon. exe | 管理用户登录和退出 |
| Csrss. exe | 这是 Windows 的核心部分之一,全称为 Client Server Process。我们不能结束该进程。这个只有 4KB 的进程经常消耗 3MB 到 6MB 左右的内存,建议不要修改此进程,让它运行好了 |

**3. 服务**

服务可用来检测一个项目并查看其描述。名称是指服务项的名称，选中并单击服务可进入“服务”界面，如图 2-41 所示。选择开启或关闭服务项，如图 2-42 所示。

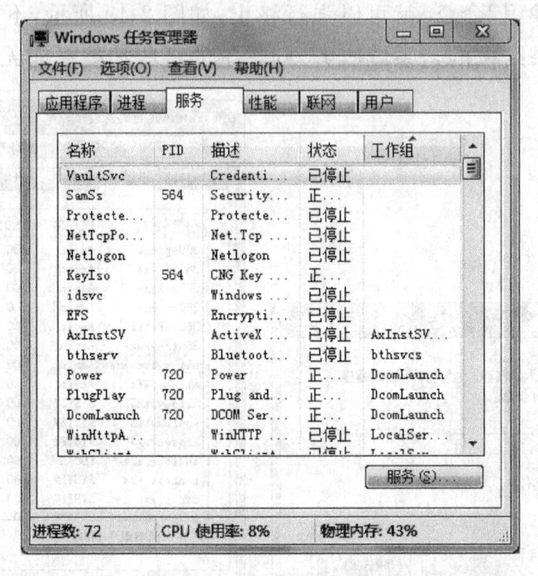


图 2-41 “服务”选项卡

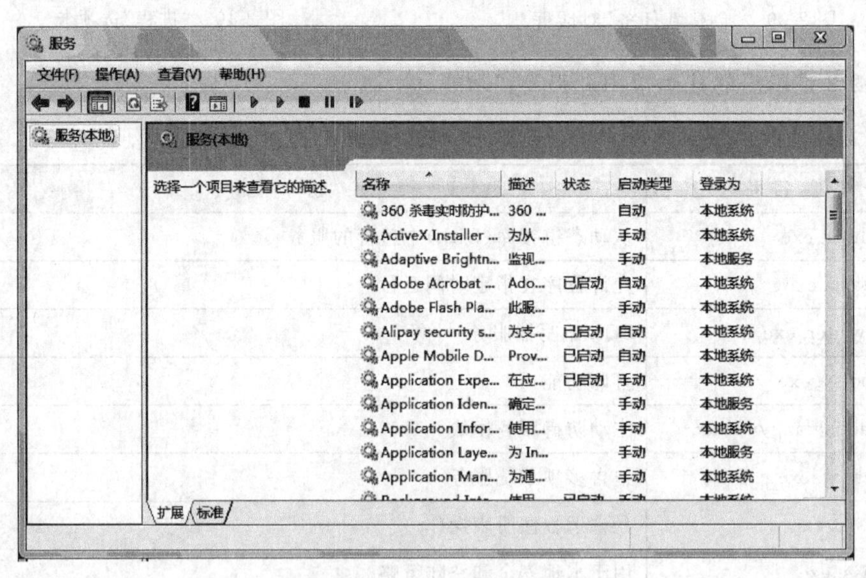


图 2-42 “服务”界面

在 Windows 7 系统中，有一些服务项是可以关闭的，其中包括 Adaptive Brightness、Application Layer Gateway Service、Application Management 等服务项。

**4. 性能**

从任务管理器中可以看到计算机性能的动态概念，例如 CPU 和各种内存的使用情况，如图 2-43 所示。

CPU 使用率：表明处理器工作时间百分比的图表，该计数器是处理器活动的主要指示器，查看该图表可以知道当前使用的处理时间是多少。

CPU 使用记录：显示处理器的使用程序随时间的变化情况的图表，图表中显示的采样情况取决于“查看”菜单中所选择的“更新速度”设置值，“暂停”表示不自动更新。

总数：显示计算机上正在运行的句柄、线程、进程的总数。

句柄数：所谓句柄实际上是一个数据，是一个长整型(Long)的数据。

句柄是 Windows 用来标识被应用程序所建立或使用的对象的唯一整数，Windows 使用各种各样的句柄标识诸如应用程序实例、窗口、控制、位图等等。

**5. 联网**

联网显示了本地计算机所连接的网络通信量的指示，使用多个网络连接时，可以在这里比较每个连接的通信量，当然只有安装网卡后才会显示该选项，如图 2-44 所示。

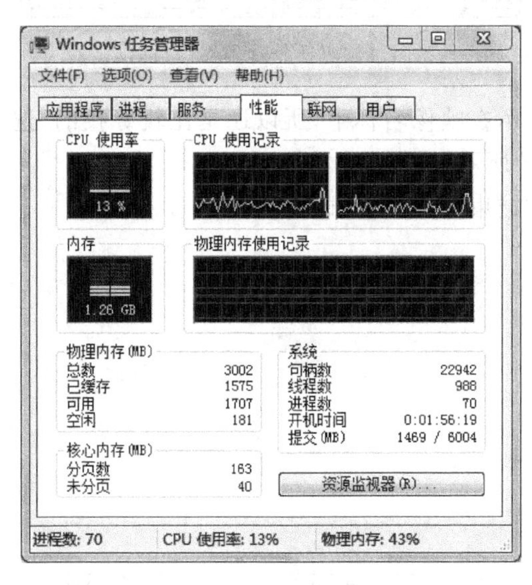


图 2-43 “性能”选项卡

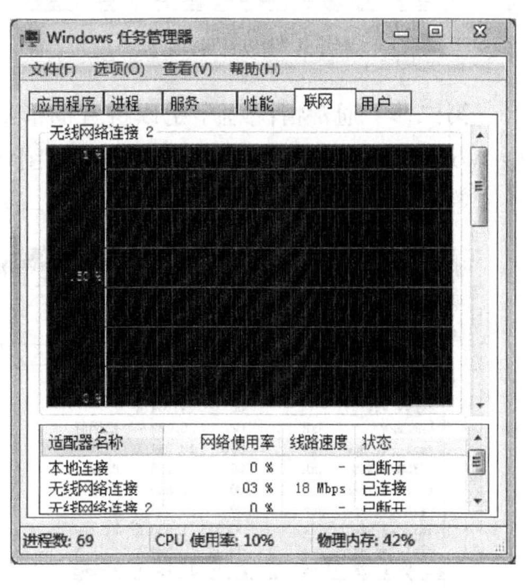


图 2-44 “联网”选项卡

**6. 用户**

图 2-45 为任务管理器“用户”选项卡所对应的窗口，该窗口显示了当前已登录和连接到本机的用户数、标识(标识该计算机上的会话的数字 ID)、活动状态(正在运行、已断开)、客户端名，可以单击“注销”按钮重新登录，或通过“断开”按钮连接与本机的连接，如果是局域网用户，还可以向其他用户发送消息。

### 2.3.3 结束进程

示例

使用任务管理器停止当前运行的 Word 进程。

第一步：右击任务栏，选择其中的“启动任务管理器”，打开图 2-46 所示的窗口。

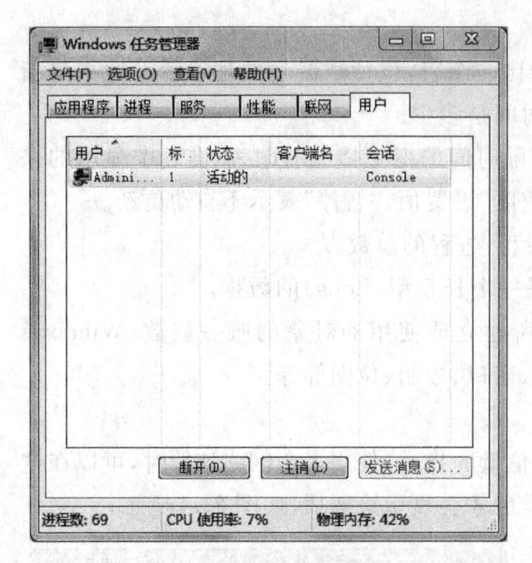


图 2-45 “用户”选项卡

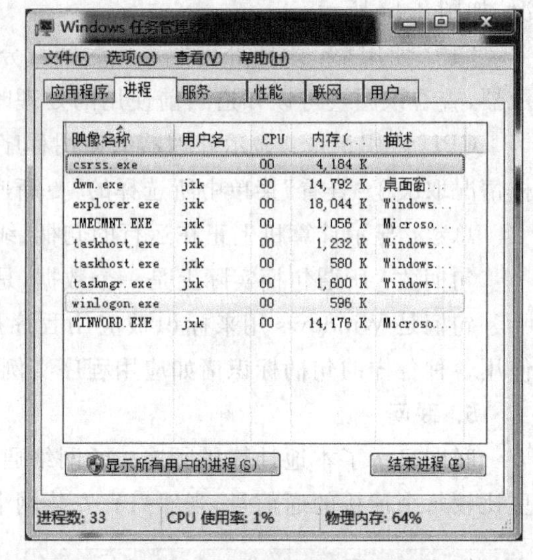


图 2-46 “任务管理器”对话框

第二步：通常情况程序是以拼音的形式显示在映像名称中，所以还是比较好找的，选中 Word 进程，单击“结束进程”按钮，如图 2-47 所示。

第三步：在打开确结束的对话框中，单击“结束进程”按钮即可，如图 2-48 所示。

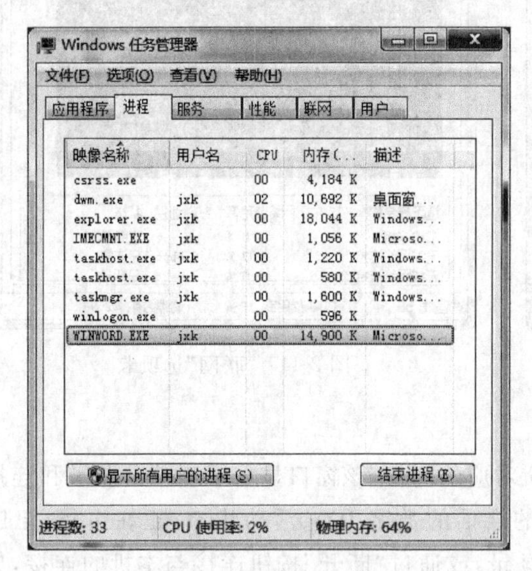


图 2-47 结束进程

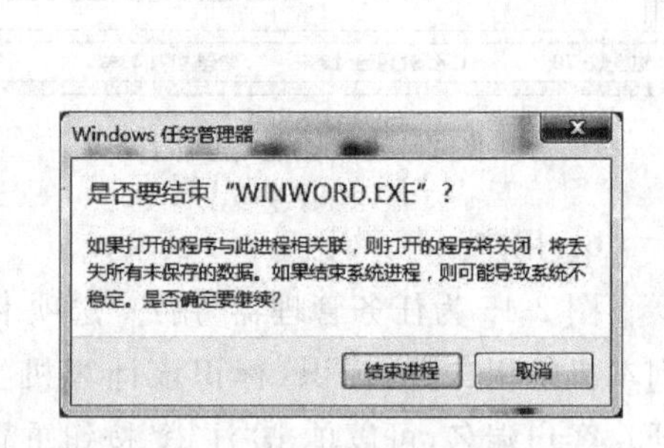


图 2-48 确认“结束进程”

## 2.4 系统环境管理

本节主要介绍利用控制面板以及设备管理器，对 Windows 系统环境进行管理的操作。

**学习要点：**

1. 认识控制面板，了解其各部分的用途；
2. 了解账户管理方法并进行验证；
3. 认识设备管理器，并掌握使用方法。

## 2.4.1 控制面板

### 1. 打开控制面板

控制面板是 Windows 系统中重要的设置工具之一，方便用户查看和设置系统状态，比如添加硬件、添加/删除软件、控制用户账户、更改辅助功能选项，等等。

控制面板可通过“开始”菜单中的“控制面板”直接访问，另外，也可右击桌面，在快捷菜单中依次选择“个性化”、“更改桌面图标”选项，勾选“控制面板”选项，即可在桌面看到控制面板快捷图标，通过双击打开“控制面板”，如图 2-49 和图 2-50 所示。

图 2-49 “控制面板”打开方式

打开控制面板后，在任务栏“控制面板”图标上右击，并选择“将此程序锁定到任务栏”，那么控制面板就固定在任务栏上了，这样以后再使用“控制面板”就很方便了。

### 2. 控制面板类别

控制面板主要包括系统和安全，网络和 Internet、硬件和声音、程序、用户账户和家庭安全（Windows 7 家庭版）、外观和个性化、时钟、语言和区域、轻松访问。

1）系统和安全

如图 2-51 所示，“操作中心”主要用于检查计算机的状态、解决问题，并更改用户账户控制设置；“Windows 防火墙”主要可以用来检查防火墙的状态，并允许指定的程序通过 Windows 防火墙；“系统”用于查看 RAM 的大小和处理器的速度，检查 Windows 体验指

图 2-50 “控制面板”界面

数，允许远程访问以及设备管理器的访问管理等；Windows Update 主要用于启用、检查、禁用系统的更新情况；“电源选项”用于更改电池设置，唤醒计算机时需要密码，更改电源按钮的功能以及修改计算机睡眠时间；“备份和还原”则用于备份计算机中的文件并还原；此外，还有“BitLocker 驱动器加密”功能，用于保护计算机；“管理工具”主要用于释放磁盘空间，对硬盘进行碎片整理，创建并格式化磁盘分区等。

图 2-51 系统和安全

图 2-52 是“系统和安全”下的“管理工具”的界面，读者可以根据自己的需要进行打开尝试。

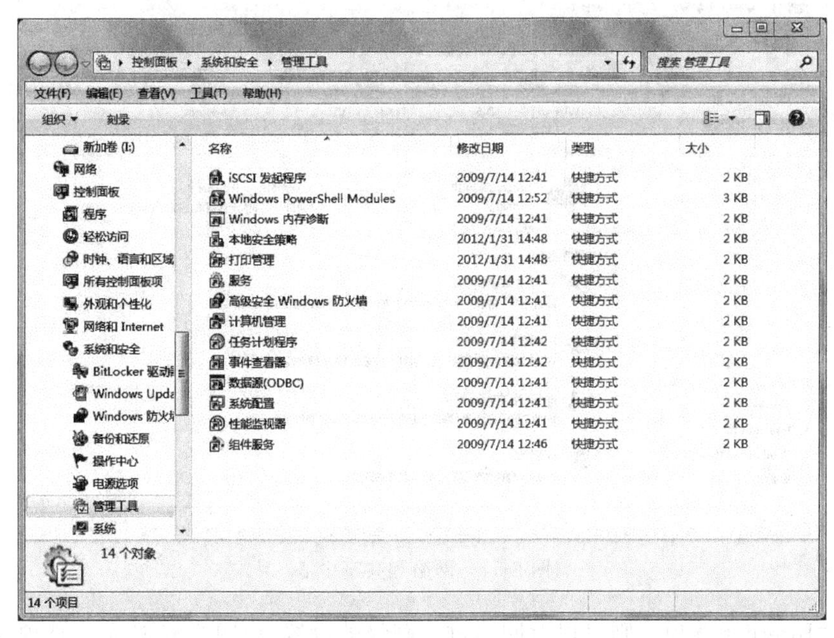


图 2-52 “管理工具”界面

2）网络和 Internet

如图 2-53 所示，这部分包括了：“网络和共享中心”，用于查看网络状态和任务、连接到网络、查看网络计算机和设备以及将无线设备添加到网络；“家庭组”，用于资源共享；以及“Internet 选项”，可以更改主页，管理浏览器加载项以及删除浏览历史记录。

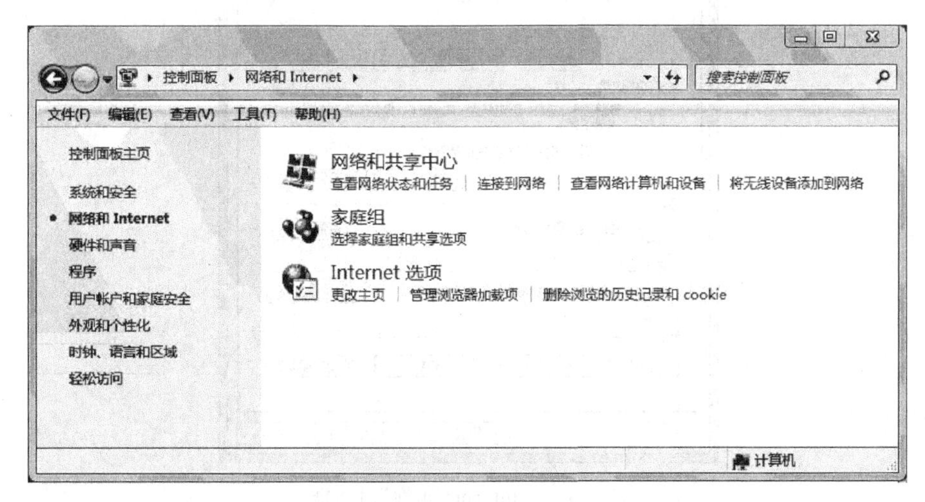


图 2-53 网络和 Internet

打开“网络和共享中心”，如图 2-54 所示，可以检查网络连接状况，并根据左侧的命令进行查询等功能。

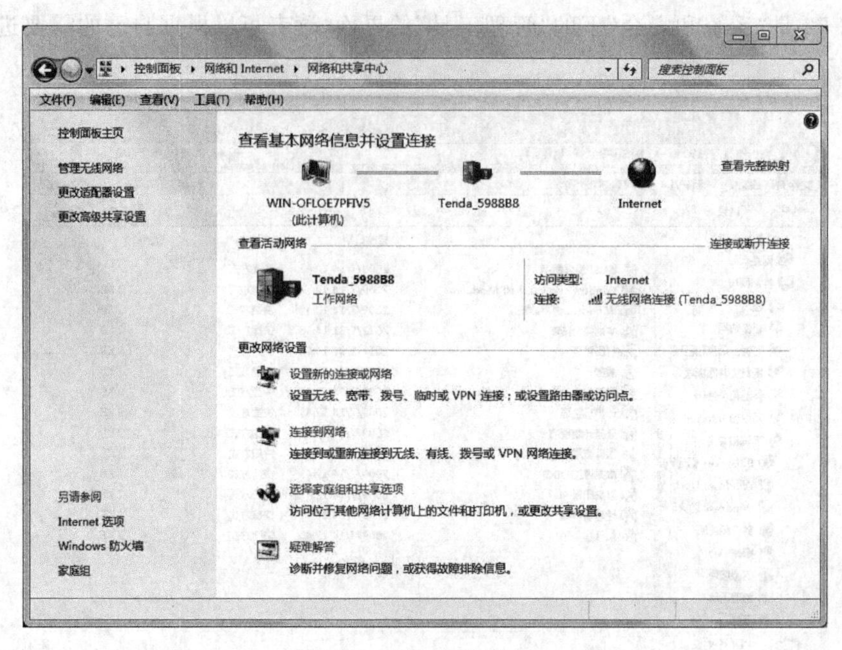


图 2-54　网络和共享中心

打开“Internet 选项”，则可以对网络进行高级的设置，如图 2-55 所示。选项卡包括了七项，读者可以分别打开这几个选项卡进行试验。

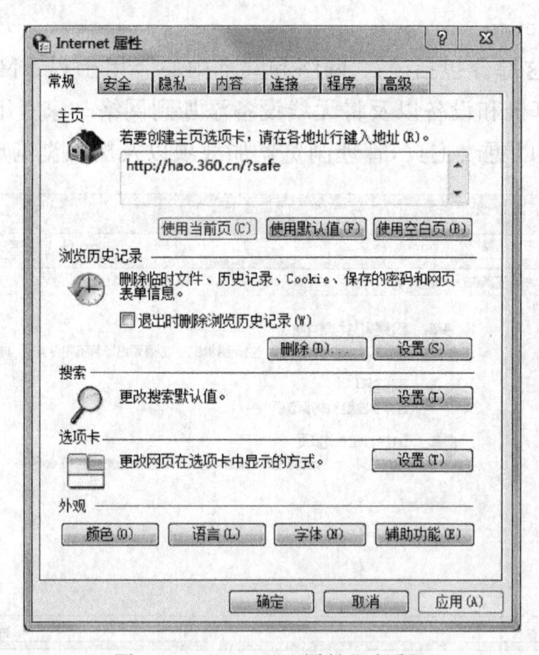


图 2-55　“Internet 属性”对话框

3）硬件和声音

如图 2-56 所示，在“硬件和声音”中，用户可以修改系统声音、电源信息等，其中“设备和打印机”用于添加设备(如打印机、鼠标等);“自动播放”可以更改媒体的默认设置并自动播放 CD 等媒体;“声音”可以用来调整系统音量更改系统声音以及管理音频;“电源选项”可以更改电池设置等,如图 2-57 所示;“显示”可以放大缩小文本、调整屏幕分辨率以及连接到外部显示器等;“Windows 移动中心”可以调整常用移动设置。

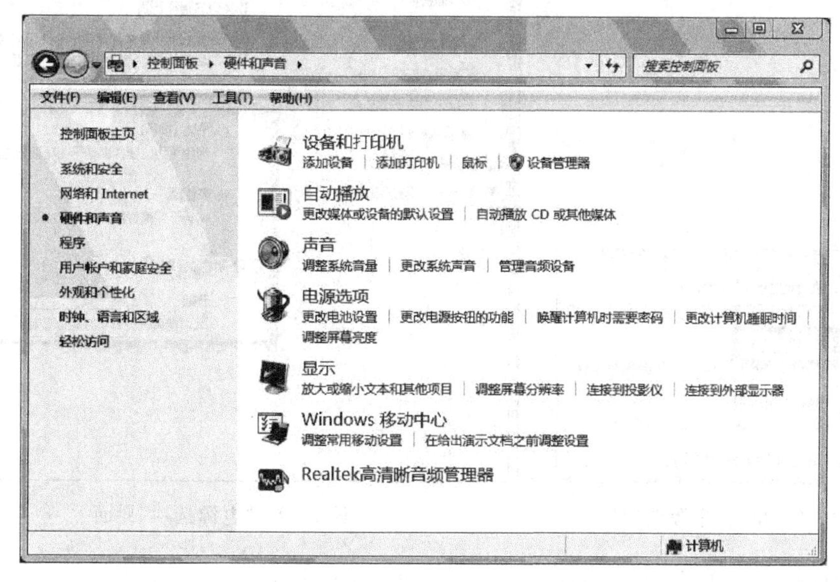


图 2-56 “硬件和声音”界面

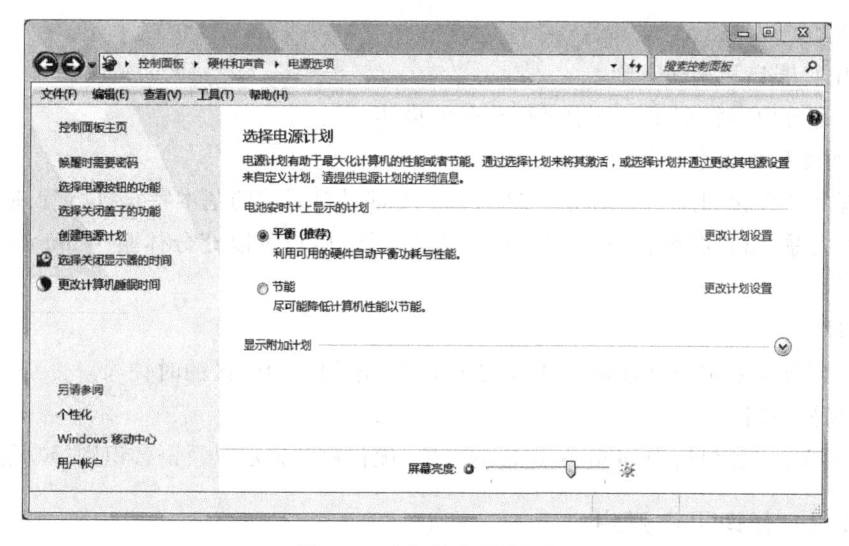


图 2-57 “电源选项”界面

**示例**

下面以“电源选项”为例,说明 Windows 7 系统如何选择电源计划。

第一步:开始菜单,依次单击“控制面板”→“系统和安全”→“电源选项”,如图 2-58 所示。

第二步：再选择需要的电源计划，如图 2-59 所示。

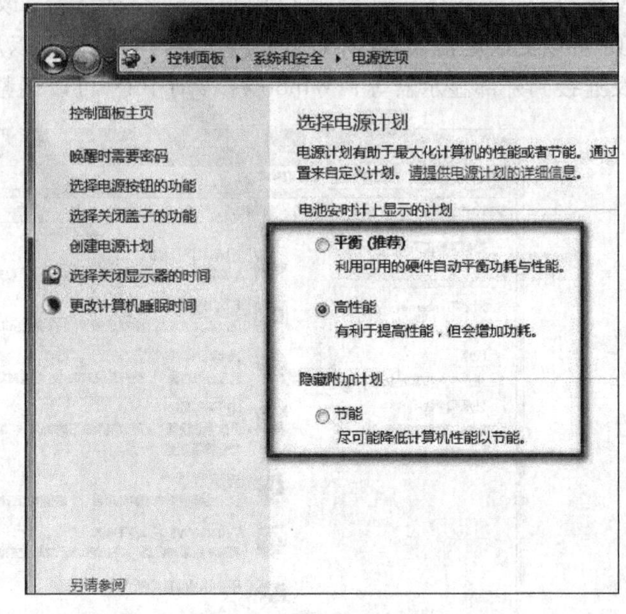


图 2-58 单击“电源选项”

图 2-59 “电源选项”界面

4）程序

在程序中，用户可以卸载程序，查看已安装的程序及其更新，运行以前的程序，并设置程序的类型。

5）用户账户和家庭安全

这一部分内容将在 4.2 节中进行充分的描述。

6）外观和个性化

外观和个性化如图 2-60 所示。这部分主要都是对系统的基本特点进行管理，包括系统的桌面背景、窗口颜色、声音效果、屏幕保护等等，用户可以充分体验 Windows 7 系统的优质画面。

7）时钟、语言和区域

这一部分主要用于设置时间日期、更改时区，添加不同时区的时钟等。

8）轻松访问

这一部分主要包括 Windows 建议的设置，优化视频显示以及语音识别等功能。

### 2.4.2 管理用户账户

Windows 7 系统是一个多用户、多任务的操作系统，该系统允许每个使用者建立自己的账户，并创造自己的专用工作环境，每个用户都可以建立账户、管理账户，保护自身的信息安全。

Windows 7 的账户类型包括以下 3 种。

• 管理员账户：管理员账户可以对全系统进行控制，并改变系统设置，安装卸载应用程序,并拥有计算机所有文件的访问权,还可以控制其他用户权限,每个Windows 7 系统都需要至少一个管理员账户。

- 标准用户账户:标准用户账户相较管理员账户而言,他的访问受到一定限制,在系统中可以创建多个这样的账户,也可以改变账户类型。该账户可以访问程序,但却缺少更改计算机设置的权利。
- 来宾账户:来宾账户是在计算机上没有用户账户的使用者,他只是一个临时账户,用于远程登录计算机的网上用户访问系统,来宾账户只具有最低的权限,没有密码,只能查看计算机中的资料。

图 2-60 “外观和个性化”界面

### 1. 创建新账户

用户安装 Windows 7 后,打开系统就默认了自动建立的用户是管理员账户,在这个账户下,用户可以创建用户账户。

示例

在 Windows 7 系统中,创建一个名为 Color 的管理员账户。

第一步:单击系统“开始”菜单,执行“控制面板”命令。依次单击“用户账户和家庭安全”→“用户账户”→“管理其他账户”选项,打开管理账户的窗口,如图 2-61 所示。

第二步:在界面中单击“创建一个新账户”,打开创建账户窗口,如图 2-62 所示。

第三步:在“新账户名”框中,输入新账号名“Color”,账户类型选择“管理员”,单击“创建账户”即可。

### 2. 更改账户设置

在创建账户后,用户可以根据实际情况来修改账户类型,改变账户的操作权限。在账户类型确定以后,也可以修改账户设置,如账户名称、密码和图片。

图 2-61 管理其他账户

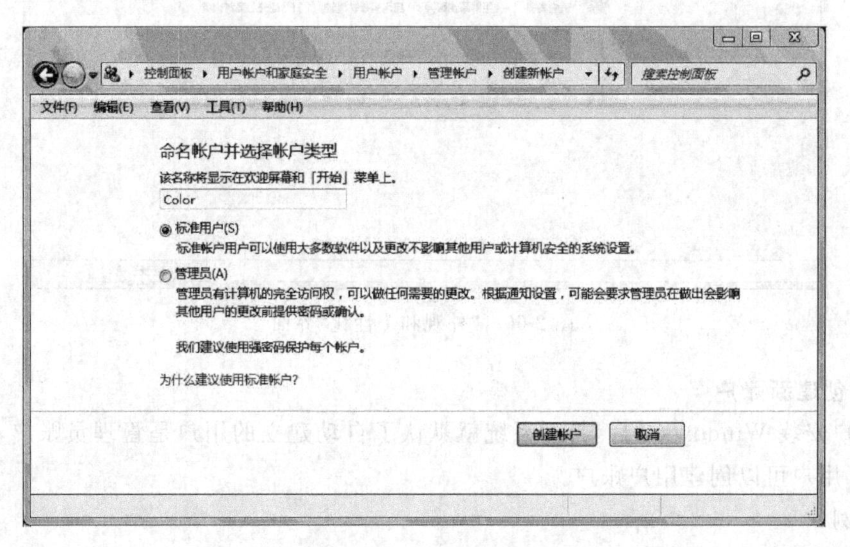


图 2-62 创建账户

**示例**

以刚创建的管理员账户 Color 为例，将其修改为标准用户账户。

第一步：依次选择"开始"→"控制面板"→"用户账户"→"管理账户"。

第二步：在"管理账户"中单击 Color 选项进入，并打开"更改账户类型"，如图 2-63 所示。

第三步：在"更改账户类型"中单击"标准用户"按钮，然后单击"更改账户类型"完成修改。

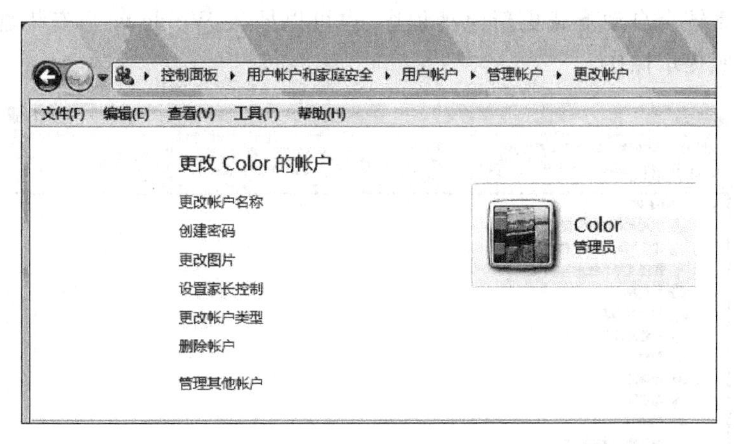


图 2-63 “管理账户”窗口

同此类似,用户还可以选择“创建密码”或“更改图片”等账户设置。

**3. 删除账户**

示例:

下面以 Color 账户为例,介绍如何删除账户。

第一步:依次选择“开始”→“控制面板”→“用户账户”→“管理账户”命令。

第二步:在“管理账户”中单击 Color 进入,单击“删除账户”。

第三步:删除用户前,系统会询问是否保留用户的配置文件,如果保留,请单击“保留文件”,否则就单击“删除文件”,然后单击“删除账户”按钮。

## 2.4.3 设备管理器

Windows 系列的设备管理器是一种管理工具,可用它来管理计算机上的设备,常用的操作主要包括:查看设备运行状态、更改设备属性、更新驱动、配置设备设置和卸载设备等。

右键单击“计算机”,选择弹出菜单中的“属性”,在打开的新窗口左侧,即可看到“设备管理器”,如图 2-64 所示,单击即可打开“设备管理器”窗口,如图 2-65 所示。

控制面板主页
设备管理器
远程设置
系统保护
高级系统设置

图 2-64 打开“控制面板”

**1. 查看硬件运行状态**

根据设备显示的问题符号,就可以判断设备的运行状态了。

1) 下箭头

说明该设备已经被禁用。

解决办法:右键单击该设备,从菜单中选择“启用”命令。

2) 黄色的问号或感叹号

如果看到某个设备前显示了黄色的问号或感叹号,前者表示该硬件未能被操作系统所识别;后者指该硬件未安装驱动程序或驱动程序安装不正确。

解决办法:首先,可以右击该硬件设备,选择“卸载”命令,然后重新启动系统。处在联网状态时，系统会自动下载更新驱动程序，也可以插入 Windows 7 安装盘选择恢复驱动程序，请按照提示操作。

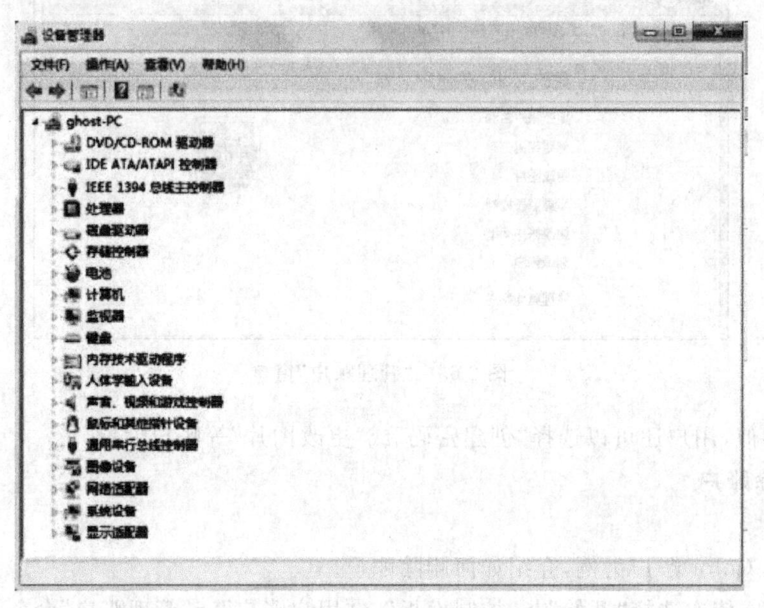


图 2-65　设备管理器

**2. 查看硬件属性**

右击希望查看的特定设备，在随后出现的快捷菜单中单击"属性"选项。以 1394 总线主控制面板为例，如图 2-66 所示。

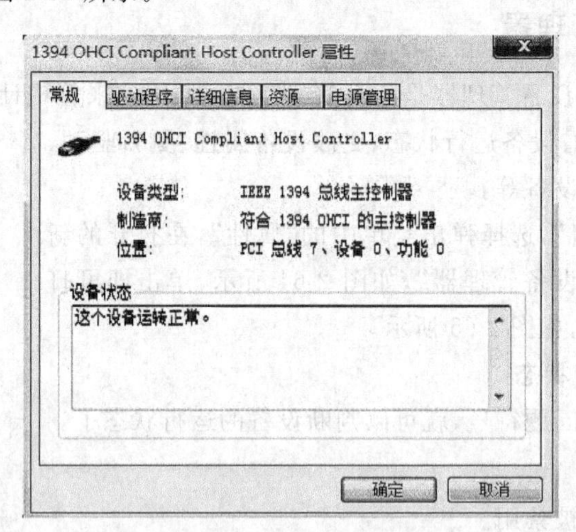


图 2-66　查看特定设备

"常规"选项卡上"设备状态"区域所显示的，是设备运行的描述信息。如果某设备出现了问题，问题的类型将会被显示出来。想获得更多解决问题的信息可以单击"疑难解答"。

### 3. 启用或更新硬件设备

右击希望启用的设备，选择“启用”或“更新程序驱动软件”。以更新为例，根据需要选择对应的更新方法，见图 2-67 所示。

### 4. 卸载硬件设备

操作类似启用，卸载后需要重新启动计算机方可生效。卸载后该设备无法使用，要谨慎选择“卸载”操作，如图 2-68 所示。

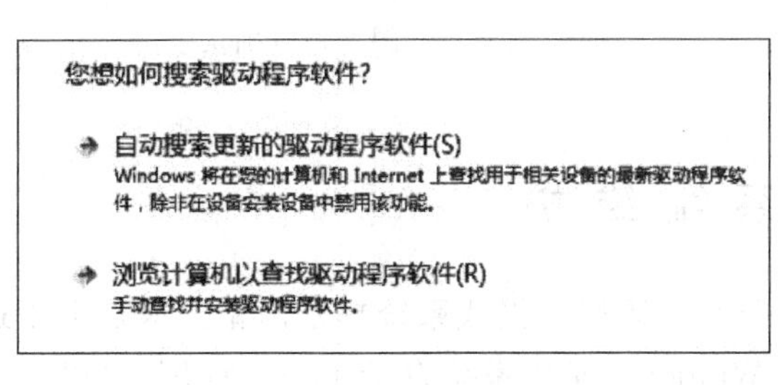


图 2-67　更新

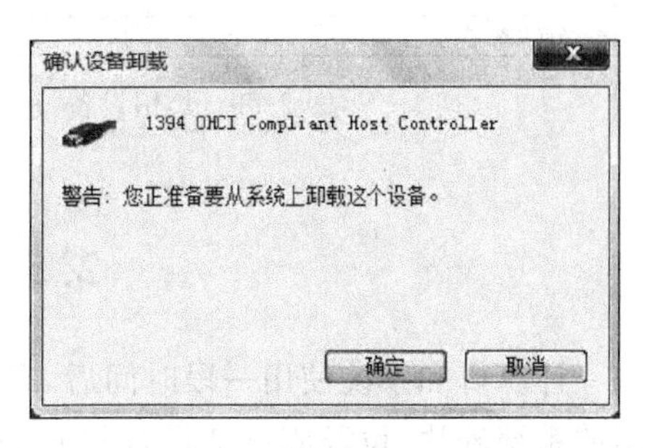


图 2-68　卸载

### 5. 禁用设备管理器

设备管理器是 Windows 系统必备功能之一，通过设备管理器，可以删除添加硬件、驱动，查看所有硬件的信息。但是如果是公司或网吧，一般都会把设备管理器禁用。

可以按以下方法来禁止他人任意修改“系统属性”中的“设备管理器”菜单。

示例

Windows 7 系统设备管理器中禁用某一设备。

第一步：打开“控制面板”，选择“硬件和声音”→“设备”，如图 2-69、图 2-70 所示。

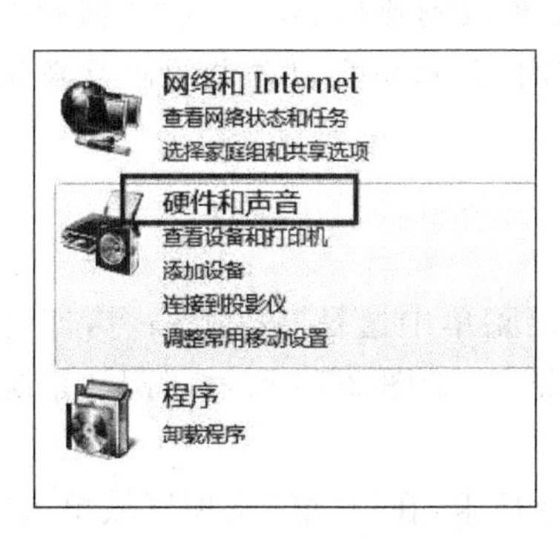


图 2-69　“硬件和声音”选项

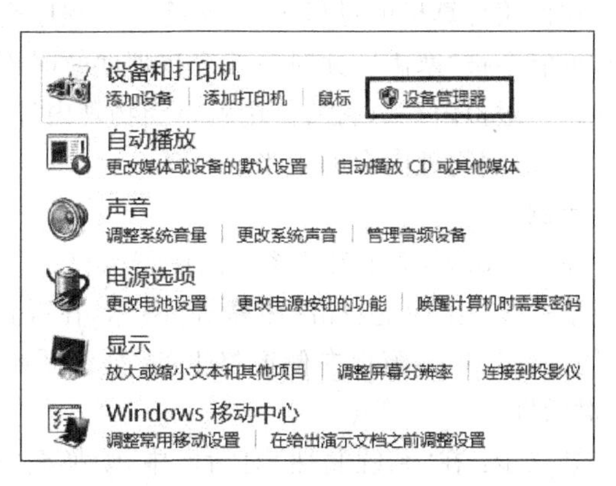


图 2-70　“设备”窗口

第二步：打开设备管理器后，展开需要禁用的设备类，右击此设备，选择禁用，如图 2-71 所示。

第三步：在弹出的警告窗口选择“是”按钮，重启后生效，如图 2-72 所示。

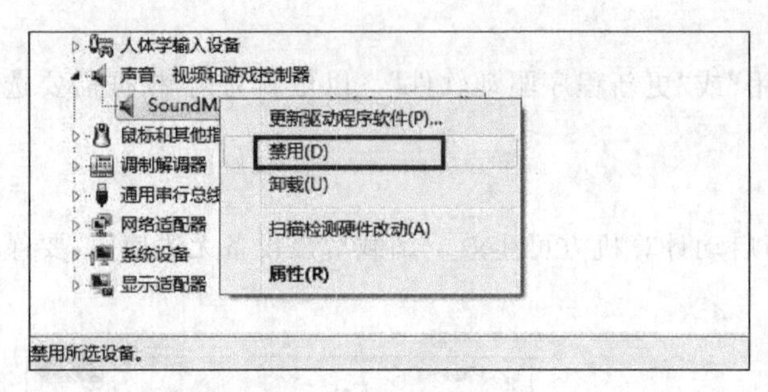


图 2-71　禁用设备

图 2-72　确认禁用

## 2.5　系统维护

计算机和系统使用一段时间后,经常会发生运行过慢或系统提示出错。这是由于过多的系统碎片、垃圾或不良设置引起的。Windows 操作系统自带了一些程序,可以对系统进行优化和维护,从而使计算机速度变快。本节主要介绍优化和维护 Windows 7 系统的相关程序以及操作方法。

**学习要点:**

1. 设置虚拟内存;
2. 维护和优化磁盘;
3. 系统的备份与还原。

### 2.5.1　虚拟内存

在使用计算机的过程中,当运行一个程序需要大量数据、占用大量内存时,物理内存就有可能会被"塞满",此时系统会将那些暂时不用的数据放到硬盘中,而这些数据所占的空间就是虚拟内存。它的作用就是当物理内存占用完时,计算机会自动调用硬盘来充当内存,以缓解物理内存的紧张。

**示例**

在 Windows 7 中设置系统的虚拟内存。

第一步:桌面上右击"计算机"图标,在弹出的快捷菜单中选择"属性"命令,即打开"系统"窗口,单击窗口左侧窗格里的"高级系统设置"链接,如图 2-73 所示,打开"系统属性"对话框。

第二步:在"系统属性"对话框中,切换至"高级"选项卡,在"性能"选项区域单击"设置"按钮,如图 2-74 所示,打开"性能选项"对话框。

第三步:在"性能选项"对话框中,切换至"高级"选项卡,在"虚拟内存"区域单击"更改"按钮,如图 2-75 所示。

第四步:打开"虚拟内存"对话框,取消"自动管理所有驱动器的分页文件大小"复选框,然后选中"自定义大小"选项按钮,在"初始大小"和"最大值"文本框中,设置合理的虚拟内存值,如图 2-76 所示。

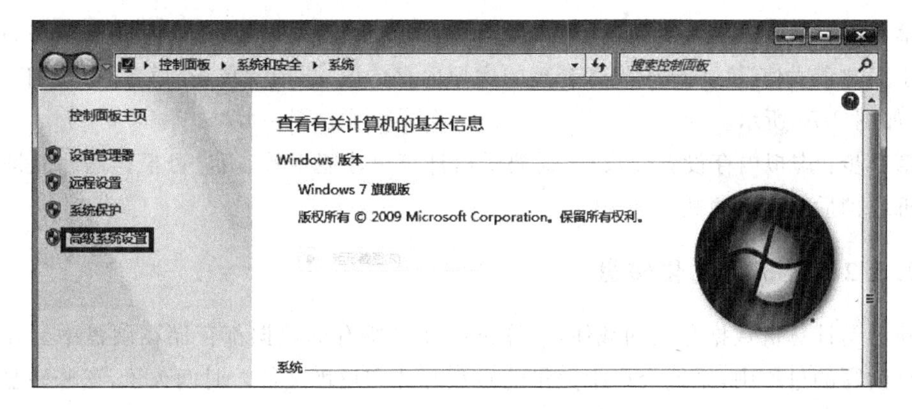


图 2-73 “高级系统设置”链接

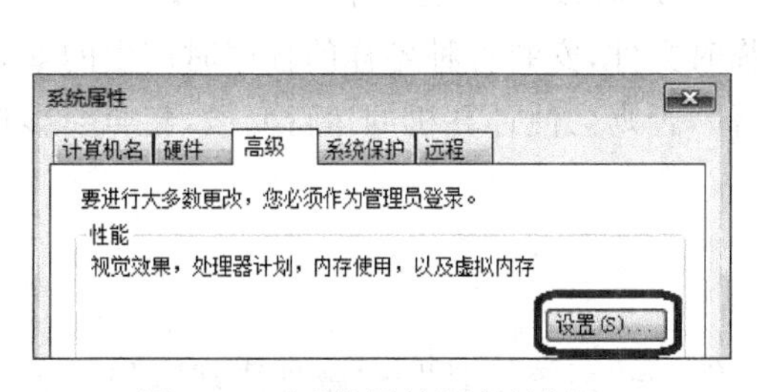


图 2-74 “系统属性”“高级”窗口

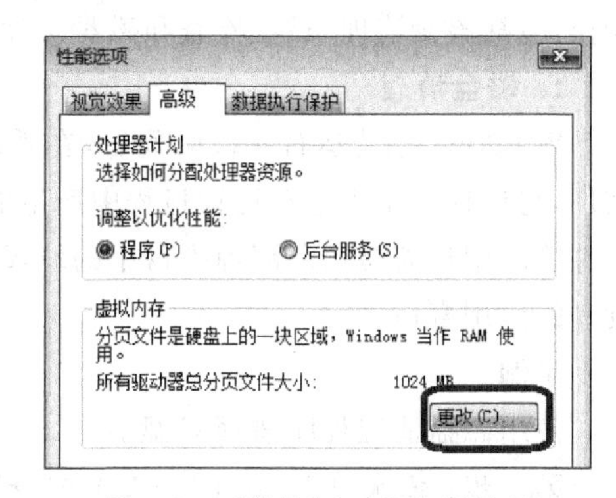


图 2-75 “高级”窗口“更改”按钮

第五步：设置完成后，单击“设置”按钮，然后单击“确定”按钮即可。

第六步：默认情况下，虚拟内存文件是存放在 C 盘中的，如果用户想要改变虚拟内存文件的位置，可在“驱动器”列表中选中 C 盘，然后选中“无分页文件”选项按钮，再单击“设置”按钮，即可将 C 盘中的虚拟内存文件清除，如图 2-77 所示。

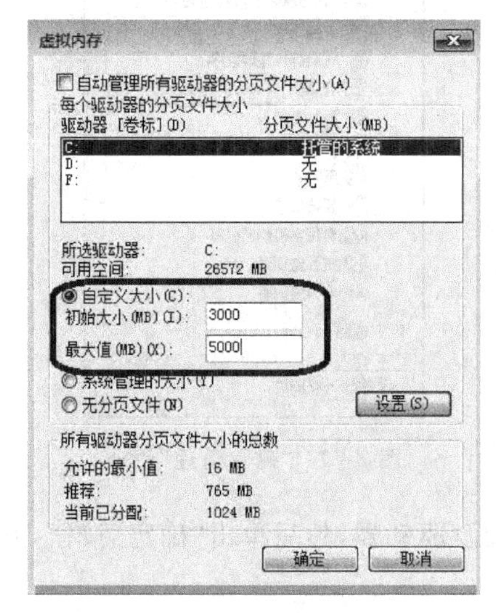


图 2-76 设置虚拟内存值

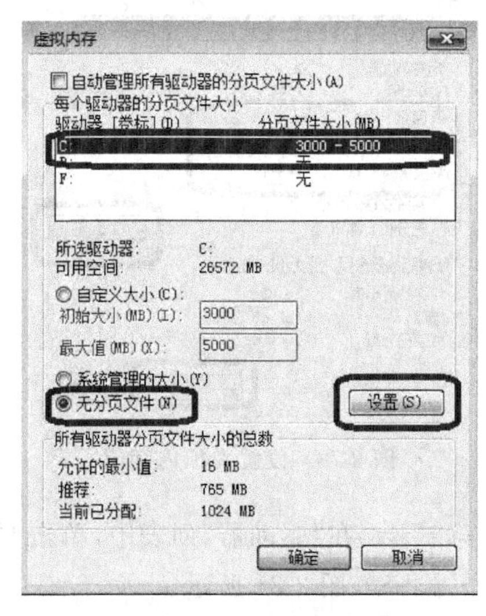


图 2-77 清除虚拟内存值

第七步：选中一个新的磁盘，例如选择D盘，然后选中"自定义大小"单选按钮，在"初始大小"和"最大值"文本框中设置合理的虚拟内存的值，再依次单击"设置"按钮和"确定"按钮，如图2-78所示。

第八步：虚拟内存设置完成后，需要重启计算机才能生效，用户可根据需要立即重启计算机或稍后重启计算机。

### 2.5.2 维护与优化磁盘

硬盘是计算机数据存放的载体，计算机中几乎所有的数据都存储在硬盘中。在对硬盘进行读写的过程中，系统会产生大量的磁盘碎片和垃圾文件。时间久了，这些磁盘碎片和垃圾文件就会影响到硬盘的读写速度，进而降低系统的速度。维护和优化磁盘的主要操作，包括磁盘清理、磁盘检查和磁盘碎片整理。

**1. 磁盘清理**

Windows系统运行一段时间后，在系统和应用程度运行过程中，会产生许多的垃圾文件，它包括应用程序在运行过程中产生的临时文件，安装各种各样的程序时产生的安装文件等。用户需要定期清理磁盘中的垃圾文件，否则会使计算机的运行变慢，甚至会影响硬盘的使用寿命。

**示例**

使用磁盘清理程序清理C盘。

第一步：依次单击"开始"→"程序"→"附件"→"系统工具"→"磁盘清理"，如图2-79所示。

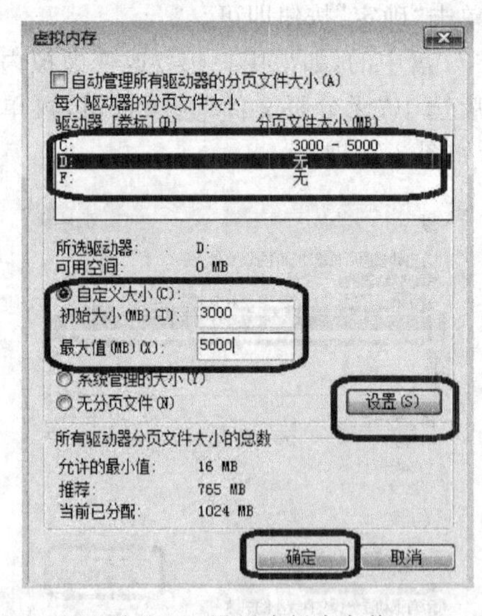

图2-78 设置虚拟内存值

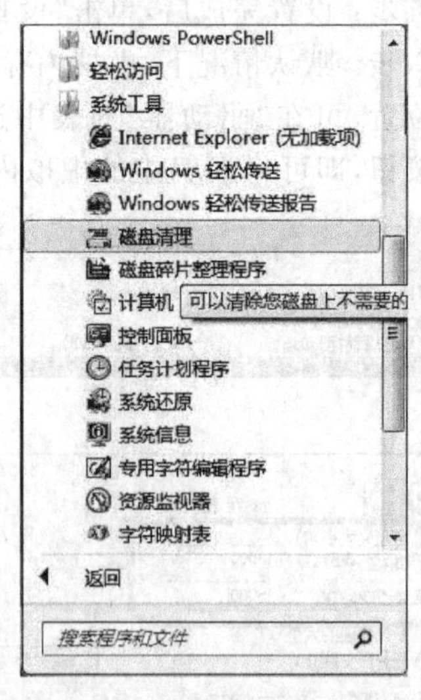


图2-79 "磁盘清理"命令

第二步：在"驱动器"列表中，单击要清理的硬盘驱动器，然后单击"确定"按钮，并等待，如图2-80、图2-81所示。

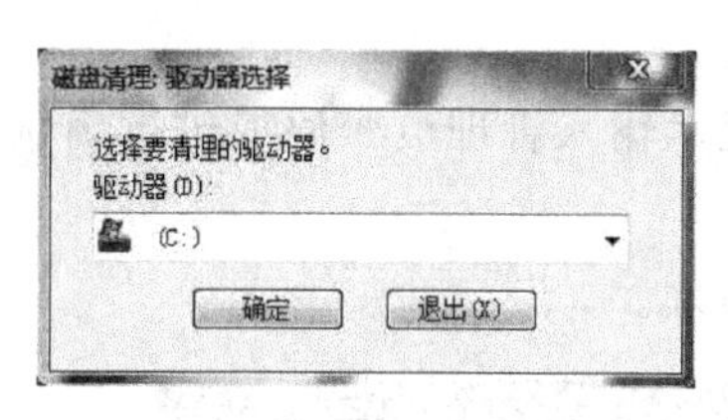

图 2-80　选择清理的磁盘

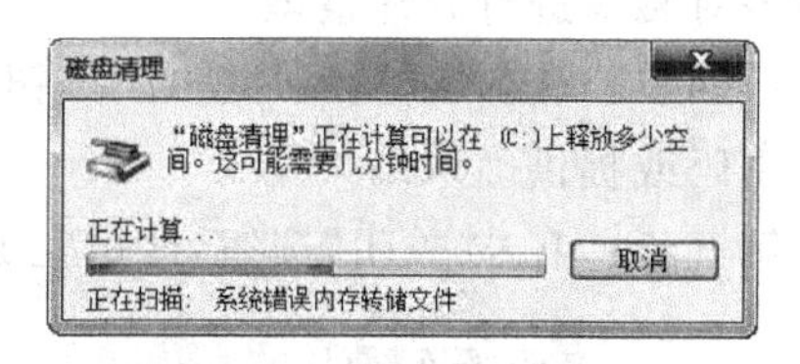

图 2-81　清理进行中

第三步：在"磁盘清理"对话框中的"磁盘清理"选项卡上，选中要删除的文件类型的复选框，然后单击"确定"按钮，如图 2-82 所示。

第四步：在出现的消息中，单击"删除文件"按钮，如图 2-83 所示。

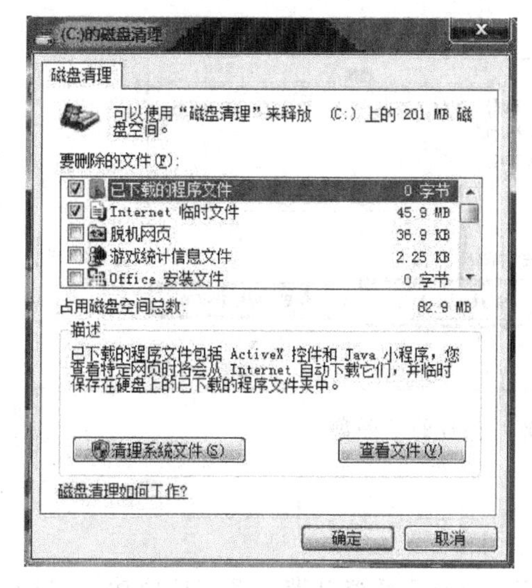

图 2-82　选择清理的文件

图 2-83　确认删除

**2. 磁盘碎片整理**

计算机在使用过程中，不免会有很多创建、删除，或安装、卸载软件等操作，这些操作会在硬盘内部产生许多磁盘碎片。碎片的存在会影响系统读取数据的速度，同时也加快了磁头和盘片的磨损速度，所以定期对磁盘碎片进行整理，对维护系统的运行和保护硬盘，都具有很重要的意义。

在 Windows 7 系统中，如何对硬盘进行碎片整理？

**示例**

在 Windows 7 系统中，对 C 硬盘进行碎片整理。

第一步：依次单击"开始"→"程序"→"附件"→"系统工具"，单击其中的"磁盘碎片整理程序"命令。

第二步：在"磁盘碎片整理程序"中，选择要进行碎片整理的 C 盘，如图 2-84 所示。

第三步：若要确定是否需要对 C 磁盘进行碎片整理，请单击"分析磁盘"按钮（如果系统提示输入管理员密码或进行确认，请键入该密码或提供确认）。在 Windows 完成分析磁盘后，可以在"上一次运行时间"列中检查磁盘上碎片的百分比。如果数字高于 10%，则应该对磁盘进行碎片整理。

第四步：单击“磁盘碎片整理”按钮(如果系统提示输入管理员密码或进行确认，请键入该密码或提供确认)。

第五步：单击“关闭”按钮，即可完成磁盘碎片整理。

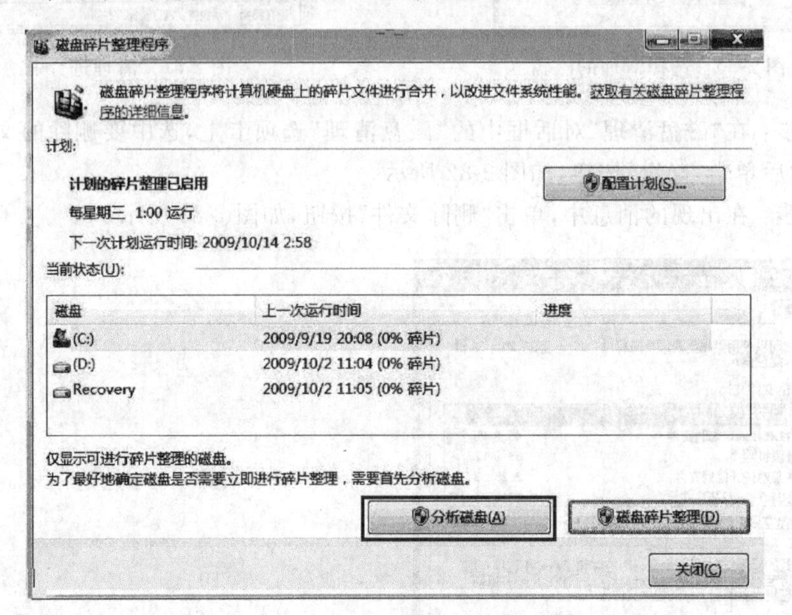


图 2-84　选择进行碎片整理的 C 磁盘

## 2.5.3　系统备份与还原

系统在运行的过程中有时会出现故障，Windows 7 系统自带了系统还原功能，当系统出现问题时，该功能可以将系统还原到过去的某个状态，同时还不会丢失个人的数据文件。

**1. 创建系统还原点**

要使用 Windows 7 的系统还原功能，首先系统要有一个可靠的还原点。在默认设置下，Windows 7 每天都会自动创建还原点，另外用户还可以手动创建还原点。

示例

在 Windows 7 中手动创建一个系统还原点。

第一步：在桌面上单击“计算机”图标，选择“属性”命令，打开“系统”窗口。

第二步：单击该窗口左侧的“系统保护”链接，如图 2-85 所示。

第三步：打开“系统属性”对话框，在“系统保护”选项卡中，单击“创建”按钮，打开“创建还原点”对话框。在该对话框中输入一个还原点的名称，然后单击“创建”按钮，如图 2-86、图 2-87 所示。

第四步：开始创建还原点，创建完成后，单击“关闭”按钮，完成系统还原点的创建，如所示。

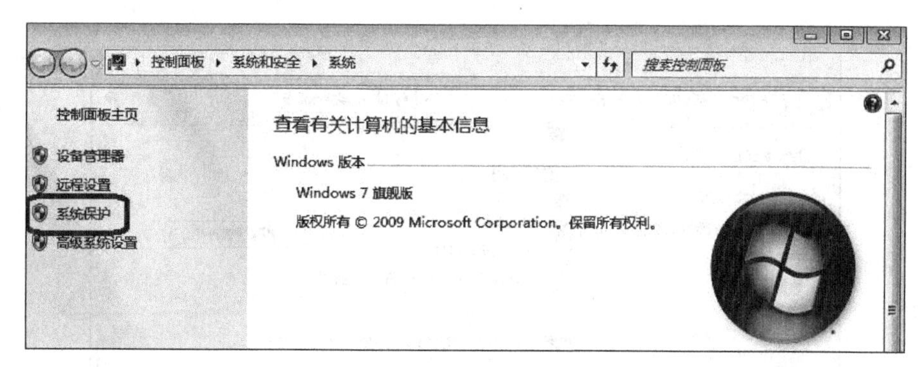


图 2-85 “系统保护”链接

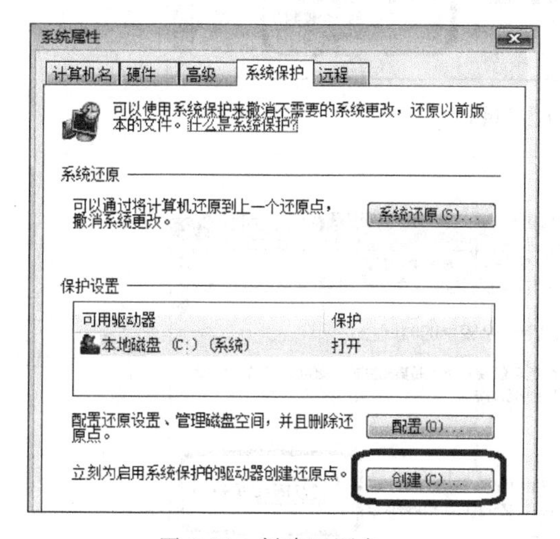


图 2-86 创建还原点一

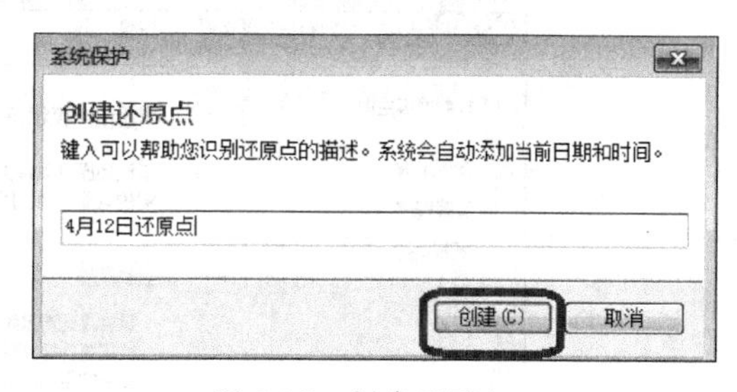


图 2-87 创建还原点二

**2. 还原系统**

有了系统还原点后，当系统出现故障时，就可以利用 Windows 7 的系统还原功能，将系统恢复到还原点的状态。

**示例**

在 Windows 7 中还原系统。

第一步：单击任务栏区域右边的小旗帜图标，在打开的面板中单击“打开操作中心”链接。

第二步：打开“操作中心”窗口，单击“恢复”链接，如图 2-88 所示。

第三步：打开“恢复”窗口，单击“打开系统还原”按钮，如图 2-89 所示。

第四步：打开还原系统文件和设置对话框，单击“下一步”按钮，如图 2-90 所示，打开“将计算机还原到所选事件之前的状态”对话框。

第五步：在该对话框中选中一个还原点，单击“下一步”按钮，如图 2-91 所示。

第六步：打开“确认还原点”对话框，要求用户确认所选的还原点，单击“完成”按钮，如图 2-92 所示。

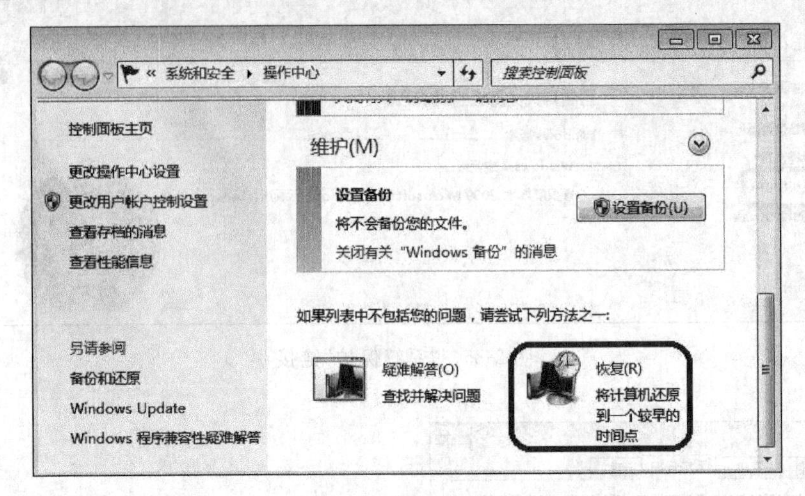


图 2-88 "恢复"链接

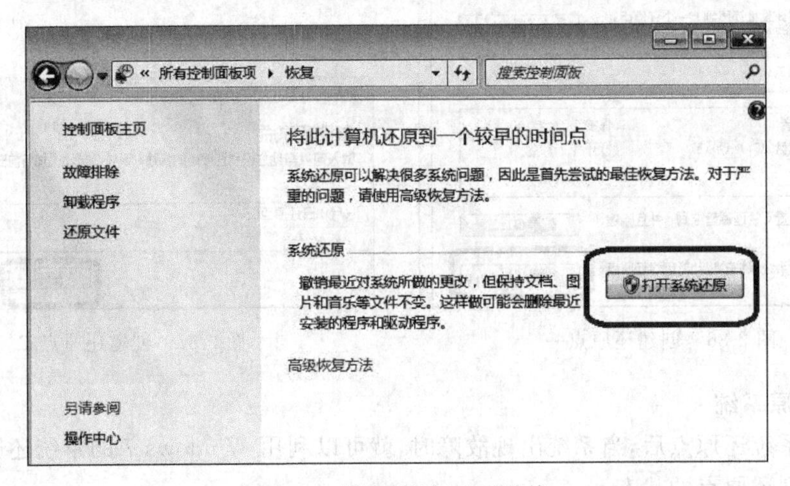


图 2-89 "打开系统还原"链接

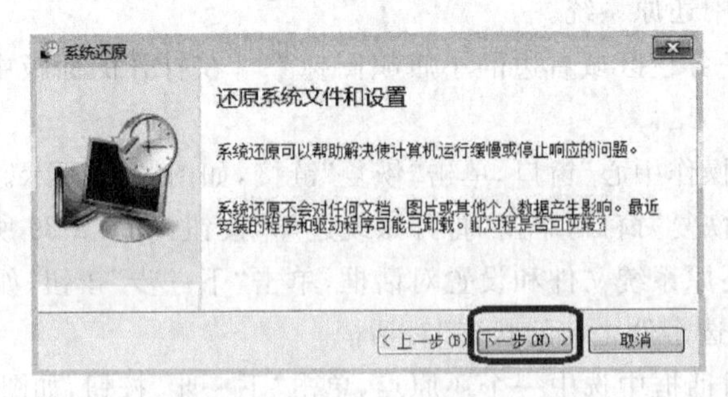


图 2-90 将计算机还原到所选事件之前的状态对话框

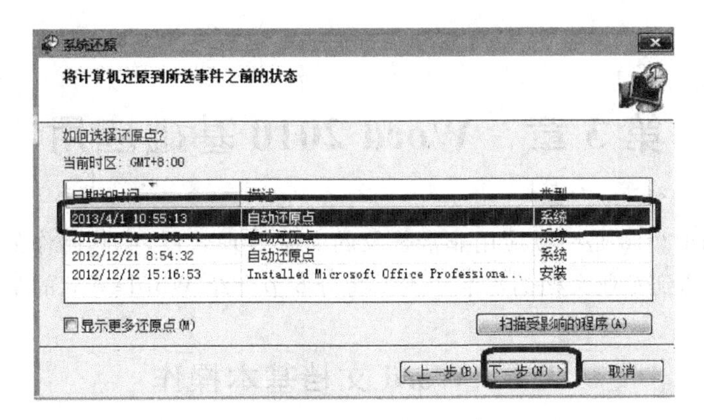


图 2-91 选中一个还原点

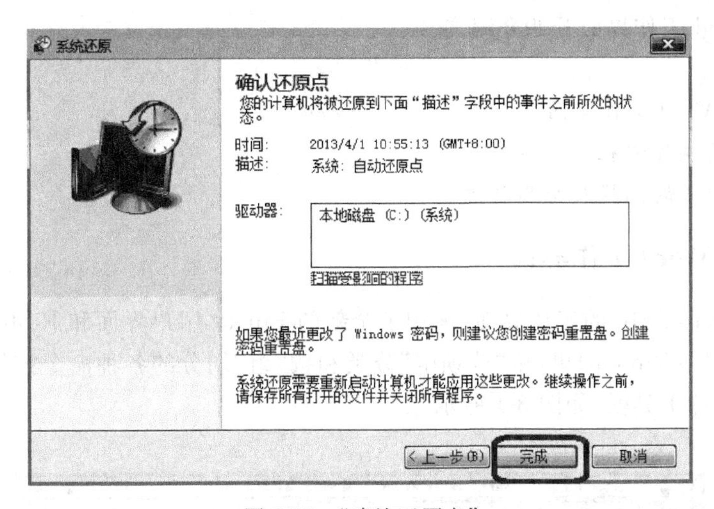


图 2-92 “确认还原点”

第七步：在打开的提示对话框中单击“是”按钮，开始准备还原系统，稍后系统自动重新启动，并开始进行还原操作。

第八步：当重新启动后，如果还原成功将弹出对话框，单击“关闭”按钮，完成系统还原操作。

# 第 3 章 Word 2010 基础应用

Office Word 2010 是一款应用非常普及的文字处理软件,用其制作的电子文档非常精致,甚至可以达到专业文档的水准。本章将分 6 节介绍 Word 2010 的基础应用。

## 3.1 Word 文档基本操作

Word 2010 文档的基本操作涉及文档的打开、文档的保存以及文档视图的切换等等,本节将从 Word 工作界面开始介绍之。

**学习要点:**

1. 认识 Word 工作界面
2. 文档的操作流程
3. 五种视图的切换及应用特点

### 3.1.1 Word 工作界面

Office Word 2010 的工作界面,采用了全新的 Fluent 用户界面和 Ribbon 主题风格,在凸显的功能区(Ribbon)里,依"选项卡"分类和按"组"划分的各种命令按钮取代了传统的菜单项和各种工具栏,如图 3-1 所示。

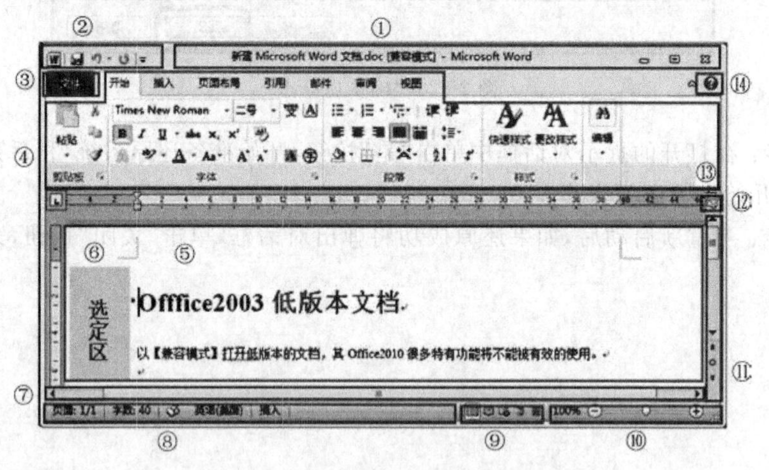


图 3-1 Office Word 2010 工作界面

工作界面介绍如下。

① 标题栏:位于工作窗口的最顶端,主要显示当前文档的文件名。如果当前文档是低版本(即 Word 2003 或之前版本),系统将在文件名之后以方括号注明,提示当前文档以兼容模式打开。

*注：以兼容模式打开的文档，将无法使用 Office 2010 的整套功能。*

② 快速访问工具栏：放置一些常用的快捷命令，默认有“保存”、“撤销”、“重复”等。其默认位置位于工作窗口的左上方。若改变其默认位置或添加其他命令项，单击“快速访问工具栏”右侧的下拉箭头即可设置。

③ “文件”菜单：与其他选项卡不同，底色永远是蓝色的。单击后打开 Microsoft Office Backstage(后台)视图，如图 3-2 所示。

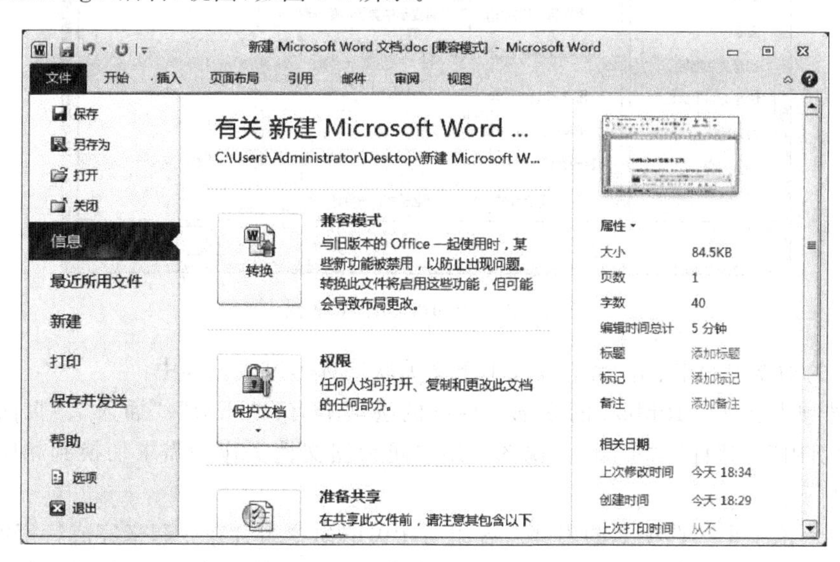


图 3-2　单击“文件”菜单后打开的“后台视图”

*注：之所以称之为“后台视图”是因为其中的任务都是在后台运行的，它是 Microsoft Office Fluent 用户界面的最新创新。*

在“文件”菜单里，不仅包含了与文件操作相关的命令集，如“保存”、“另存为”、“打开”、“关闭”等文件操作的基本命令；而且还包含了与文件设置有关的各种面板。如在“信息”面板里，提供了当前文件的基本信息，有文件的大小、字数、页数、上次修改日期等等，同时还可对文档的兼容模式、文档的权限以及与其他人共享等进行设置；在“打印”面板里，显示了文档打印的设置信息，右侧还直接给出了文档的打印预览效果；在“保存并发送”面板里，提供了共享发布信息的各种功能，其操作直观清晰。

在“后台视图”中，“选项”命令是 Office 2010 专为用户更改 Word 默认设置提供的。单击“选项”命令，打开如图 3-3 所示的“Word 选项”对话框。

在“Word 选项”对话框里，可根据用户的需要进行相应的设置。如：

- 在“常规”项里，可关闭浮动工具栏；可定制个性化用户名等。
- 在“显示”项里，可以控制显示怎样的格式标记等。
- 在“校对”项里，可以对文档编辑时相应的自动更正进行必要的设置等。
- 在“保存”项里，可以变更文档的默认保存位置等。
- 在“高级”项里，可以设置与文档编辑、文档标记、显示、保存、打印等有关项目。
- 在“自定义功能区”项里，可自定义选项卡。

④ 功能区(Ribbon)：也是 Office 2010 最大的亮点之一，位于文档编辑窗口的上端。

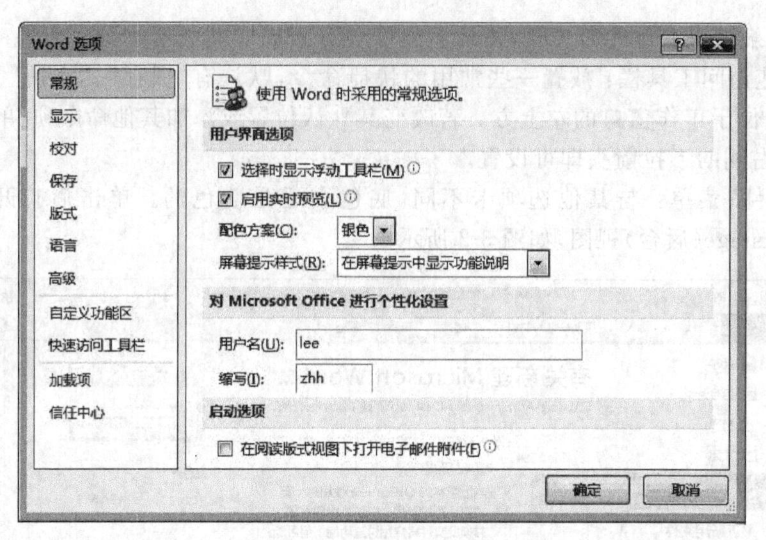


图 3-3 “Word 选项”对话框

它由不同的功能选项卡、组、命令以及上下文关联工具等组成。其中：

- 选项卡：位于 Ribbon 的顶部。标准的选项卡有：“开始”、“插入”、“页面布局”、“引用”、“邮件”、“审阅”、“视图”，用户可根据文档操作的需求切换到相应的选项卡下。
- 组：位于每一选项卡的内部。各组与相关的命令组合在一起来完成特定的功能。
- 命令：分配在每组中的命令。其表现形式有框、列表或按钮以及对话框启动器“▣”(即组右侧向下凹的小方块)等。
- 上下文关联工具：与文档编辑内容有关的选项卡。如选定一图片时，与图片格式设置相关联的“图片工具”的“格式”选项卡会自动开启。

> 隐藏与显示功能区：在当前“选项卡”上双击鼠标可以隐藏功能区，或右键单击当前“选项卡”空白处，选择“功能区最小化”。隐藏后再双击“选项卡”，即可恢复功能区的显示。

⑤ 文档编辑区：编写 Word 文档的工作区域。

⑥ 选定区：位于“文档编辑区”的左侧，单击鼠标可选定文本。

⑦ 滚动条：包括横向和垂直滚动条。拖动滚动条上的滑块可改变文档的工作区域。

⑧ 状态栏：显示当前文档的工作状态，如光标所在页码、节等信息。右键单击状态栏空白处，可展开状态栏面板，如图 3-4 所示。在此可定制状态栏显示项目。

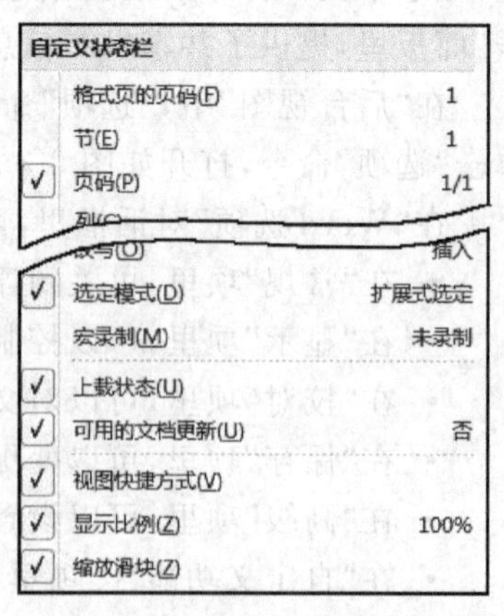


图 3-4 状态栏面板

⑨ 视图按钮：在此提供五种视图的切换按钮，分别对应“页面视图”、“阅读版式视图”、“Web 版式视图”、“大纲视图”和“草稿”视图。

⑩ 显示比列滑块：在此可放大或缩小文档页面。

⑪ 浏览对象：在此可快速选择指定的浏览对象，其中有定位、查找、按编辑位置浏览、按标题浏览、按图形浏览、按表格浏览等等。

⑫ 标尺柄：单击此处，可显示或隐藏标尺(包括水平标尺和垂直标尺)。

⑬ 拆分窗口滑块：按住滑块拖动，可将编辑窗口拆分成上下两个。

⑭ 帮助：单击?，可加载来自 Office.com 的帮助并获得更多的信息和技术支持。

### 3.1.2 Word 文档操作流程

一般 Word 文档，其操作流程大致需要如下六个过程，如图 3-5 所示。

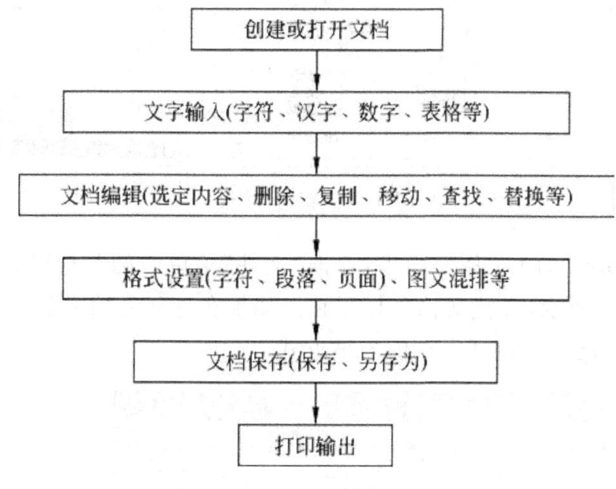


图 3-5　Word 文档操作流程

**1. 创建或打开文档**

(1) 创建文档的方法

方法 1：依次单击 Windows 7 桌面的“开始”菜单→“所有程序”→Microsoft Office→Microsoft Word 2010，进入 Office Word 2010 工作界面。此时，Word 系统将自动创建一个“文档 1”的空白文档。

方法 2：右键单击桌面空白处，在打开的桌面快捷菜单中，单击“新建”命令，选择下一级菜单中“Microsoft Word 文档”，即在桌面上创建一空白 Word 文档，双击打开之。

方法 3：在 Office Word 2010 工作界面里，单击“文件”菜单中的“新建”命令，在打开的“新建”面板里有很多可选择的 Word 模板，如图 3-6 所示，选择其中的“空白文档”模板或其他模板，单击右下端的“创建”按钮即可。

> Word 模板：包含了文档的基本格式、版式设置以及页面布局等元素，任一 Microsoft Word 文档都是基于某一 Word 模板创建的。

(2) 打开文档的方法

方法 1：直接双击 Word 文档。

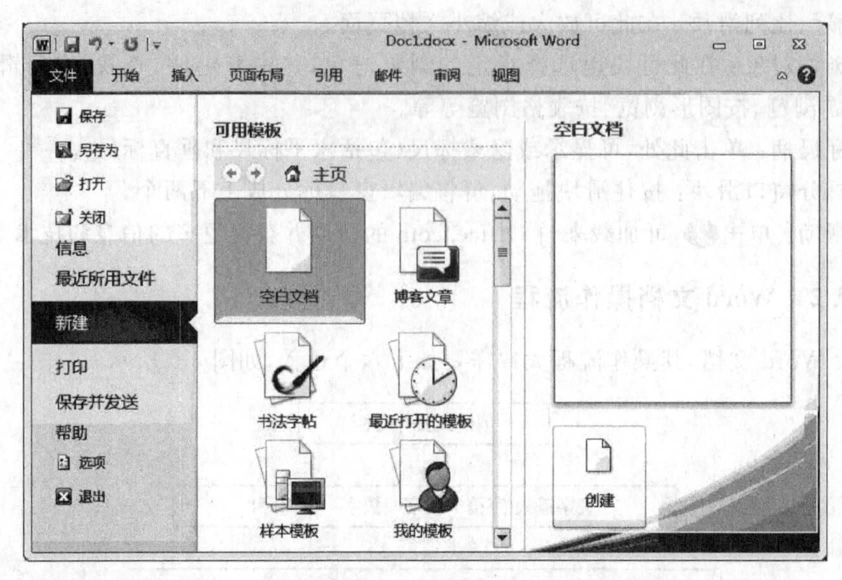


图 3-6 “新建”面板

方法 2：在 Word 2010 工作界面里，单击“文件”菜单中的“打开”命令，在弹出的“打开”窗口里，如图 3-7 所示，寻找文档并打开它。如果在打开文档之前，单击图中“打开”按钮右侧的下拉箭头，还可有打开文档的多种方式。

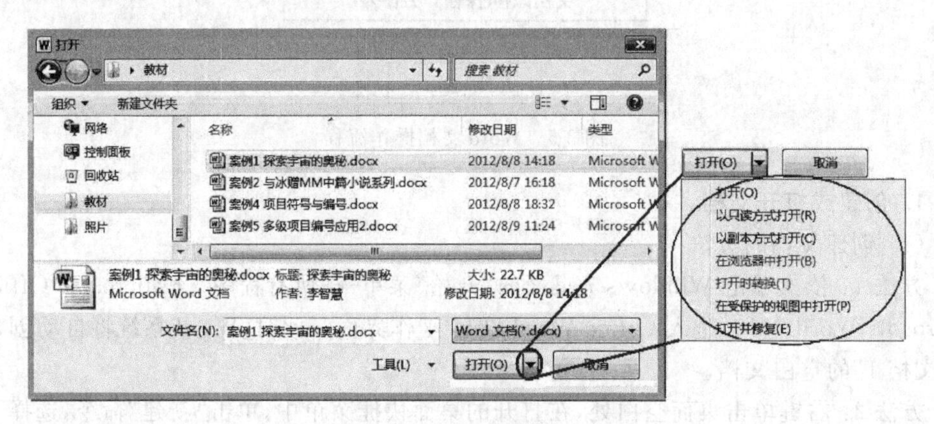


图 3-7 “打开”窗口

**2. 文字输入**

Word 文档的基本内容就是文字，文字的输入是一个段落一个段落完成的。一个段落结束后按 Enter 键产生一个段落标识↵并进入下一段落的文字输入。

> 汉字输入法切换：不同汉字输入法其切换命令有所不同，但一般按 Ctrl＋Space 键可激活某种汉字输入法。如果希望在几种汉字输入法间切换，可按 Ctrl＋Shift 键。

**3. 文档编辑**

文档编辑涉及到如何选定文本，删除、复制或移动文本，以及查找和替换等应用，将在本章 3.2 节详细介绍之。

**4. 格式设置与图文混排**

文档格式涉及字符格式、段落格式及页面格式等设置和应用;图文混排涉及到图形对象的设计以及不同图形对象与文字并存等应用,将在本章的 3.3、3.4 节分别介绍之。

**5. 文档保存**

首次保存文档时,单击"快速访问工具栏"中"保存"命令或单击"文件"菜单中的"保存"或"另存为"命令,均可打开"另存为"窗口,如图 3-8 所示。

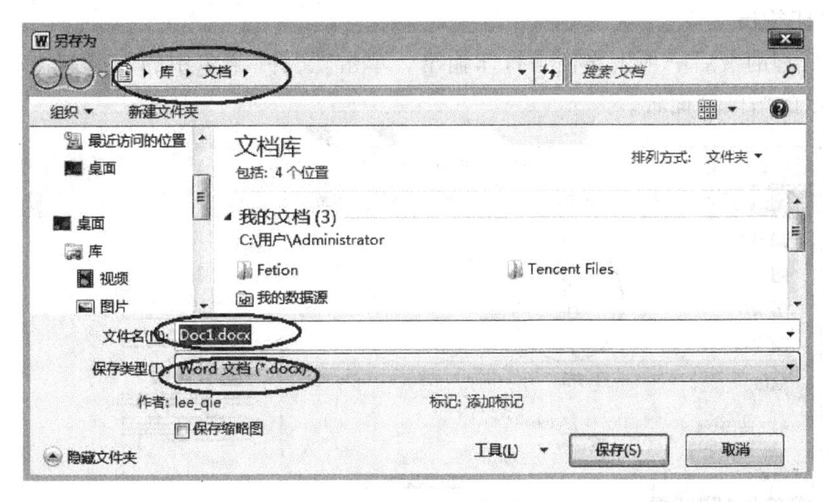


图 3-8 文档"另存为"窗口

在"另存为"窗口中,指定保存文档所需的"三要素":

(1) 文档的存放位置。

(2) 文档的文件名。

(3) 文档的保存类型(默认保存类型为 *.docx)。

单击"保存"按钮,即可完成文档的保存。

如果在单击"保存"命令之前,单击图 3-8 窗口下端的"工具"按钮,还会有更多的设置,如给文档设置密码保存等。

Word 2010 文档可保存的文件类型,主要有:

- Word 文档(*.docx),Office Word 2010 默认的文档类型。
- 启用宏的 Word 文档(*.docm),一种包含宏或启用宏的 Office Word 2010 文档。
- Word97-2003 文档(*.doc),可以在 Office 97、Office 2000、Office 2003 程序中打开的 Word 文档。
- PDF 文档(*.pdf),来自 Adobe 公司,是一种很容易共享和打印且与操作系统平台无关的便携文档格式。也是 Internet 上发行电子文档常见的文档格式。
- XPS 文档(*.xps),来自微软公司,是一种版面配置固定的、可用 IE 浏览器打开的电子文件格式。使用者不需拥有创建该文件的软件就可以浏览、共享或打印该文件,是微软对抗 Adobe PDF 文档格式的利器。
- 单个文件网页(*.mht; *.mhtml),是一种 Web 电子邮件档案,其最大优点是所保存的网页只有一个文件，包含了页面中所有可以收集到的元素，便于管理。

- 网页（*.htm；*.html），保存的网页将会看到有一个网页文件和一个同名的文件夹，把页面中的元素分开来存放。
- RTF 文档（*.rtf），是一种非常流行的且无损害的文件结构，打开速度快且很多文字编辑器都支持它，如 Microsoft Word、WPS Office 等。
- 纯文本（*.txt），是最原始的文档格式，除了字体、字形和字号设置外，没有多余的格式设置和图片等对象信息，也是记事本编辑器默认的文件格式。

**6. 打印输出**

文档处理的最后一项工作便是打印输出。单击“文件”菜单中的“打印”命令，显示如图 3-9 所示的“打印”面板。

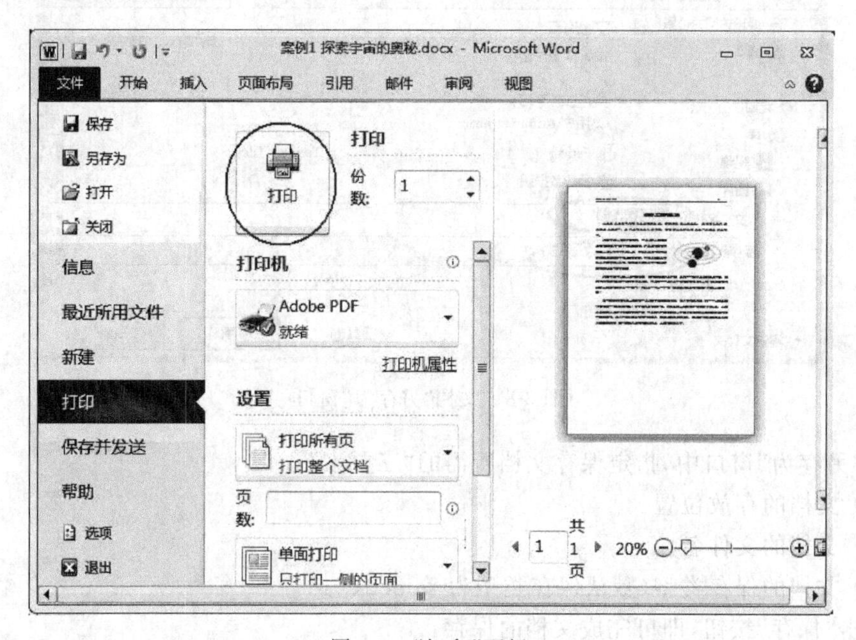


图 3-9 “打印”面板

在这里有与打印输出有关的一系列设置，如打印“份数”、“单面打印”或“手动双面打印”、“横向”或“纵向”输出以及“自定义边距”等等；在“打印”面板的右侧，直接给出了文档打印的预览效果。单击位于面板上端的“打印”命令，即可打印输出。

## 案例 3.1 创建一个简单的文档

**案例素材**

创建的文档“探索宇宙的奥妙.docx”，其结果如图 3-10 所示。

**案例要求**

分段落输入文档内容，并对相应文字和段落进行格式设置；然后插入图片，再进行图文混排；最后保存文档。

**实现步骤**

创建一空文档。

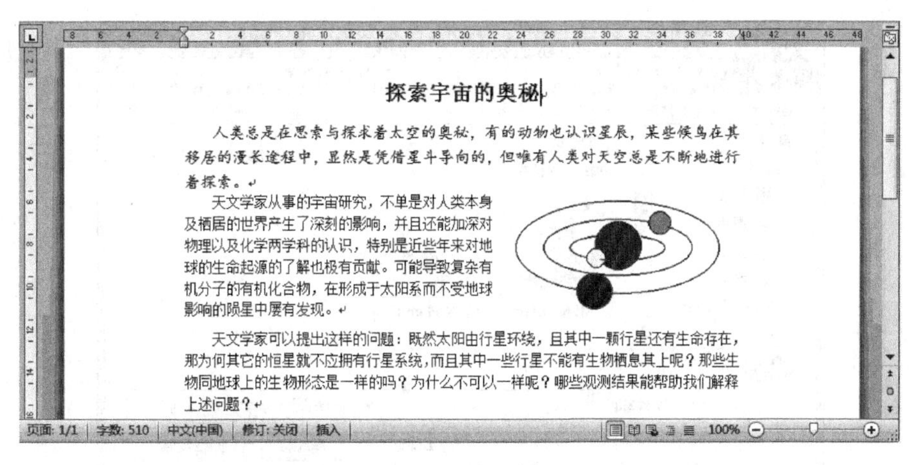


图 3-10　文档“探索宇宙的奥妙.docx”

第一步：**标题输入与设置**。输入文字“探索宇宙的奥妙”。切换到“开始”选项卡，单击“样式”组中“标题”样式，将当前段落设置为具有大纲级别 1 级的标题；

> “标题”样式：是 Word 2010 提供的诸多样式之一。简单解释：应用“标题”等样式可以很好地区分哪些段落是标题，哪些段落是正文；不同级别的标题样式，如标题1、标题 2 等可设置具有不同级别的标题段落。

第二步：**正文输入**。光标置于文档的第二行第一列，输入 2 个空格，然后输入正文“人类总是在思索与探求着……”。一个段落输入完毕按 Enter 键，进入下一段落的输入……，直到所有正文文字输入完毕。

第三步：**字体格式设置**。如设置正文第一段落的文字为“小四”“楷体”，选中正文第一段落的文字，切换到“开始”选项卡下，单击“字体”组中“字体”右侧下拉箭头，选择其中“楷体”；单击“字号”右侧下拉箭头，选择“小四”。

第四步：**段落格式设置**。如设置正文第二段落右缩进 18 个字符，将光标置于正文第二段落任意位置，切换到“页面布局”选项卡下，在“段落”组中“缩进”的右文本框中输入：18 字符。

第五步：**插入图片**。切换到“插入”选项卡下，单击“插图”组中“图片”命令，打开“插入图片”窗口，如图 3-11 所示。在磁盘相应位置找到要插入的图片，单击“插入”按钮，即可在光标所在位置“嵌入”一张图片。

> “嵌入”与“浮动”是文档中插入图片的两种状态，“嵌入”图片无法与文字混排，若要实现混排效果，只能将图片“浮动”出来。

第六步：**图文混排设置**。选中“嵌入”图片，Word 系统自动开启并切换到“图片工具”的“格式”选项卡下，单击“排列”组中“自动换行”命令，选择其中一种文字环绕形式，如“浮于文字上方”；然后，调整图片大小并移动到合适的位置。

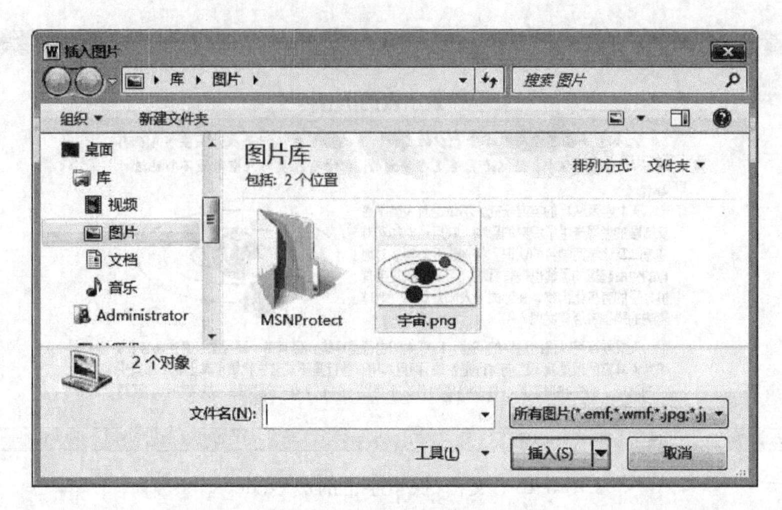


图 3-11 “插入图片”窗口

第七步：**保存文档**。单击“文件”菜单中的“保存”命令，在打开“另存为”窗口中输入文件名，指定文档保存位置，默认原保存类型，单击“保存”即完成这个简单文档创建的全过程。

在本案例操作中，我们初步体验了 Word 2010 全新的工作环境，也体会到 Microsoft 这种以文档应用需求为前提，以用户便捷找到所需命令为目的的创新之意，其面目一新的“功能区”布局及提供的“上下文关联工具”，确实使我们编辑文档的过程轻松了许多。

### 3.1.3 Word 文档视图切换

为了文档的编辑、阅读或浏览等，Word 提供了 5 种视图模式，分别是“页面视图”、“阅读版式视图”、“Web 版式视图”、“大纲视图”和“草稿”视图。

切换到“视图”选项卡下，在“文档视图”组中选择需要的视图模式，也可通过单击状态栏右侧的五个视图按钮来切换。

### 案例 3.2 5 种视图切换及应用

**案例要求**

打开教学案例文档，分别切换到 5 种视图，了解各种视图的应用场合。

**操作步骤**

在“视图”选项卡下操作。

**1. 切换到“页面视图”**

单击“文档视图”组中的“页面视图”命令，文档显示如图 3-12 所示。

“页面视图”是编辑文档的默认视图，可即时看到文档排版后的实际效果。其视图效果包括字符、段落等格式设置、图文混排效果、页眉/页脚信息、水印以及页面格式设置等元素，常常被称之为“所见即所得”视图。

应用特点：可即时看到文档编辑或排版后的效果。

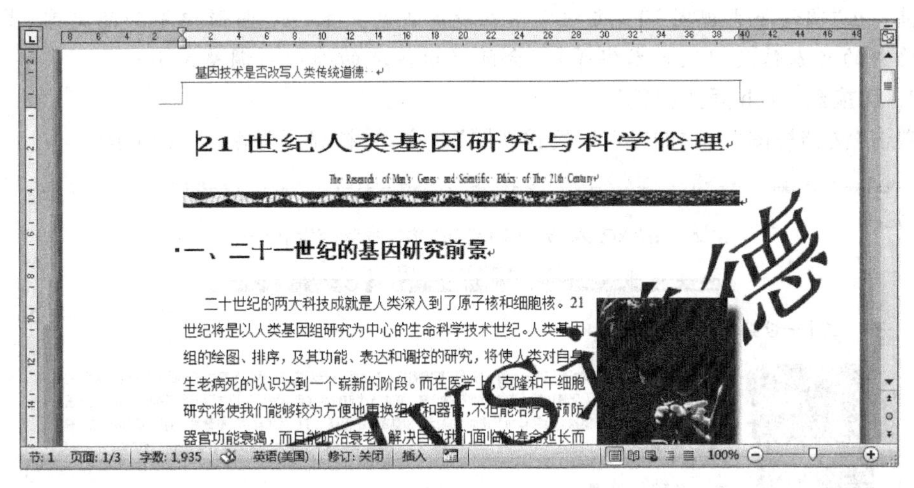


图 3-12 “页面视图”显示结果

**2. 切换到“阅读版式视图”**

单击“文档视图”组中“阅读版式视图”命令，文档显示如图 3-13 所示。

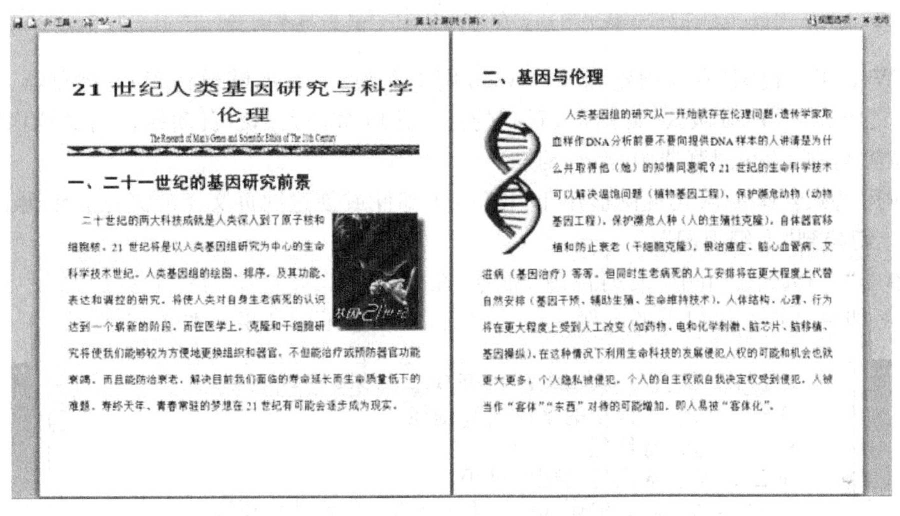


图 3-13 “阅读版式视图”显示结果

在“阅读版式视图”下，文档将以图书的左右页面版式显示文档内容，其窗口设计完全适合于计算机的显示器屏幕。在该视图下，原有的“文件”菜单、功能区等窗口元素都被隐藏了起来；同时，文档的页眉/页脚设置以及水印信息也都被忽略，给读者提供了阅读文档最优化的环境。

应用特点：“阅读版式视图”采用了 Microsoft ClearType 技术，大大提高了文字的清晰度。单击“阅读版式视图”右上角“视图选项”按钮，可以很方便地放大或缩小显示区域文字的尺寸且不影响文档中字体的大小。如果单击“阅读版式视图”左上角提供的“工具”按钮，还可选择其他的阅读工具，如“信息检索”、“以不同颜色突现显示文本”、“新建批注”以及“查找”等。

**注**：在“阅读版式视图”下，文档中不在段落上的文本（如，图形中添加的文字、文本框或表格中的文本信息以及艺术字等）不会随显示区域的缩放而调整大小。

**3. 切换到“Web 版式视图”**

单击“文档视图”组中的“Web 版式视图”命令，文档显示如图 3-14 所示。

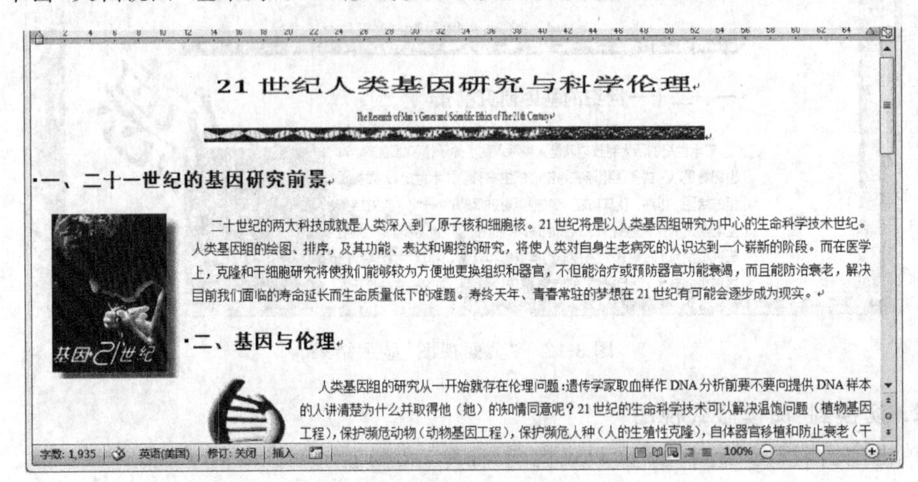


图 3-14 “Web 版式视图”显示结果

“Web 版式视图”专为浏览和编辑 Web 网页而设计，它能够模仿 Web 浏览器来显示 Word 文档。在“Web 版式”视图下，看到的是为适应窗口大小而自动换行的文档内容，且图形位置与在 Web 浏览器中显示一致。

应用特点：Web 版式视图适用于发送电子邮件或创建网页文档的浏览和编辑。

**4. 切换到“大纲视图”**

单击“文档视图”组中“大纲视图”命令，在“大纲工具”组中，在“显示级别”中选择 3 级，使文档只显示 3 级以上的标题。设置之后，文档显示的结果如图 3-15 所示。

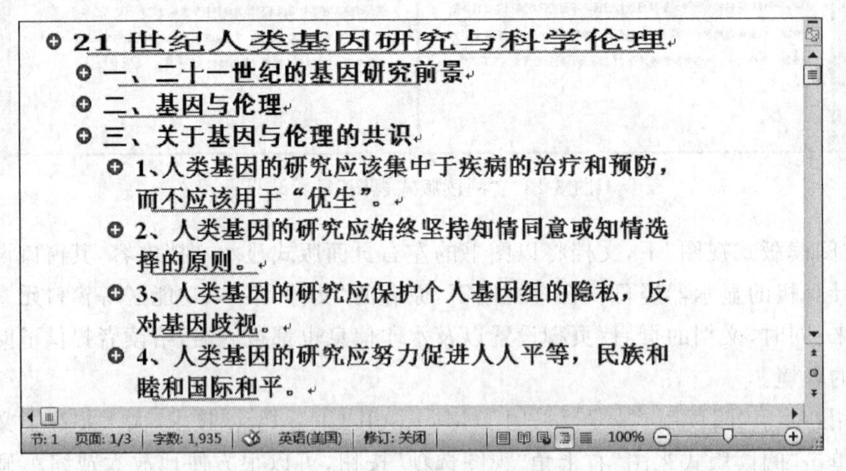


图 3-15 “大纲视图”显示结果

“大纲视图”用缩进的形式标识文档各级标题的层次结构（同一级别的缩进相同）；以折叠或展开的形式显示文档的各级信息；忽略了文档原有的页面边距、分栏、页眉/页脚、水印和图片对象等元素。

应用特点：“大纲视图”主要用在显示或调整文档的结构层次；或显示 Word 主控文档管理子文档及相应控制(后者应用请参见第 3 章介绍的 Word 长文档处理)。

**示例：大纲工具应用**

要将某一标题降级或升级，把光标置于该标题上，单击“大纲工具”组中降级箭头“➡”或升级箭头“⬅”。

要调整某级标题(含正文)位置，单击该标题前“＋”号，按住鼠标左键拖到目的位置。

**5. 切换到“草稿”视图**

单击“文档视图”组中的“草稿”命令，文档显示如图 3-16 所示。

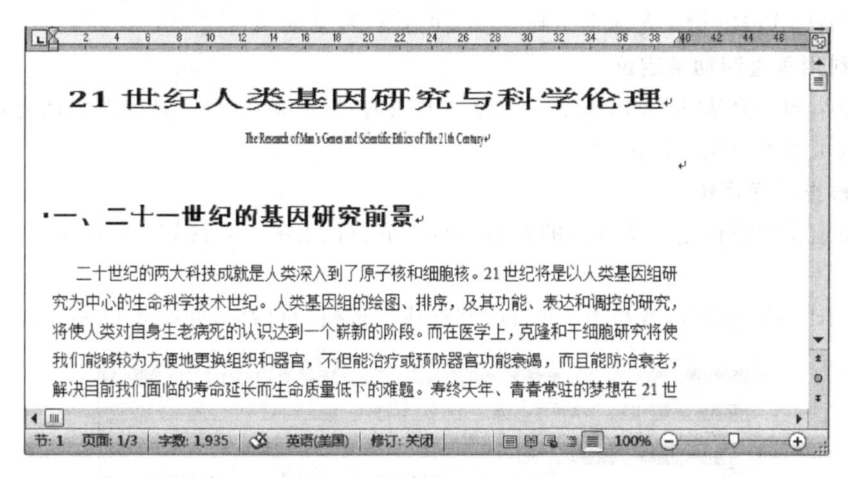


图 3-16 “草稿”视图显示结果

“草稿”视图仅显示文档的标题和正文，完全忽略页面的其他元素。即在“草稿”视图下，页边距、分栏、页眉/页脚、水印和文档中已插入的图片等等全都隐藏起来，可以说是最节省系统资源的显示方式。

应用特点：只注重文档中的文字与文字编辑。

## 3.2 Word 文档编辑

任何文档都是从文字录入与文档编辑入手。本节将重点介绍有关文档编辑的一些基本应用和技巧。

**学习要点：**

1. 掌握快速定位技术和文字选定技巧
2. 学会如何使用剪切板移动/复制信息
3. 探究“查找/替换”的更多应用

### 3.2.1 光标定位

如何将光标快速移动到指定的位置或者快速定位到某个对象上，这些操作均属于光标定位技术，常见的光标定位操作有如下。

**1. 快速移动光标**

在编辑文档时，除了使用鼠标上的滚轮和键盘上的移动键定位外，还有一些常用的组合键可以实现光标的快速定位，如：

- Home 键：光标从当前位置移至行首。
- End 键：光标从当前位置移至行尾。
- Ctrl+Home 键：光标从当前位置移至文档的行首。
- Ctrl+End 键：光标从当前位置移至文档的结尾。
- Ctrl+PgUp 键：光标定位到上一页的首行首字前。
- Ctrl+PgDn 键：光标定位到下一页的首行首字前。

**2. 利用垂直滚动条定位**

鼠标指向垂直滚动滑块，按下左键拖动滑块时，其左侧显示页码等提示信息，根据此提示信息可快速定位目标位置。

**3. 根据目标定位**

如果定位的目标是一些特定的对象，如页、节、行、书签等，可以利用 Word 的目标“定位”功能。

按 Ctrl+G 组合键，或按 F5 键，打开“查找和替换”对话框，如图 3-17 所示。

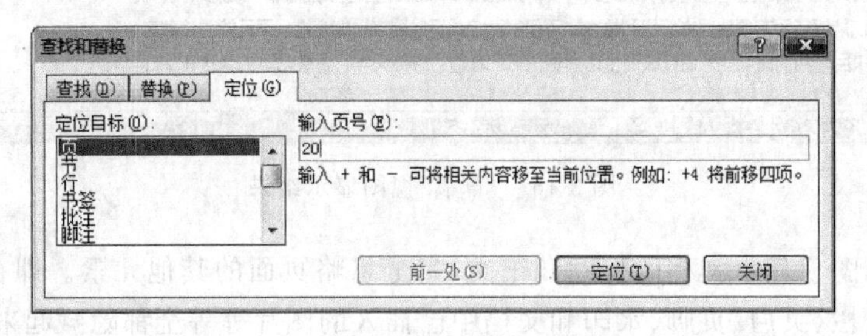


图 3-17 “查找和替换”对话框的“定位”选择

在“定位目标”中选择不同的对象，如选择“页”，右侧“输入页号”框中输入 20，单击“定位”按钮，光标将定位到第 20 页起始位置。若要按奇数页查看文档，假设当前光标位于第 1 页，则在“输入页码”框中输入+2，连续单击“定位”按钮即可。

**4. 根据浏览对象定位**

对应上述目标定位的另一快速定位方法是根据“选择浏览对象”定位。

在 Word 2010 工作窗口的右侧垂直滚动条下方，有一个圆形“选择浏览对象”按钮，如图 3-18 所示(左)，单击后将打开一浏览对象面板(右)。

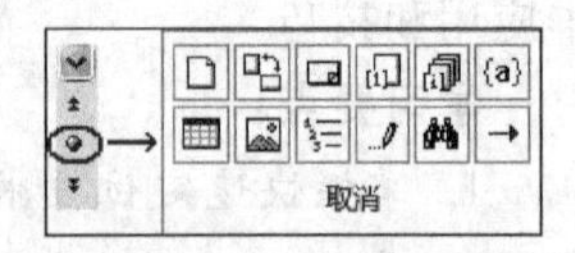


图 3-18 浏览对象面板

其中可按页、节、脚注、表格、图形、标题、编辑位置等对象进行浏览。如选择“按标题浏览”文档，再单击圆形按钮上面或下面的双箭头按钮(或按 Ctrl+PgDn 或 Ctrl+PgUp 键)即可将光标定位在上一个或下一个标题对象上。

**5. 根据“导航窗格”功能定位**

如果文档具有一定的层次结构，即文档的各级标题使用了不同的大纲级别或应用了不同级别的标题样式，那么，文档还可根据预览文档的标题来快速定位。

切换到“视图”选项卡下，在“显示”组中选中“导航窗格”项。

> 在打开的“导航窗格”中，有三个命令按钮，功能分别是“浏览您的文档中的标题”、“浏览您的文档中的页面”和“浏览您当前搜索的结果”。

单击“浏览您的文档中的标题”按钮，即在“导航窗格”下方通览文档的所有标题。单击某一标题，光标即可快速定位到指定的标题上。

**6. 按编辑点定位**

按编辑点定位，其快捷键是 Shift+F5。反复按此快捷键，可在最后编辑过的 4 个编辑点之间循环。这一功能非常有用，如打开一个长文档，希望快速定位到上次编辑的最后位置，就可使用这个快捷键！

### 3.2.2 文本选定

文本选定将有很多的方法和途径，下面介绍的是一些基本应用。

**1. “行块”选定**

光标置于要选定文字的开始处，第一种方法是按住鼠标左键移动到要选定文字的结束位置，然后释放左键；第二种方法是按住 Shift 键，在要选定文字的结束位置单击；均可选中指定区域的文字。

**2. “句子”选定**

按住 Ctrl 键并单击鼠标左键，即可选定单击处的整个句子。句子的结束标识可以是句号、问号、惊叹号、省略号以及段落标识等。

**3. “选定区”选定**

鼠标移到文档编辑窗口的左侧，即“选定区”：

- 单击鼠标：选定当前光标所对应的行；
- 双击鼠标：选定当前光标所对应的段落；
- 三击鼠标：选定全文。也可使用快捷键 Ctrl+A 选中全文。

**4. “扩展式”选定**

此外，Word 还提供了一种“扩展式”选定功能。即在文档编辑窗口里，按下 F8 键，表示启用了“扩展式选定”，这时状态栏上将显示“扩展式选定”提示，按 Esc 键，可退出扩展状态。

**操作步骤**

按 F8 键启用“扩展式选定”后，再按一下 F8 键，将选定光标所在处的一个词组；再按一下 F8 键，将选定区将扩展为一整句；再按一下 F8 键，将扩展为一个段落；再按一下 F8 键，就扩展为整个文档。

“扩展式”选定功能也可以同其他的选择方式结合起来使用。如启用“扩展式”选定后，按键盘光标移动键，就可以选定一个区域的文字。

**5. “列块”选定**

一般选取文本信息是按“行块”选定。但有时也需要按“列块”来选取文本信息。

**操作步骤**

按住 Alt 键,在要选取文本列块的开始处按下鼠标左键,然后拖动鼠标就可以拖出一个矩形的区域,在列块的结束位置释放左键即可选定一个列块。

### 3.2.3 文本移动与复制

选定文本的目的是为了对它进行移动、复制、删除或设置格式等操作。这里只介绍其移动和复制操作。

**1. 通过鼠标来移动和复制文本**

移动:鼠标指向选定的文本块,按住鼠标左键拖动到目的位置。

复制:鼠标指向选定的文本块,按 Ctrl 键同时按住鼠标左键拖动到目的位置。

**2. 利用“剪切板”来移动和复制文本**

> 剪切板:是 Microsoft Office 提供的一个用于数据交换或共享的功能模块,最多可同时交换 24 组数据。剪切板在后台工作,其管理的数据存放在计算机系统的内存里。

移动:选定文本后,在“开始”选项卡下单击“剪切板”组中的“剪切”命令,移动光标到目的位置,单击“剪切板”组中“粘贴”命令。

复制:选定文本后,在“开始”选项卡下单击“剪切板”组中的“复制”命令,移动光标到目的位置,单击“剪切板”组中“粘贴”命令。

“粘贴”命令的其他选项:单击“粘贴”命令的下拉箭头,可看到有三个粘贴选项分别是:“保持源格式、合并格式、只保留文本”。其中“合并格式”为源格式与目的处已有文本的格式的合并,即保持原有格式的字形等,但仍维持目的文本的字体、字号和颜色等。另外,还有一项“选择性粘贴”命令,单击后将打开“选择性粘贴”对话框,如图 3-19 所示,为“粘贴”提供了更多的选择。

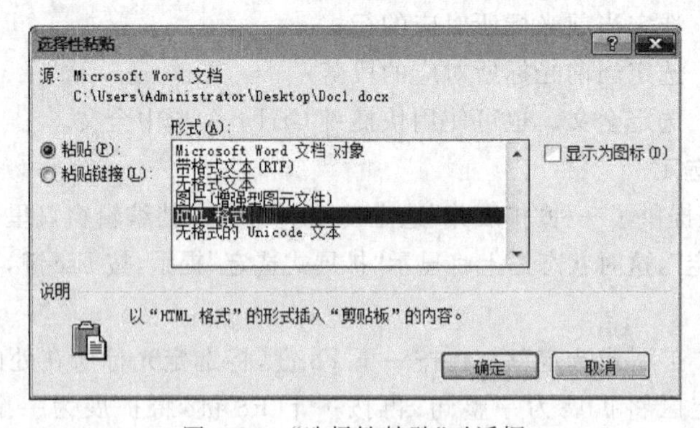


图 3-19 “选择性粘贴”对话框

如在“选择性粘贴”对话框中,选中“粘贴链接”项,可在 Microsoft Word 的原文档和目标文档之间或原文本位置与目标文本位置之间建立一个动态链接,当原位置的文本内容变化后，则目标位置的文本内容也会自动更新。

**3. 使用键盘命令来移动和复制文本**

移动：选定文本，按 Ctrl＋X 键（等价于“剪切”命令），移动光标到目的位置，按 Ctrl＋V 键（等价“粘贴”命令）。

复制：选定文本，按 Ctrl＋C 键（等价于“复制”命令），移动光标到目的位置，按 Ctrl＋V 键。

### 3.2.4 查找和替换

Office Word 提供的“查找和替换”功能非常强大，除了可以批量的文本查找或替换外，还可以实现批量的格式设置等操作。利用好这一功能，将可以快速地实现一些特殊设置和操作，并可大大地提高文档的编辑效率。

**1. “查找和替换”基本功能**

第一步：在“开始”选项卡下单击“编辑”组中的“替换”命令，打开“查找和替换”对话框，如图 3-20 所示。

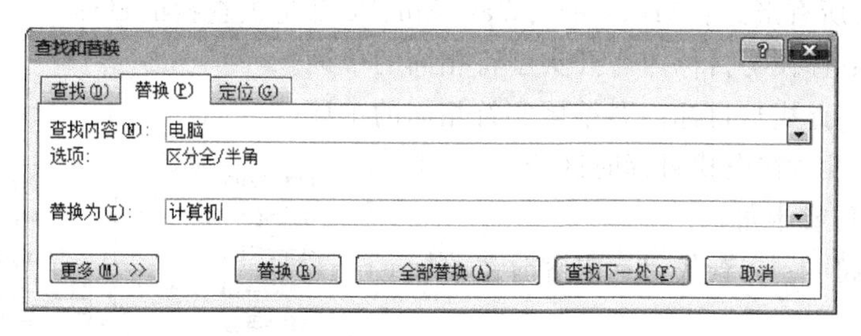


图 3-20 “查找和替换”对话框

第二步：在“查找和替换”对话框中，查找内容如“电脑”；替换为如“计算机”；单击“全部替换”按钮，Word 将自动搜索并完成替换操作。

**2. “查找和替换”“更多”扩展项**

在“查找和替换”对话框中，单击“更多”按钮，展开更多搜索选项，如图 3-21 所示。

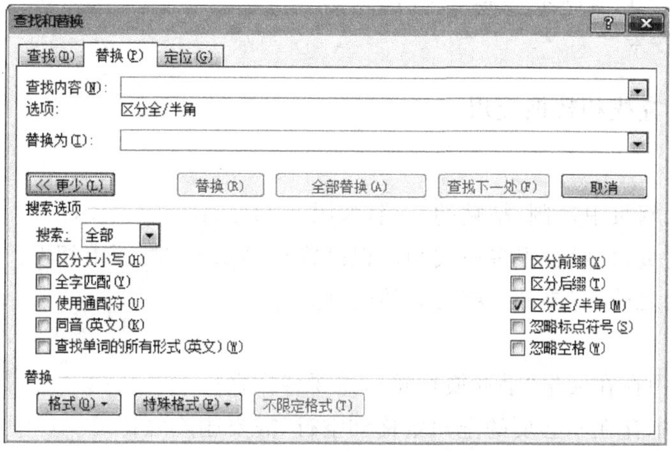

图 3-21 查找和替换“更多”的搜索选项

搜索：在“搜索”选项中，Word 提供了“向下”、“向上”和“全部”搜索方式。

区分大小写：查找与目标内容英文字母大小写完全一致的字符。

全字匹配：查找与目标内容拼写完全一致的字符或字符组合。

使用通配符：允许使用“通配符”查找内容。

> 通配符：是配合 Word 查找和替换的有力武器。常用的通配符有：
>
> - * 替代任意个字符　如查找：中*国，可找到：中华人民共和国、中国、中等发达国等
> - ?　替代任意单个字符。如查找：山?省，可找到：山西省、山东省等。
> - [] 查找方括号中指定的任意一字符。如查找：[学硕博]士，可找到：学士、硕士、博士。

同音(英文)：查找与目标内容发音相同的单词。

查找单词的所有形式(英文)：查找与目标内容属于相同形式的单词；如：查找最典型的单词 is，其所有形式：Are、Were、Was、Am、Be 都是被查找的目标。

区分前缀：查找与目标内容开头字符相同的单词。

区分后缀：查找与目标内容结尾字符相同的单词。

区分全/半角：在查找目标时区分英文、字符或数字的全角或半角。

忽略标点符号：在查找目标内容时忽略标点符号。

忽略空格：在查找目标内容时忽略空格。

“格式”按钮：单击后，可按照字体格式或段落格式或样式等来查找或替换。

“特殊格式”按钮：单击后打开一个列表，如图 3-22 所示。

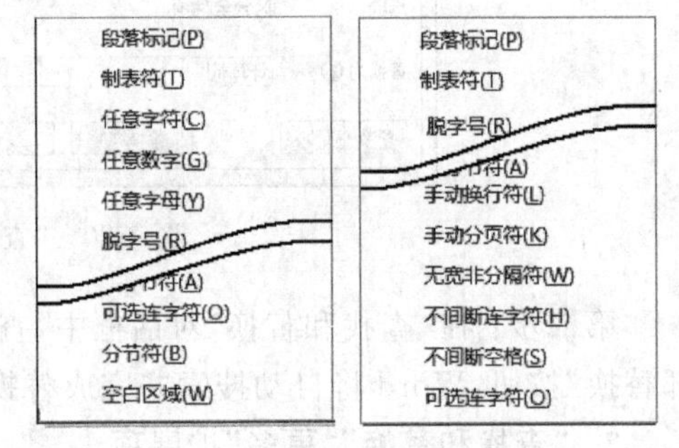


图 3-22　(左图)可查找的特殊格式
(右图)可替换的特殊格式

下面，通过一个案例来熟悉 Word 的“查找和替换”应用技术。

## 案例 3.3　查找和替换应用

### 案例素材

一个直接从网页中复制/粘贴的文档，如图 3-23 所示。

原文来自网页，自然有很多格式和标识设置与 Word 文档要求相左。因此，在此文档打印输出或使用之前，需要做一些必要的处理。

### 案例要求

要求 1：文中存在大量“手动换行符”，需要替换之；

要求 2：文中存在不必要的全角空格和空行，需要删除之；

要求 3：文中使用了西文双引号，需要更改之。

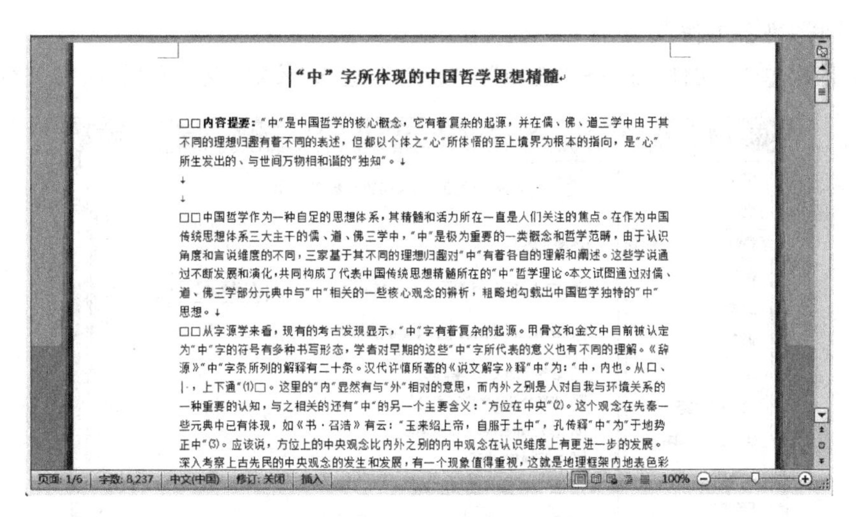
"中" 字所体现的中国哲学思想精髓

□□**内容提要：**"中"是中国哲学的核心概念，它有着复杂的起源，并在儒、佛、道三学中由于其不同的理想归趣有着不同的表述，但都以个体之"心"所体悟的至上境界为根本的指向，是"心"所生发出的、与世间万物相和谐的"独知"。

□□中国哲学作为一种自足的思想体系，其精髓和活力所在一直是人们关注的焦点。在作为中国传统思想体系三大主干的儒、道、佛三学中，"中"是极为重要的一类概念和哲学范畴，由于认识角度和言说维度的不同，三家基于其不同的理想归趣对"中"有着各自的理解和阐述。这些学说通过不断发展和演化，共同构成了代表中国传统思想精髓所在的"中"哲学理论。本文试图通过对儒、道、佛三学部分元典中与"中"相关的一些核心观念的辨析，粗略地勾载出中国哲学独特的"中"思想。

□□从字源学来看，现有的考古发现显示，"中"字有着复杂的起源。甲骨文和金文中目前被认定为"中"字的符号有多种书写形态，学者对早期的这些"中"字所代表的意义也有不同的理解。《辞源》"中"字条所列的解释有二十条。汉代许慎所著的《说文解字》释"中"为："中，内也。从口、|，上下通"⑴□。这里的"内"显然有与"外"相对的意思，而内外之别是人对自我与环境关系的一种重要的认知，与之相关的还有"中"的另一个主要含义："方位在中央"⑵。这个观念在先秦一些元典中已有体现，如《书·召诰》有云："王来绍上帝，自服于土中"，孔传释"中"为"于地势正中"⑶。应该说，方位上的中央观念比内外之别的内中观念在认识维度上有更进一步的发展。深入考察上古先民的中央观念的发生和发展，有一个现象值得重视，这就是地理框架内地表色彩



图 3-23　案例"查找与替换应用"原文素材

要求 4：将文档中所有带引号的"中"字字体加粗并统计其出现次数。

**要求 1 操作步骤**

第一步：在"开始"选项卡下单击"编辑"组里的"替换"命令，打开"查找和替换"对话框中的"更多"搜索选项，参见图 3-21；

第二步：光标置于"查找内容"框里，单击"特殊格式"按钮，选择列表中的"手动换行符"，此时"查找内容"框里给定的信息是：^l。

光标置于"替换为"框里，单击"特殊格式"按钮，选择列表中"段落标记"，此时"替换为"框里给定的信息是：^p。

单击"全部替换"即可。

**要求 2 操作步骤**

依然在"查找和替换"对话框中操作。

第一步：在"查找内容"框里，通过键盘输入全角空格；将"替换为"框里清空；单击"全部替换"即可删除多余的全角空格。

> 全角空格：单击输入法状态框中"半"或月牙标志改为"全"或圆形标志，再按"空格键"即可输入一个全角空格。

第二步：光标置于"查找内容"框里，两次选择"特殊格式"列表里的"段落标记"，即在"查找内容"框里给定的信息是：^p^p。

光标置于"替换为"框里，只选择一次"特殊格式"列表里的"段落标记"，即在"替换为"框里给定的信息是：^p。

反复单击"全部替换"按钮，直到替换结果为"已完成 0[或 1]处替换"，即可删除多余的空行。

**要求 3 操作步骤**

依然在"查找和替换"对话框中操作。

第一步：准备工作。

（1）依次单击“文件”菜单→“选项”→“校对”，进入“校对”设置面板，如图 3-24 所示。

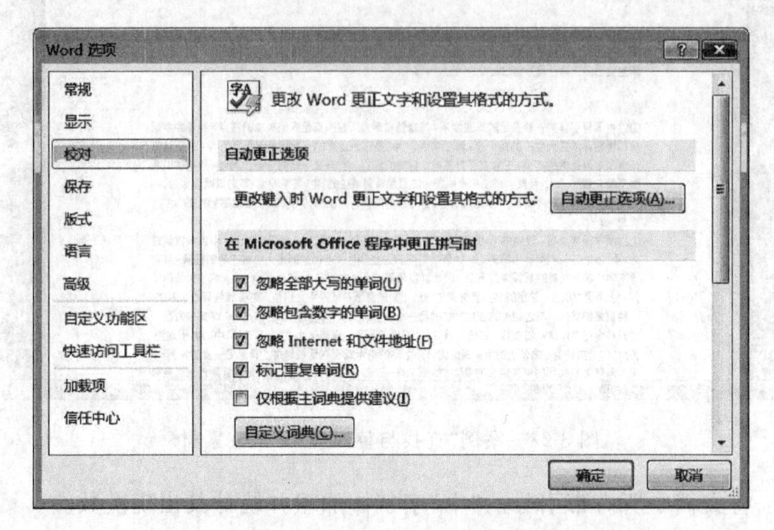


图 3-24　“Word 选项”的“校对”项

（2）在“校对”设置面板中，再依次操作：单击“自动更正选项”→切换到“键入时自动套用格式”选项卡→去掉“直引号替换为弯引号”前的勾，如图 3-25 所示，并单击“确认”按钮。

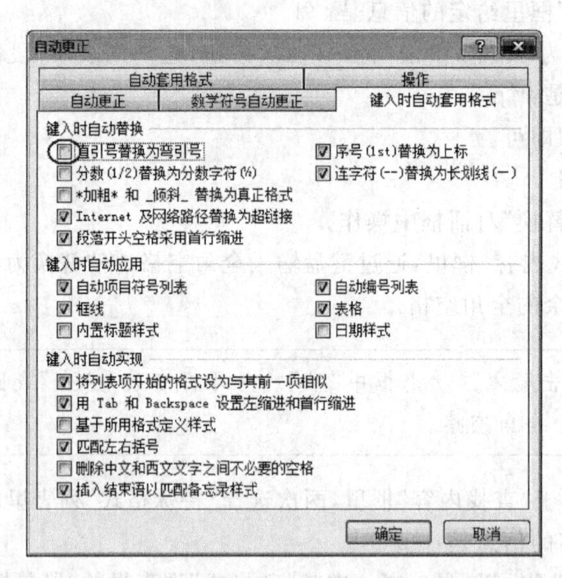


图 3-25　“自动更正”对话框的“键入时自动套用格式”选项卡

**注**：这一准备工作是必需的，否则，替换结果均为右引号(”)。

第二步：在“查找和替换”对话框中，“搜索选项”里勾选“使用通配符”。

在“查找内容”框里输入："(*)"(注意：使用的是西文引号)。

在“替换为”框里输入：“\1”(注意：使用的是中文引号)。

单击“全部替换”，即可完成所有西文双引号的替换操作。

分组通配：Microsoft Office 查找替换中，可使用“\ n”对圆括号( )分组通配的文字进行指定替换，其中 n 数字代表圆括号分组通配的次序。

例如，查找：(课程)(*)(培训)，替换：\3\2\1(使用通配符)

查找内容的分组通配有 3 组，分别可用\1、\2 和\3 指代，替换时将第 1 组与第 3 组的内容调换。所以，找到“课程……培训”后，将替换为“培训……课程”。

又如，查找：＜(pre)*(ed)＞，替换：\1cedent\2

其中：“＜”是限定查找字符开头符号；“＞”是限定查找字符结尾的符号；

假如可查找到“presorted”和“prevented”等词组，则替换结果均为“precedented”，即分别指代第 1 分组和第 2 分组的内容不变。

**要求 4 操作步骤**

光标置于文档的起始位置，打开“查找和替换”对话框。

第一步：在“查找和替换”对话框中，“搜索选项”里取消“使用通配符”；

第二步：在“查找内容”框里输入：“中”(注意：使用已替换后的中文双引号)。

光标置于“替换为”框里，清空其内容，然后单击“格式”按钮，选择“字体”；在打开的“查找字体”对话框中，字形选择“加粗”，单击“确定”按钮。

第三步：返回“查找和替换”对话框，单击“全部替换”按钮，即完成所有“中”字字体加粗的格式设置，同时提示已完成多少处替换。

本案例应用，我们发现 Office Word 的“查找和替换”非常实用，功能也很强大，如检查某词组或符号使用的频率，就可用查找/替换这一功能。其更多的应用还需要我们在具体的实际操作中进一步挖掘和利用。

## 3.3 Word 格式设置

Office Word 2010 的应用不仅仅是如何编辑文档，其更注重的是如何美化文档。而美化文档的处理就是按照文档的具体要求对文档进行相应的格式设置。在此，我们把有关 Word 文档的格式设置归结为三大类，即“字符格式设置”、“段落格式设置”和“页面格式设置”，下面将分别介绍之。

**学习要点：**

1. 了解字符格式设置的基本应用
2. 掌握段落格式设置的几种途径
3. 何谓“样式”及其作用
4. “项目符号”与“编号”的具体应用
5. 页面格式设置及“分节符”应用

### 3.3.1 字符格式基本设置

Word 文档的字符格式设置包括：字体、字号、字形、字体颜色、字符边框和底纹等。

**1. 使用“开始”选项卡“字体”组命令**

字符格式设置的基本命令可在“开始”选项卡“字体”组中找到，如图 3-26 所示。

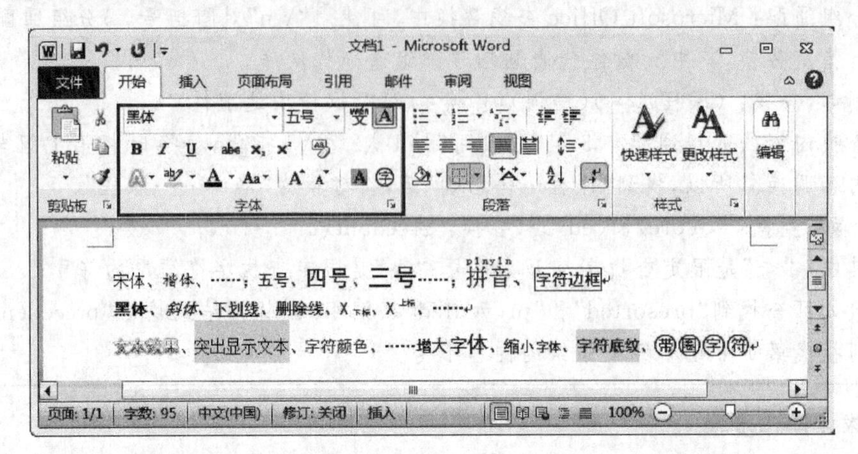

图 3-26 “字体”组命令

操作方法：

选定文本后，单击“字体”组中的相应命令即可。

**2. 使用“浮动工具栏”**

在字符格式设置中，Word 2010 还有一新的应用亮点就是“浮动工具栏”。当选定文本时，鼠标向右上方移动就会出现字符格式“浮动工具栏”，如图 3-27 所示。

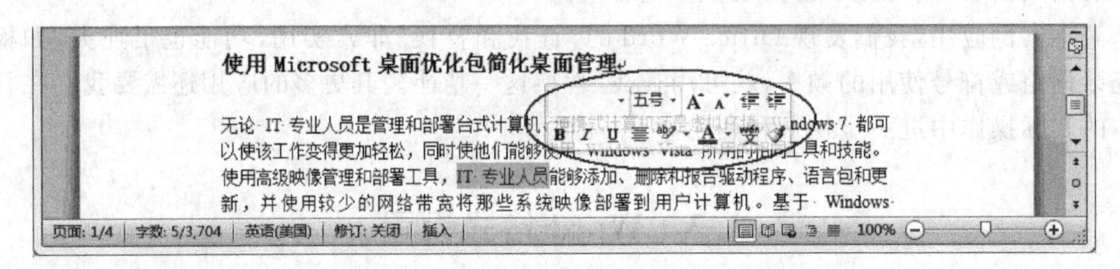

图 3-27 字符格式设置的“浮动工具栏”

**3. 使用“字体”对话框**

“开始”选项卡的“字体”组中提供的命令虽然便捷，但毕竟命令是有限的。更多的字符格式设置功能还需在“字体”对话框里寻找。

操作步骤

选定文本后，切换到“开始”选项卡下，单击“字体”组右下角的对话框启动器“◘”，打开了“字体”对话框，如图 3-28 所示。这里不仅提供了字符格式的基本项设置，还提供了如字符间距等设置的“高级”功能。

## 3.3.2 段落格式基本设置

在 Word 文档中，每个段落均以段落标识“↵”为结束标志。段落的外观如段落的对齐方式、缩进方式、段间距及行间距，以及段落项目符号和编号设置等等都属于段落的格式

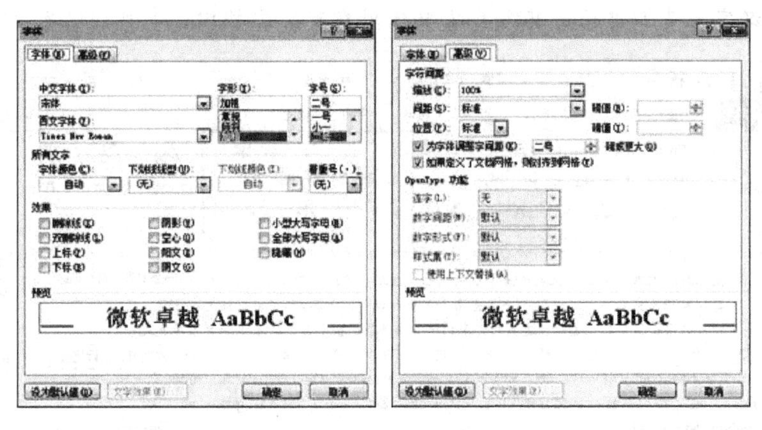


图 3-28 “字体”对话框信息

设置，而这些段落格式信息又均包含在这段落标识“↵”之中。

段落对齐方式：

- 左对齐：段落中每行均以页面设置左边距对齐，右边不限。
- 右对齐：段落中每行均以页面设置右边距对齐，左边不限。
- 居中：段落中每行均居中，距页面设置左/右边距相等。
- 两端对齐：段落中每行均以页面设置左/右边距对齐，最后一行未满时将向左对齐。
- 分散对齐：段落中每行均以页面设置左/右边距对齐，最后一行未满时将调整字间距并保持左/右边距对齐。

段落缩进方式：

- 首行缩进：只将段落的第一行缩进一定量。
- 悬挂缩进：除段落第一行外，其他行均缩进一定量。
- 左缩进：整个段落的左端同时缩进一定量。
- 右缩进：整个段落的右端同时缩进一定量。

行和段落间距：

- 1.0 单倍行距：将行距设置为该行最大字体的高度(即在看到字大的小上再加上一额外间距。这额外间距的大小取决于所用的字体，单位为点数)。
- 1.5 倍行距：是单倍行距的 1.5 倍。如字号为 10 磅的文本，1.5 倍行距就是约 15 磅。
- 2 倍行距：是单倍行距的 2 倍。如字号为 10 磅的文本，2 倍行距就是约 20 磅。

……

**1. 使用“开始”选项卡的“段落”组命令**

段落格式设置的基本命令可在“开始”选项卡“段落”组中找到，如图 3-29 所示。

在这里，可以设置段落的左对齐、居中、右对齐、两端对齐、分散对齐以及行和段落间距等；还可以设置段落的项目符号和编号等等。

**注**：段落格式“左对齐”和“两端对齐”设置，对于中文文档似乎没有差异，这是因为中

文是以方块汉字为基本单位。其差异主要体现在英文文档中。参见图 3-29 中的示例。

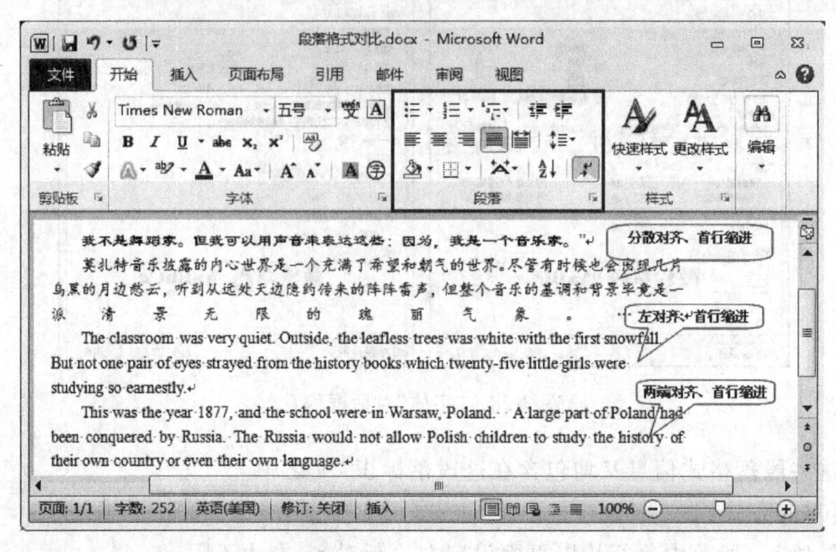


图 3-29 “段落”组命令

**2. 使用“页面布局”选项卡的“段落”组中命令**

有关段落格式的左、右“缩进”或段前、段后“间距”设置时，可在“页面布局”选项卡“段落”组中找到相应命令，如图 3-30 所示。

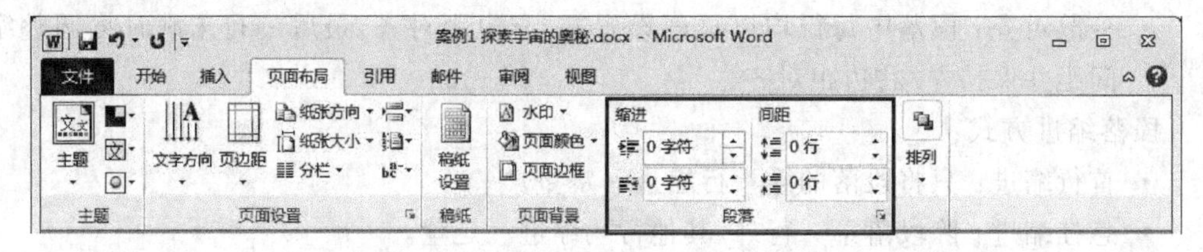


图 3-30 “页面布局”选项卡“段落”组

**3. 使用“标尺”**

Word 2010 系统默认状态下“标尺”是隐藏状态。切换到“视图”选项卡下，在“显示”组中选中“标尺”，即在文档窗口中开启“标尺”。

标尺功能：可以利用标尺设置段落的缩进等，如图 3-31 所示。

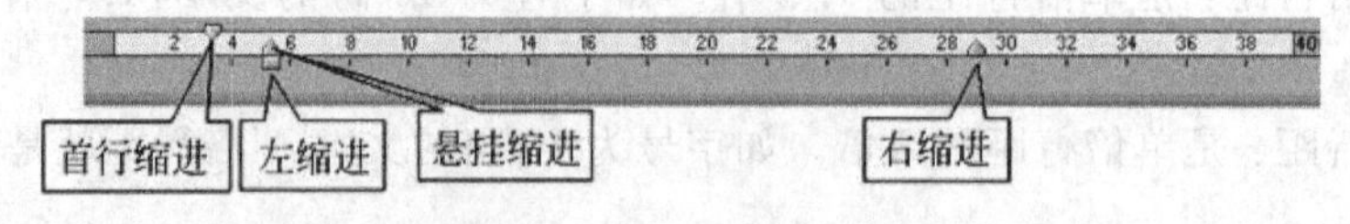


图 3-31 标尺功能示意图

标尺单位：标尺默认的度量单位是“字符”。要更改度量单位，在“文件”菜单里单击“选项”，在打开的“Word 选项”对话框中再选择“高级”项，找到“显示”部分，如图 3-32 所示。将其中“以字符宽度为度量单位”的复选框取消，然后，在“度量单位”里指定新的度量单位即可。

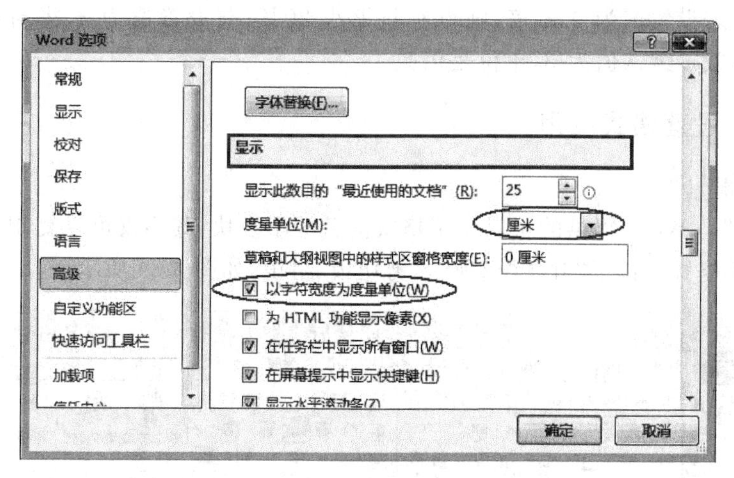


图 3-32 "Word 选项"对话框的"高级"显示部分

**4. 使用"段落"对话框**

无论是"开始"选项卡，还是"页面视图"选项卡，其"段落"组中提供的命令只是满足了段落格式设置的基本需求，更多的设置还需在"段落"对话框里寻找，如图 3-33 所示。

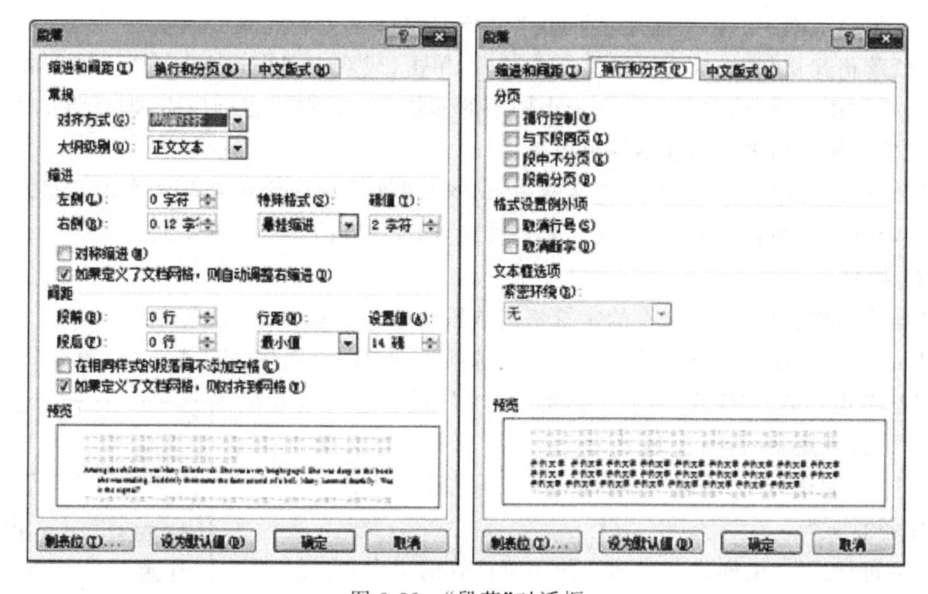


图 3-33 "段落"对话框

在"段落"对话框里，包含了段落格式的基本项设置，但涉及段落的"大纲级别"、"换行和分页"以及"中文版式"等设置，只有在这里才能得以完成。

对话框里"行距"的进一步解释：

- 最小值：指行间距至少是"设置值"框中输入的磅值，若行中含有大字符或嵌入图形，Word 会自行增加行间距。
- 固定值：行距固定，Word 不会自行调整。
- 多倍行距：行距按指定百分比增大或减小。如设置值为 1.2 倍，则行距将增加

20%;若设置值为 0.8 倍,则行距将缩小 20%;若设置值为 2,将与使用“2 倍行距”等效。默认值为 3,单位是倍数。

### 3.3.3 段落格式应用

**1. 格式刷**

“格式刷”是 Word 提供的可以复制格式信息的小模块,其不仅可以复制字符格式,还可以复制段落格式。位于“开始”选项卡“剪切板”组里,如图 3-34 所示。

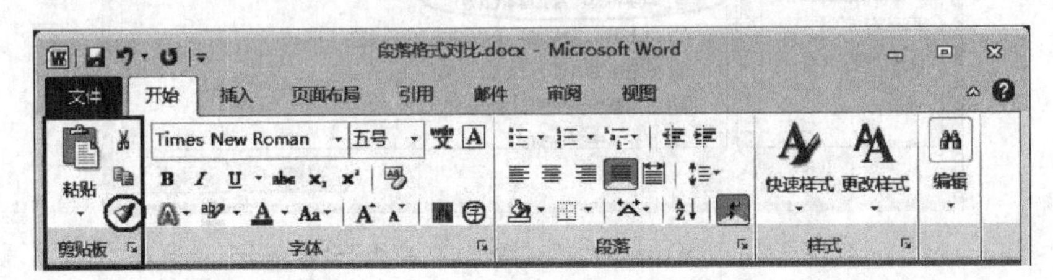


图 3-34 “开始”选项卡“剪切板”组

“字符格式复制”选定文本,单击(或双击)“格式刷”,将选定文本的格式复制给格式刷,鼠标标识变为一个带小刷子的形状;然后,移动鼠标到目标文本上,按住鼠标左键拖动,即可将格式刷中的格式信息粘贴出来并传递给目标文本。

“段落格式复制”光标置于段落任意位置,单击(或双击)“格式刷”,将当前段落的格式复制给格式刷,鼠标标识变为一个带小刷子的形状;然后,单击目标段落,即可将格式刷中的格式信息粘贴出来并传递给目标段落。

**注**:单击“格式刷”,格式只能粘贴一次,双击“格式刷”,格式可粘贴多次。格式刷应用对应的键盘命令:Ctrl+Shift+C 复制格式,Ctrl+Shift+V 粘贴格式。

**2. 样式**

“样式”是指由样式名保存的字符格式或段落格式的集合。

Word 2010 提供的“样式”位于“开始”选项卡的“样式”组中,有“正文、标题 1、标题 2、标题”等样式。单击“样式”组右下角的“样式”面板启动器,可看到以及可管理更多的样式,如图 3-35 所示。

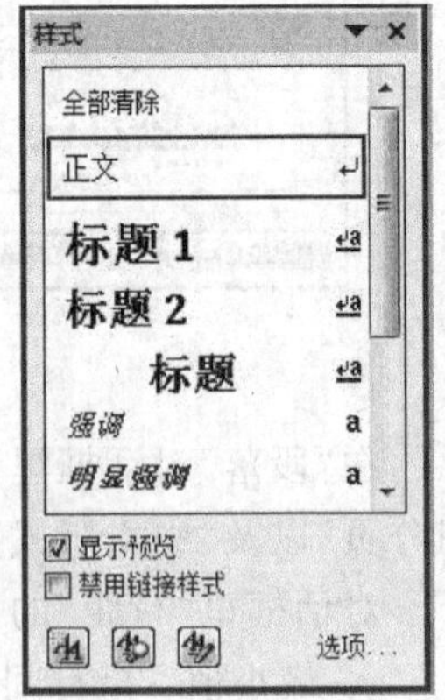


图 3-35 “样式”面板

“样式”大致分三大类:“字符样式”、“段落样式”和“链接段落和字符样式”。

“字符样式”:由样式名来标识的字符格式的集合,它提供了字符格式的所有特征,其标志是在样式名后有一个字符“a”。

“段落样式”由样式名来标识的字符格式和段落格式的集合,它不仅包含字符格式的所有特征,而且还包含了段落格式的所有特征,其标志是样式名后有一段落标识“↵”。

**注**:“字符样式”仅作用于选定的文本,而“段落样式”可作用于段落及段落文本的设置。

“链接段落和字符样式”:是从 Office 2007 起引入的一种新样式,其标志是样式名后有一个组合标志,即“↵a”。当光标位于段落中时,该样式对整个段落有效，等同于“段落样式”；当选定文本时，该样式就只对选定的文本有效，等同于“字符样式”。

“正文”样式是文档中“段落样式”和“链接段落和字符样式”的基础。即文档中普通的段落都是基于“正文”样式的格式设置的。

“标题 1”、“标题 2”等样式均是基于“正文”样式的基础上再设定各种格式后的样式，这些样式且具有一定“大纲级别”，样式类型为“链接段落和字符样式”。

应用“样式”可简化文档的格式化操作，应用“标题”等样式是快速创建具有层次结构的文档最便捷的方法。

用户自定义样式(以段落样式为例)的操作步骤：

第一步：在“样式”面板中，参见图 3-35，单击下端左侧第一个按钮(新建样式)，打开“根据格式设置创建新样式”对话框，如图 3-36 所示。

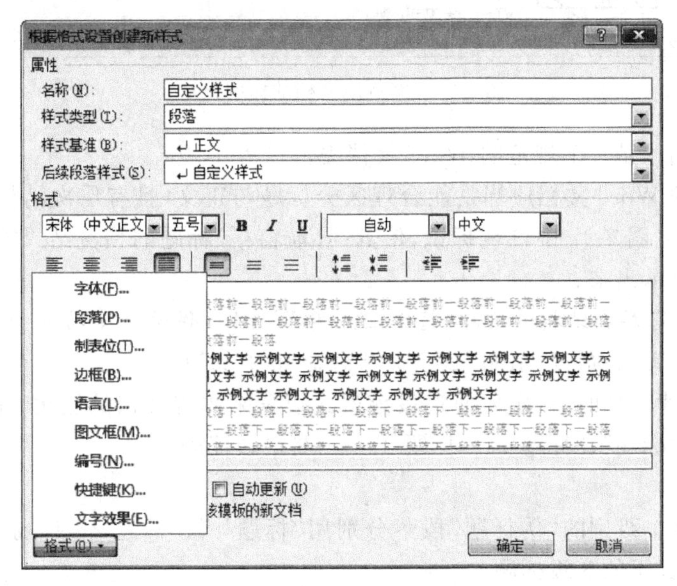


图 3-36 “根据格式设置创建新样式”对话框

第二步：在对话框中，“名称”框输入样式名，如“公司专用样式”；在“样式类型”框中指定“段落”类型。然后，单击左下方“格式”按钮，分别选择“字体”、“段落”或“边框”等可设置的命令，进行相应的格式设置。

第三步：格式设置完毕后，单击“确定”按钮结束段落样式的创建。用户自定义的样式将在“样式”面板里可以看到。

## 案例 3.4 “样式”应用

### 案例素材

本案例素材是一个没有层次结构或不规范的 Word 文档。

打开原文档，切换到“视图”选项卡下，选择“显示”组中“导航窗格”项，此时，文档窗口左侧的标题预览结果提示“此文档不包含标题”，如图 3-37 所示。说明什么呢？说明文档中看似有标题段落，只不过是通过字体格式设置，使字号加大、字体加粗而已，这对于Word 系统来说，这些段落不是标题，依然是正文，我们可称之“伪标题”。

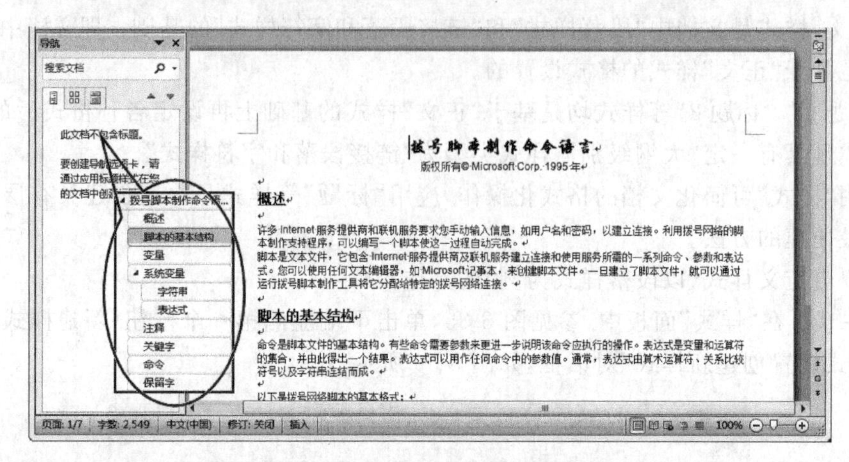


图 3-37 案例原文档的标题预览

怎样的文档才是一个规范的 Word 文档呢？

一个规范的 Word 文档应当是能合理区分标题与正文、且有层次结构的文档。我们希望本案例，参见图 3-37 中红色标识，使其“导航窗格”标题的预览结果能把文档应有的标题层次结构显示出来。

**注**：一个没有层次结构的文档，将无法应用 Word 提供的很多功能，如“大纲视图”下按标题级别查看文档；通过“引用”创建文档的标题“目录”等。

因此，在创建文档时，一定要通过段落格式设置来体现文档的层次，而应用 Word 提供的“样式”，如“标题”、“标题 1”、“标题 2”……是最快捷的。

**案例要求**

将文档中 3 个级别的“伪标题”段落分别用“标题 1”、“标题 2”和“标题 3”样式来设置，使文档具有真正的 3 级标题。

**操作步骤**

设置“样式”组中显示的项目 如使其显示标题 2、标题 3 样式。

第一步：在“样式”面板中，参见图 3-35，单击下端的第三个按钮(管理样式)，打开“管理样式”对话框，然后切换到“推荐”选项卡下，显示如图 3-38 所示。

第二步：默认情况下，“标题 2”、“标题 3”等样式在使用前是隐藏的。操作步骤是，分别选择“标题 2”和“标题 3”，单击下端“显示”按钮，“确定”后回到工作窗口，即可在“样式”组中看到“标题 2”和“标题 3”样式。

标题样式应用的操作步骤：

第一步：光标置于标题“拨号脚本制作命令语言”上，单击“标题 1”样式。

第二步：光标置于标题“概述”上，单击鼠标右键选择“样式”命令，在其展开的各种“样式”面板里，单击位于下端的“选择格式相似的文本”命令，这样与“概述”标题具有同样格式的段落均被选定；然后单击“标题 2”样式，使被选中的段落按照“标题 2”样式进行格式设置。

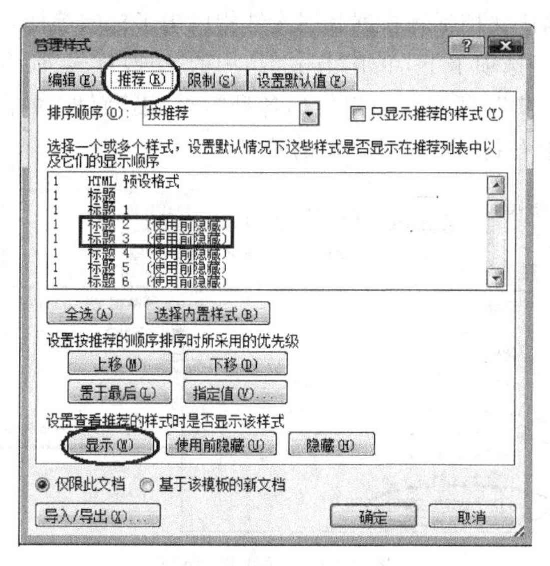


图 3-38 “管理样式”的“推荐”选项卡

第三步：切换到“视图”选项卡下，单击“大纲视图”命令，其中“显示级别”设置 2 级；在大纲视图窗口里，找到标题“字符串”和“表达式”段落，分别单击“大纲工具”组中降级箭头“➡”，使其原 2 级降为 3 级，单击“关闭大纲视图”命令。

第四步：再切换到“视图”选项卡下，在“显示”组中选中“导航窗格”，标题的预览结果如图 3-39 所示，很清晰地给出了文档的层次结构。

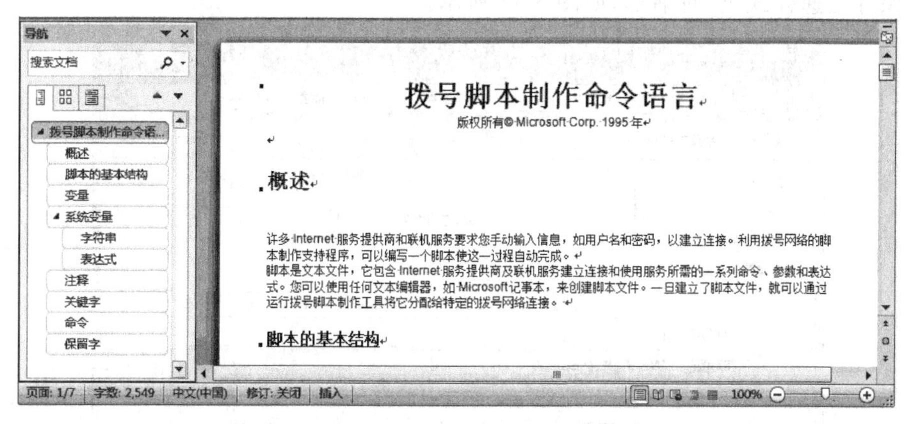


图 3-39 原文档应用标题样式后的结果

**3. 快速“样式集”**

“样式集”是一个 Word 2010 文档应用众多“样式”的集合，也可称之为“Word 文档样式”。因为“样式集”是以文件的形式被保存在磁盘上，其文件类型为 *.dotx。一个“样式集”中包括了各级标题的样式、正文样式等等。应用 Word 2010 提供的“样式集”可以帮助我们快速格式化整个文档。

“样式集”应用的操作步骤：

第一步：首先，确认文档标题根据其层次结构应用了标题等样式。

第二步：在“开始”选项卡下，单击“样式”组中的“更改样式”命令，在其展开的下一级命令列表中选择“样式集”，展开系统提供的各种“样式集”面板，如图 3-40 所示。选择其中一种，即刻在文档中看到“样式集”应用的效果。

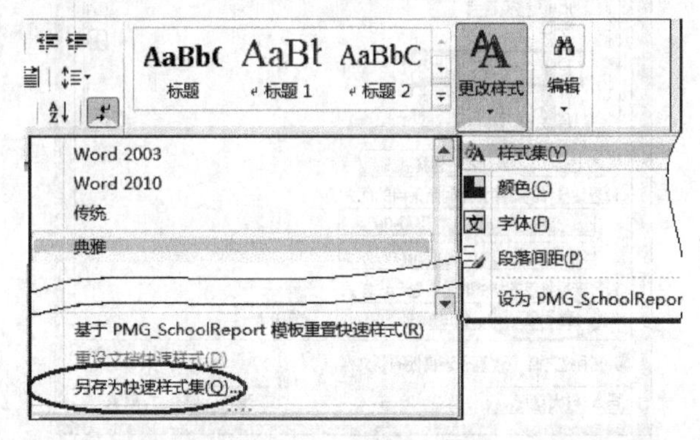


图 3-40 “样式集”面板

自定义快速“样式集”的操作步骤：

第一步：在诸如学术论文或报告等文档中，根据文档的需求将其所需要的各级标题样式、正文样式一一地设置；

第二步：在“开始”选项卡下单击“样式”组中的“更改样式”命令，选择“样式集”；

第三步：在展开的各种“样式集”面板的下端有一命令“另存为快速样式集”，单击后打开“保存快速样式集”对话框，如图 3-41 所示。

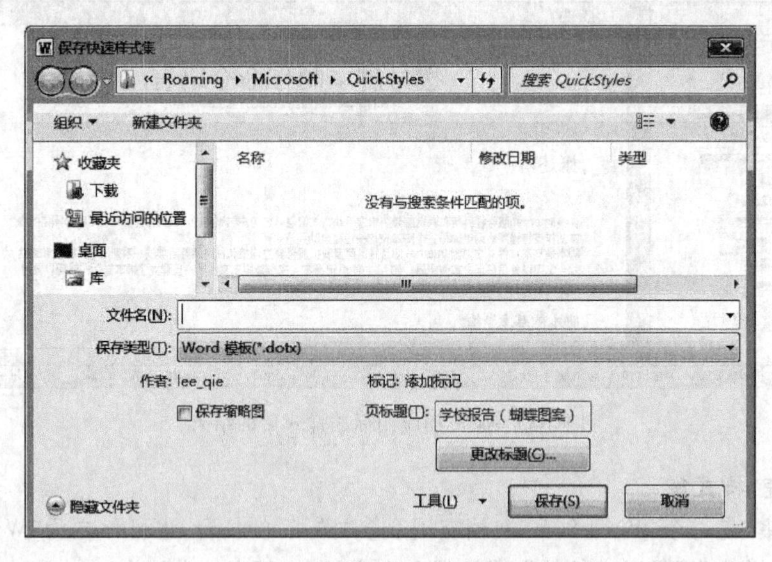


图 3-41 “保存快速样式集”对话框

在对话框中，输入自定义样式集名称，如“学术报告”，保存位置保持原默认的，单击“保存”按钮。用户新定义的样式集“学术报告”将在“样式集”列表面板里看到。

**4. 项目符号和编号**

Word 提供的“项目符号”和“编号”是一项自动功能。启用这一功能，将在指定的段落首行前自动添加定制的“项目符号”或“编号”，目的使文档中的段落表述清晰而有序。

键入时自动携带“项目符号”或“编号”的操作步骤：

首先，查看“自动项目符号列表”和“自动编号列表”的设置是否开启(默认是开启的)。

查看设置的操作步骤：

第一步：在“文件”菜单下，单击“选项”命令，打开“Word 选项”对话框；在对话框中，单击“校对”项中“自动更正选项”按钮，进入“自动更正”设置的对话框；

第二步：在“自动更正”对话框中，切换到“键入时自动套用格式”选项卡里，选中“自动项目符号列表”和“自动编号列表”两项，如图 3-42 所示。同时查看“用 Tab 和 Backspace 设置左缩进和首行缩进”是否选定，以确保项目编号缩进时键盘的功能可以使用。

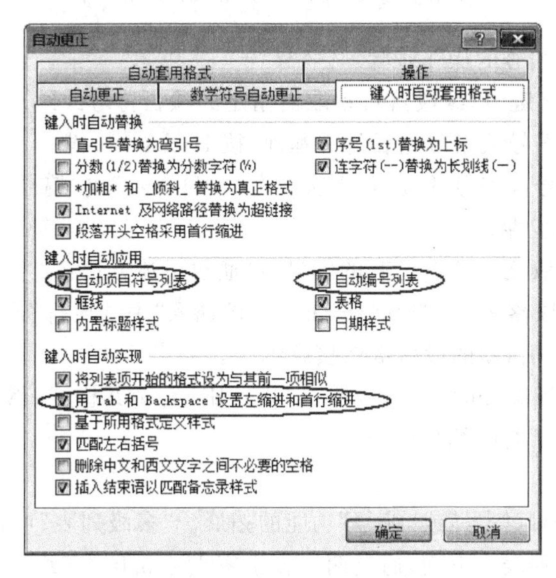


图 3-42 “自动更正”对话框

单击“确定”之后，在段落起始位置，键入数字、字母，如数字：一、二或(一)、(二)或 1、2 或(1)、(2)等；字母：a、b 或 A、B 等，其后输入某些特定的标点符号，如顿号、逗号、圆点或制表符(按 Tab 键)等，接着输入文本内容按 Enter 键，Word 自动将数字或字母转化为“编号”的应用。

如果在段落起始位置，插入的是一些特定符号(如●、◎、◆等)，其后跟一制表符(按 Tab 键)，接着输入文本内容按 Enter 键，Word 自动将这些符号转化为“项目符号”的应用。

应用“项目符号”或“编号”的操作步骤：

在“开始”选项卡下单击“段落”组中“项目符号”或“编号”命令，当前段落即可直接应用默认的“项目符号”或“编号”格式。

自定义“项目符号”或“编号”的操作步骤：

在“开始”选项卡下单击“段落”组中“项目符号”或“编号”命令右侧的下拉箭头，展开各种“项目符号”或“编号”面板；选择面板下端的“定义新项目符号”或“定义新编号格式”命令，打开如图 3-43 所示对话框，在这里可自行定义所需的项目符号或编号格式。

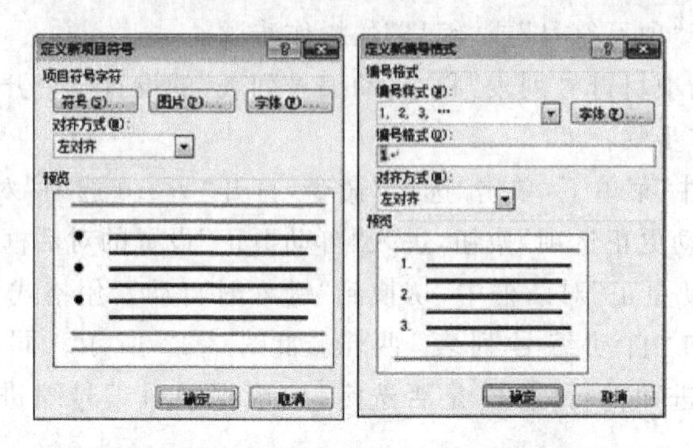


图 3-43　定义“项目符号”和“编号”对话框

取消项目符号或编号的操作步骤：

(1) 按两次 Enter 键，后续段落自动取消指定的项目符号或编号。

(2) 将光标移到符号或编号之后且文本前，按 Backspace 键。

(3) 对有项目符号或编号的段落，再次单击“项目符号”或“编号”命令。

接续编号的操作步骤：

如某段落希望接续之前段落已有的编号，可通过下述方法：

(1) 在有编号的段落之后，按 Shift+Enter 键插入“手动换行符”，输入后续内容且没有编号，但按 Enter 键后，新的段落依然接续编号。

(2) 光标置于已有编号的段落上，单击“格式刷”复制其格式；然后单击目标段落，即可使目标段落接续原已有的编号顺序。

**5. 多级列表**

“多级列表”是“项目符号”或“编号”功能的拓展。“多级列表”可自动生成多达 9 个层次的项目符号或编号列表。下面，通过两个教学案例来讲解“多级列表”在段落格式中的具体应用。

## 案例 3.5　“多级列表”在正文段落中应用

**案例素材**

一个“多级列表”应用的典型例子。其文档输出结果，如图 3-44 所示。

正文中，段落应用了“多级列表”，编号级别共有 3 级，分别是：(一、二、三……)；(1、2、3……)；(A、B、C……)。

应用“多级列表”优点：文档中各种题型和试题的层次不仅清晰、有条理，而且随意添加或删除或移动一些试题时，整个试卷的试题编号全部自动有序更新。

**操作步骤**

在“开始”选项卡下操作。

输入试卷标题《计算机基础阶段测试》，单击“样式”组中一种标题样式即可，如“标题

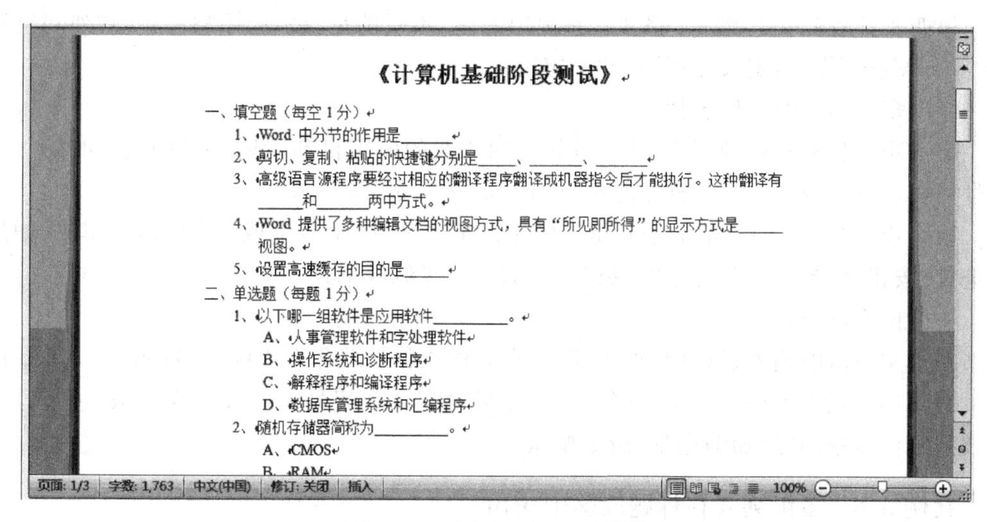

《计算机基础阶段测试》

一、填空题（每空 1 分）

1、Word 中分节的作用是______

2、剪切、复制、粘贴的快捷键分别是_____、______、______

3、高级语言源程序要经过相应的翻译程序翻译成机器指令后才能执行。这种翻译有______和______两中方式。

4、Word 提供了多种编辑文档的视图方式，具有“所见即所得”的显示方式是______视图。

5、设置高速缓存的目的是______

二、单选题（每题 1 分）

1、以下哪一组软件是应用软件_________。

A、人事管理软件和字处理软件

B、操作系统和诊断程序

C、解释程序和编译程序

D、数据库管理系统和汇编程序

2、随机存储器简称为_________。

A、CMOS

B、RAM

页面: 1/3 字数: 1,763 中文(中国) 修订: 关闭 插入 100%

图 3-44　原文的页面显示结果

1”，按 Enter 键进入正文试题段落的输入。

定义多级列表的操作步骤（也可后定义）：

第一步：单击“段落”组中“多级列表”命令右侧的下拉箭头，展开各种“多级列表”面板；再单击面板下端的“定义新的多级列表”命令，打开“定义新多级列表”对话框，如图 3-45 所示。

定义新多级列表
单击要修改的级别(V):
1 2 3 4 5 6 7 8 9
1
1.1
1.1.1
1.1.1.1
1.1.1.1.1
1.1.1.1.1.1
1.1.1.1.1.1.1
编号格式
输入编号的格式(O):
1
字体(F)...
此级别的编号样式(N):
1, 2, 3, …
包含的级别编号来自(D):
位置
编号对齐方式(U): 左对齐
对齐位置(A): 0 厘米
文本缩进位置(I): 0.75 厘米
设置所有级别(E)...
更多(M) >>
确定
取消

图 3-45　“定义新多级列表”对话框

第二步：定义第 1 级编号格式。在“单击要修改的级别”里单击“1”，在“此级别的编号样式”列表里选择“一，二，三，…”，再在“输入编号的格式”里已有的编号之后输入顿号“、”，作为 1 级编号与文本的间隔符。

第三步：定义第 2 级编号格式。在“单击要修改的级别”里单击“2”，清除“输入编号的格式”里默认的格式，在“此级别的编号样式”列表里选择“1，2，3，…”；再在“输入编号的格式”里已有的编号之后输入顿号“、”，作为 2 级编号与文本的间隔符。

第四步：定义第3级编号格式。重复第三步，不同的是级别选择"3"。样式列表里选择"A,B,C,…"样式，定义完毕单击"确定"。

应用多级列表的操作步骤：

第一步：上述定义"确定"之后，当前光标所在的段落自动应用"多级列表"的第1级编号格式。直接输入：填空题等内容，按Enter进入下一段落。

第二步：进入下一段落的编号格式依然是第1级，按Tab键或单击"段落"组中"增加缩进量"按钮，使当前段落应用"多级列表"的第2级编号格式。

……依次操作。

在正文段落的输入过程中，如果希望列表编号由2级升为1级，可按Shift＋Tab键或"段落"组中的"减少缩进量"命令按钮；如果希望列表编号由2级降为3级，可按Tab键或"段落"组中的"增加缩进量"命令按钮。

## 案例3.6　多级列表在标题段落中应用

### 案例素材

提供的是一个普通文档。打开后切换到"视图"选项卡下，选中"显示"组中"导航窗格"项，该文档的标题预览结果，如图3-46所示，原文标题共有3级，分别应用了"样式"组中"标题1"、"标题2"和"标题3"样式。

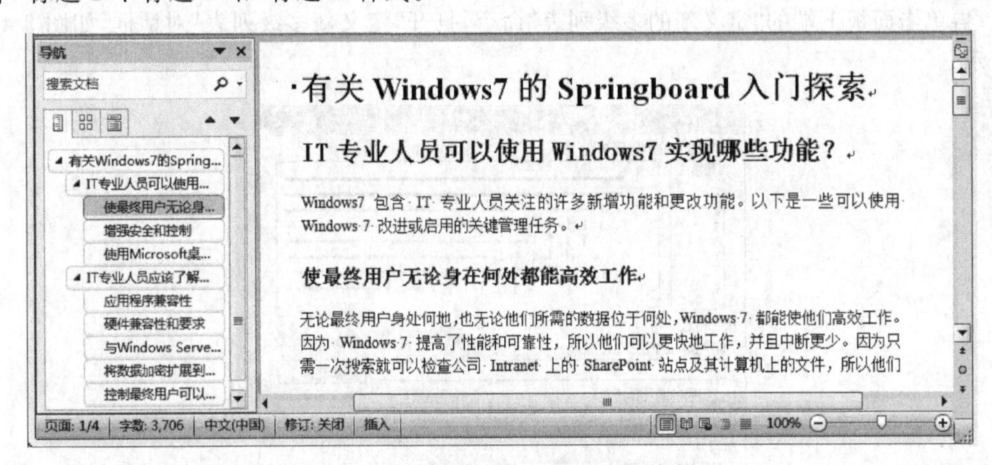


图3-46　原文档的标题预览结果

### 案例要求

在原文基础上，要求在2级标题和3级标题上分别应用"多级列表"编号，即标题2的编号为：1.、2.、3.、…，标题3的编号为：1.1.、1.2.、…2.1.、2.2.…。最终文档的标题预览结果希望如图3-47所示。

### 操作步骤

光标置于2级标题上，依次单击"开始"选项卡→"段落"组中"多级列表"→"定义新的多级列表"命令，打开"定义新多级列表"对话框，如图3-20所示。定义"多级列表"操作均在此对话框中。

**解释**：在"定义新多级列表"对话框，在"单击要修改的级别"项上默认是2级，为什么不是1级呢？这是因为当前光标位于大纲级别是2级标题上的缘故。我们可以从1级编号开始定义，也可从2级编号开始定义。也就是说，“多级列表”编号的级别与标题的大纲级别分属两个系列，没有必然的联系。

图3-47　原文档应用“多级列表”编号后预览结果

第一步：定义1级编号格式，并将1级编号格式链接到“标题2”上。

定义：单击“单击要修改的级别”列表上“1”；删除“输入编号的格式”里默有的格式；单击“此级别的编号样式”右侧下拉箭头，在其列表中选择要定义的编号样式，如“1，2，3，…”；回到“输入编号的格式”里，在已有的编号后添加分隔符，如圆点“.”。

链接：单击对话框中左下端“更多”按钮，将在其右侧展开更多设置项，如图3-48所示。在展开的更多设置中，单击“将级别链接到样式”右侧的下拉箭头，选择“标题2”即可。

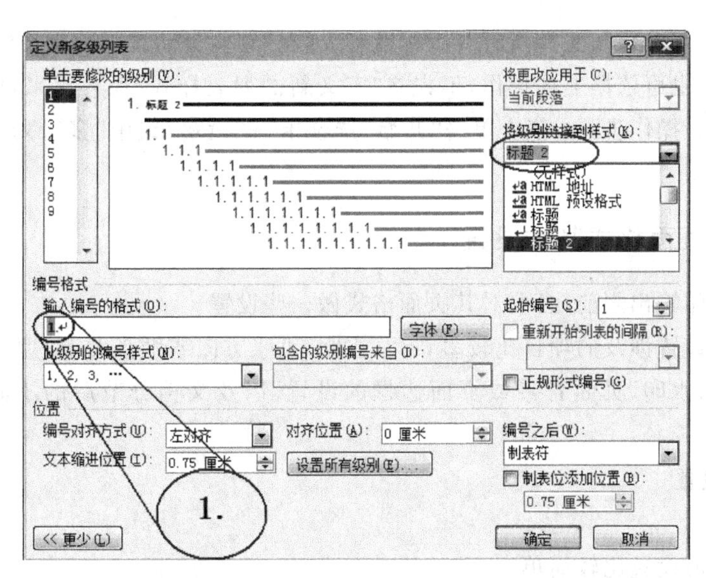

图3-48　“定义新多级列表”的“更多”展开

第二步：定义 2 级编号格式，并将 2 级编号格式链接到“标题 3”上。

定义：单击“单击要修改的级别”列表上“2”，删除“输入编号的格式”里默有的格式；单击“包含的级别编号来自”右侧下拉箭头，选择“级别 1”；

回到“输入编号的格式”里，在已有的编号后添加分隔符，如圆点“.”。再单击“此级别的编号样式”右侧下拉箭头，在其列表中选择要定义的编号样式，如“1，2，3，…”；再回到“输入编号的格式”里，在已有的编号后，再次添加分隔符，如圆点“.”。

链接：单击“将级别链接到样式”右侧的下拉箭头，选择“标题 3”，如图 3-49 所示。

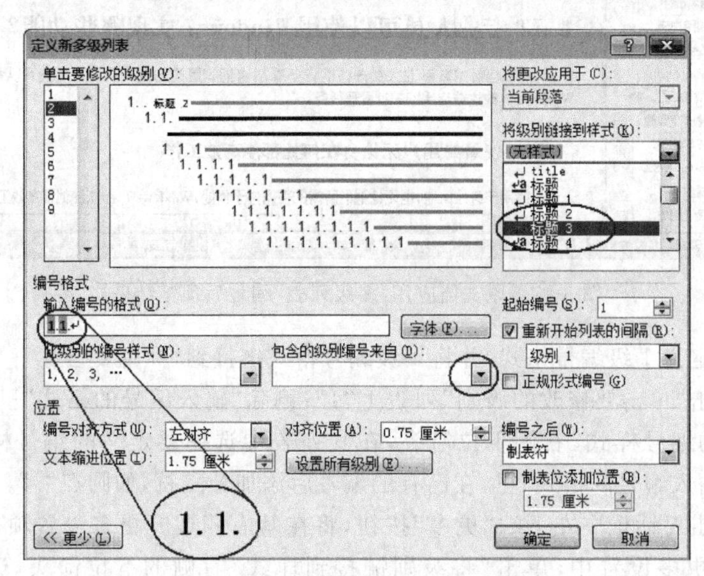


图 3-49 项目编号链接到标题样式的设置

设置完毕后“确定”，文档所有 2 级标题和 3 级标题均自动添加已定义好的编号。

当然，我们也可依据上述操作，事先将“定义新的列表样式”保存起来，以方便在其他文档直接使用。操作步骤：依次单击“开始”选项卡→“段落”组中“多级列表”→“定义新的列表样式”。

### 3.3.4 页面格式基本设置

文档在打印输出之前，必要对其页面格式做一些设置。

页面格式设置涉及的项目比较多，有页边距、纸张方向或纸张大小的设置；页码、页眉或页脚的设置；水印、页面背景或页面边框的设置；以及文档分节后的不同页面排版等设置。

**1. 页面设置**

**操作步骤**

文档的页面设置比较简单。

第一步：打开编辑好的文档，切换到“页面布局”选项卡下，如图 3-50 所示。在“页面设置”组中可设置页面的文字方向、页边距、纸张方向、纸张大小等。

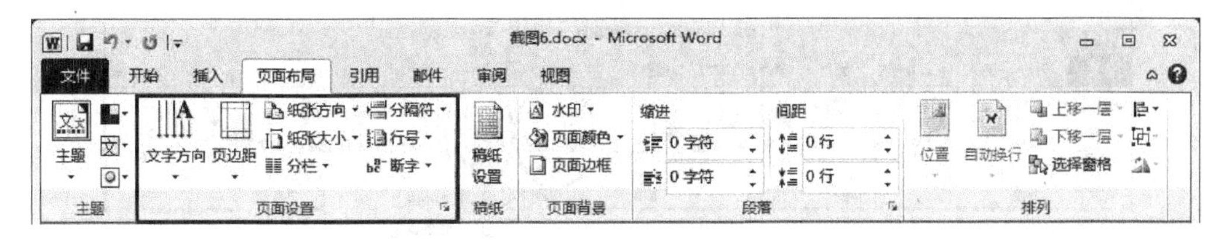


图 3-50 “页面布局”中“页面设置”组

第二步：单击“页面设置”组右下角的对话框启动器“▣”，打开“页面设置”对话框，如图 3-51 所示。在对话框里可精确设置页边距及自定义纸张大小等。

图 3-51 “页面设置”对话框

**2. 页眉和页脚**

在 Word 文档编辑过程中，除了有正文内容编辑环境外，另外，还有“页眉和页脚”的设计环境。在“页眉和页脚”设计环境里，可插入“页码”，可插入页眉和页脚信息，甚至可插入或编辑“水印”等。这里所做的操作均属于页面的格式设置。

插入页码的操作步骤：

切换到“插入”选项卡下，单击“页眉和页脚”组中“页码”命令，展开下一级命令列表，如图 3-52 所示。

在命令列表中，单击“页面顶端”、“页面底端”、“页边距”或“当前位置”，展开内置“页码”库面板，选择其中之一即可。

默认情况下，页码编号的格式是“1，2，3，…”，如果希望插入其他编号格式的页码，单击“页码”下一级命令列表中的“设置页码格式”命令进行设置。

插入页眉或页脚信息的操作步骤：

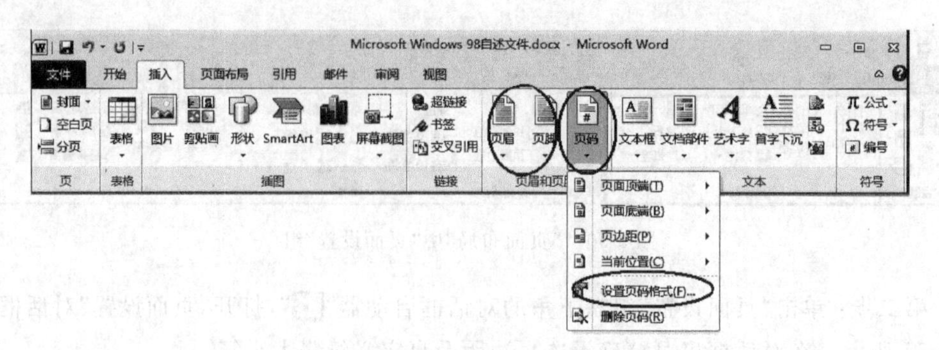


图 3-52 “页眉和页脚”组中“页码”命令

切换到“插入”选项卡下，单击“页眉和页脚”组中“页眉”或“页脚”命令，展开内置“页眉”或“页脚”库面板，如图 3-53 所示。

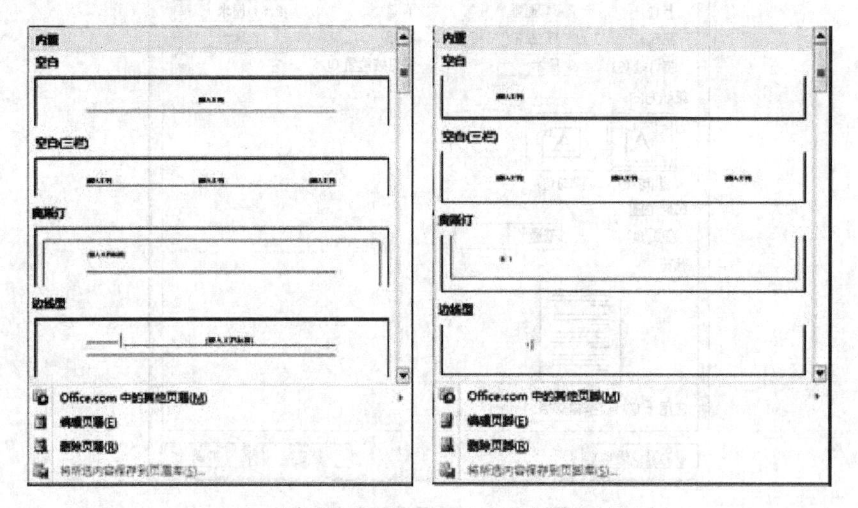


图 3-53 “页眉”库面板(左)和“页脚”库面板(右)

在展开的面板中，选择其中一种样式；进入“页眉”或“页脚”设计环境中。

**3. 水印**

切换到“页面布局”选项卡下，在“页面背景”组中有“水印”、“页面颜色”和“页面边框”3 个命令按钮，如图 3-54 所示。下面，重点介绍有关“水印”的设置与编辑。

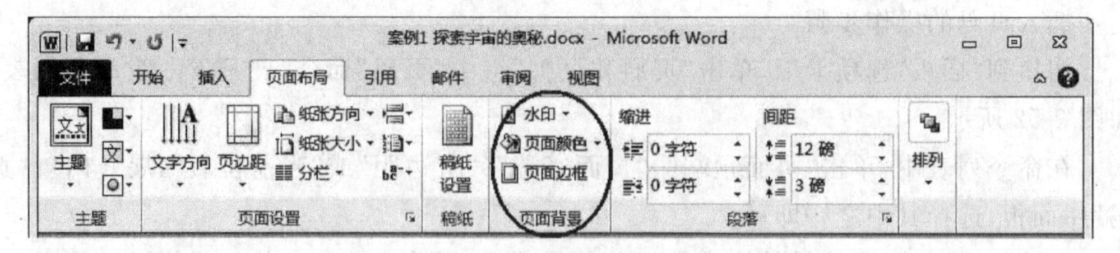


图 3-54 “页面背景”组命令

设置水印的操作步骤：

单击“页面背景”组中“水印”命令，展开内置“水印”库面板，如图 3-55 所示。

在面板中选择一格式；也可单击“自定义水印”命令，在打开的“水印”对话框中，如图 3-56 所示，自定义“图片水印”或“文字水印”。

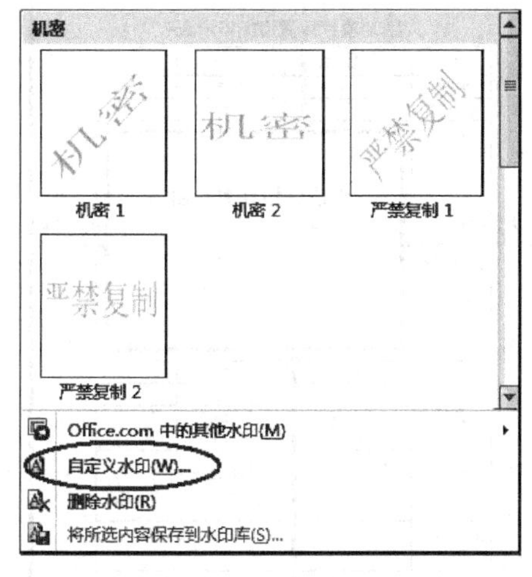


图 3-55 “水印”库面板

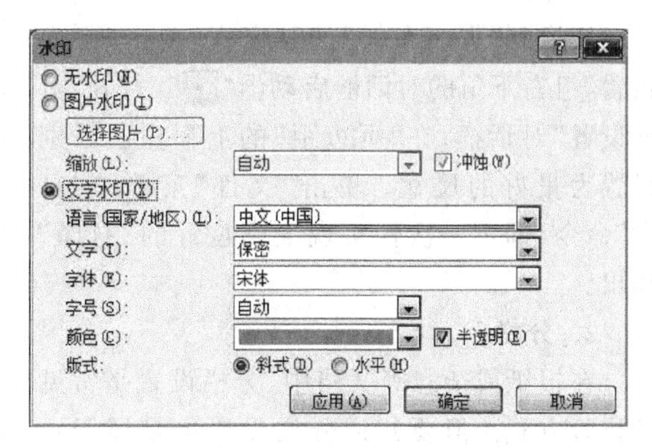


图 3-56 自定义“水印”对话框

编辑水印的操作步骤：

文档设置“水印”后，当需要编辑或移动“水印”或调整水印大小时，可切换到“插入”选项卡，单击“页眉和页脚”组中“页眉”或“页脚”命令的下拉箭头，在展开的面板下端有“编辑页眉”或“编辑页脚”命令，单击后进入其设计环境；此时，系统自动开启“页眉和页脚工具”的“设计”选项卡，如图 3-57 所示。

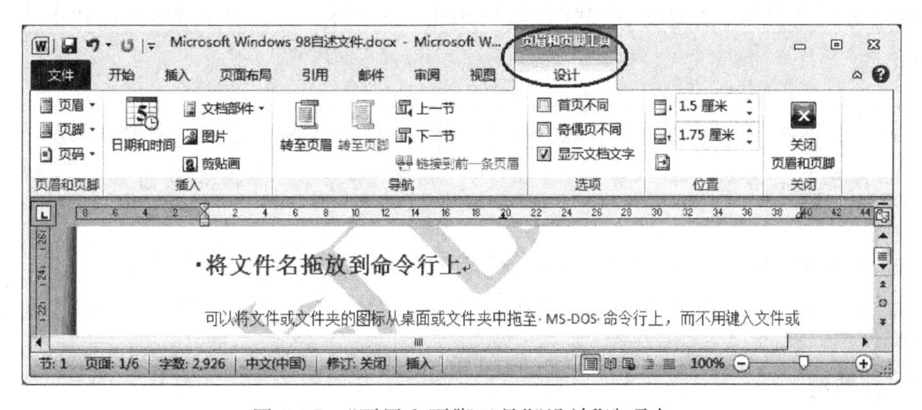


图 3-57 “页眉和页脚工具”“设计”选项卡

在“设计”选项卡下，取消“选项”组中“显示文档文字”项前的“√”；此时，在编辑页面上除了“页眉”和“页脚”信息外，还可能看到的内容就是“水印”。选定“水印”，即可移动其位置、调整其大小，甚至可以编辑或删除水印。

## 3.3.5 页面格式应用

### 1. 指定位置打印

在纸张的指定位置上打印输出，此种情况在日常应用很常见。如一份 XX 项目经费追加申请表，打印位置距上下左右边距分别是 7.5cm、12.0cm、6.0cm 和 3.5cm，如图 3-58 所示。

如何将文档内容打印到纸张的指定空间(即红方框)里？

**操作步骤**

切换到"页面布局"选项卡下，单击"页面设置"组右下角的对话框启动器"▣"，打开"页面设置"对话框；在"页边距"的上下左右分别设置为量好的尺寸。单击"文件"菜单中"打印"命令，即可一次性实现准确位置的"打印"输出。

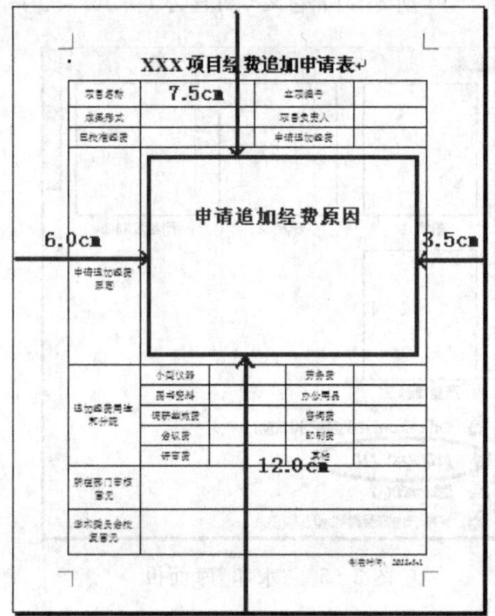


图 3-58　一份 XX 项目经费追加申请表

**2. 分栏**

在报纸或杂志等文档中，分栏设置是常见的排版方式。但要知道分栏设置也是属于页面的格式设置。

**操作步骤**

第一步：若是整个文档分栏排版，则或选中全文或不选；若只是部分段落分栏排版，则只选定指定的段落即可。

第二步：切换到"页面布局"选项卡下，单击"页面设置"组中"分栏"命令，在展开的分栏列表中选择之一(一栏、两栏、三栏等)。

调整分栏的栏数、栏宽度、栏间距等，可单击"分栏"命令，选择其列表中的"更多分栏"项即可。

> 解释：为什么分栏属于页面格式设置呢？当对选定的段落分栏设置后，实际上是在分栏段落前后各插入一个分节符(连续)。然而"分节符"恰恰是页面格式设置的具体应用。
>
> 操作步骤：依次单击"文件"菜单→"选项"，在打开"Word 选项"对话框中，单击"显示"项，选中"显示所有格式标记"项，即可在文档中清晰地看到分节符的具体位置。

**3. 分节符**

"分节符"是一个文档分"节"设置的分界标记。分节符包含"节"的格式设置元素，如页边距、页面的方向、页眉和页脚，以及页码的顺序等。

Microsoft 为了使 Word 文档的页面输出更丰富、更能满足办公的需求，把 Word 文档的页面格式设置设定为以"节"为独立体，即一个"节"的页面格式设置是固定且统一的。

Word 文档默认情况下只有一个"节"，什么情况下文档才需要分"节"呢？例如，如果一个文档，其中部分页要求纸张横向输出，与其原纵向页输出不同，如图 3-59 所示，此时，文档一定要通过分节才能得以实现。

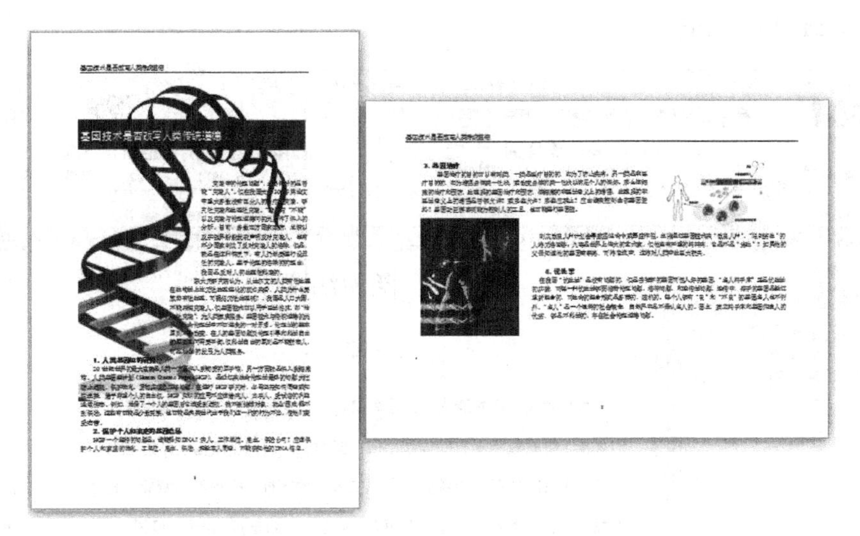

图 3-59　文档分“节”后页面设置可不同

文档分“节”设置的操作步骤：

切换到“页面布局”选项卡，单击“页面设置”组中“分隔符”命令，如图 3-60 所示，展开一个有“分页符”和“分节符”的列表，选择需要的分节符插入即可。

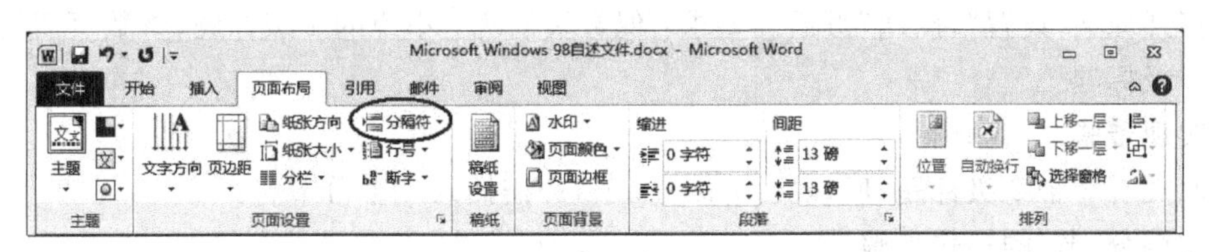


图 3-60　“页面布局”功能区“分节符”位置

“分节符”有 4 种：

- 下一页：在光标位置插入分节符，光标后的文本为下一节内容且一定从下一页开始。
- 连续：在光标位置插入分节符，光标后的文本为下一节内容，但与前一节保持同页。
- 偶数页：在光标位置插入分节符，光标后的文本为下一节内容且一定从偶数页开始。
- 奇数页：在光标位置插入分节符，光标后的文本为下一节内容且一定从奇数页开始。

下面，将通过两个教学案例进一步讲解文档分“节”的目的与“分节符”的作用。

## 案例 3.7　“页眉和页脚”应用

### 案例素材

文档内容是小说《笑傲江湖》片段（只截取其前 3 章），其标题的预览结果，如图 3-61 所示。原文层次结构为 2 级，分别应用了“标题 1”和“标题 2”样式。其中，标题 2 的编号应用了“多级列表”功能。

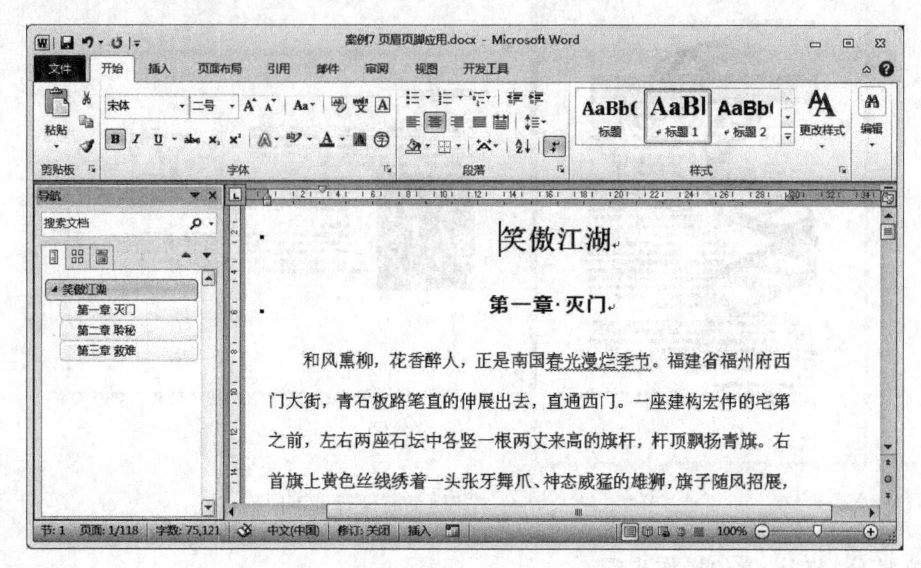


图 3-61　原文档的标题预览结果

**案例要求**

打开原文，设置“奇、偶”页眉。要求：偶数页眉为：小说的 1 级标题，奇数页眉为：小说的 2 级标题。

**实现步骤**

原文有 3 个 2 级标题，所以文档需分 3 节，即需插入 2 个分节符。

**文档分“节”的操作步骤**

第一步：打开原文档，切换到“视图”选项卡下，选中“导航窗格”，使文档显示导航标题，如图 3-61 所示。

第二步：在导航窗格中，分别单击第二章和第三章标题，快速将光标置于第二章和第三章的标题之前；然后，切换到“页面布局”选项卡下，单击“页面设置”组中“分隔符”命令，分别插入“下一页”分节符，将文档分为 3 节。

**不同“节”设置不同的奇数页眉的操作步骤**

第一步：切换到“插入”选项卡下，单击“页眉和页脚”组中“页眉”命令，展开内置“页眉”库面板，选择其中一种格式如“空白”，系统自动开启并切换到“页眉和页脚工具”“设计”选项卡下；在“设计”选项卡下，再选中“选项”组中“奇偶页不同”选项，如图 3-62 所示。

第二步：在“设计”选项卡下，按照要求，在“输入文字”位置处，输入第 1 节的奇数页眉，即第一章的标题；

单击“导航”组中“下一节”命令，按照要求在“输入文字”位置处，输入第 1 节的偶数页眉，即“笑傲江湖”。

第三步：再单击“导航”组中“下一节”命令，重复第二步操作。但在输入各节的奇数页眉之前，须先单击一下“导航”组中“链接到前一条页眉”命令，目的是取消当前节奇数页眉“与上一节相同”的设置。然后，删除奇数页眉上原有的信息，重新输入新的标题内容。

而偶数页眉则维持原有标题内容，直接单击“下一节”即可。

直到所有节的页眉设置完毕后，单击“设计”选项卡下最右端“关闭”命令。

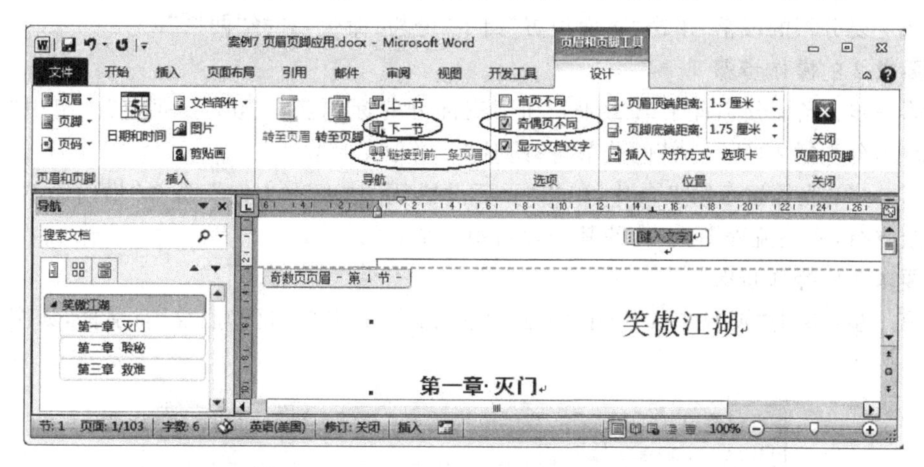


图 3-62 “页眉和页脚工具”“设计”选项卡

## 案例 3.8 纵/横页排版及分栏应用

### 案例素材

原文档经过页面格式设置后，其缩小比例的显示结果如图 3-63 所示。

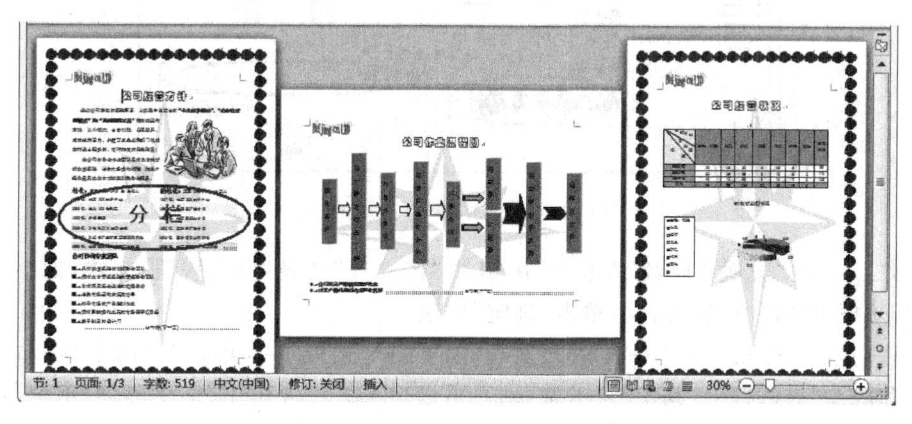


图 3-63 文档缩小比例后显示结果

原文是介绍某公司经营状况的一个 Word 文档。第一部分是“公司经营方针”；第二部分是“公司作业流程图”；第三部分是“公司经营状况”。

### 案例要求

希望原文档用 3 个页面输出，如上图所示，实现如下 4 个要求。

要求 1：为了节省纸张，将第一部分的部分段落分 2 栏排版。

要求 2：第二部分“公司作业流程图”图片横向页里放置，独占一页版面。

要求 3：除横向版面外，其他页面添加页边框。

要求 4：调整横向页面中的水印，要求居中并旋转 90 度。

打开原文档，在“页面布局”选项卡下：

**要求 1 的操作步骤**

选定要分栏的段落；单击“页面设置”组中“分栏”命令，选择“两栏”。

**要求 2 的操作步骤**

第一步：光标分别置于第二部分和第三部分的标题前，单击“页面设置”组中“分隔符”命令，分别插入“下一页”的分节符；此时，文档分为 3 节

第二步：光标置于第 2 节中，单击“页面设置”组中“纸张方向”，选择“横向”；然后，删除多余空行，调整流程图大小，使其合理占用一个页面。

**要求 3 的操作步骤**

第一步：单击“页面背景”组中“页面边框”命令，打开“边框和底纹”对话框，如图 3-64 所示。

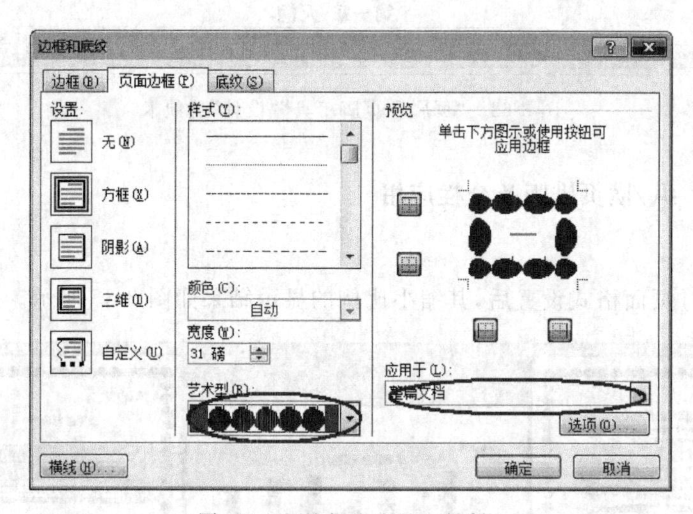


图 3-64 “边框和底纹”对话框

第二步：在“边框和底纹”对话框中，其中“艺术型”列表里选择一种样式，如小苹果，“应用于”框里默认“整篇文档”，单击“确定”按钮。

第三步：再将光标置于横向版面页所在的第 2 节中，再次单击“页面边框”命令；在“边框和底纹”对话框中，其中“艺术型”列表里选择“无”，“应用于”框里选择“本节”，单击“确定”按钮。

**要求 4 的操作步骤**

第一步：光标置于第 2 节中，切换到“插入”选项卡下，单击“页眉和页脚”组中“页眉”命令，选择展开面板中下端的“编辑页眉”命令，进入页眉设计环境。

第二步：在“页眉和页脚工具”“设计”选项卡下，单击“导航”组中“链接到前一条页眉”命令，取消页眉设计窗口中“与上一节相同”的设置。

第三步：再单击“导航”组中“下一节”命令，转到下一节的页眉设计窗口中，再单击“导航”组中“链接到前一条页眉”命令，还是取消页眉设计窗口中“与上一节相同”的设置。

第四步：单击“上一节”命令，返回第 2 节里，取消“显示文档文字”项；然后，选中页面中已有水印，切换到“格式”选项卡下，单击“排列”组中“旋转”命令，选择“向右旋转 90°”，

再合理调整水印的摆放位置。

第五步：切换到“页眉和页脚工具”的“设计”选项卡下，单击“关闭”命令。

## 3.4 Word图文混排

在Word文档中，往往需要通过图片或其他对象来传达一种讯息。而图文混排就是在文档中插入一些基本的图形对象，应用文字环绕对象或上下层关系，使文档中的文字与对象合理并存。

在Word 2010文档中，支持的图形对象可以是：*.bmp、*.jpg、*.gif、*.wmf、*.tif、*.pic等格式。Microsoft Office也通过“剪贴画”库为用户提供了大量的图片。

**学习要点：**

1. 了解图形对象“嵌入”与“浮动”的差异
2. 了解图形对象格式设置
3. 学习艺术字修饰及与其他对象组合应用
4. 学习SmartArt图形处理

### 3.4.1 图形对象的嵌入与浮动

在Word文档中，插入的图形对象有两种状态：一种是嵌入式对象，一种是浮动式对象。

嵌入式：对象像一个字符那样存在于文档中。嵌入对象只能在文字之间移动。

浮动式：对象与正文文字不在同一层面上（验证：切换到草稿视图下将看不到浮动式对象），但可控制对象与文字之间相互的关系，如环绕关系或上下层关系等；浮动对象可以在页面上的任意位置移动。

### 3.4.2 各种图形对象设置

各种图形对象，包括图片、文本框、艺术字等等。

**1. 图片设置**

**操作步骤**

打开一文档，以插入“剪贴画”为例。

第一步：切换到“插入”选项卡下，单击“插图”组中“剪贴画”命令，在工作窗口的右侧打开“剪贴画”窗格，单击窗格中“搜索”命令，剪贴画库里提供的所有媒体对象将呈现在窗格的下端，如图3-65所示，如单击第二幅图片，此时选择的图片以“嵌入式”插入在当前光标的位置中。

第二步：选中嵌入的图片，系统自动切换到“图片工具”“格式”选项卡下，如图3-66所示。

在“格式”选项卡下，单击“排列”组中“位置”命令，打开对象布局格式列表，选择其中一种布局格式；也可单击“排列”组中“自动换行”命令，选择一种文字环绕方式，使图片由“嵌入式”变为“浮动式”。

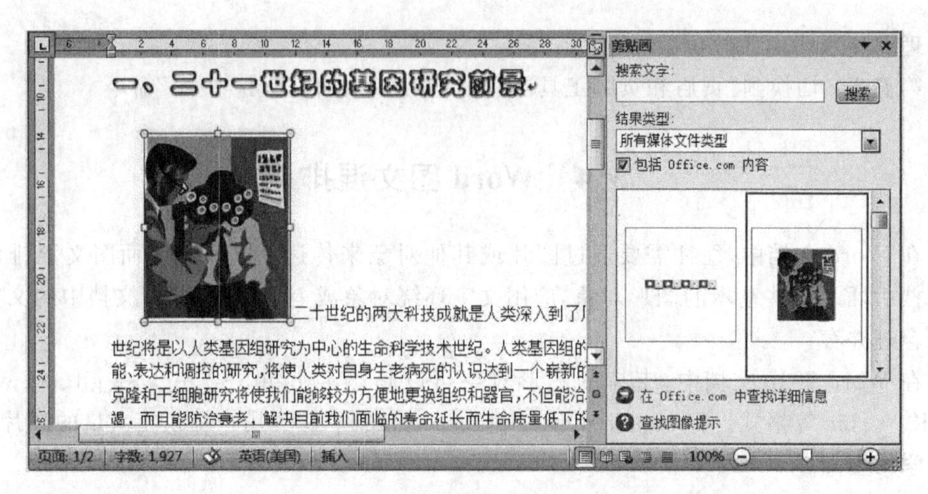


图 3-65 “剪贴画”窗格

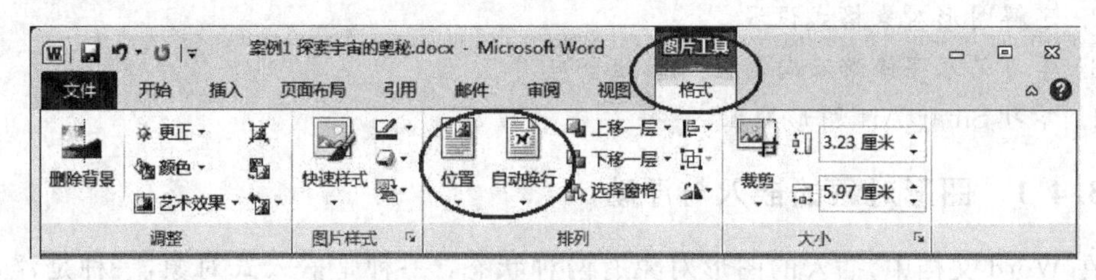


图 3-66 “图片工具”“格式”选项卡

第三步：选定浮动图片，设置其样式、改变其颜色等，或单击“排列”组中“自动换行”命令，选择“编辑环绕顶点”以改变文字的环绕边界等。

**2. 文本框应用**

在 Office Word 中，文本框是一种可移动、可调整大小、能存放文字及一些图片的容器，有横排和竖排两种。如在文档中，合理应用文本框，将使文档的内容给出一种全新的排列方式，如图 3-67 所示。

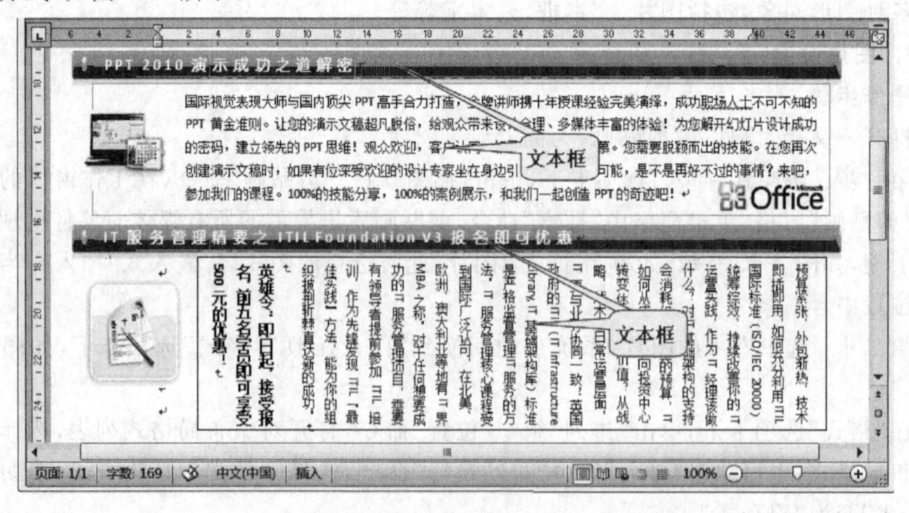


图 3-67 文本框应用

**操作步骤**

第一步：切换到“插入”选项卡下，单击“文本”组中“文本框”命令，展开“内置”“文本框”库面板，如图 3-68 所示。

选择一种格式或单击面板下端的“绘制文本框”或“绘制竖排文本框”命令，然后在文档里拖动鼠标左键绘制一文本框。默认状态下，插入的文本框是“浮动文字上方”。

第二步：选定文本框，自动切换到“绘图工具”“格式”选项卡下，单击“排列”组中“位置”或“自动换行”命令，选择一种文字与文本框环绕或布局格式；或选择“形状样式”组里的样式设置文本框等等

### 3. 艺术字修饰

在 Word 2010 中，艺术字的艺术效果非常的丰富，在文档中插入“艺术字”将增添不少色彩。下面是一个案例，介绍艺术字效果处理及与不同对象的组合应用。

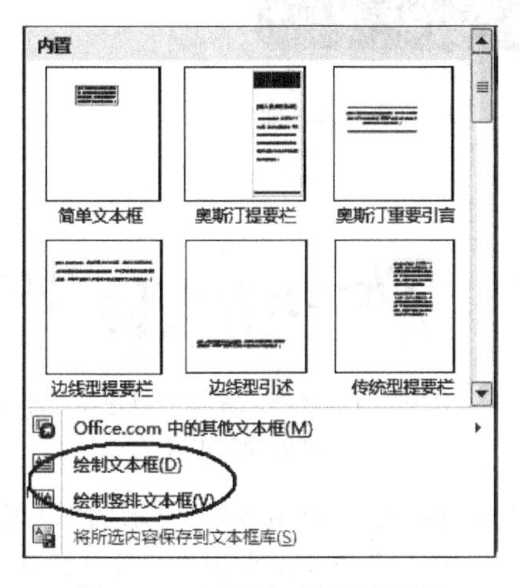


图 3-68　内置“文本框”库面板

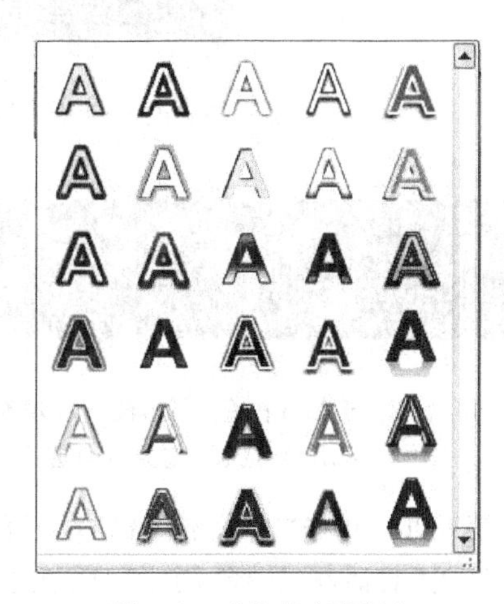

图 3-69　“艺术字”面板

## 案例 3.9　艺术字效果处理与自选图形组合应用

**操作步骤**

打开一空文档，按照步骤操作，加工和修饰“艺术字”。

第一步：切换到“插入”选项卡下，单击“文本”组中“艺术字”命令，打开“艺术字”面板，如图 3-69 所示。

第二步：在“艺术字”面板里，选择一种格式或预选一种（如第一行第二列），输入文本信息，如 Microsoft Office 2010，如图 3-70 所示。

图 3-70　插入“艺术字”最初效果

第三步：在“绘图工具”的“格式”选项卡下，设置艺术字外围形状和艺术字样式。如图 3-71 所示，按照图中命令编号对艺术字进行加工修饰。图 3-72、图 3-73 和图 3-74 是应用相应功能后的效果。

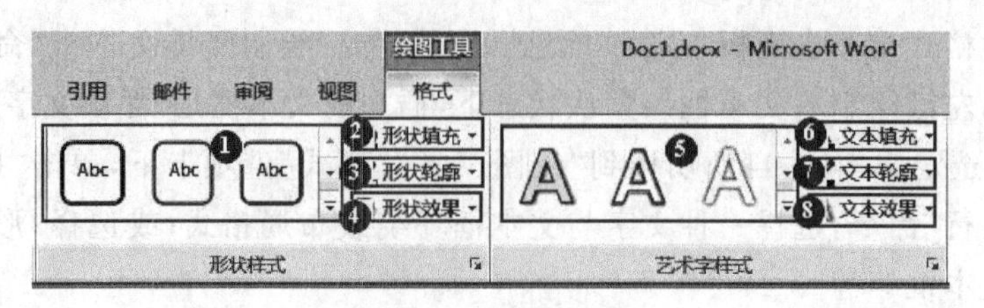


图 3-71 绘图工具

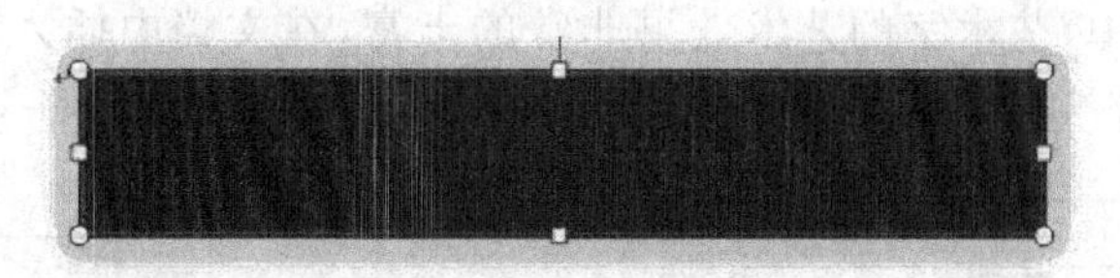

图 3-72 选择 1 蓝色边框 2 填充橙色 4 发光橙色

图 3-73 选择 5 白色/金属棱台 6 填充深蓝 8 阴影/透视/左上对角透视

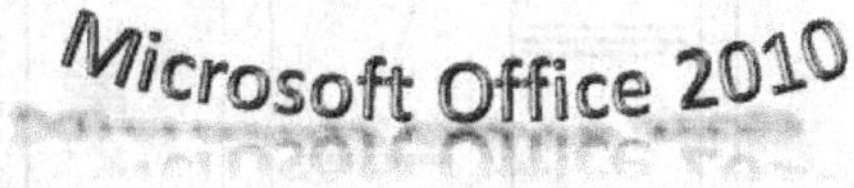

图 3-74 选择 2 无填充颜色 3 无轮廓 8“转换”中“下弯弧”

第四步：单击“艺术字样式”右下角对话框启动器，打开如图 3-75 所示的“设置文本效果格式”对话框，选择“阴影”项；在这里调整透明度为 70%，大小为 80%，虚化为 0，角度为 200°，以及阴影颜色等等，最终效果如图 3-76 所示。

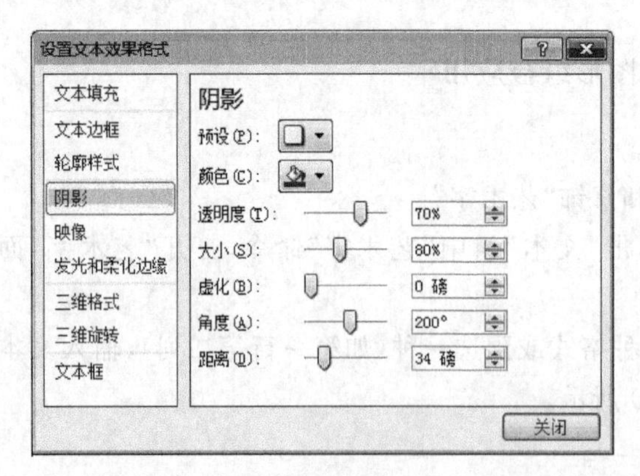


图 3-75 “设置文本效果格式”对话框

图 3-76 最终效果

插入自选图形与“艺术字”组合应用的操作步骤：

第一步：切换到“插入”选项卡下，单击“插图”组“形状”命令，展开各种“形状”面板，选择其中一种如“椭圆”，在文档中按住鼠标左键拖出“椭圆”图形；单击“形状样式”组中

"形状填充",选择一种渐变色。

第二步：移动"椭圆"对象与"艺术字"层叠；然后单击"排列"组中"下移一层"命令，使"椭圆"对象置于"艺术字"对象的下面。

第三步：切换到"开始"选项卡下，单击"编辑"组中"选择"→"选择对象"命令，按住Ctrl键，选定"椭圆图形"对象和"艺术字"对象；再切换到"绘图工具""格式"选项卡下，单击"排列"组中"组合"命令，将两个对象组合为一个完整的新对象，如图3-77所示。

图3-77　与其他对象叠加、组合

在艺术字加工和修饰过程中，我们发现用于"艺术字"设置的命令，如同专业制作工具一样，功能很强大，调制很细腻，只要我们用心地去体验，一定会有美好的收获。

### 3.4.3　SmartArt 图形

Word 2010的SmartArt图形是另一种信息视觉表示形式，其功能强大、种类丰富、效果也很生动。应用SmartArt使一些图形的制作变得更简单易行。

**1. SmartArt 图形布局种类**

切换到"插入"选项卡下，单击"插图"组SmartArt命令，打开"选择SmartArt图形"库的各种布局类型，如图3-78所示。

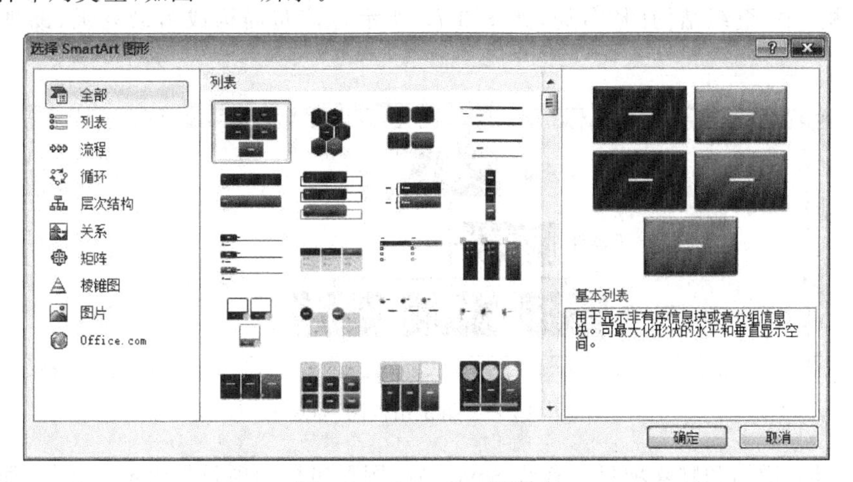

图3-78　SmartArt图形库

这里的布局类型大致被划分为10种：

(1) 全部：SmartArt图形可用的所有布局都出现在"全部"类型中。

(2) 列表型：显示非有序信息或分组信息，主要用于强调信息的重要性。

(3) 流程型：用于图解任务或工作流程的顺序或步骤。

(4) 循环型：表示阶段、任务或事件的连续性，主要用于强调循环或重复的流程。

(5) 层次结构型：用于显示组织的分层或上下级关系，广泛应用于组织结构图。

(6) 关系型：用于表示两个或多个项目之间非渐进的、非层次关系，并且通常说明两组或更多组事物之间的概念关系或联系。

(7) 矩阵型：通常对信息进行分类，并且它们是二维布局。它们用来显示各部分与整体或与中心概念之间的关系。

(8) 棱锥图型：用于显示通常向上发展的比例关系或层次关系。

(9) 图片型：用于通过图片来传递消息（带有或不带有说明性文字），或者希望使用图片作为某个列表或过程的补充。

(10) 其他：只有在添加自定义 SmartArt 图形，且未将它们添加到其他某种类型时才显示“其他”这一类型。

选择布局时，请注意以下几点：

• 包含箭头的布局，表示在某个方向的流动或进展。

• 包含连接线而不是箭头的布局，表示连接，而不一定表示流动或进展。

• 不包含连接线或箭头的布局，表示相互间没有密切关系的对象或观点的集合。

**2. SmartArt 图形处理**

SmartArt 图形作为一个整体，由若干个项目构成，每个项目又由图形和文字组成。Word 2010 允许对整个 SmartArt 图形、文字和构成 SmartArt 的项目分别进行设置和修改。下面将分步讲解对 SmartArt 图形的加工与处理。

第一步：插入基本图形。打开一文档，切换到“插入”选项卡下，单击“插图”组中 SmartArt 命令，在打开的“选择 SmartArt 图形”库中选择一种 SmartArt 图形，如选择“层次结构”中“组织结构图”布局，如图 3-79 所示。该布局构成为最高级、助理级和下一级。

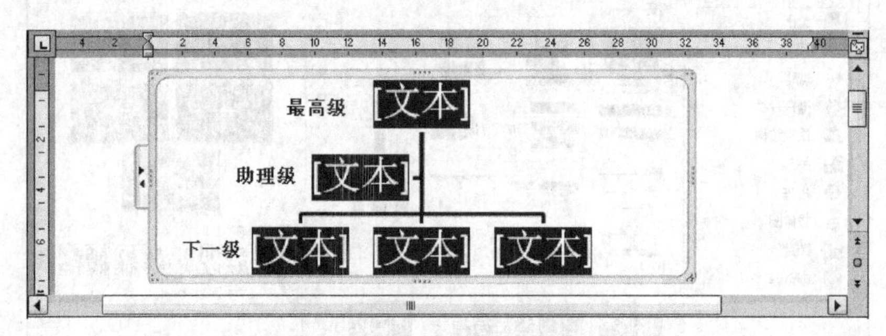


图 3-79 “组织结构图”布局

第二步：增加和删除项目。有些 SmartArt 图形布局的项目是固定不变的，而很多的布局是可以根据需要添加或删除相应的项目的。

选定 SmartArt 图形，自动切换到“SmartArt 工具”的“设计”选项卡下，单击“创建图形”组“添加形状”右侧的下拉箭头，打开一列表，如图 3-80 所示。

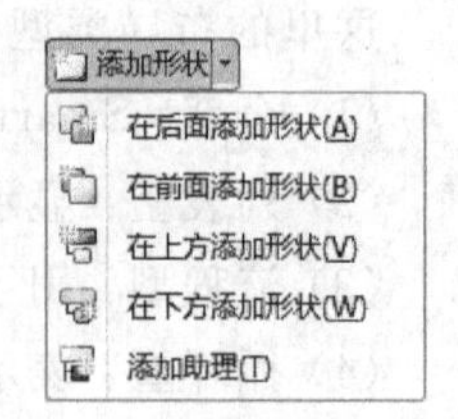


图 3-80 “添加形状”命令项目

在打开的“添加形状”列表中包含 5 种命令，分别代表不同的意义：

• 在后面添加形状：在选中形状的右边或下方添加级别相同的形状。

- 在前面添加形状：在选中形状的左边或上方添加级别相同的形状。
- 在上方添加形状：在选中形状的左边或上方添加上一级别的形状。
- 在下方添加形状：在选中形状的右边或下方添加下一级别的形状。
- 添加助理：仅适用于层次结构图形中的特定图形，用于添加比当前选中的形状级别低但又不是下一级别的形状。

如果当前选中的是“组织结构图”最高级项目，单击“添加形状”列表中“在下方添加形状”命令，即可添加一新的项目；若要删除某一项目，如“助理”项目，选中后按 Del 键即可。添加与删除项目后新的布局图，如图 3-81 所示。

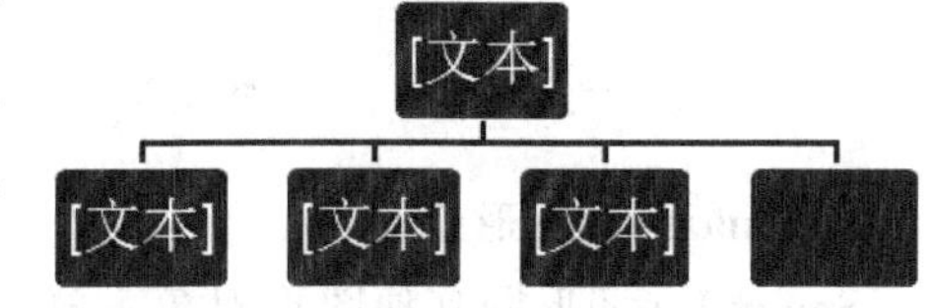

图 3-81　添加新项目结果

第三步：修改 SmartArt 图形布局。

如果对 SmartArt 图形的布局不满意，可以切换到“SmartArt 工具”的“设计”选项卡下，在“布局”组中选择其他的布局样式；若没有合适的，可单击“布局”组中下拉箭头，将展开更多的布局样式。

第四步：利用“文本窗格”输入项目中的文本。

切换到“SmartArt 工具”“设计”选项卡下，单击“创建图形”组的“文本窗格”命令，打开一窗格；在窗格中输入各项目文字后，对应的 SmartArt 图形，如图 3-82 所示。

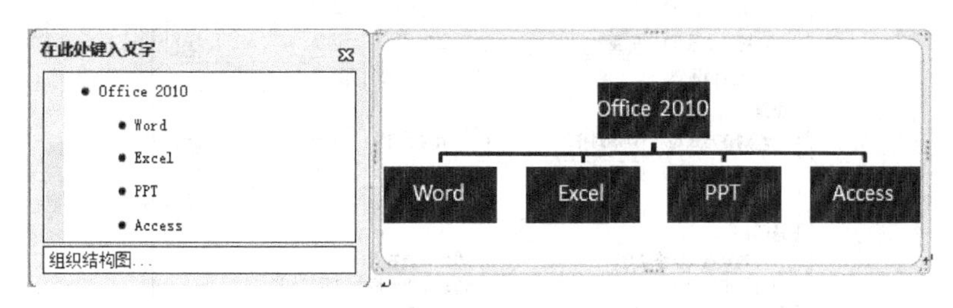

图 3-82　文本窗格

第五步：设置 SmartArt 图形的“形状填充”或“形状效果”等。

选中 SmartArt 图形或选中某一项目，切换到“SmartArt 工具”的“格式”选项卡下，单击“形状样式”组的“形状填充”命令，弹出各种颜色面板，可选择一种颜色或一种纹理或者选择一张图片来作为 SmartArt 形状的填充。

还可单击“形状样式”组的“形状效果”命令，展开各种形状效果列表，选择一种样式来作为 SmartArt 形状的效果。

第六步：对 SmartArt 图形修改样式、更改颜色等。

切换到“SmartArt 工具”的“设计”选项卡下，在“SmartArt 样式”组中，选择适合的样式；单击“更改颜色”命令，展开各种颜色面板，选择合适的颜色。

第七步：更改 SmartArt 图形形状。

选中 SmartArt 图形中某一项目，切换到“SmartArt 工具”的“格式”选项卡下，单击“形状”组的“更改形状”命令，在展开的各种形状列表里，可任选一种形状。其形状样式、艺术字样式均可自行设置,……。

根据上述步骤操作,可得到的 SmartArt 图形,结果大致如图 3-83 所示。

图 3-83 原布局加工后的结果

**3. SmartArt 图形设置**

SmartArt 图形同其他图形对象一样,可以根据需要设置其在文档中的位置。如在"SmartArt 工具"的"格式"选项卡下,单击"排列"组中"位置"或"自动换行"命令;以及单击"位置"列表里"其他布局选项"命令,打开一个"布局"对话框,如图 3-84 所示,在这里可以更精确地设置 SmartArt 图形的位置以及其他设置。

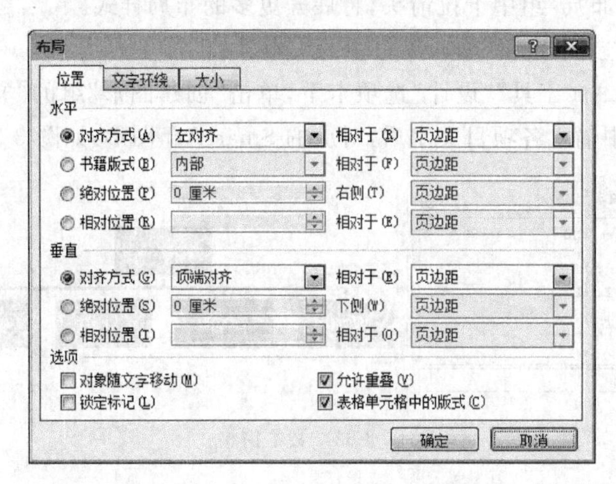


图 3-84 SmartArt 图形"布局"对话框

## 3.5 Word 表格

在 Word 文档中,表格是信息(主要是数据)的另一种表述方式。用表格表述的数据不仅整齐、清晰,而且整体性强,同时还可对表格进行格式设计和外观美化。

**学习要点:**

1. 掌握创建表格、编辑和调整表格的基本方法
2. 学会任意表格的制作
3. 表格格式化与表格样式的应用
4. 表格中数据的简单计算

### 3.5.1 简单表格创建及设置

#### 1. 创建表格方法

切换到“插入”选项卡下，单击“表格”组的“表格”命令，展开“插入表格”面板，如图 3-85（左）所示。

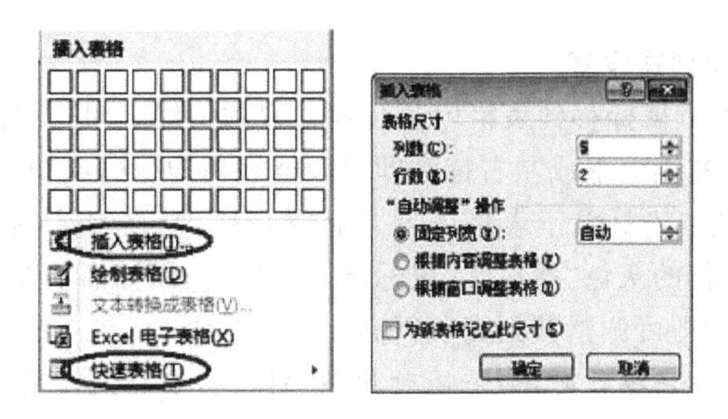


图 3-85 “插入表格”面板（左）和“插入表格”对话框（右）

在“插入表格”面板中，创建表格的常用方法：

（1）移动鼠标，在表格框架的 m 行 n 列上单击鼠标，即可创建一个 m＊n 的表格。

（2）选择“插入表格”，在“插入表格”对话框，如图 3-85（右）所示中创建。

（3）选择“快速表格”，可直接插入内置“表格”库中的表格。

“表格”创建后，Word 系统自动切换到“表格工具”的“设计”选项卡下，如图 3-86 所示。此时可对表格样式、绘图边框等进行精细的设计。

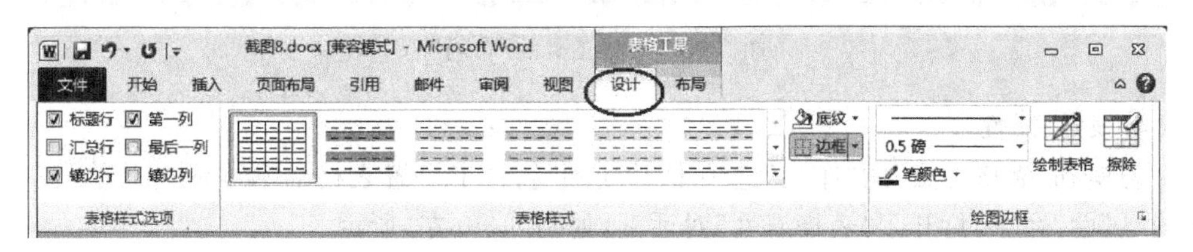


图 3-86 表格工具的“设计”选项卡

#### 2. 表格的选择与缩放

切换到“布局”选项卡下，单击“选择”命令，可选的操作有：“选择单元格”、“选择列”、“选择行”、“选择表格”。

表格的选定也可用鼠标直接操作：

- 选择行/列：鼠标移到行的前端或列的上端，单击左键。
- 选择单元格：鼠标移到单元格左侧，出现黑色斜箭头时单击左键。
- 选择整张表：鼠标移向表格左上角十字箭头，如图 3-87 所示，单击左键。

**操作步骤**

选定表格或选定表格的行或列，可以进行删除或移动、复制等操作。鼠标移向表格右下角小方块，如图 3-87 所示，按住左键拖动可缩放表格大小。

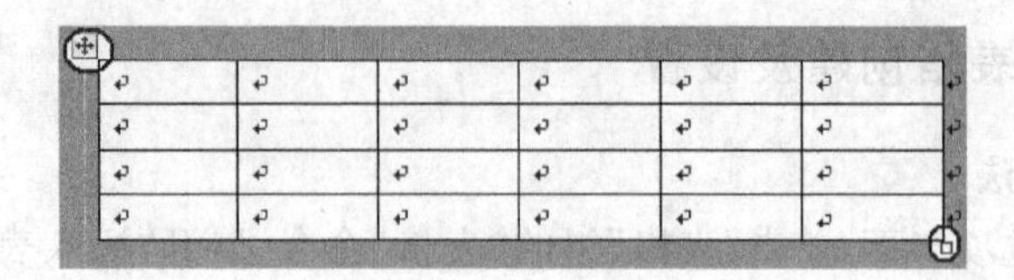

图 3-87　表格示意图

**3. 表格的行高和列宽设置**

- 利用鼠标调整：鼠标移到表格内某行或某列的边线上时，鼠标形状变为上下或左右箭头，按住左键上下或左右拖动即可调整表格的行高或列宽。
- 利用标尺调整：光标置于表格中且开启"标尺"，则在水平/垂直标尺上出现分别对应表格列/行的灰色"滑块"。鼠标指向滑块时，鼠标形状变为左右或上下箭头，按住左键拖动即可调整其列宽或行高。

**注**：用上述两种方法操作时，如果同时按住 Alt 键，在标尺上将显示具体的数值，可对表格的列宽或行高进行精细微调。

- 在表格工具"布局"里调整：这也是最便捷的一种操作。选定行或列，切换到"表格工具""布局"选项卡下，如图 3-88 所示，直接在"高度"或"宽度"框里输入数值。

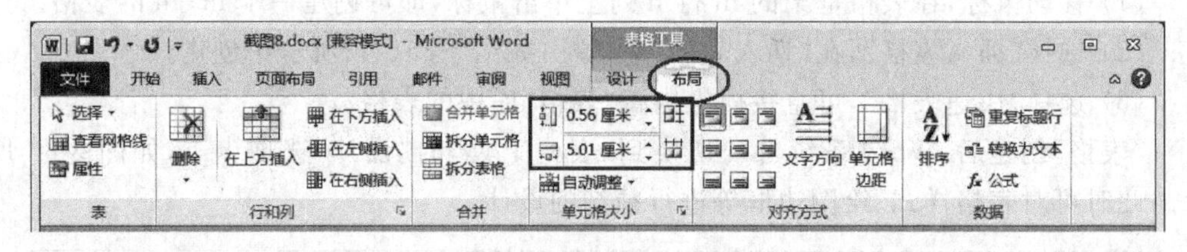


图 3-88　表格工具的"布局"

**4. 表格属性**

切换到"表格工具"的"布局"选项卡下，这里包含了设置表格的基本命令。单击"表"组的"属性"命令，打开了"表格属性"对话框，如图 3-89(左)所示。

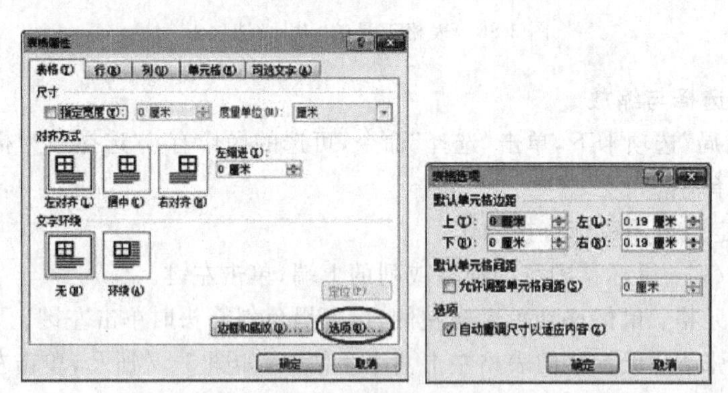

图 3-89　"表格属性"及"表格选项"

在"表格属性"对话框里，可设置的项很多。要设置"单元格间距"，单击"表格"选项卡的"选项"按钮，在打开的"表格选项"对话框，如图 3-89(右)所示中，选中"允许调整单元格间距”复选项，设置一合适值，单击“确定”按钮后得到一个单元格之间保持一定间距的表格，如图 3-90 所示。

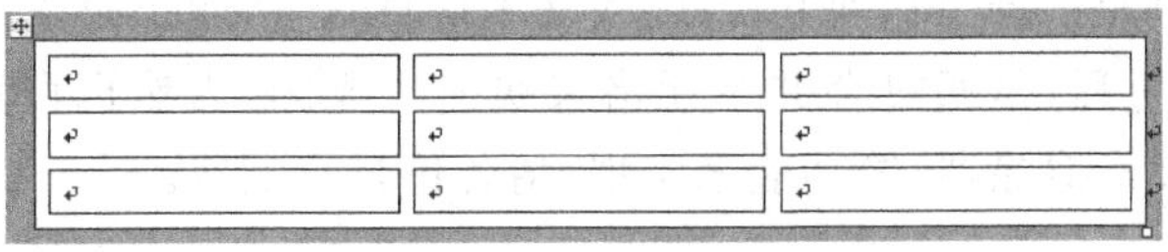

图 3-90　单元格间距调整后

**5. 表格分页控制**

指定分页位置：光标置于需要分页的“行”里，切换到“页面布局”选项卡下，单击“页面设置”组的“分隔符”，选择列表中的“分页符”即可。

禁止跨页断行：当处理一个大表格时，表格中某行内容处在跨页的位置是难免，这时就需要控制是否允许跨页断行。如要使表格内容不允许跨页断行，选定表格（也可选定指定的行），打开“表格属性”对话框，选择“行”选项卡，取消“允许跨页断行”复选框。

禁止表格跨页：选中表格（包括表格的题注，如表 3-1　XX 等字样），切换到“开始”选项卡，单击“段落”组右下角的对话框启动器，打开“段落”对话框，进入“换行和分页”选项卡中，选中“与下段同页”。

## 案例 3.10　任意表格的制作

### 案例素材

在 Word 文档里，制作一个如图 3-91 所示的表格。

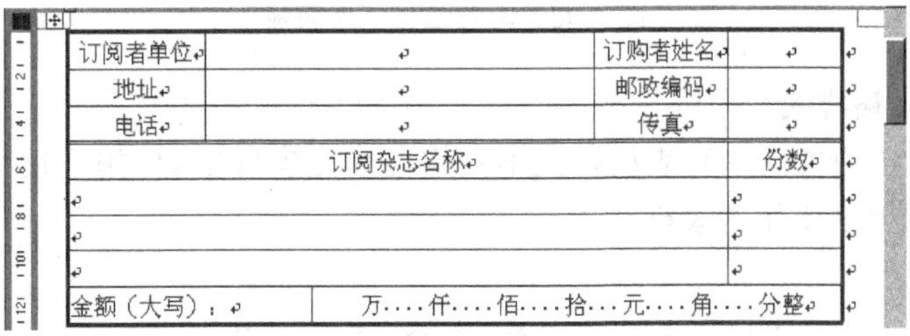

| 订阅者单位 | | 订购者姓名 | |
|---|---|---|---|
| 地址 | | 邮政编码 | |
| 电话 | | 传真 | |
| 订阅杂志名称 | | | 份数 |
| | | | |
| | | | |
| | | | |
| 金额（大写）： | 万……仟……佰……拾……元……角……分整 | | |

图 3-91　任意表格实例

案例中的表格看似很随意，但可看作是一个由 8 行 5 列表格加工后的结果。

### 操作步骤

插入一个 8×5 的表格。

第一步：单元格合并。选定第 1 行的第 2 列和第 3 列单元格，切换到“布局”选项卡下，单击“合并”组“合并单元格”命令；重复这一步操作，将对应需要合并的单元格合并，直到表格外形与案例要求相符。

第二步：设置表格外边框。选定整个表格，切换到“设计”选项卡下，在“绘图边框”组中选择“笔样式”，如“实线”，选择“笔画粗细”，如“2.25 磅”；在“表格样式”组中单击“边框”命令右侧的下拉箭头，选择“外侧边框”。

第三步：设置双线。选择第 3 行，切换到“设计”选项卡下，在“绘图边框”组中选择

"笔样式",如"双线";选择"笔画粗细",如"1.5 磅";在"表格样式"组中单击"边框"命令右侧的下拉箭头,选择"下框线"。

最后,调整各单元格行高和列宽,再输入文本信息,表格制作完毕。

此案例的制作过程,是通过合并单元格来快速完成的,当然也可利用拆分单元格或"绘制表格"笔和"表格擦除器"等功能来实现,请各位自行实践。

## 3.5.2 表格样式

### 1. "表格样式"应用

表格创建后,可通过套用"表格样式"来设置表格的外观。操作步骤是,光标置于表格内,系统自动切换到"表格工具""设计"选项卡下,单击"表格样式"组中任一样式或单击其右侧的下拉箭头,展开内置"表格"库面板,如图 3-92 所示,选择一种即可。

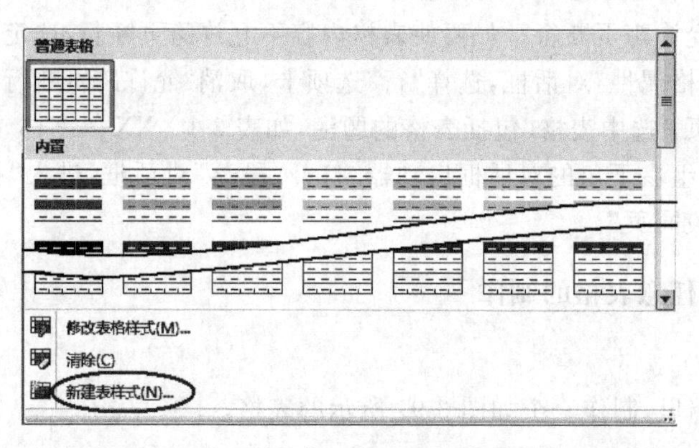


图 3-92 内置"表格"库面板

### 2. 自定义表格样式

Word 2010 中内置的多种表格样式不一定能满足实际需要,用户还可自定义或在原有表格样式基础上创建新的表格样式。

**操作步骤**

第一步:插入任一表格。在系统内置"表格"库面板中,见图 3-92,选择其下端"新建表样式"命令,打开"根据格式设置创建新样式"对话框,如图 3-93 所示。

在对话框中,"名称"框中输入新样式名,如"公司报表格式","样式类型"选择默认"表格"。单击"样式基准"右侧的下拉箭头,选择最接近实际需要的表格样式,如选择"流行型"。

第二步:在图 3-93 对话框中,单击"将格式应用于"右侧下拉箭头,依次选择"标题"、"汇总行"、"偶条带行"等,然后,分别设置其字体、字号、底纹颜色等;还可通过单击对话框中"格式"按钮,进行更多的项目设置。

第三步:设置完毕,选中"基于该模板的新文档"选项,单击"确定"按钮。一个全新的"公司报表格式"的表格样式已创建,在"表格"库面板中最上端可看到。

图 3-93 “根据格式设置创建新样式”对话框

### 3.5.3 表格数据计算与排序

为了表格中的数据可计算，Word 对表格数据定位有约定：行标志为 1，2，3…；列标志为 A，B，C…，某单元格即用列和行标志指定。如 C3 指定第 3 行 C 列的单元格。

下面，通过一个案例来了解表格中数据的计算与排序功能。

### 案例 3.11 表格数据计算与排序

**案例素材**

某行业各主要公司营业收入增长率表，如图 3-94 所示。

| 公司 | 1999 年营业收入（百万美元） | 2000 年营业收入（百万美元） | 2000 年各公司占市场份额（%） | 增长率（%） |
|---|---|---|---|---|
| INT | 13,000 | 13,828 | | |
| TCB | 9,100 | 10,185 | | |
| NTL | 10,982 | 9,422 | | |
| MTR | 10,978 | 9,173 | | |
| 其他公司 | 90,613 | 100,716 | | |
| 合计 | 136,672 | | | |

图 3-94 某行业主要公司营业收入增长率表

**案例要求**

要求 1：计算表格里空缺的单元格数据。

要求 2：按表中增长率的计算结果降序排列表中数据。

**要求 1 的操作步骤**：以计算 C7 和 D2 单元格数据为例。

第一步：光标置于 C7 单元格里，切换到“布局”选项卡下，单击“数据”组中的“公式”

命令，打开“公式”对话框，如图 3-95 所示。

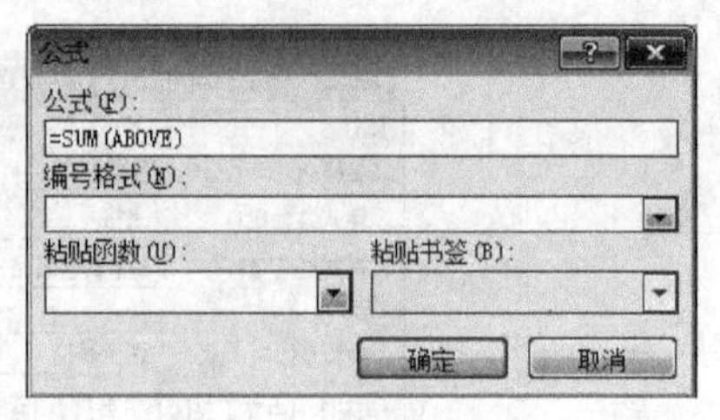

图 3-95　“公式”对话框

在“公式”编辑框默认公式＝SUM(ABOVE)，单击“确定”按钮即可得到计算结果(143324)。如果默认公式有问题或引用函数需替换，在此可编辑公式或单击“粘贴函数”框右下拉箭头更换其他函数。

第二步：光标置于 D2 单元格，在打开的“公式”对话框中，删除默认公式，输入：＝C2/C7＊100，单击“确定”即可得到计算结果(9.65)。其他依次类推。

**注**：增长率＝(2000 年营业收入－1999 年营业收入)/2000 年营业收入＊100。

**要求 2 的操作步骤**

第一步：选中表格数据 1～6 行，切换到“表格工具”“布局”选项卡下，单击“数据”组中的“排序”命令，打开“排序”对话框，如图 3-96 所示。

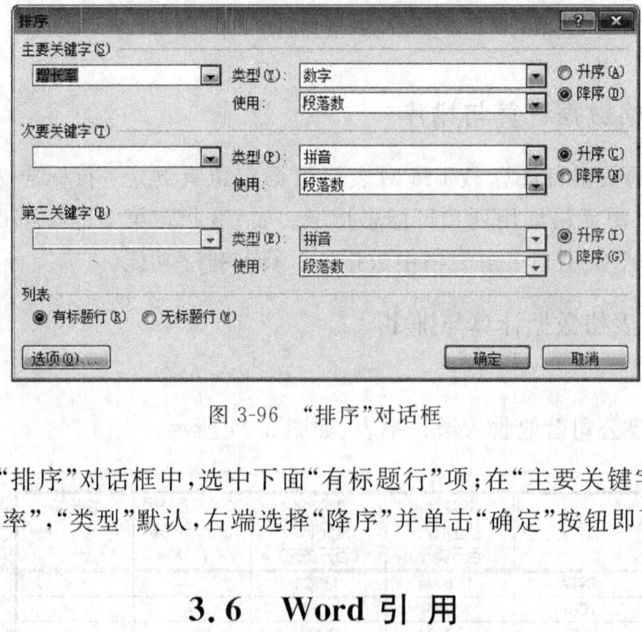

图 3-96　“排序”对话框

第二步：在“排序”对话框中，选中下面“有标题行”项；在“主要关键字”框中单击下拉箭头，选择“增长率”，“类型”默认，右端选择“降序”并单击“确定”按钮即可。

## 3.6　Word 引用

在 Word 应用中，一些技术性很强的文档，其中的图、表或公式一般都要求按章节进行编号，如图 1-1，表 1-1，公式 2-1 等，除此之外，还有大量的引用信息，如请参见第 x 章第 x 节、请参考图 x-xx，以及创建标题目录等都是 Word 引用功能的应用。

实际上 Word 中的“引用”均是通过“域”功能来实现的。所以，在介绍 Word“引用”功能之前，首先要对 Word“域”有一个基本的了解。

**学习要点：**

1. 了解“域”概念及简单操作
2. 掌握题注与交叉引用的基本应用
3. 创建目录和编辑目录

### 3.6.1 Word 域概念

简单地讲，"域"就是引导在 Word 文档中自动插入文字、编号或其他信息的一组代码。如插入题注、交叉引用、创建目录以及邮件合并等等，都是由插入相应的域代码实现其引用功能和自动更新的。

"域"分为域代码和域结果两部分。域代码就是由域特征字符、域类型、域指令和开关组成的字符串；域结果就是域代码输出的信息。

如一组域代码：{DATE\@"yyyy'年'M'月'd'日'"\ * MERGEFORMAT}，在文档中出现此域代码的地方，其域结果就是显示当前日期。其中，域特征字符指大括号"{}"，非键盘输入，而是通过按 Ctrl+F9 键插入的；域类型是指域名称 DATE；域指令和开关是设定域类型如何工作，如\@"yyyy'年'M'月'd'日'"和\ * MERGEFORMAT。操作步骤是，切换到"插入"选项卡下，单击"文本"组中"文档部件"命令，在展开的下一级命令列表中选择"域"，打开"域"对话框，选择其中 Date 域和一种"日期格式"，如图 3-97 所示，单击"确定"按钮即插入一个域并以域结果显示。

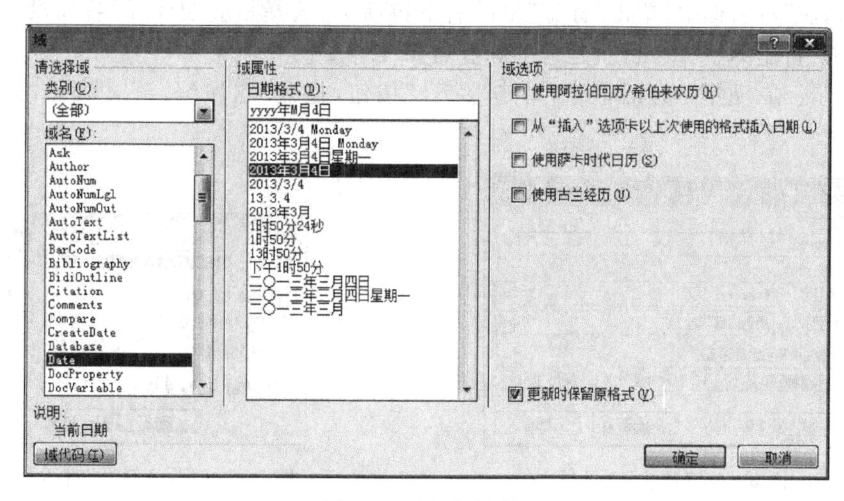


图 3-97 "域"对话框

因为域的功能很强大，应用也很复杂，受篇幅限制，在此只简单了解域的操作，并不做域功能方面的介绍。

**1. 域的更新**

在 Word 文档里，域的引用没有给出最新结果时，可采取如下操作进行更新，以获得新的域结果。

(1) 更新某个域：按 F9 键。

(2) 更新所有域："文件"菜单下单击"打印"，通过打印预览更新所有域输出。

**2. 显示或隐藏域代码**

(1) 显示/隐藏某个域代码：单击某个域引用，按 Shift+F9 键。

(2) 显示/隐藏所有域代码：按 Alt+F9 键。

**3. 锁定或解除域**

(1) 锁定某个域(防止修改域结果):单击某个域引用,按 Ctrl+F11 键。

(2) 解除锁定:单击某个域引用,按 Ctrl+Shift+F11 键。

**4. 解除域引用的链接**

选定域结果,按 Ctrl+Shift+F9 键,即可解除域引用的链接。解除域引用链接后,域结果变为常规文本,从此也失去了域操作的所有功能。

## 3.6.2 题注

题注就是在文档中给图片、表格或公式等项目自动添加的标签名并附带着有序的编号。

**1. 插入题注**

操作步骤:以图片为例。

第一步:选定图片,切换到"引用"选项卡下,单击"题注"组中的"插入题注"命令,打开"题注"对话框,如图 3-98 所示。

在"题注"对话框中,单击"标签"框的右下拉箭头,选择相应题注标签;如没有合适标签,可单击"新建标签"按钮,新建一个标签名如"图"。

第二步:在"题注"对话框中,单击"编号"按钮,打开"题注编号"对话框,如图 3-99 所示。

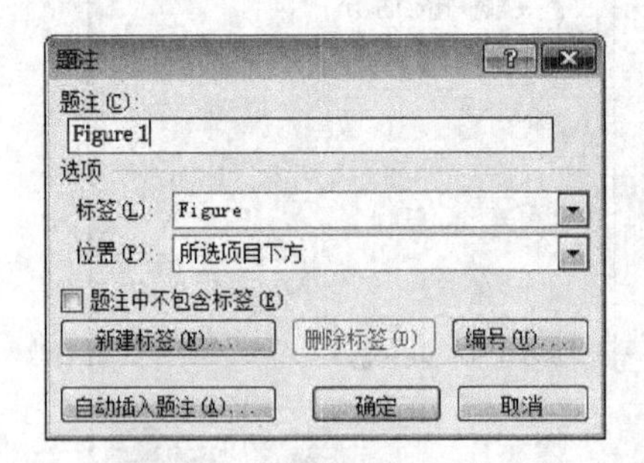


图 3-98 "题注"对话框

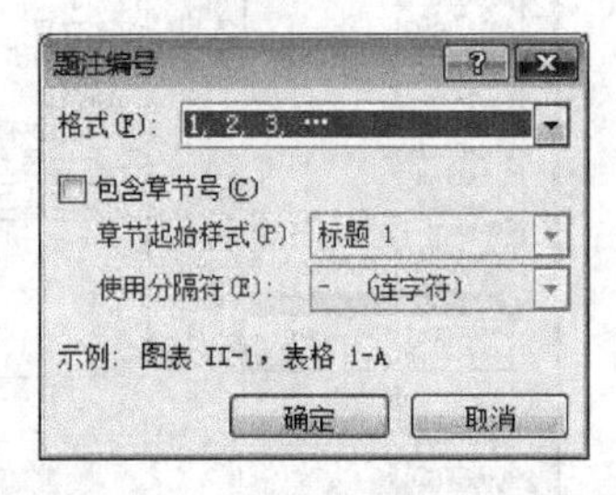


图 3-99 "题注编号"对话框

在"题注编号"对话框中,可设定题注编号的"格式"。

第三步:如果希望题注编号包含图片所在的章节序号,就选定"包含章节号"复选框;然后,选择"章节起始样式",如"标题 1"或"标题 2"等。单击"确定"按钮返回"题注"对话框。

*注:题注若要"包含章节号",则各章节的标题编号要求是由"多级列表"定义的编号链接到章节标题上这一方案实现的,参见案例 3.6 的应用。*

第四步:如果希望自动添加题注,就单击"题注"对话框中的"自动插入题注"按钮,打开"自动插入题注"对话框,如图 3-100 所示,选择相应设置即可。

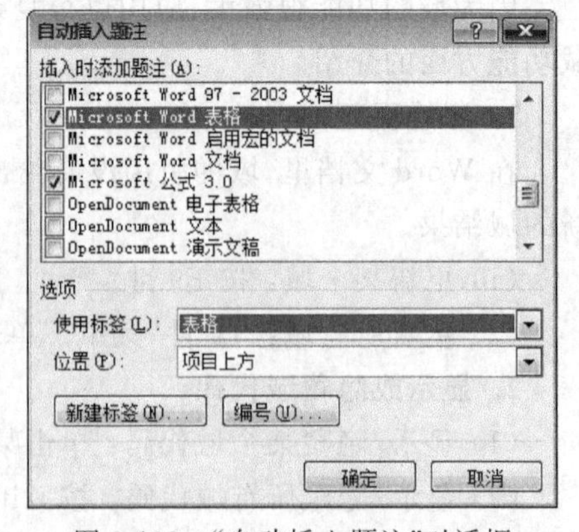


图 3-100 "自动插入题注"对话框

**注**：目前 Word 2010 对插入图片对象没有提供自动添加题注的选项设置(而 Word 2003 版本有，即"Microsoft Word 图片"选项)，因而，在 Word 2010 文档中，给图片类对象插入题注需手工添加。

**2. 交叉引用**

在 Word 文档中，"交叉引用"就是某位置引用其他位置的内容。引用类型有：编号项、标题、书签、脚注、尾注以及各种题注等。其实，"交叉引用"就是"域"功能的应用。

**示例**

**应用之一**。在文档的某处需要引用某图片的题注信息，如"请参见图 2-1"这样的引用信息，创建交叉引用步骤如下：

第一步：光标置于引用位置，切换到"引用"选项卡下，单击"题注"组中的"交叉引用"命令，打开"交叉引用"对话框，如图 3-101 所示。

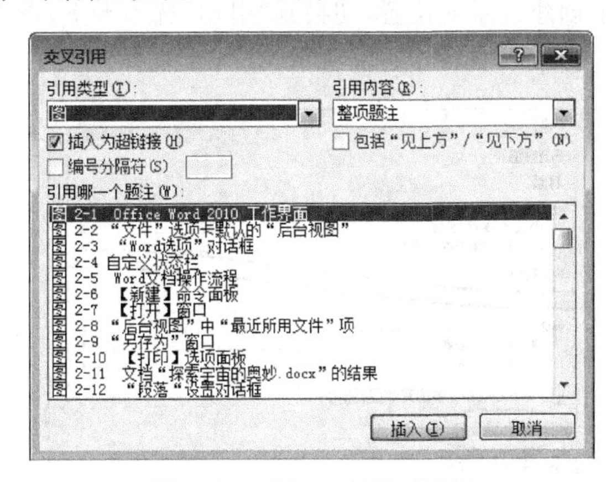


图 3-101 "交叉引用"对话框

第二步：在"交叉引用"对话框中，单击"引用类型"右侧的下拉箭头，选择"图"(即插入题注时新创建的标签)；单击"引用内容"右侧下拉箭头，选择"只有标签和编号"；在"引用哪一个题注"列表框里，选择要引用的项目，如"图 2-1 Office ……"，单击"插入"按钮，即在当前光标处插入引用内容，即图 2-1。

**示例**

**应用之二**。打开案例 3.7 提供的文档，按要求分"节"和插入页眉……。在插入各"节"奇数页眉的 2 级标题信息时，可不用手工输入，而是切换到"引用"选项卡下，单击"标题"组中"交叉引用"命令；然后，在打开的"交叉引用"对话框中，如图 3-101 所示，在"引用类型"中选择"标题"，"引用内容"分别选择"标题编号"和"标题文字"即可。

当被引用的某标题信息修改后，通过更新域引用结果，可实现页眉的自动修改。

**3. 题注及交叉引用更新**

在 Word 文档中，如图片添加了题注，难免有删减图片或前后移动图片位置，这时图片的题注编号可能会出现断序；如有交叉引用信息等，原被引用的信息总避免不了再次修改，势必要求引用位置的信息也要更新等等。

**操作步骤**

此操作其实就是域的更新。单击"文件"菜单中的"打印"命令，打印预览的过程中就自动更新了所有题注以及交叉引用的信息。

### 3.6.3 目录

在 Word 文档中,目录就是引用文档各级标题的列表,其构成一般有"标题编号、标题、前导符、页码"等四项,同时"目录"还具有目标链接的功能。

"目录"实际也是"域"功能的应用。

**1. 创建目录**

创建文档的标题目录,其要求文档的各级标题一定是大纲级别中的某一级。

示例

假设文档中的各级标题分别应用了各级标题样式,其创建目录步骤:

第一步:光标置于创建目录的位置,切换到"引用"选项卡下,单击"目录"组中"目录"命令,打开内置"目录"库面板,如图 3-102 所示。

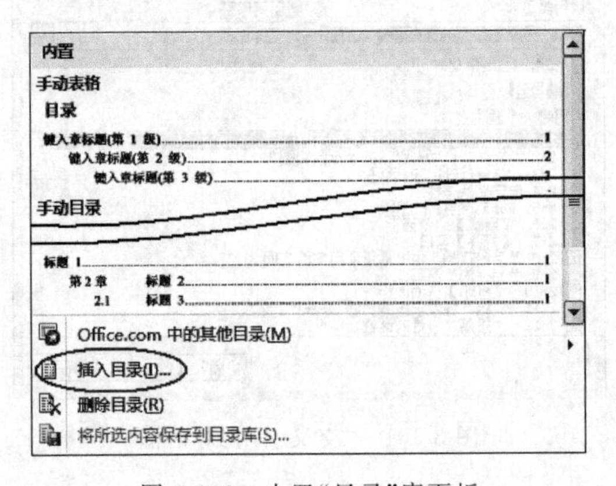


图 3-102 内置"目录"库面板

第二步:单击面板的下端"插入目录"命令,打开"目录"对话框,如图 3-103 所示。

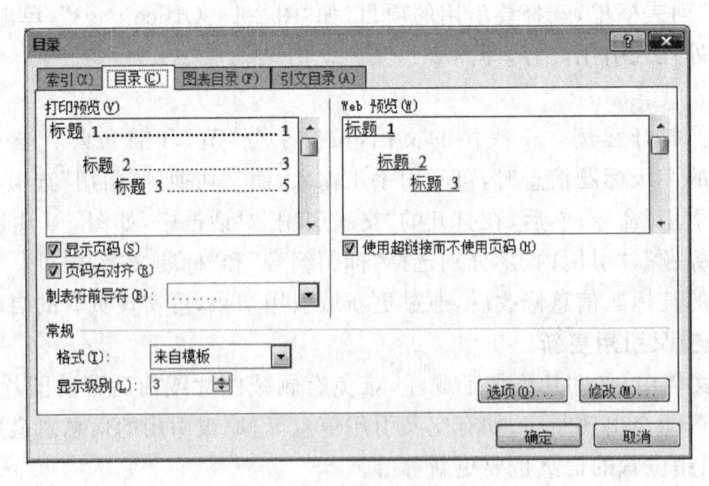


图 3-103 "目录"对话框

第三步：在“目录”对话框中，选中“显示页码”复选框，选中“页码右对齐”复选框；在“制表符前导符”下拉列表中，选择标题与页码之间的填充符号等。

第四步：在“格式”下拉列表框中，选择目录的显示样式；在“显示级别”框中，设定创建目录所包含标题的大纲级别。单击“确定”即可。

目录问题：按照上述步骤直接插入目录后，发现“目录”里位于起始页的标题尽然不是从第1页开始。为什么？因为插入的“目录”与文档正文同属一“节”，而创建的“目录”也要占用一定的页数。

解决办法

第一步：首先，在目录页与文档的正文页之间插入一个分节符；

第二步：光标置于正文所在“节”里，切换到“插入”选项卡下，单击“页眉和页脚”组中“页码”命令，在展开的下一级命令列表中选择“设置页码格式”，打开“页码格式”对话框，如图3-104所示，选中“起始页码”并设置1。

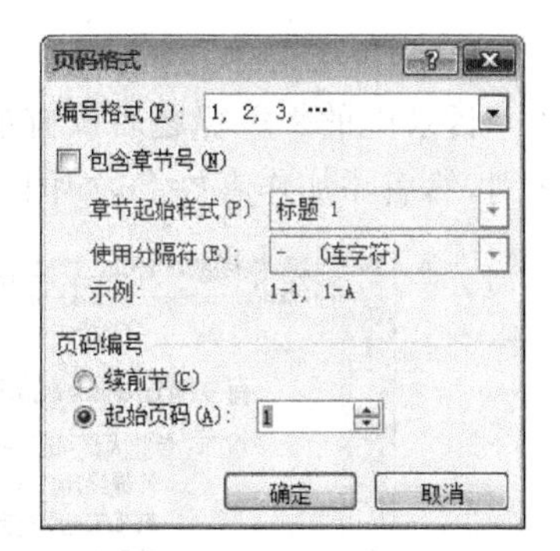


图3-104 “页码格式”对话框

第三步：再单击“页码”命令，如选择在“页面底端”插入页码；此时，系统自动进入页脚设计环境。

单击“导航”组中“链接到前一条页眉”命令，即取消正文所在节“与上一节相同”(即与目录所在“节”)的页脚链接。

单击“导航”组中“上一节”命令，可设置目录所在“节”的页脚内容，如删除目录页的页码，单击“关闭页眉和页脚”。

第四步：回到“目录”页里，插入目录或更新已创建的目录。

**2. 目录更新**

我们知道，只要文档编辑没结束，标题及标题所在页码就都处在可变化之中。因此，目录同题注和交叉引用等是一样的，也需要更新。

方法1：选中目录，按F9或右击鼠标，选择快捷菜单中的“更新域”命令，在打开的“更新目录”对话框中，再单击“更新整个目录”即可。

方法2：切换到“引用”选项卡下，直接单击“目录”组中的“更新目录”命令。

**3. 目录编辑**

目录创建后，一般不再改变，但也常常会遇到需要对目录再编辑的情况，如改变原有的对齐方式、缩进方式，希望使用自定义连线，以及在目录中添加其他信息等。

**操作步骤**

选中目录，按Ctrl＋Shift＋F9键，取消目录域的链接。将目录转换为普通文本后，即可任意编辑目录内容。

**示例**

目录格式自定义。如打开案例3.6提供的文档，创建目录。按Ctrl＋Shift＋F9解除目录链接后的结果，如图3-105所示。

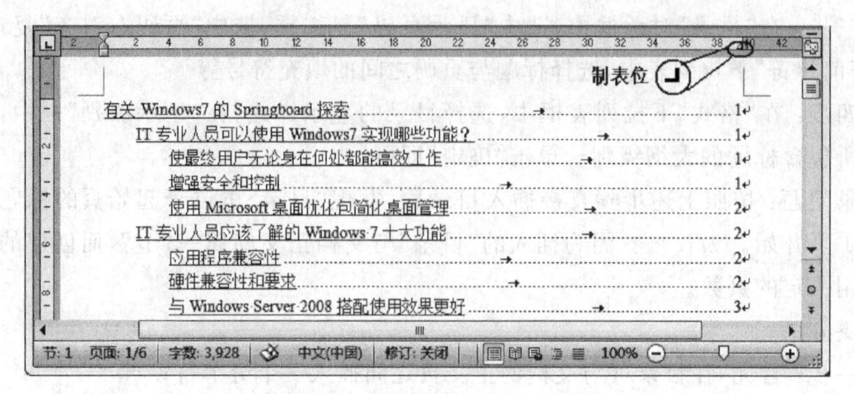


图 3-105　目录格式自定义前

**要求**

目录中的 1 级标题后没有前导符和页码；2 级标题的前导符改用另一种前导符以示区别，然后添加作者姓名，如图 3-106 所示。

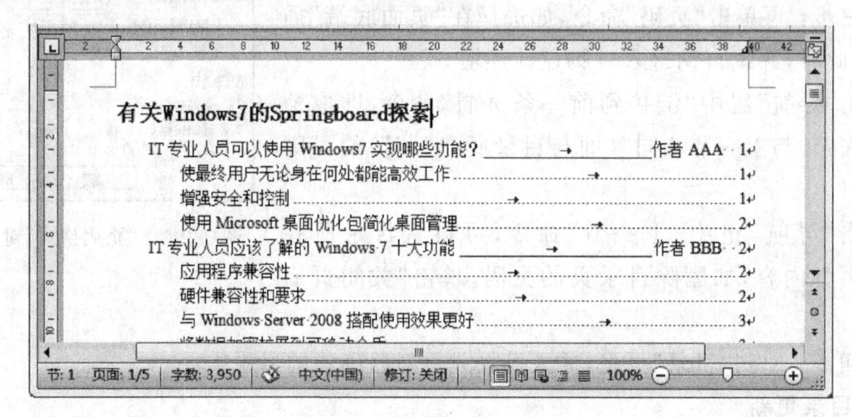


图 3-106　目录格式自定义后

**操作步骤**

第一步：选中所有目录，单击“开始”选项卡下“字体”组中U 命令，可使目录文字的下划线取消，再单击A 还原字体黑色。

第二步：光标置于 1 级标题后，按 Del 键删除原有前导符和页码，然后设置其字体四号，加粗。

第三步：光标置于 2 级标题上，双击图 3-105 中所提示的制表位“┘”，打开如图 3-107 所示的“制表位”对话框；在对话框中，选中放置页码的制表位即 39.5 字符，选择“前导符”的第 4 项，单击“确定”按钮。

第四步：利用“格式刷”将这个 2 级标题的格式复制粘贴给其他的 2 级标题。然后，在页码前添加作者信息。

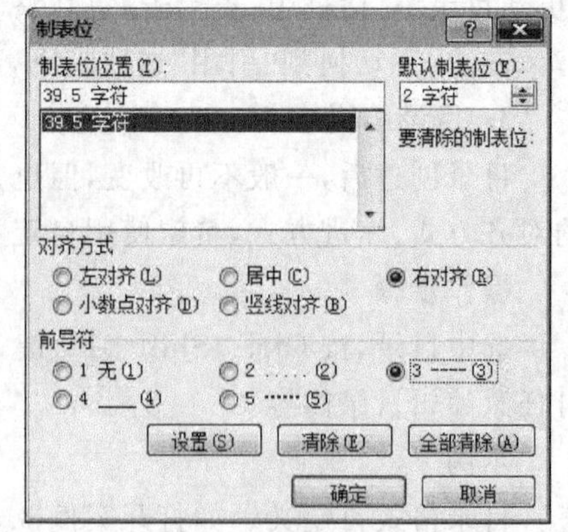


图 3-107　“制表位”对话框

# 第 4 章 Word 2010 高级应用

第 3 章介绍了 Word 的基本应用功能，本章将介绍更多的功能，如 Word 2010 特有功能、第三者审阅、多人协作编辑、批量内容处理，以及文档安全和 Word 模板等应用。

## 4.1 Word 2010 特有功能

Word 2010 特有功能，也即自 Office 2007 版本以后特有的功能，在前一章已经介绍了一些，如除了其全新的工作界面外，还有"浮动菜单"、"样式集"、"SmartArt 图形"等等。下面，我们将重点介绍 Word 2010 中比较有特色的四项功能。

**学习要点：**

1. Word 的主题
2. 构建基块
3. 封面
4. 公式

### 4.1.1 主题

"主题"是 Microsoft Office 艺术团队为我们打造的一套精美的 Office 样式库，是 Office 中除 Word 以外，其他应用程序也可共享的一个平台。当 Office 2010 办公文档(包括 Word、Excel、PowerPoint 等)应用了同一个"主题"样式后，那么，这些办公文档将具有统一的外观风格，如统一的主题颜色、统一的主题字体以及统一的主题效果等。可见，这一共享平台有其极高的应用价值，它为我们打造一个公司或一个部门的办公形象，开启了方便、快捷之门。

默认情况下，Office 2010 为我们提供了 40 多种"主题"样式，均保存在 Office 安装目录下 Microsoft Office\Document Themes 14 这一文件夹里，在这里，一个独立文件(＊.thmx)对应着一种"主题"样式。在 Microsoft 的 Office.com 网站上还提供了更多的联机主题。

要设置"主题"应用，切换到"页面布局"选项卡下，单击"主题"组中"主题"命令，展开系统提供的各种"主题"面板，如图 4-1 所示，当鼠标指向某一"主题"样式时，立刻可以看到当前文档应用该主题的预览效果，单击某个样式即可应用。

注：以[兼容模式]打开的 Word 文档，无法应用"主题"这一功能。

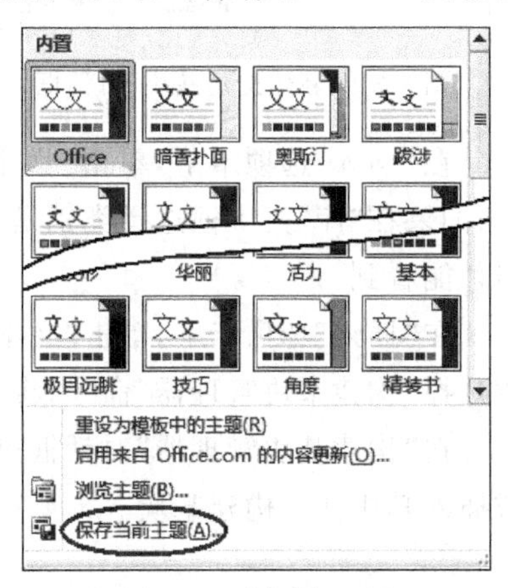


图 4-1 "主题"面板

每一种“主题”均包含三种不同的元素，即文档的字体、字体颜色和图形对象的效果。如果需要单独设置某一元素，可单击“主题”组中相应的命令按钮，它们分别是：

- “主题颜色”控制表格、图形对象及超链接、页眉/页脚等的颜色。
- “主题字体”控制文档中标题及正文的字体。
- “主题效果”控制图形对象等是否使用某种效果，如辉光和阴影等。

使用这 3 个设置命令，可以更改文档外观的相应元素，但不更改“主题”本身。

也可以将“主题颜色”、“主题字体”和“主题效果”的综合设置保存为一个完整的新“主题”样式。操作步骤是，切换到“页面布局”选项卡下，单击“主题”组中“主题”命令，在展开的“主题”面板中，单击位于下端的“保存当前主题”命令。

**注**：“主体颜色”实际上是一种配色方案，其配色变化体现在文档中如表格、页眉/页脚等应用了某一样式之后。

### 4.1.2 构建基块

“构建基块”是自 Office 2007 版本后引入的一个新概念，主要用于存储具有固定格式且经常使用的文本、图形、表格或其他特定对象。“构建基块”保存在 Office 库中，可以插入到任何 Office 文档中或 Office 文档的任意位置。

下面，以在 Word 2010 文档中创建“文档部件”为例，介绍“构建基块”中各种样式库列表的来历。

第一步：打开 Word 2010 文档，选中准备作为“构建基块”的内容（可以是文本、图片、目录、页眉、页脚、表格或公式等等），切换到“插入”选项卡下，单击“文本”组“文档部件”命令，在展开的下一级命令列表中选择“将所选内容保存到文档部件库”命令，随即打开“新建构建基块”对话框，如图 4-2 所示。

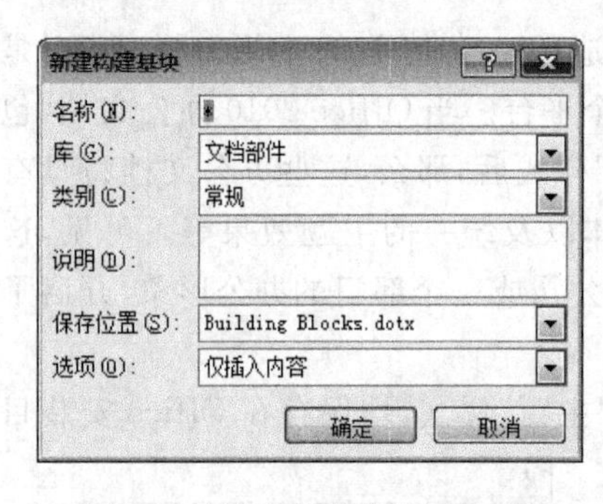

图 4-2 “新建构建基块”对话框

第二步：在“新建构建基块”对话框中，“名称”框中输入自定义名，“库”文本框中选择“文档部件”库类型，其他选项保持默认设置，单击“确定”按钮，一个自定义的“构建基块”已经建立。

在“插入”选项卡下，单击“文本”组的“文档部件”命令时，将看我们自定义的文档部件；如果在“库”文本框选择类别是“公式”，那自定义的“构建基块”只有当单击“公式”命令时才能看到。

在“插入”选项卡下，单击“文本”组里“文档部件”命令，如果在展开的下一级命令列表中选择“构建基块管理器”命令，将打开如图 4-3 所示的“构建基块管理器”对话框。

在“构建基块管理器”对话框里，我们看到所有的“构建基块”。在这里可以编辑、删除或插入其中任一构建基块。

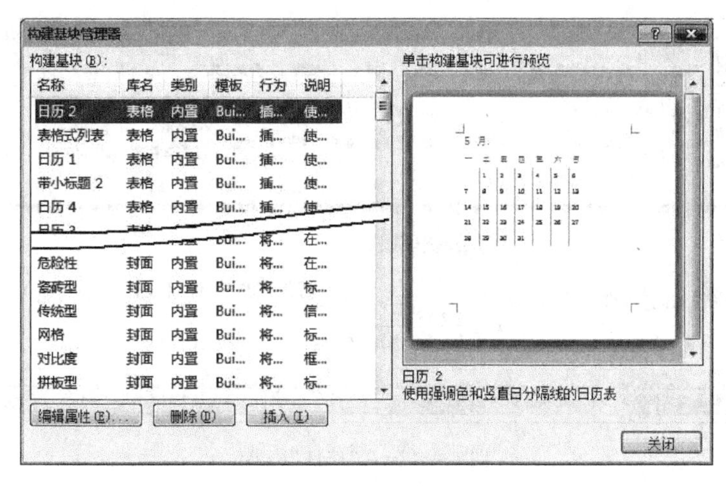


图 4-3 “构建基块管理器”对话框

### 4.1.3 封面

“封面”也是自 Office 2007 版本以后特有的功能,“封面”样式由 Word“构建基块”中内置的“封面”库提供。

**操作步骤**

切换到“插入”选项卡下,单击“页”组中“封面”命令,在随即展开的内置“封面”库面板中选择一种样式,一个精美的封面设置完毕并位于文档的首页。

如对当前“封面”不甚满意,可在“封面”命令展开的面板中,选择下端的“删除当前封面”,也可直接选择其他封面样式来替换当前的封面。

当然,用户也可自制封面,然后,将封面保存到“构建基块”中。

**注**: Word 2010 插入的“封面”不会计入总页数,即页码设置为“页/总页数”时,其总页数并不包含封面页。

### 4.1.4 公式

Microsoft Office 从 2007 版本开始,添加了对 LaTex 公式语言的支持,使得用户可以方便地在一个“控件”容器里直接编写公式,而不必借助于 MathType 和 Aurora 等插件。

**操作步骤**

切换到“插入”选项卡下,“符号”组中的“公式”命令有两种用法:直接单击“公式”命令,将在光标位置插入一个公式“控件”容器,且系统自动切换到“公式工具”的“设计”选项卡下;另一种用法是单击“公式”命令的下拉箭头,将会展开内置的“公式”库面板。

这两种用法不同之处:前者提供一个空的“控件”容器,我们在容器里直接编写公式;后者是可从“公式”库里选择一种近似的公式格式放入“控件”容器里,然后,在已有的公式基础上编写公式,如图 4-4 所示。

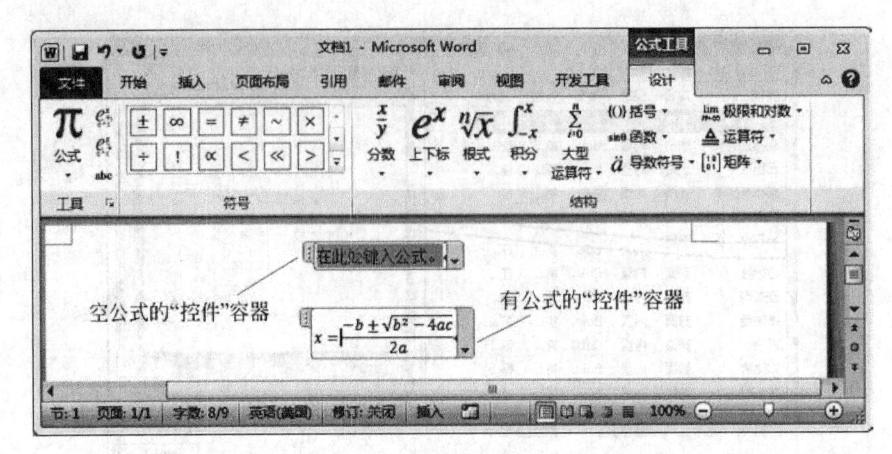


图 4-4　公式"控件"容器

在 Word 2010 文档中,插入公式有两种模式:一种是"显示"模式,一种是"内嵌"模式。二者的区别是:前者为独立公式,居中显示;后者为行间公式,可嵌在文字之间。两种模式的切换方式为,单击公式"控件"容器右侧的下拉箭头,打开其命令列表,如图 4-5 所示,列表中了提供"更改为'内嵌'"或"更改为'显示'"选项。

在"显示"模式下,单击控件容器右侧的下拉箭头,其公式的"两端对齐"方式有:"左对齐"、"右对齐"、"居中"和"整体居中"4 种方式。而"整体居中"是指以最长的公式居中对齐,其他公式再依据最长的公式左对齐。要应用这种"整体居中"方式,只有在公式换行时,按 Shift+Enter 键方才有效,而按 Enter 键换行是无效的。

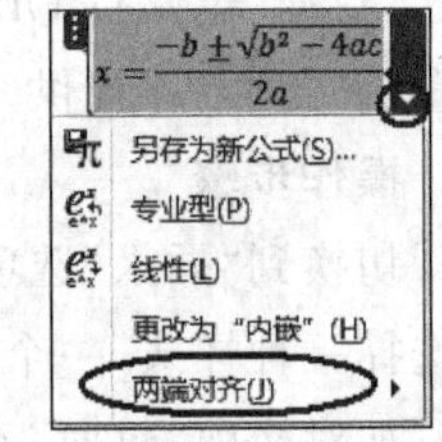


图 4-5　两种模式切换

另外,在 Word 2010 中,编辑公式也有两种分类方式:一种是专业型,一种是线性。一般情况下,我们所编写出来的公式都是专业型的,如下面的公式所示。

$$x = \frac{-b \pm \sqrt{b^2 - 4ac}}{2a}$$

当选中公式,单击鼠标右键选择"线性"后,公式将如下面所示给出。由此可见,线性公式的显示更接近于我们直接编辑公式的形式。

$$x = (-b \pm \sqrt{(b^2 - 4ac)})/2a$$

**注**:在兼容模式下打开的文档,无法应用 Word 2010 提供的公式功能。

## 4.2　Word 文档审阅

在 Word 文档处理中,老师对学生论文提出修改意见,上级对下级提交报告加注批示等等均属于 Word 审阅功能的应用。

**学习要点**:

1. 修订

2. 批注

### 4.2.1 修订

修订是指对文档所做的任何改动均以标记的方式记录下来。然后，再通过“接受”或“拒绝”的方式对修订的内容给予确认。

**1. 文档修订**

**操作步骤**

切换到“审阅”选项卡下，单击“修订”组中的“修订”命令，即刻开启文档的“修订”功能。查看其状态栏，修订处于“打开”状态。

文档开启修订后，对文档进行插入、删除、移动或格式设置等操作，Word 都会在原文档中逐一标记并记录，如图 4-6 所示。

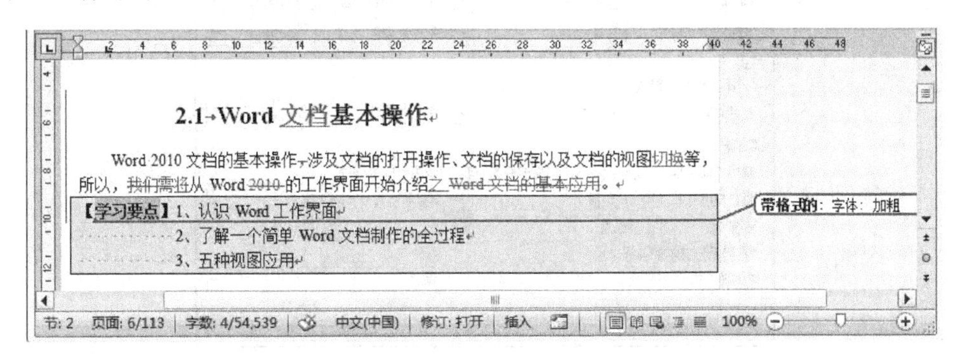


图 4-6 修订标记

如图所示，其插入文字以带下划线红字表示，删除文字添加了删除线，而其他格式等修改是以红色批注框和加标注在文档右侧的“标记区”显示。这些修订标记均随文档一同保存。

**2. 修订人与修订标记设定**

若有多人参与文档的修订工作，系统会自动以不同的颜色标记加以区分。但如果在同一台计算机上有两人参与文档的修订时，那系统是如何区分修订人呢？

**操作步骤**：更改修订人

在“审阅”选项卡下，单击“修订”组中“修订”命令的下拉箭头，选择“更改用户名”；在打开的“Word 选项”对话框→“常规”项中，修改“用户名”信息。不同的用户名对应着不同的修订人。

**操作步骤**：自定义修订标记和颜色

在“审阅”选项卡下，单击“修订”组中“修订”命令的下拉箭头，选择“修订选项”，打开“修订选项”对话框，如图 4-7 所示，在这里可设置当前修订人修订标记的样式和颜色等。

**注**：在“修订选项”对话框中，标记部分只有保留其颜色“按作者”的默认设置，系统才可自动区分不同的修订人使用不同的修订颜色。

**3. 更改标记显示方式**

修订标记有三种显示方式：“在批注框中显示修订”、“以嵌入方式显示所有修订”和“仅在批注中显示批注和格式”。

修订选项
标记
插入内容(I): 单下划线 颜色(C): 按作者
删除内容(D): 删除线 颜色(C): 按作者
修订行(A): 外侧框线 颜色(C): 自动设置
批注: 按作者
移动
☑跟踪移动(K)
源位置(O): 双删除线 颜色(C): 绿色
目标位置(V): 双下划线 颜色(C): 绿色
表单元格突出显示
插入的单元格(L): 浅蓝色 合并的单元格(L): 浅黄色
删除的单元格(L): 粉红 拆分单元格(L): 浅橙色
格式
☑跟踪格式设置(T)
格式(F): (无) 颜色(C): 按作者
批注框
使用"批注框"(打印视图和 Web 版式视图)(B): 仅用于批注/格式
指定宽度(W): 6.5 厘米 度量单位(E): 厘米
边距(M): 靠右
☑显示与文字的连线(S)
打印时的纸张方向(P): 保留
确定 取消

图 4-7 "修订选项"对话框

当文档开启修订后,标记默认的显示方式是"仅在批注中显示批注和格式",如删除的文字只是加了删除线但不会消失。若改用其他标记显示方式,单击"修订"组中"显示标记"项,选择"批注框"的下一级命令"在批注框中显示修订",即可让删除文字隐去,而改以批注框方式显示,如图 4-8 所示。

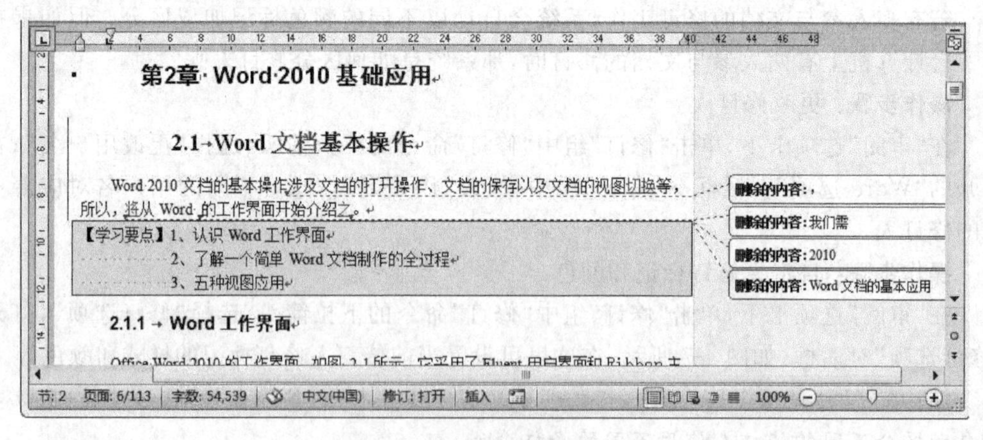


图 4-8 在批注框中显示修订

对修订过的文档,若想查看其修订的实际效果,可把修订(包括批注)暂时藏起来,单击"修订"组中"最终:显示…"命令,从下拉列表中选择"最终状态"即可。再选择"最终:

显示标记”可恢复，选择“原始状态”则可查看修改前的原文。

**4. 修订的接受与拒绝**

文档中的修订记录，原作者可接受也可拒绝。可直接右键单击修订对象或批注框，选择“拒绝 * *”以撤消其修改，选择“接受 * *”以认可其修改。或单击“更改”组中“接受”或“拒绝”命令，也可单击“接受”或“拒绝”命令的下拉箭头，一次接受或拒绝所有的修订。不管选择“接受”还是“拒绝”，原修订标记都会消失。

要关闭“修订”，在开启状态下，再次单击“修订”组中“修订”命令即可。

### 4.2.2 批注

批注是指阅读者在对文档内容进行的注解或提出的修改意见等均以标记方式显示。

**1. 添加批注**

**操作步骤**

选中需要注释的内容，切换到“审阅”选项卡下，单击“批注”组中的“新建批注”命令，选中的内容背景变为红色并加上大括号，以红色标注引出一个批注框，如图 4-9 所示。要删除某批注框，可右击选择“删除批注”或单击“批注”组中“删除”命令；也可单击“批注”组中“删除”命令的下拉箭头，选择“删除文档中的所有批注”来删除全部的批注。

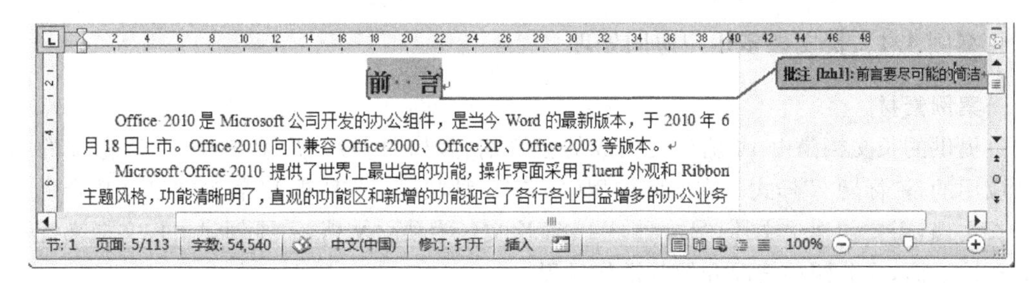


图 4-9 批注标记

**2. 更改批注人姓名**

批注人信息与 Microsoft Office 软件安装时设定的个人信息有关。安装软件时一般不用真名真姓。但启用文档批注功能时，原默认的个人信息是很难辨别某一批注来自何人。

**操作步骤**

在“审阅”选项卡下，单击“修订”组中“修订”命令的下拉箭头，选择“更改用户名”；在“Word 选项”对话框→“常规”项中，修改“缩写”信息，不同的缩写信息对应着不同的批注人姓名。

## 4.3 Word 长文档处理

**学习要点：**

1. 何谓长文档
2. 长文档多用户协同处理

3. 主控文档管理

## 4.3.1 何谓长文档

Word 长文档一般是指需要若干用户共同编辑或共同审核的文档。如一本书的不同章节需要不同的人编写；一本杂志不同类别的稿子需要不同的责任编辑审核等等。长文档的编辑或审核允许多位用户同时进行，既分工处理、各自负责；又互不交叉、互不干扰。当各位编辑或审核工作完毕的同时，一个长文档的编辑或审核工作也同时完成。

## 4.3.2 长文档多用户协同处理

长文档的多用户协同处理，一般是将长文档（作为主控文档）“拆”分为若干个“子文档”独立存放，或将若干个独立的文档（作为子文档）统一由一个“主控文档”管理。在“主控文档”与“子文档”之间建立了一种关联，实现了既独立存放，又统一管理的控制方式。

协同的多用户在各自负责的“子文档”上进行编辑、审核和保存操作；当打开“主控文档”后，可以直接看到各“子文档”的处理结果；当取消“主控文档”与“子文档”的关联后，得到的结果就是长文档的最终结果。

下面，通过一个案例，讲解长文档多用户协同处理的过程。

### 案例 4.1 长文档多用户协同处理

**案例素材**

提供的长文档是由 14 篇论文构成的会议期刊，如图 4-10 所示，其中 14 篇论文的标题应用的是“标题 2”样式。在实际应用中会有两种状况：一种是 14 篇论文已经整合为一个长文档，需要创建子文档；另一种是 14 篇论文各为独立文档，需要创建主控文档来统一管理。下面，将分两种情况介绍其操作过程。

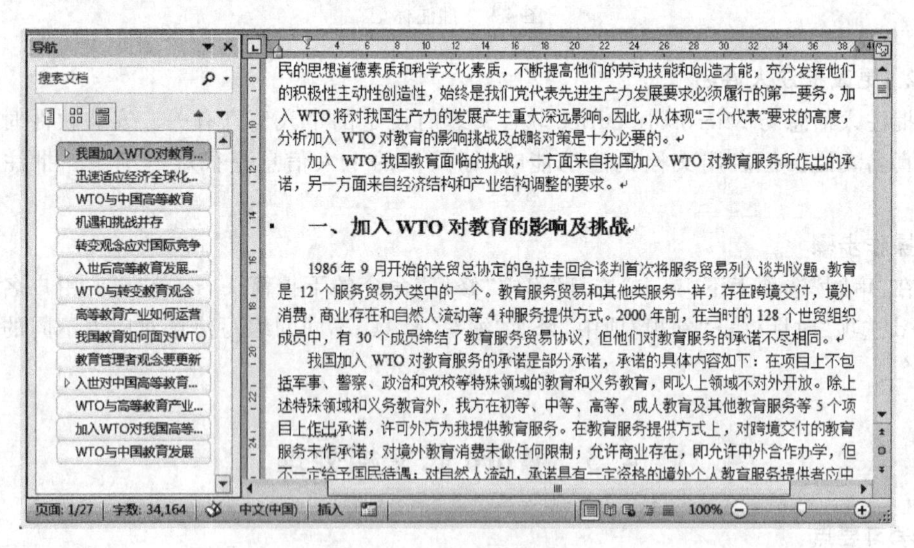


图 4-10 会议期刊长文档

**操作步骤**

1）创建子文档

第一种状况，即14篇论文已整合为一个长文档存放，把该文档作为主控文档打开。

第一步：切换到“视图”选项卡下，单击“文档视图”组中的“大纲视图”命令；在“大纲”选项卡下，将“大纲工具”组中的“显示级别”设置为2级，目的为的是只显示14篇论文的标题。

第二步：单击“主控文档”组中的“显示文档”命令，开启子文档管理命令，结果如图4-11所示。

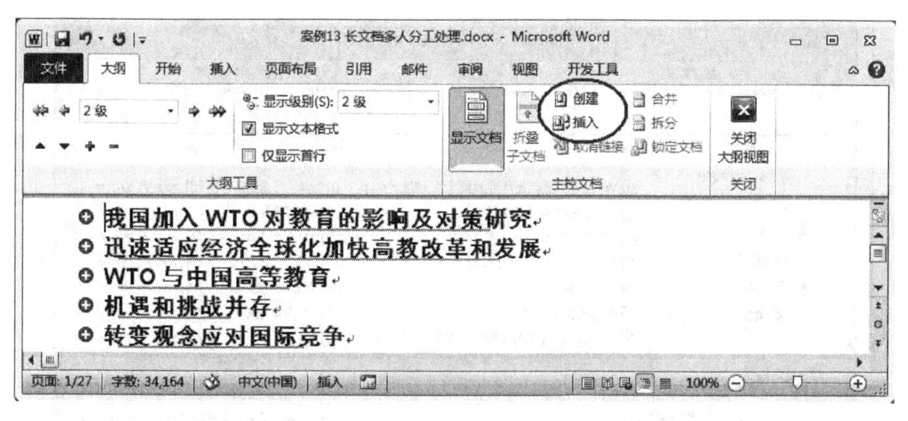


图4-11　大纲视图下“显示文档”命令开启后

第三步：按Ctrl+A全选，单击“主控文档”组中“创建”命令，这样可一次创建14个子文档。此时，主控文档管理各子文档的状态，如图4-12所示。

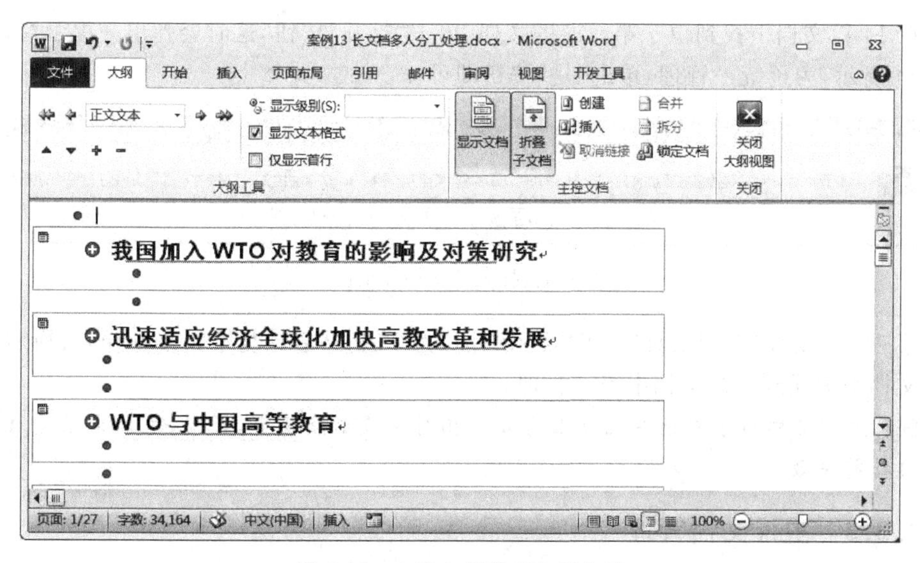


图4-12　主控文档管理的子文档

此步也可根据需要一个一个地创建子文档。

第四步：单击“快速访问工具栏”“保存”命令，完成14个子文档的保存。此时，在主控文档存放的磁盘位置中,即可看到有 14 个以各自论文标题命名的子文档。

可将子文档分发给各位编辑处理和审核……,返回的子文档覆盖原位置的子文档即可。

2) 创建主控文档

第二种状况,即 14 篇论文各为独立文档。这时,新建一空文档作为主控文档并打开。

第一步: 切换到“视图”选项卡下,单击“文档视图”组中“大纲视图”命令;在“大纲”选项卡下单击“主控文档”组中的“显示文档”命令,开启子文档管理命令。

第二步: 单击“主控文档”组中“插入”命令,打开“插入子文档”窗口,如图 4-13 所示。

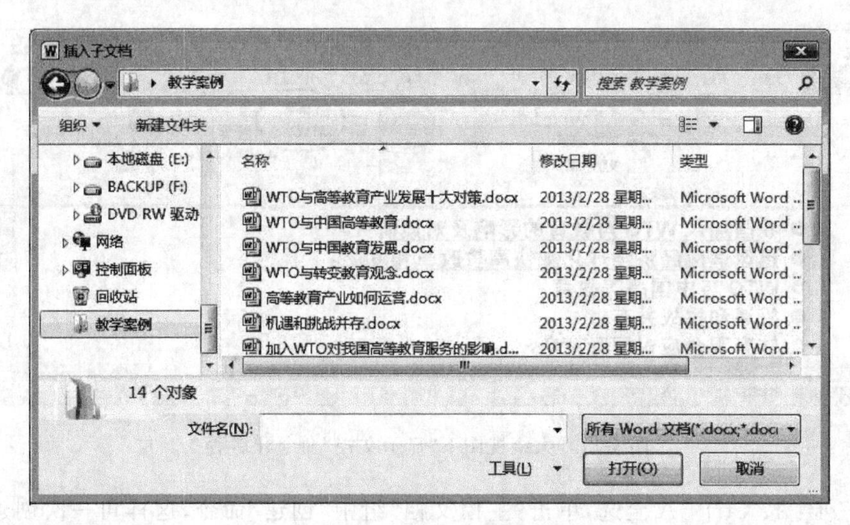


图 4-13 “插入子文档”窗口

在 14 篇文档中找到位于第一篇的文档,单击“打开”按钮,这时会弹出一提示窗口,如图 4-14 所示,为了统一管理,单击“是”按钮即可。

图 4-14 插入子文档提示窗口

第三步: 设置“大纲工具”组里“显示级别”为 2 级;然后重复第二步操作,将所有独立的子文档都关联到主控文档中统一管理。

**注**: 主控文档与子文档在磁盘上存放的相对位置不能改变,否则,主控文档管理子文档的链接将失效。

### 4.3.3 主控文档管理

**注**: 打开主控文档后,如果不在“大纲”选项卡下,要切换到“视图”选项卡下,单击“文档视图”组中“大纲视图”命令即可。

**1. 子文档的展开与折叠**

打开主控文档，在“大纲”选项卡下，“主控文档”组中“显示文档”命令处于开启状态，此时子文档的管理如图 4-15 所示，均以超链接的方式显示。每个子文档以虚线框划分，其左侧有一子文档“图形标识”，双击该“图形标识”，Word 将单独为该子文档开启一个工作窗口（也可按住 Ctrl 键单击子文档的链接实现）；左侧还有一“锁标识”，表示此时对子文档的管理（创建/插入、合并/拆分、锁定文档与取消链接等）不能做任何操作，处于锁定状态。子文档间有一分节符，光标置于此，输入内容属于主控文档的内容。

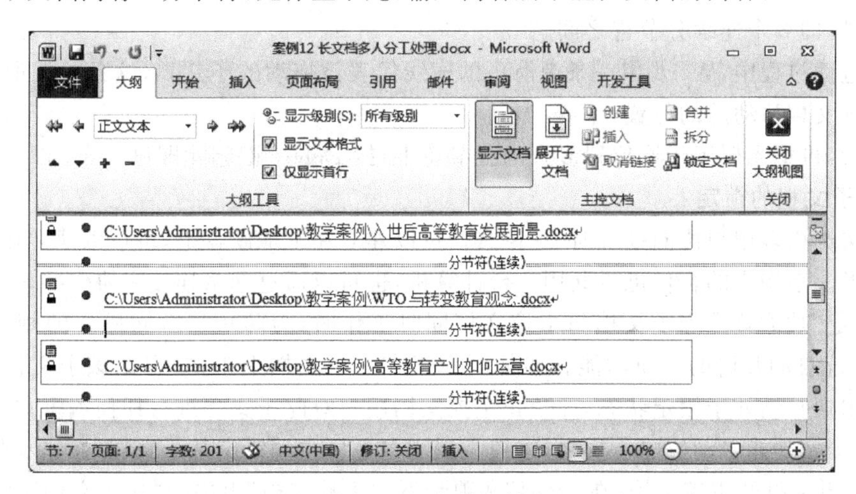


图 4-15　主控文档

要查看子文档内容，单击“主控文档”组中的“展开子文档”命令，展开所有的子文档，此时子文档处于解锁状态；子文档展开后，再单击“折叠子文档”命令，又可恢复子文档的锁定状态和超链接显示方式。

**注**：在主控文档中，只有展开子文档，才能执行“创建”或“插入”子文档等操作。

**2. 子文档的重命名**

在创建子文档时，Word 系统会自动为子文档命名。为了便于记忆或文档管理，可为子文档重命名，操作如下：

第一步：打开主控文档，在“大纲”选项卡下，且子文档处于折叠状态；按住 Ctrl 键单击子文档超链接，使子文档在独立的工作窗口中打开。

第二步：在子文档工作窗口中，单击“文件”菜单中的“另存为”命令，输入子文档的新文件名，单击“保存”即可。

关闭子文档工作窗口，查看主控文档，此时，原子文档的文件名已经发生改变。

**注**：不能在“资源管理器”或 DOS 命令下对“子文档”重命名。子文档重命名后，原子文档依然保留在原位置中，但已与主控文档无关了。

**3. 子文档的移动**

在主控文档中，子文档的次序一般是相对固定的，但有时也需要调整其位置，比如子文档合并时就要求合并的子文档彼此相邻。为防止出错或遗失对移动子文档的控制，可按照如下步骤移动子文档。

移动子文档的操作步骤：

第一步：打开主控文档，在“大纲”选项卡下，“主控文档”组中的“显示文档”命令处于开启状态，且子文档处于折叠状态。

第二步：将光标置于子文档移动的目标位置(即分节符上，而非子文档虚线框里)，参见图4-15所示。切换到“页面布局”功能区，单击“页面设置”组中的“分隔符”命令，选择其中“连续”分节符插入。此时，在目标位置已有2个连续分节符存在。

第三步：单击要移动的子文档“图形标识”选定子文档，按住鼠标左键拖动子文档到目标位置，即2个连续分节符之间。

在拖动过程中，Word用一条带箭头的横线代表被拖动的子文档，这条横线所处的位置就是子文档移动后的位置。

最后，再把光标置于原位置多余的分节符上，按Delete键删除即可。

**4. 子文档的锁定**

长文档由多用户协同处理时，主控文档可以建立在本地硬盘上，也可以建立在网络共享空间里。多用户的合作可以共用一台计算机，也可以通过网络连接来协作共享。

“锁定”功能就是当子文档与主控文档同时工作时，为防止二者间操作的相互冲突，Word系统自动开启的一项功能。如某用户正在一子文档上工作，那么该子文档对于主控文档用户自动处于锁定状态，即禁止主控文档用户对此子文档进行任何编辑；当子文档关闭后，锁定功能自动解除。反之，主控文档用户也可主动锁定某子文档，操作步骤如下：

第一步：打开主控文档，在“大纲”选项卡下，“主控文档”组中的“显示文档”命令处于开启状态，单击“展开子文档”命令展开所有的子文档。

第二步：光标置于子文档中，将“大纲工具”组中的“显示级别”设置为2级，使主控文档只显示子文档的标题。

第三步：光标置于指定的子文档标题上，单击“主控文档”组中的“锁定文档”命令，即刻在子文档的左侧出现“锁标识”。锁定的子文档意味着对键盘和鼠标的操作均无效。

主控文档用户锁定子文档后，其他用户只能以只读方式打开。要解除锁定，光标置于子文档中，再次单击“锁定文档”命令即可。

**5. 子文档的合并与拆分**

子文档的合并就是将多个子文档合并为一个子文档，反之为拆分。

合并子文档的操作步骤：

第一步：在主控文档中移动子文档，使要合并的子文档彼此相邻。

第二步：单击“主控文档”组中的“展开子文档”命令，设置“显示级别”为子文档标题的最高级别，如2级。

第三步：按住Shift键，依次单击要合并的子文档“图形标识”；再单击“主控文档”组中“合并”命令，即可将多个子文档合并为一个子文档。

**注**：保存主控文档时，合并后的子文档将以第一个子文档的文件名保存。

拆分子文档的操作步骤

第一步：在主控文档中，展开子文档。

第二步：在拆分的子文档中，选定要拆分出去的内容，也可事先为其创建一个标题后再选定。

第三步：单击“主控文档”组中“拆分”命令。被选定的内容将作为一个新的子文档从原子文档中分离出来。

**注**：拆分后，新的子文档文件名由 Word 自动生成。

**6. 子文档的删除**

要在主控文档中删除某个子文档，单击子文档的“图形标识”选定子文档，按 Delete 键，然后再删除多余的分节符。

**注**：从主控文档中删除子文档，只是删除与子文档的关联，原子文档依然保留在原位置。

**7. 子文档转为主控文档的一部分**

在主控文档中创建子文档后，每个子文档及内容都被保存为一个独立的文件并存放。

如果想把某个子文档的内容转换成主控文档的一部分，在主控文档中，展开子文档；然后，将光标置于要转换的子文档里，单击“主控文档”组中“取消链接”命令。此时，子文档与主控文档失去关联，其外围的虚线框和左侧的子文档“图形标识”也随即消失。

## 4.4 Word 邮件合并

邮件合并在日常通信来往等事务处理中是一项很有用的应用。该应用除了可以批量处理信函、信封等与邮件相关的文档外，还可以轻松地批量制作标签、工资条、成绩单等。

**学习要点**：

1. 何时使用邮件合并
2. 邮件合并构成
3. 邮件合并应用

### 4.4.1 何时使用邮件合并

邮件合并应用的场合：

- 需要批量制作的文档；
- 文档内容的构成有两部分：固定不变的内容和批量替换的内容。

如批量制作信函和信封，其信封上寄信人地址、邮政编码，信函中通知的内容、落款等都是固定不变的内容；而收信人及收信地址、邮编，信函中开始位置引用的尊称、姓名等就是变化的内容。

### 4.4.2 邮件合并构成

“邮件合并”构成有三部分：

- 主文档　在主文档中输入的是固定不变的内容，保存为 Word 文档；
- 数据源　其中记录的是合并邮件所需要替换的内容。用含有标题行的数据记录方式表示。通常情况下，数据源是事先准备好的文档，可以是 Word 表格，也可以是 Excel 工作表，还可以是 Access 数据表或 Outlook 中的联系人表或地址簿等。

- 合并邮件　把数据源中的内容合并到主文档中。数据源中数据记录选定多少，决定了主文件中生成的合并邮件的数量。合并结果可打印输出，也可通过电子邮件发送。

什么是含有标题行的数据记录呢？通常是指这样的数据表：它由字段列和记录行构成，第一行为标题行，给出了各字段列的字段名，其他行记录的是一个对象的相关信息。数据表的格式如图 4-16 所示。

| 序号 | 姓名 | 性别 | 职称 | 通信地址 | 邮编 |
|---|---|---|---|---|---|
| 1 | 张三 | 男 | 经理 | 北京海淀 XXX 公司 | 100100 |
| 2 | 李四 | 女 | 主任 | 北京海淀 XX 部门 | 100100 |
| 3 | 王五 | 男 | 高工 | 北京 XX 部门 | 100100 |

图 4-16　数据表格式

## 4.4.3　邮件合并应用

### 案例 4.2　邮件合并

#### 1. 创建主文档

创建如图 4-17 所示的主文档，保存为类型. docx。其中需要替代的内容用＜＞表示。

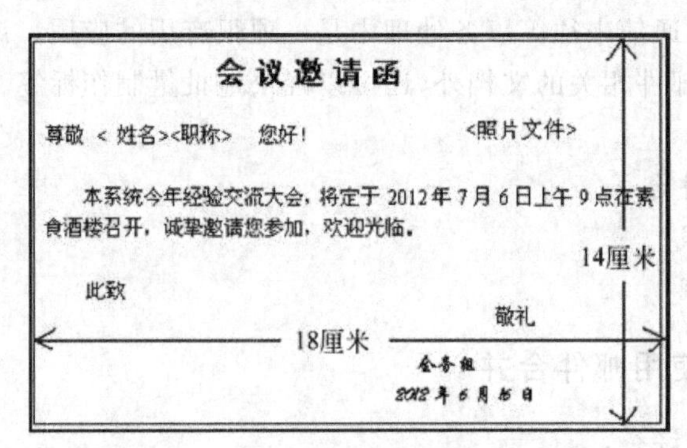
会议邀请函

尊敬 < 姓名><职称>　您好！　　<照片文件>

本系统今年经验交流大会，将定于 2012 年 7 月 6 日上午 9 点在素食酒楼召开，诚挚邀请您参加，欢迎光临。

此致

敬礼

会务组

2012 年 6 月 16 日



图 4-17　主文档(会议邀请函)

**操作步骤**

打开一新文档，输入上述文字信息。

切换到“页面布局”选项卡下，单击“页面设置”组右下角的对话框启动器，打开“页面设置”对话框，单击“纸张”选项卡，设置纸张宽度为 18 厘米，高度 14 厘米。

#### 2. 数据源

本教学案例已准备好的数据源文档 data. xlsx(电子报表)，如图 4-18 所示，其中，涉及的照片文件存放在一“照片文件”的文件夹里。

#### 3. 合并邮件

**操作步骤**

打开主文档。

第一步：切换到“邮件”选项卡下，单击“开始邮件合并”组中的“开始邮件合并”命令，

案例13 data.xlsx

| | A | B | C | D | E | F | G | H | I |
|---|---|---|---|---|---|---|---|---|---|
| 1 | 编号 | 姓名 | 职称 | 性别 | 电话 | 通信地址 | 邮编 | 照片格式 | 照片文件 |
| 2 | 2013001 | 王志平 | 总经理 | 男 | 010-12345678 | 海淀区 | 100000 | .jpg | 2013001.jpg |
| 3 | 2013002 | 吴晓辉 | 主任 | 女 | 010-23456789 | 朝阳区 | 100000 | .jpg | 2013002.jpg |
| 4 | 2013003 | 张竟 | 总经理 | 男 | 010-34567890 | 东城区 | 100000 | .jpg | 2013003.jpg |
| 5 | 2013004 | 李瑶 | 总经理 | 女 | 010-45678901 | 西城区 | 100000 | .jpg | 2013004.jpg |
| 6 | 2013005 | 张晓青 | 主任 | 男 | 010-56789012 | 宣武区 | 100000 | .jpg | 2013005.jpg |
| 7 | | | | | | | | | |

Sheet1 Sheet2 Sheet3

图 4-18 数据源文档(工作簿中一工作表)

选择“信函”项(默认)。

第二步:在“开始邮件合并”组中,单击“选择收件人”命令,选择“使用现有列表”项,打开如图 4-19 所示的“选取数据源”对话框。

图 4-19 “选取数据源”对话框

在此对话框中,找到数据源文档 data.xlsx 并单击“打开”按钮,系统将弹出如图 4-20 所示的“选择表格”对话框,因我们的数据源是在 Sheet1 表中,所以这里选择第一项,单击“确定”按钮。

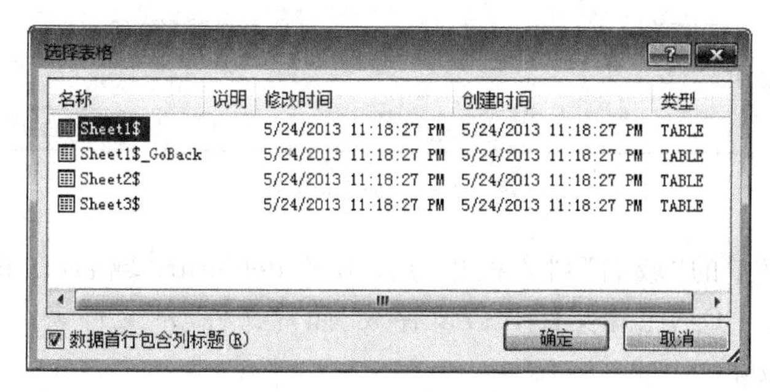


图 4-20 “选择表格”对话框

第三步：单击“开始邮件合并”组中的“编辑收件人列表”，打开如图 4-21 所示的“邮件合并收件人”对话框；在这里我们可以选择将要合并的记录对象。

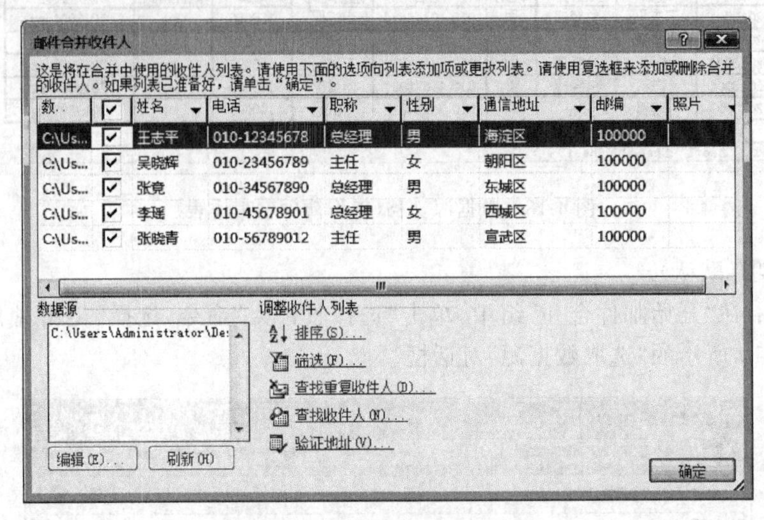


图 4-21 “邮件合并收件人”对话框

第四步：开始在主文档中插入数据源信息。选定姓名文字，单击“编辑和插入域”组中的“插入合并域”命令，选择列表中的“姓名”字段项；选定职称文字，单击“编辑和插入域”组中的“插入合并域”命令，选择列表中的“职称”字段项；

第五步：插入照片文件。选定“照片文件”文字，切换到“插入”选项卡下，单击“文本”组中的“文档部件”命令，选择“域”命令，打开“域”对话框，如图 4-22 所示。

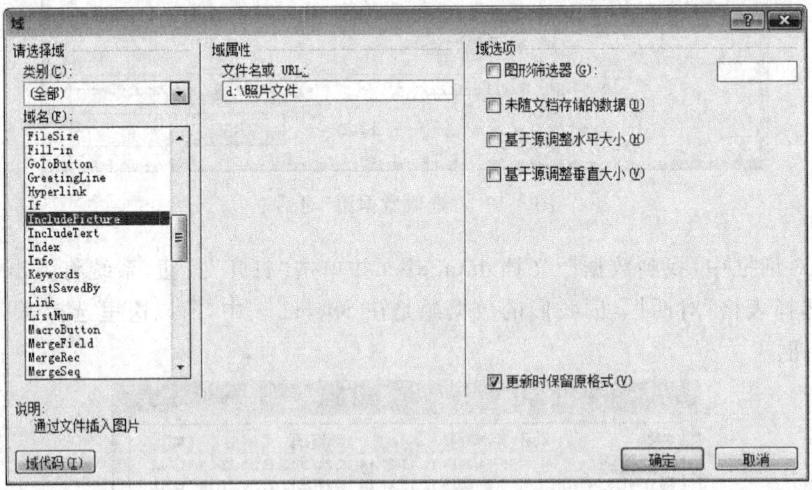

图 4-22 “域”对话框

在“域”对话框中的“域名”列表框里寻找 IncludePicture 域名，在相应的“文件名或 URL”文本框中输入 D:\照片文件\（假设存放“照片文件”的文件夹存放在 D 盘根目录下），单击“确定”按钮。

回到主文档中，选中刚插入的包含照片的图像框，调整其大小，使主控文档保持为一页的内容；然后，按键盘 Shift + F9，将此域输出切换到域代码{INCLUDEPICTURE “d:\\照片文件” \\ * MERGEFORMAT}下。

将光标定位在域代码中的 d:\\照片文件\之后，切换到“邮件”选项卡下，单击“编辑和插入域”组中的“插入合并域”命令，选择“照片文件”字段项。

第六步：开始合并。单击“完成”组中的“完成并合并”命令，选择其中“编辑单个文档”命令，打开如图 4-23 所示的“合并到新文档”对话框；单击“确定”按钮，合并的结果如图 4-24 所示。

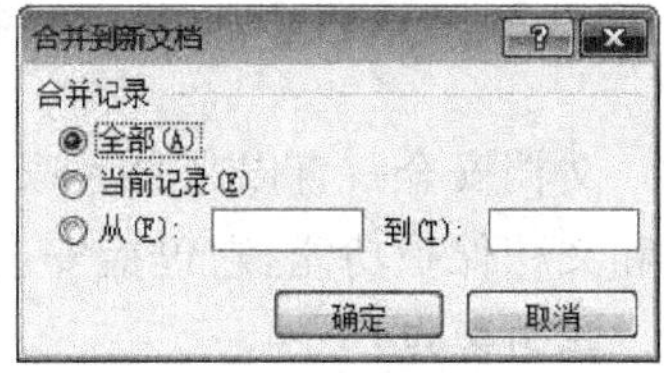


图 4-23 “合并到新文档”对话框

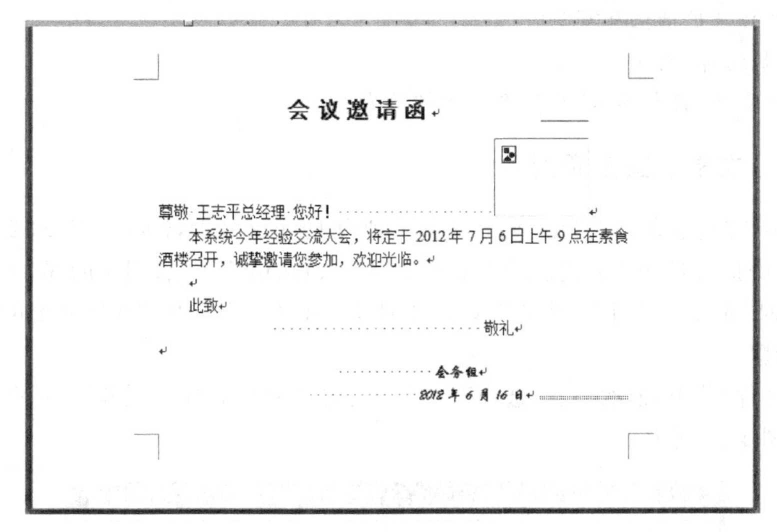

会议邀请函

尊敬 王志平总经理 您好！

本系统今年经验交流大会，将定于 2012 年 7 月 6 日上午 9 点在素食酒楼召开，诚挚邀请您参加，欢迎光临。

此致

敬礼

会务组

2012 年 6 月 16 日

图 4-24 邮件合并结果(样张之一)

由于照片文件还未读入，这时，需要按 Ctrl+A 键选定所有信息，按 F9 键更新域并读入指定位置的照片文件。到此，一份根据数据源用户数据制作的批量邀请函已全部完成，预览如图 4-25 所示。

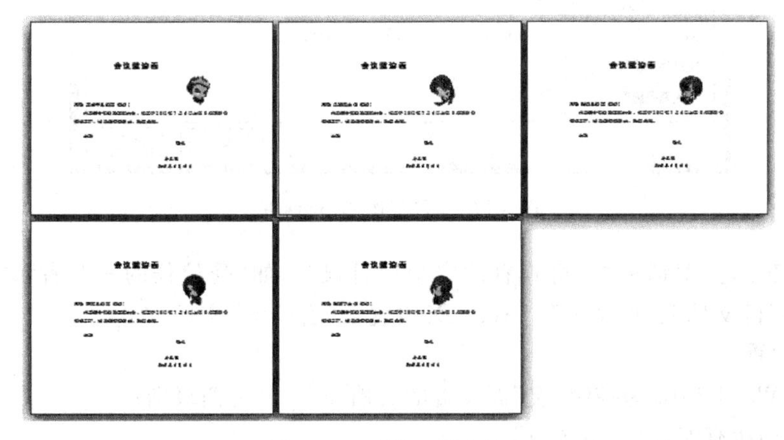

图 4-25 邀请函预览结果

当然，邮件合并还有很多其他的应用，如电子邮件、信封、标签等等，应用与操作类似，可自行学习。

## 4.5 Word 文档安全

文档安全一直以来是大家关心的一个问题，Office Word 2010 提供了比较完善的安全和文档保护功能，它包括安全级别、数字签名、密码设置、窗体保护等等。

**学习要点：**

1. 文档的安全级别
2. 文档的保护措施有哪些？
3. “限制编辑”设置
4. 如何获得“数字签名”及签名后文档的安全

### 4.5.1 文档的安全级别

对 Word 文档最大的安全隐就是宏病毒，为了防止宏病毒，Office Word 2010 特别启用了 2 个新的扩展名，即“启用宏的 Word 文档（*.docm）”和“启用宏的 Word 模板（*.dotm）”；同时，还设立了“信任中心”，以确立对 Word 文档操作和应用所必要的安全机制。

**操作步骤**

单击“文件”菜单，依次单击“选项”→“信任中心”→“信任中心设置”，打开“信任中心”对话框，如图 4-26 所示。

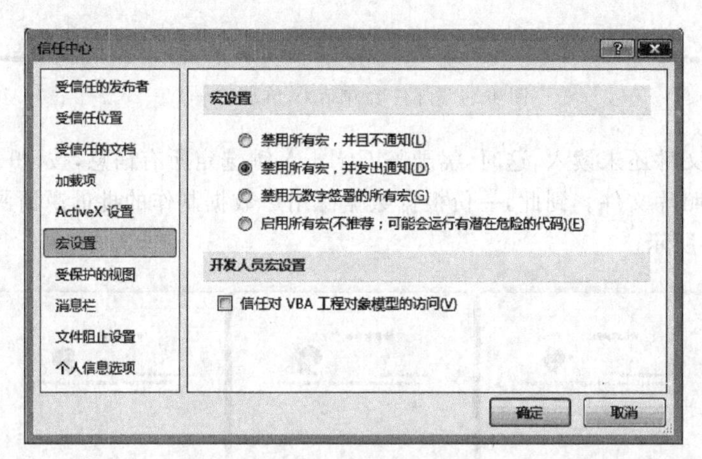


图 4-26 “信任中心”对话框

在“信任中心”对话框中，可查看的安全项目很多，如“受信任的发布者”、“受信任位置”、“受信任的文档”、“加载项”、“ActiveX 设置”、“宏设置”等等。

**1. 宏设置**

Office Word 2010 为控制“宏”而设置的文档安全，分为四级别：

- “禁用所有宏，并且不通知”。
- “禁用所有宏，并发出通知”，这是默认设置。

- “禁用无数字签署的所有宏”。
- “启用所有宏(不推荐,可能会运行有潜在危险的代码)”。

在 Word 2010 中,使用不同的扩展名来标识文档是否包含宏,大大改善文档的安全性。当遇到文件扩展名为.docm 或.dotm 时,它们一定包含了宏,需要谨慎处理。

如果一个包含宏的 Word 文档被恶意重命名为 *.docx,Word 2010 将会拒绝打开它,如图 4-27 所示(左);反之,*.docx 文档被恶意重命名为 *.docm,Word 2010 也会出现如图 4-27 所示(右)的拒绝提示。

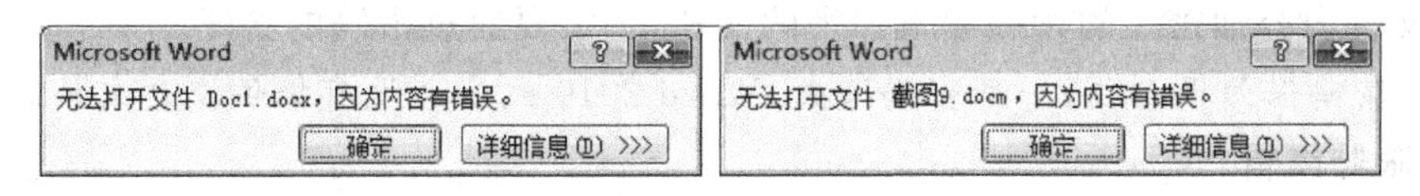


图 4-27　恶意重命名 docm 或 docx,拒绝打开消息框

**注**:在 Office Word 2003 中,文档允许包含合法的宏,只从单一的文档类型 *.doc 是无法分辨文档包含宏与否。一旦误打开包含恶意宏的 *.doc 文档,面临的将是意想不到的灾难。

如果在文档 *.docx 里设置了宏,须通过“另存为”选择“启用宏的 Word 文档(*.docm)”来保存,才能使宏安全运行;反之,可通过另存为“Word 文档(*.docx)”的方式将 *.docm 文档中的宏剔除。

**2. 其他设置**

- “受信任的发布者”　这里可以查看或删除信任的数字证书颁发对象;
- “受信任位置”　这里看到的位置都被视为打开文档的受信任来源。只要将硬盘上某个文件夹指定为受信任的文档来源,任何储存在该文件夹中的文档都会被认为是可信任的。当打开受信任的文档时,文档中的所有内容都会予以打开,而且系统不会通知使用者在文档中可能含有任何潜在的风险。
- “受信任的文档”　这里可设置来自“受信任位置”的文档可否联网等。
- “受保护的视图”　该功能设置的是来自网络的文件或不安全位置的文件将启用受保护的视图。如来自 QQ 传输的文档,打开时会弹出“受保护的视图”窗口,单击启用编辑才能进入正常的编辑中。
- “文件阻止设置”　这里可以设置怎样的文档不能打开,怎样的文档打开时启用“受保护的视图”,以及在“受保护的视图”中打开的文档并允许编辑等。

这里涉及文档安全的设置都值得仔细研究,因篇幅限制,在此就不一一介绍了。

## 4.5.2　文档保护措施

Office Word 2010 为文档提供了怎样的保护措施?

**操作步骤**

单击“文件”菜单,在“信息”选项面板中,单击“保护文档”项,Word 2010 为文档提供了如下 5 种保护措施。

**1. 标记为最终状态**

文档被标记为“最终状态”,表示文档已完成编辑,同时该文档将禁用键入、编辑命令和校对标记等功能。

当打开有“最终状态”标记的文档时，原文档功能区自动关闭，替代的是一黄色警告消息：“作者已将此文档标记为最终版本以防止编辑”，同时还提供了一个“仍然编辑”按钮。如果阅读者希望编辑此文档，单击“仍然编辑”按钮，即刻取消“最终状态”标记，并回复功能区的使用。

**注**：文档被标记为“最终状态”仅仅是一种友好的安全提示，不适合重要文档的保护。

**2. 用密码进行加密**

将文件内容加密。阅读或编辑加密的文档，一定要通过密码的验证。

**注**：密码保管很重要，一旦密码遗失，Word 2010 无法也没有提供恢复文档的功能。

**3. 限制编辑**

**操作步骤**

依次单击“文件”菜单→“信息”→“文档保护”→“限制编辑”，在文档编辑窗口的右侧，打开了“限制格式和编辑”窗格：

(1) 格式设置限制：选中“限制对选定的样式设置格式”项，单击下方“设置”，可以有选择地自定义哪些格式将被保护起来；

(2) 编辑限制：可有选择地限制文档的编辑类型：“修订”、“批注”、“填写窗体”以及“不允许任何更改(只读)”。如在一表格中，只希望指定的位置可填写内容，就启用“不允许任何更改(只读)”功能和“例外项(可选)”即可。

(3) 启动强制保护：启用上述限制格式或编辑设置，并通过密码保护或用户身份验证的方式来保护文档。

**4. 按人员限制权限**

通过授权 Windows Live ID 或 Windows 账户，以便创建或打开一个受限权限的 Office 文档。此功能需要“信息权限管理”(IRM)服务的支持。

**5. 添加数字签名**

数字签名是以电子形式存在于文档之中，用于辨别文档签署人的身份，并表明签署人对文档中所包含的信息的认可。Word 2010 利用给文档添加数字签名，不仅辅助验证文档的完整性，而且还确保了文档的可靠来源。

添加数字签名的文档是不能被编辑的(只有本人可恢复其编辑功能)。一旦添加数字签名的文档被盗用(复制、粘贴)或修改，随之签署的数字签名将丢失，原文档也将失去其有效性。

**注**：数字签名的文档，用 Office 2003 等低版本打开，数字签名将失效。

如何获得数字签名?

如果需要一个数字签名，必须先获取数字证书(或数字标识)，这个证书将用于证明个人的身份，通常会从一个受信任的证书颁发机构(CA)获得。获取途径有：

(1) 可以从微软合作伙伴处获取数字标识，这样其他人员可以验证您的签名的真实性。

(2) 直接在 Office 中创建自己的数字标识(自己给自己颁发)，但其他人员无法验证您的签名的真实性，因为自己颁发的数字标识只能在本机上得到验证。

(3) 利用“Microsoft Office 2010 工具”中“VBA 工程的数字证书”获取。

**示例**：创建数字签名

单击 Windows 7 操作系统的“开始”菜单“所有程序”组，选择 Microsoft Office 组中“Microsoft Office 2010 工具”的“VBA 工程的数字证书”命令，打开“创建数字证书”对话框，在此输入“您的证书名称”，如 LEE 认可。

此时，获得的数字证书可能还没有得到信任，还需要将证书安装到“受信任的根证书颁发机构”存储区中。

**操作步骤**

单击“文件”菜单，在“信息”面板里单击“保护文档”，从 5 种保护方式中选择“添加数字签名”，打开 Microsoft Word 提示窗口，如图 4-28 所示。

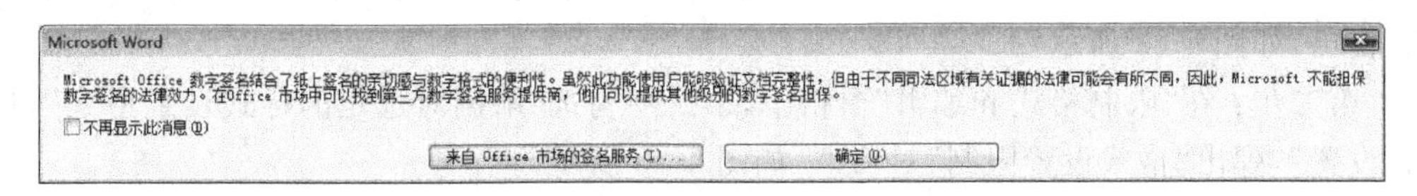


图 4-28　Microsoft Word 提示窗口

了解窗口提示信息后，单击“确定”，然后打开“签名”对话框，如图 4-29 所示。

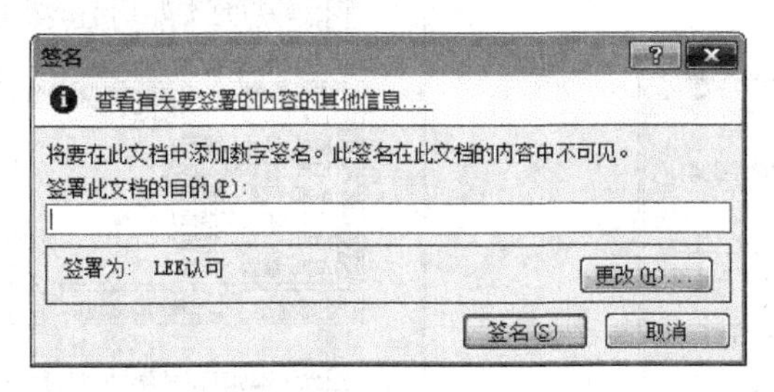


图 4-29　“签名”对话框

在“签名”对话框中，单击“更改”按钮，打开“Windows 安全”确认证书窗口，如图 4-30 所示。

在“Windows 安全”确认证书窗口中，单击“单击此处查看证书属性”，打开 Certificate Details 窗口，如图 4-31 所示。

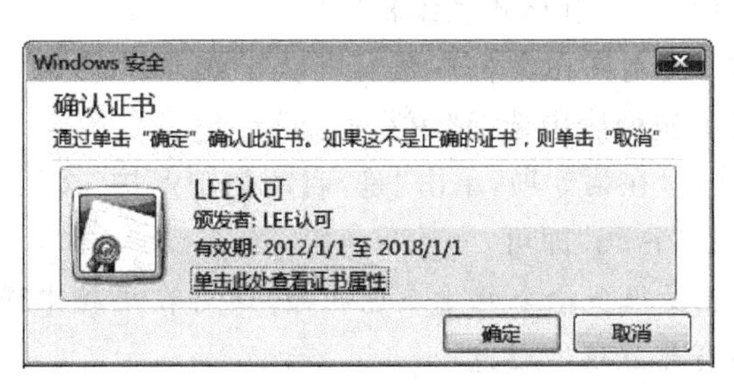


图 4-30　“Windows 安全”确认证书窗口

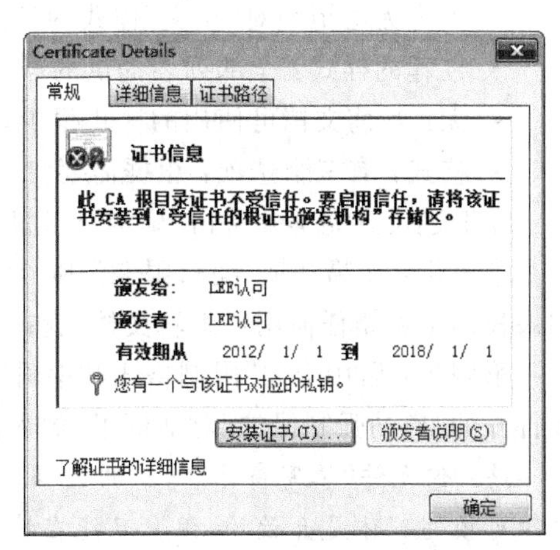


图 4-31　Certificate Details 窗口

当证书确认不在“受信任的根证书颁发机构”存储区中时，单击“安装证书”按钮，根据证书导入向导，将证书导入到“受信任的根证书颁发机构”存储区中即可使用了。

## 案例 4.3　文档保护

**案例素材**

打开需要保护的文档，实现文档编辑保护。

**操作步骤**

第一步：单击“文件”菜单，在“信息”面板里单击“保护文档”，选择“限制编辑”；也可切换到“审阅”选项卡下，在“保护”组中单击“限制编辑”命令。之后将打开“限制格式和编辑”窗格，如图 4-32 所示。

第二步：在“限制格式和编辑”窗格中，第 1 项勾选“限制对选定的样式设置格式”，单击“设置”，弹出“格式设置限制”对话框，如图 4-33 所示。

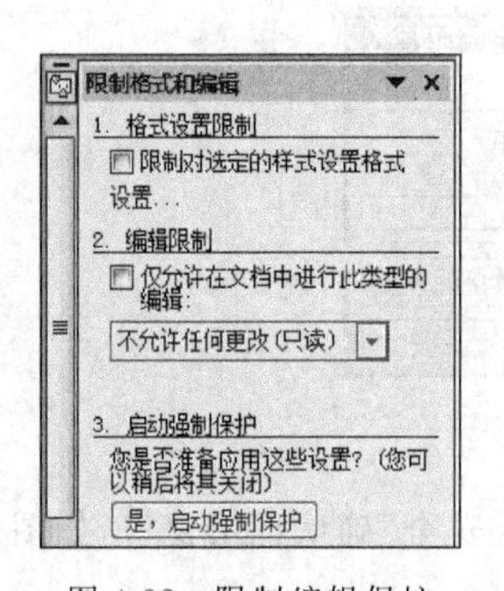


图 4-32　限制编辑保护

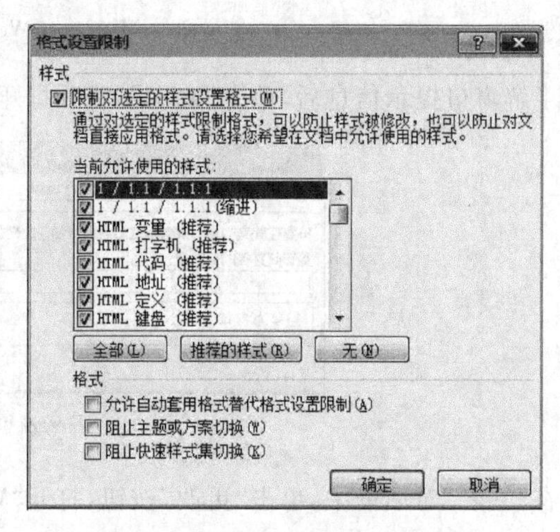


图 4-33　“格式设置限制”对话框

- 当前允许使用的样式：即当前文档可使用的样式。在列表里面没有“正文”样式。因为无法拒绝对“正文”样式的访问。
- 推荐的样式：全部列表提供的样式太多，可选择“推荐的样式”列表。
- 无：当前文档可使用的样式很少，则选择“无”，再勾选可使用的样式。
- 格式：有三个选项：根据需要自行设置。

在上述设置完毕并单击“确定”按钮后，回到“限制格式和编辑”窗格。

第三步：在第 2 项“编辑限制”中，勾选“仅允许在文档中进行此类的编辑”复选框。如果我们不希望任何用户编辑文档，就在其下拉列表中选择“填写窗体”。

第四步：启用上述“限制格式和编辑”设置，在第 3 项，单击“是，启动强制保护”按钮。在打开的“启动强制保护”对话框里，输入保护“密码”即可。

**注**：仅允许“填写窗体”保护的文档，功能区很多命令处于灰色状态，此时在文档中提供的可填写窗体是开放的，用户只能在填写窗体里输入信息。

有关“限制格式和编辑”窗格下端的“限制权限”应用，需要“信息权限管理”服务的支持,相关解释还请自行查询。

## 4.6 Word 模板应用

**学习要点:**

1. 什么是 Word 模板
2. 模板应用
3. 创建模板

### 4.6.1 何谓 Word 模板

Word 模板是指 Microsoft Word 内置的、决定了 Word 文档的基本构成和样式的文件,文件类型为“ *.dotx”,用于帮助用户快速生成特定类型的 Word 文档。

一个 Word 模板包含了文档的基本格式、版式设置以及页面布局等元素,任一 Microsoft Word 文档都是基于某一 Word 模板创建的。如新建一空白文档就是基于空白模板 Normal.dotx 创建的,该空白模板存放在磁盘的 C:\Users\Username(登录账户名)\AppData\Roaming\Microsoft\Templates\位置处。

在 Word 2010 中,除了通用的“空白文档”模板外,还内置了如“博客文章”、“书法字帖”等模板。另外,微软公司的 Office.com 网站上还提供了很多专业型的具有特定功能的模板供联网后下载。

### 4.6.2 模板应用

**操作步骤**

下载所需模板。在“文件”菜单下,单击“新建”命令,显示的可用模板列表,如图 4-34 所示。

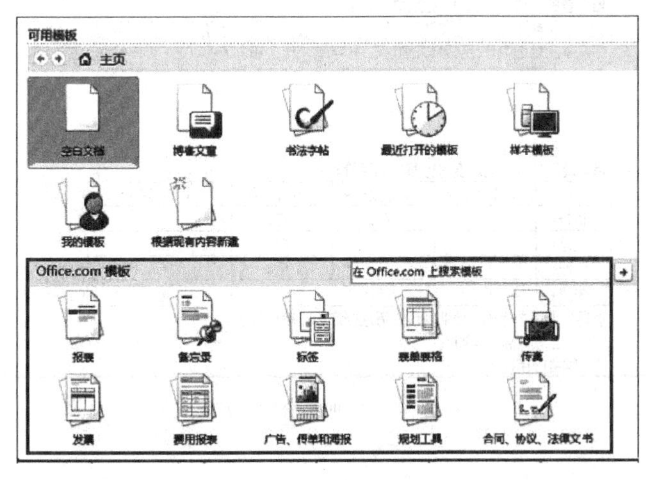


图 4-34 模板列表

在“Office.com 模板”中，单击所所需的模板类别，如“报表”，在其包含的子类别里选择一种，如“学术论文和报告”；此时，Word 系统自动连接 Office.com 网站搜索并给出相应的模板信息，选择其中一种模板，如“报告”，单击“下载”即可。

在查找可用的模板时，可利用窗口顶部的导航按钮：

- 按钮（后退）返回到上一个屏幕
- 按钮（前进）进入下一个屏幕
- 主页 返回第一个类别选择屏幕

**注**：下载 Office.com 提供的模板时，Word 2010 需要正版验证。

模板下载后，即刻进入新建文档的工作窗口，且文档是依据下载模板而新建的。如果我们是应用 Word 2010 自带的模板创建文档，如“书法字帖”，直接单击“创建”即可。

### 4.6.3 创建模板

Word 2010 允许用户自定义模板，以满足实际的需求。

**注**：“新建”命令提供的可用模板里，有一项“我的模板”，其位置位于磁盘 C:\Users\Username（登录账户名）\AppData\Roaming\Microsoft\Templates 里。即用户自定义的模板最好保存在这个文件夹中，否则，用户自定义的模板在“新建”命令下无法直接被利用。

#### 案例 4.4 培训反馈调查模板

**案例素材**

制作一个如图 4-35 所示的培训反馈调查模板。

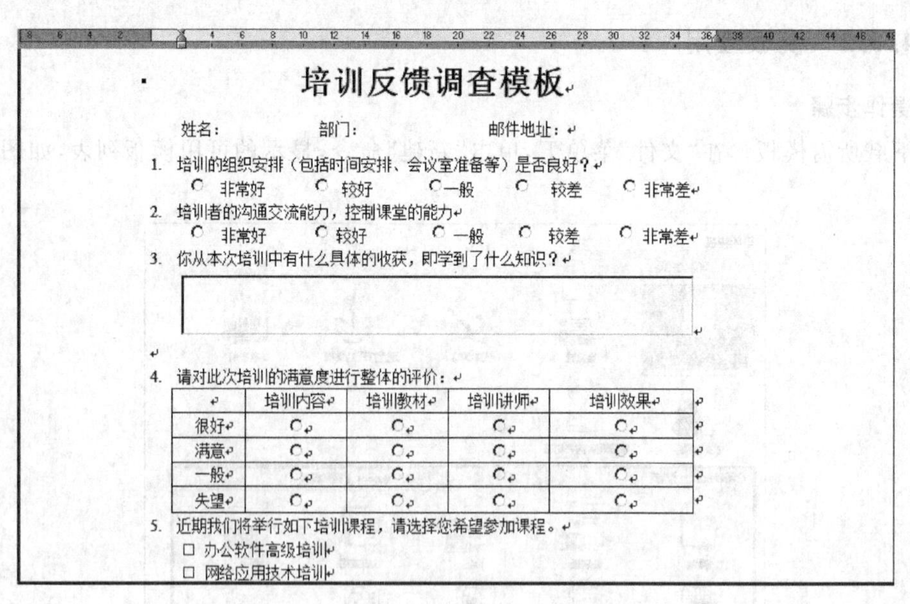

培训反馈调查模板

姓名: 部门: 邮件地址:

1. 培训的组织安排（包括时间安排、会议室准备等）是否良好？
   ○ 非常好 ○ 较好 ○一般 ○ 较差 ○ 非常差
2. 培训者的沟通交流能力，控制课堂的能力
   ○ 非常好 ○ 较好 ○ 一般 ○ 较差 ○ 非常差
3. 你从本次培训中有什么具体的收获，即学到了什么知识？
4. 请对此次培训的满意度进行整体的评价：

| | 培训内容 | 培训教材 | 培训讲师 | 培训效果 |
|---|---|---|---|---|
| 很好 | ○ | ○ | ○ | ○ |
| 满意 | ○ | ○ | ○ | ○ |
| 一般 | ○ | ○ | ○ | ○ |
| 失望 | ○ | ○ | ○ | ○ |

5. 近期我们将举行如下培训课程，请选择您希望参加课程。
   ☐ 办公软件高级培训
   ☐ 网络应用技术培训

图 4-35 培训反馈调查模板

**操作步骤**

打开一空文档，输入相应文字信息。

第一步：开启功能区“开发工具”选项卡。单击“文件”菜单下“选项”命令，在打开的“Word 选项”对话框中，选择“自定义功能区”，如图 4-36 所示，在右侧的“自定义功能区”中选定“开发工具”项即可。

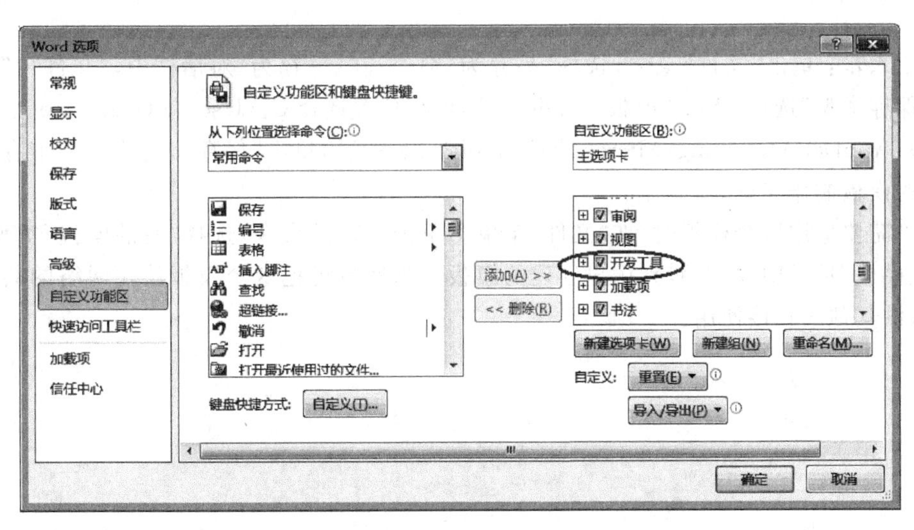


图 4-36　自定义功能区

第二步：给第 1 题、第 2 题、第 4 题，分别插入一组单选按钮控件。

切换到“开发工具”选项卡，以在第 1 题中插入一组单选按钮控件为例。

(1) 将光标置于第 1 个选择答案前，单击“控件”组中的“旧式工具”命令，选择其中“单选按钮”，在光标处插入“单选按钮控件”。此时，控件处于“设计模式”状态；

(2) 单击“控件”组中的“属性”，打开控件“属性”对话框，如图 4-37 所示。

(3) 在控件“属性”对话框中，GroupName 处指定该组名字，如 w1；Height 处设定控件的高度，如 11.25；Width 处设定控件的宽度，如 11.25；Value 处设置初始值为 False。

(4) 光标置于第 2 个选择答案前，重复(1)、(2)、(3)操作。

**注**：一道题中插入的 5 个单选按钮控件为一组，组名要相同；下一道题插入的 5 个单选按钮为另一组，组名一定要与前一组不同，以此类推……。

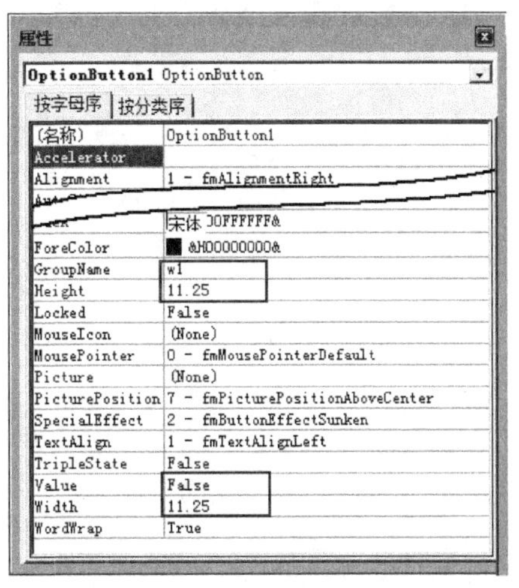


图 4-37　控件的“属性”设置对话框

第三步：给第 3 题插入文本框控件。光标置于答题处，单击“控件”组中的“旧式工具”按钮，选择其中“文本框”，在光标处插入“文本框控件”，调整其大小即可。

第四步：给第 5 题插入复选框控件。光标置于第 5 题第 1 个选择答案前，单击“控件”组中的“复选框”控件，在光标处插入“复选框内容控件”；再将光标置于第 2 个选择答案前,重复本操作。

第五步:单击“控件”组中的“设计模式”命令,关闭控件的设计状态。

**注**:如对“控件”编辑或设置,单击“控件”组中的“设计模式”命令,将开启其设计状态。

第六步:单击“文件”菜单,选择“另存为”命令;在“另存为”对话框中,“文件名”可自定,“保存类型”选择“Word 模板( *. dotx)”,保存位置选择 C:\Users\ Username(登录账户名)\AppData\Roaming\Microsoft\Templates。然后,单击“保存”,至此一个带有活动控件的模板制作完毕。

当需要应用这个模板时,在“文件”菜单下单击“新建”命令,选择“我的模板”类型,在“个人模板”项目中,将会看到用户创建的模板。当然也可把这个模板放在网络的共享空间中,供其他人直接使用。

# 第 5 章　Excel 2010 基础应用

Excel 2010 是一款应用非常普及的电子表格处理软件，Excel 2010 具有强有力的数据处理功能，丰富的函数和宏命令，强大的决策支持工具。本章将分 7 节介绍 Excel 2010 的基础应用。

## 5.1　Excel 的基本操作

Excel 2010 的基本操作包括：认识 Excel 工作界面，认识工作簿、工作表及单元格，文档的基本操作以及工作表的基本操作。

**学习要点：**

1. 认识 Excel 工作界面
2. 认识工作簿、工作表及单元格
3. 文档的基本操作
4. 工作表的基本操作

### 5.1.1　Excel 工作界面

Excel 2010 的工作界面，采用了全新的 Fluent 用户界面和 Ribbon 主题风格，在凸显的功能区（Ribbon）里，依"选项卡"分类和按"组"划分的各种命令按钮取代了传统的菜单项和各种工具栏，如图 5-1 所示。

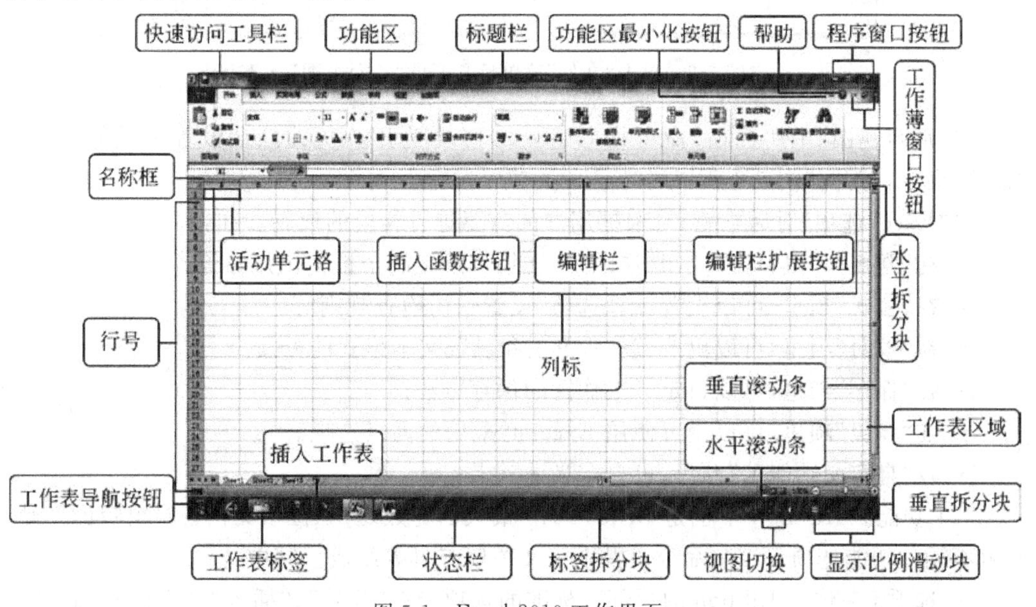


图 5-1　Excel 2010 工作界面

工作界面介绍如下：

(1) 标题栏：位于 Excel 窗口的最顶端，主要显示程序名和当前打开的文件名。如果当前文档是低版本(即 Excel 2003 或之前版本)，系统将在文件名之后以方括号注明，提示当前文档以［兼容模式］打开。

**注**：以[兼容模式]打开的文档，将无法使用 Excel 2010 的整套功能。

(2) 快速访问工具栏：放置一些常用的快捷命令，默认有“保存”、“撤消”、“恢复”等。其默认位置位于 Excel 窗口的左上方。若改变其默认位置或添加其他命令项，单击“快速访问工具栏”右侧的下拉按钮即可设置。

(3) “文件”菜单：单击“文件”菜单，系统会显示一个下拉式的后台(Backstage)菜单栏，如图 5-2 所示，这个后台视图取代了传统的“文件”菜单，用户只需要简单的单击几下鼠标，即可实现文档的保存、共享、打印以及发布。

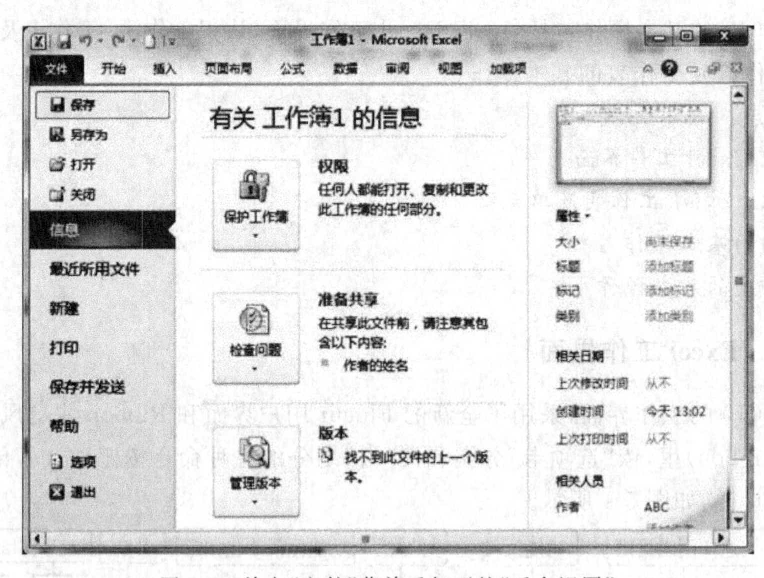


图 5-2 单击“文件”菜单后打开的“后台视图”

在“后台视图”中，“选项”命令是 Office 2010 专为用户更改默认设置提供的。单击“选项”命令，打开如图 5-3 所示的“Excel 选项”对话框。

在“Excel 选项”对话框里，可根据用户的需要进行相应的设置。如：

- 在“常规”项里，可以关闭“浮动工具栏；可以定制个性化用户名等。
- 在“公式”项里，可以设置计算选项，设置错误检查规则等。
- 在“校对”项里，可以更改 Excel 更正和设置文本格式的方式。
- 在“保存”项里，可以自定义工作簿的保存方法。
- 在“高级”项里，可以设置使用 Excel 时采用的高级选项。
- 在“自定义功能区”项里，可自定义选项卡。

(4) 功能区(Ribbon)：也是 Office 2010 最大的亮点之一，位于文档编辑窗口的上端。它由不同的功能选项卡、组、命令以及上下文关联工具等组成。其中：

- 选项卡：位于 Ribbon 的顶部。标准的选项卡有“开始”、“插入”、“页面布局”、“公式”、“数据”、“审阅”、“视图”，用户可根据文档操作的需求切换到相应的选项卡。

- 组：位于每一选项卡的内部。各组与相关的命令组合在一起来完成特定的功能。
- 命令：分配在每组中的命令。其表现形式有对话框、列表或按钮以及对话框启动按钮“”（即组右侧向下凹的小方块）等；
- 上下文选项卡：与当前编辑内容有关的选项卡。如选定一个图表时，与图表操作相关联的“图表工具”上的“设计”、“布局”、“格式”选项卡会自动开启。

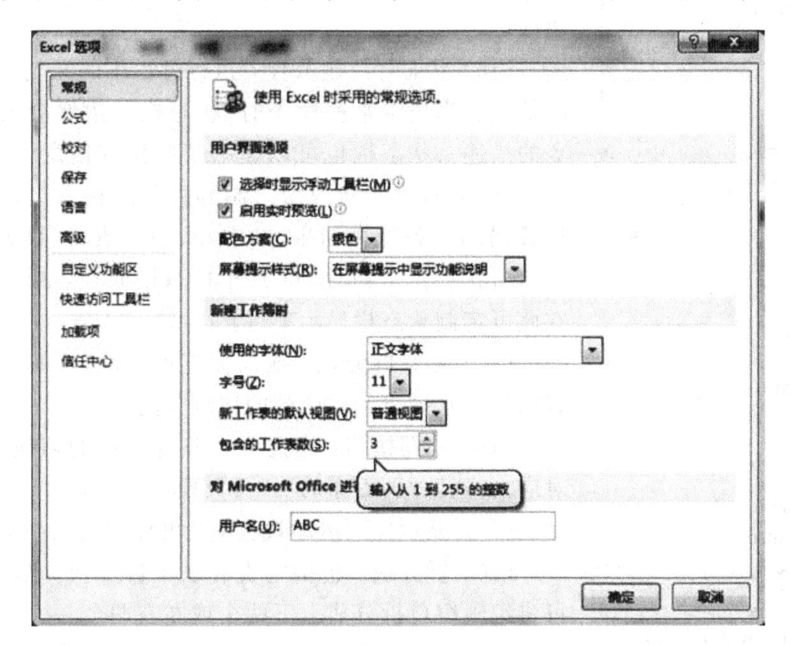


图 5-3 “Excel 选项”对话框

> 隐藏与显示功能区：在当前“选项卡”上单击鼠标可以隐藏功能区，或右键单击当前“选项卡”空白处，选择“功能区最小化”命令。隐藏后再单击“选项卡”，即可恢复功能区的显示。

（5）程序窗口按钮：可控制程序窗口的最小化、还原和关闭。

（6）工作簿窗口按钮：可控制工作簿窗口的最小化、还原和关闭。

（7）编辑栏：用来输入或编辑单元格的值或公式。可以显示出活动单元格中保存的常量或公式。

（8）编辑栏扩展按钮：单击此按钮可展开或折叠编辑栏区域。

（9）名称框：显示单元格的名字或已命名的所选数据区的名字。

（10）插入函数按钮：单击此按钮，可打开“插入函数”对话框。

（11）工作表区域：包括行号、列标和单元格，是 Excel 的保存、处理和管理数据的工作区域，其中当前所选定的单元格称为活动单元格。

（12）工作表导航按钮：针对工作簿内有较多工作表，工作表标签栏上不一定能全部显示所有的工作表标签，单击此按钮可以滚动显示工作表标签。

(13) 工作表标签：显示每张工作表的名字，通过单击可打开所需要的工作表，在工作表标签上双击鼠标可以重新命名工作表。

(14) 插入工作表按钮：单击此按钮，可插入一张新的工作表。

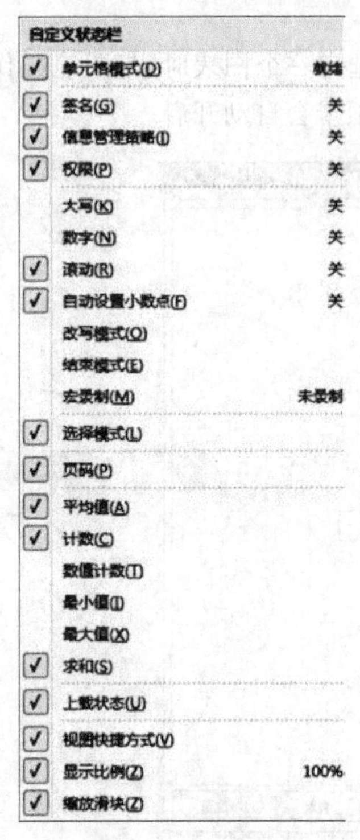


图 5-4　状态栏面板

(15) 滚动条：包括水平和垂直滚动条。滚动条在滚动框中的位置指示当前显示于窗口中的工作表的一部分。若要快速地滚动到工作表的另一个部分，拖动滚动条上的滑块即可。

(16) 状态栏：显示有关执行过程中的选定命令或操作的信息。当选定某些命令时，状态栏左边便会出现对该命令的描述。状态栏也可以显示某些操作信息，如打开或保存文件，复制单元格或宏录制等。状态栏右边可显示对所选数据的自动计算结果，如求和、平均值、计数等结果。右键单击状态栏空白处，可展开状态栏面板，如图 5-4 所示。在此可定制状态栏显示项目。

(17) 标签拆分块：拖动标签拆分块，可调整工作表标签区域与水平滚动框区域的比例分配。

(18) 视图按钮：在此提供三种视图的切换按钮，分别对应“普通”、“页面布局”、“分页预览”视图。

(19) 显示比列滑动块：在此可放大或缩小文档页面。

(20) 拆分块：包括垂直和水平拆分块。拖动拆分块，可将编辑窗口拆分成上下两个或左右两个。

(21) 帮助：单击?，可加载来自 Office.com 的帮助并获得更多的信息和技术支持。

### 5.1.2　工作簿、工作表、单元格

在 Excel 中，最基本的概念是工作簿、工作表和单元格。

**1. 工作簿**

工作簿是指在 Excel 程序中用来储存并处理工作数据的文件，在 Excel 2010 中，工作簿的扩展名.xlsx。Excel 2010 可以兼容 Excel 97-2003 文件格式，其扩展名为.xls。当启动 Excel 程序时，会自动打开了一个工作簿，在默认情况下，每一个工作簿文件自动包含 3 个工作表，分别以“Sheet1”，“Sheet2”，“Sheet3”来命名。工作簿内除了可以存放工作表外，还可以存放宏表、图表等。一个工作簿内，可以有多个工作表，并可以同时处理多张工作表。

**2. 工作表**

工作簿的每一张表称为工作表，如果把一个工作簿比作一本账簿，一个工作表相当于账簿中的一页。每个工作表都有一个名称，显示在工作表标签上。在工作表标签上单击工作表的名字，可实现在同一工作簿中不同工作表之间的切换。

每张工作表最多可达 1048576 行和 16384 列。行号的编号是由上自下从 1 到

1048576 编号;列号则由左到右采用字母编号为 A…XFD。

**3. 单元格**

工作表中的每个格子称为一个单元格,单元格是工作表的最小单位,也是 Excel 用来保存数据的最小单位。每个单元格以它们的列头字母和行首数字组成地址名字,比如 A1,就代表了 A 列的第 1 行的单元格。同样一个地址也唯一地表示一个单元格,例如:B5 指的是 B 列与第 5 行交叉位置上的单元格。在 Excel 中,输入的数据都将保存在这些单元格中,这些数据可以是一个字符串、一组数字、一个日期、一个公式等等。

由于一个工作簿文件可能会有多个工作表,为了区分不同工作表的单元格,要在地址前面增加工作表名称。例如"Sheet3! A3"。就说明了该单元格是 Sheet3 工作表中的 A3 单元格。

**注**:工作表名与单元格之间必须使用"!"号来分隔。

当前活动单元格是指正在使用的单元格,在其外有一个黑色的方框,这时输入的数据会保存在该单元格中,当前活动单元格的右下角有一个黑色的填充柄,如图 5-5 所示。Excel 具有连续填充的性质,利用填充柄可以填充一连串有规律的数据,而不必一个一个地输入。

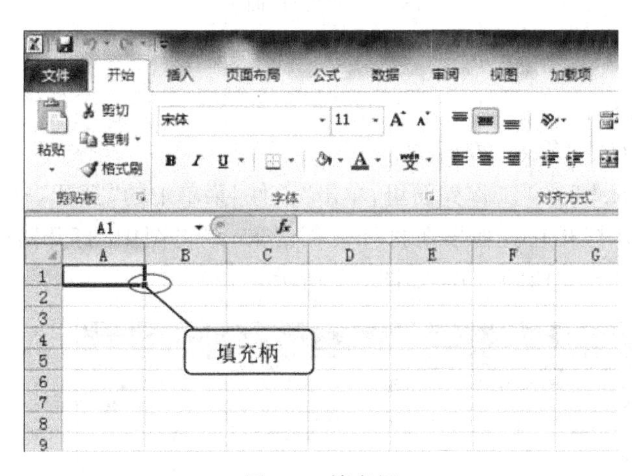


图 5-5 填充柄

## 5.1.3 Excel 文档基本操作

**1. 创建文档**

创建文档的方法:

方法 1:依次单击 Windows 7 桌面的"开始"菜单→"所有程序"→Microsoft Office→Microsoft Excel 2010,进入 Excel 2010 工作界面。此时,Excel 系统将自动创建一个"工作簿 1"的空白文档。

方法 2:右键单击桌面空白处,在打开的桌面快捷菜单中,单击"新建"命令,选择下一级菜单中"Microsoft Excel 工作表",即在桌面上创建一个空白 Excel 文档,双击打开之。

方法 3：在 Excel 2010 工作界面里，单击“文件”菜单中的“新建”命令，在打开的“新建”面板里有很多可选择的 Excel 模板，如图 5-6 所示，选择其中的“空白工作簿”模板或其他模板，单击右下端的“创建”按钮即可。

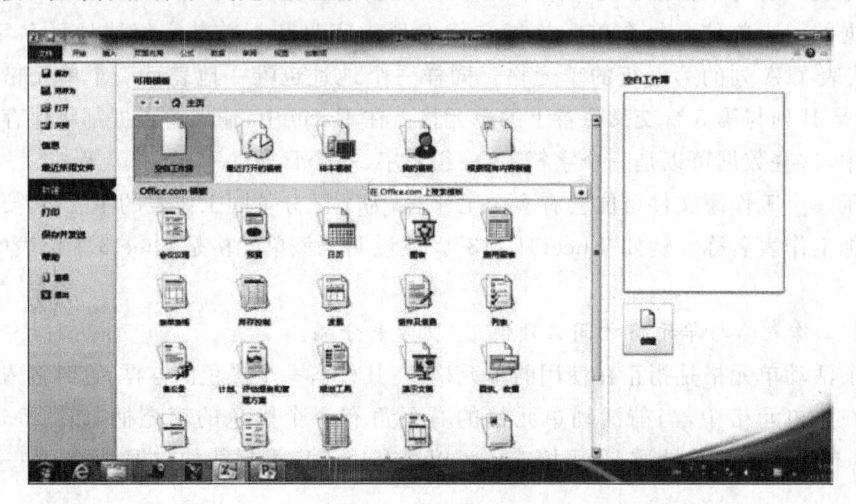

图 5-6 “新建”面板

**2. 打开文档**

打开文档的方法：

方法 1：直接双击 Excel 文档。

方法 2：在 Excel 2010 工作界面里，单击“文件”菜单中的“打开”命令，在弹出“打开”窗口里，寻找文档并打开它。如果在打开文档之前，单击图中“打开”按钮右侧的下拉按钮，还可设置多种打开文档的方式，如图 5-7 所示。

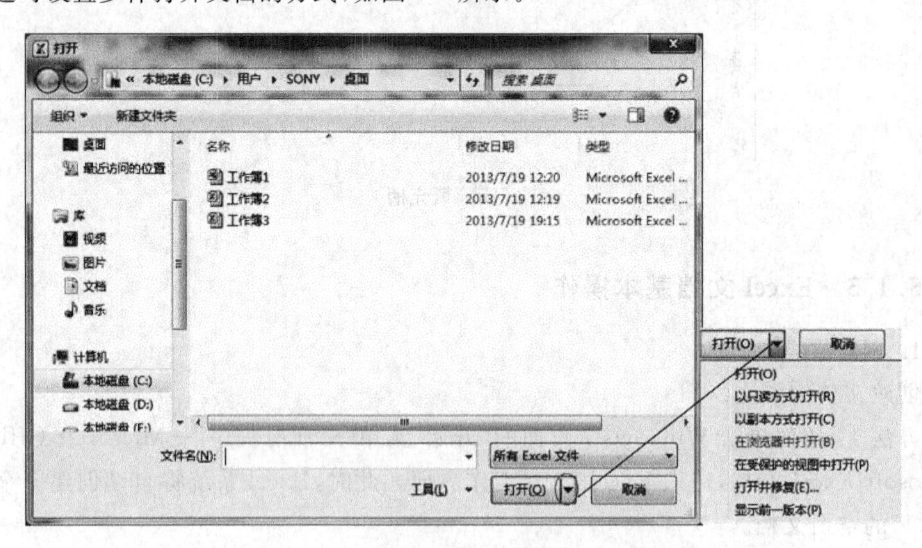


图 5-7 “打开”窗口

**3. 文档保存**

首次保存文档时，单击“快速访问工具栏”中“保存”命令或单击“文件”菜单中的“保存”或“另存为”命令，均可打开“另存为”窗口，如图 5-8 所示。

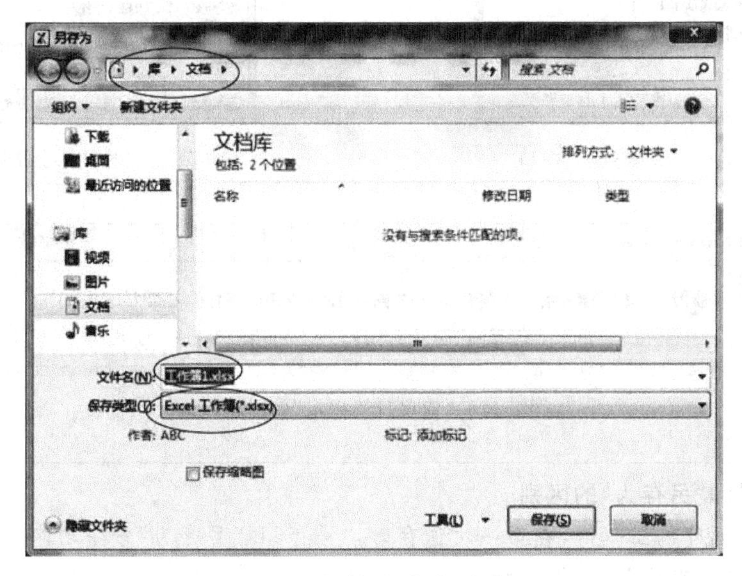


图 5-8 文档“另存为”窗口

在“另存为”窗口中，指定保存文档所需的“三要素”：

- 文档的存放位置。
- 文档的文件名。
- 文档的保存类型(默认保存类型 *. xlsx)。

单击“保存”按钮，即可完成文档的保存。

在“另存为”对话框底部工具栏上依次单击“工具”→“常规选项”按钮，将弹出“常规选项”对话框，如图 5-9 所示。

在这个对话框中，用户可以为工作簿设置更多的保存选项。

- 生成备份文件：勾选此复选框，则每次保存工作簿时，都会自动创建备份文件，备份文件的名字是“XXX 的备份. xlk”，用户可在需要时打开备份文件使表格内容恢复到上一次保存的状态。
- 打开权限密码：在这个文本框内输入密码可以为保存的工作簿设置打开文件的密码保护，没有正确的密码输入就无法用常规方法打开工作簿。
- 修改权限密码：设置修改权限密码可保护工作表不被意外地修改。打开设置过修改权限密码的工作簿时，会弹出对话框要求用户输入密码或以“只读”方式打开，如图 5-10 所示。只有输入了正确的密码，对工作表的编辑修改才可保存到原文件中，在“只读”方式下，用户对工作表的编辑修改只能保存到其他副本中。
- 建议只读：勾选此复选框并保存工作簿后，再次打开该工作簿时，会弹出如图 5-11 的对话框。

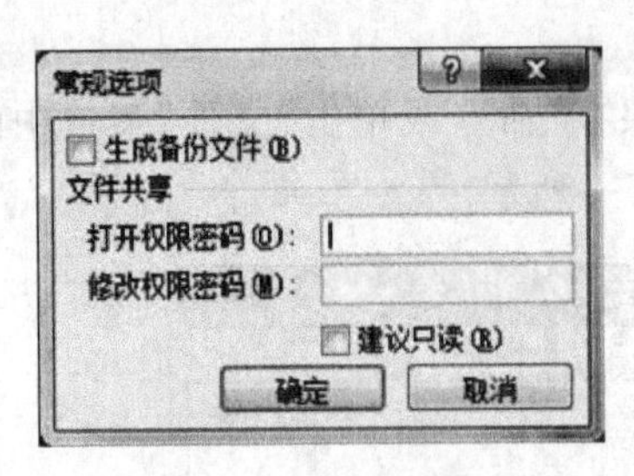

图 5-9 “常规选项”窗口

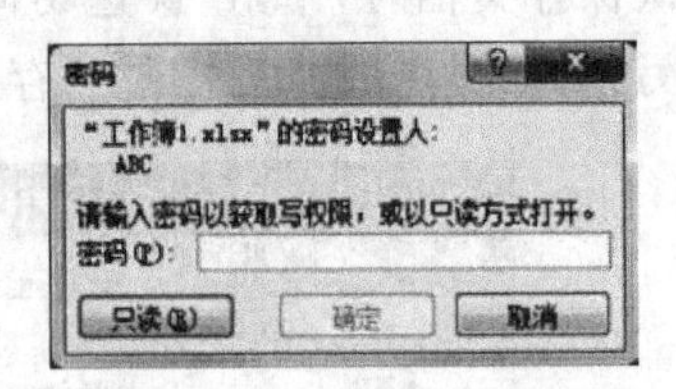

图 5-10 “密码”对话框

图 5-11 “建议只读提示”的对话框

**“保存”和“另存为”的区别**

对于新创建的工作簿,在第一次保存时,“保存”和“另存为”命令功能完全相同,它们都将打开“另存为”对话框;对于之前已经被保存过的工作簿,再次执行保存操作时,这两个命令将有以下区别:

- “保存”命令不会打开“另存为”对话框,而是直接将编辑修改后的内容保存到当前工作簿,工作簿的文件名、存放路径不会发生改变。
- “另存为”命令将会打开“另存为”对话框,允许用户重新设置存放路径、命名和其他保存选项,以得到当前工作簿的一个副本。

**4. 关闭文档和 Excel 程序**

关闭文档的方法:

方法 1: 在 Excel 功能区上依次单击“文件”→“关闭”。

方法 2: 在键盘上按 Ctrl+W 组合键。

方法 3: 单击工作簿窗口中的“关闭窗口”按钮。

以上方法关闭了工作簿窗口,但并没有退出 Excel 程序。

关闭 Excel 程序的方法:

方法 1: 在 Excel 功能区上依次单击“文件”→“退出”。

方法 2: 在键盘上按 Alt+F4 组合键。

方法 3: 单击 Excel 窗口中的“关闭”按钮。

### 5.1.4 工作表的基本操作

**1. 工作表的创建**

创建工作表的方法:

方法 1: 随工作簿一同创建。默认情况下,Excel 在创建工作簿文件时,自动包含了名为“Sheet1”、“Sheet2”、“Sheet3”的 3 个工作表。用户可通过设置来改变新建工作簿时所包含的工作表数目。在功能区依次单击“文件”→“选项”→“常规”选项卡，在“包含的工作表数”的微调框内，可以设置新工作簿所包含的工作表数目，数值范围从 1～255。

方法 2：在 Excel 功能区上的“开始”选项卡中，单击“插入”下拉按钮，在其扩展菜单中单击“插入工作表”。

方法 3：在当前工作表标签上单击鼠标右键，在弹出的快捷菜单上选择“插入”，在弹出的“插入”对话框中选定“工作表”，再单击“确定”按钮。

方法 4：单击工作标签右侧的“插入工作表”按钮，则会在工作表的末尾插入一张新的工作表。

方法 5：在键盘上按 Shift＋F11 组合键，则会在当前工作表的左侧插入一张新的工作表。

**2. 在工作表间切换**

由于一个工作簿包含有多张工作表，且它们不可能同时显示在一个屏幕上，所以用户经常在工作表中进行切换，来完成不同的工作。

切换工作表的方法：

单击工作表导航按钮可快速地在不同的工作表之间切换。工作表导航按钮是一个非常方便的切换工具，单击它可以快速切换到第一张工作表或者最后一张工作表。在切换过程中，如果要找的工作表的名字在标签中，可以在该标签上单击鼠标，即可切换到该工作表中；如果要找的工作表的名字没在标签中显示，则可以单击工作表导航按钮将它移动到当前的显示标签中。

**3. 删除工作表**

删除工作表的方法：

方法 1：选定要删除的工作表，在 Excel 功能区上，单击“开始”选项卡中的“删除”下拉按钮，在其扩展菜单中选择“删除工作表”。

方法 2：在工作表标签上单击鼠标右键，在弹出的快捷菜单上选择“删除”命令，如果该工作表上包含数据，则会弹出如图 5-12 所示的提示对话框。

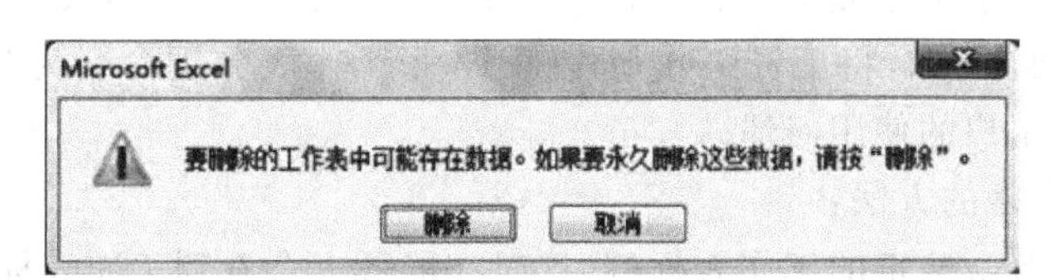


图 5-12 “删除工作表提示”对话框

**注**：在 Excel 中无法撤消删除工作表的操作，如果不小心误删除了工作表，马上关闭当前工作簿，并选择不保存刚做的修改，能够有所挽回。当工作簿内只剩一张表时，无法删除此工作表。

**4. 移动和复制工作表**

在同一个工作簿中移动或复制工作表的方法：

只需在工作表标签上,单击选定的工作表标签,移动操作直接拖动选定的工作表到达新的位置,松开鼠标键即可将工作表移动到新的位置;复制操作按住 Ctrl 键拖动选定的工作表到达新的位置,松开鼠标键即可将工作表复制到新的位置。在拖动过程中,屏幕上会出现一个黑色的三角形,来指示工作表要被插入的位置,如图 5-13 所示。

在不同工作簿中移动或复制工作表的方法:

方法 1:在源工作簿工作表标签上,单击选定的工作表标签,在 Excel 功能区上,单击"开始"选项卡中的"格式"下拉按钮,在其扩展菜单中选择"移动或复制工作表"命令。

方法 2:在选定的工作表标签上单击鼠标右键,在弹出的快捷菜单上选择"移动或复制工作表"命令,如图 5-14 所示。

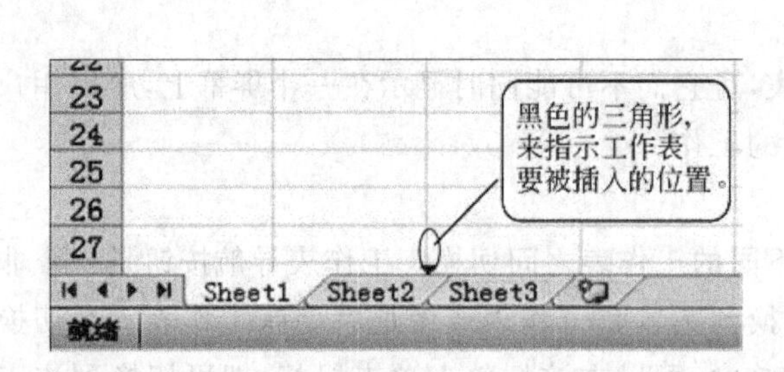


图 5-13 将表移动或复制到黑色的三角形指示的位置

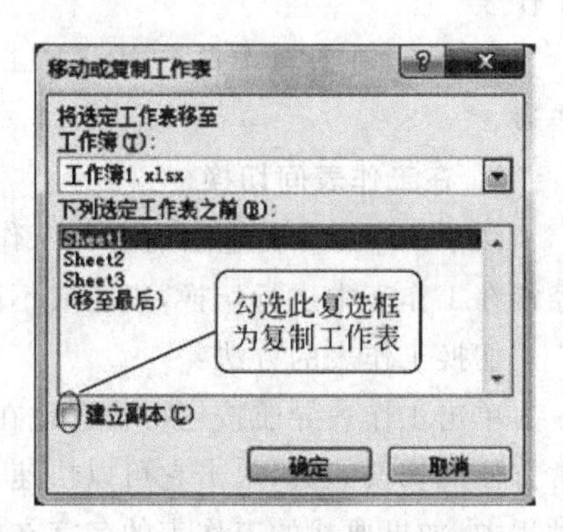


图 5-14 "移动或复制工作表"对话框

在"移动或复制工作表"对话框中,"工作簿"下拉列表中可以选择复制/移动的目标工作簿。可以选择当前 Excel 程序所有打开的工作簿或新建工作簿,默认为当前工作簿。勾选"建立副本"复选框则为复制操作,取消勾选为移动操作。

**注**:如果在目的工作簿中含有相同的工作表名,则移动或复制过去的工作表的名字会改变。

**5. 重新命名工作表**

Excel 在创建新的工作簿时,所有的工作表都以"Sheet1"…"SheetN"来命名,但在实际工作中,这样的名字很不便记忆和进行有效的管理。用户可以改变这些工作表的名字来进行有效的管理,例如,将工资工作簿中的 12 张工作表分别命名为"一月"、"二月"…"十二月",来符合用户的使用习惯。

重新命名工作表的方法:

方法 1:只需双击选定的工作表标签,这时在屏幕上会看到工作表标签反黑显示。在其中输入新的名字,当按下 Enter 键后,会看到新的名字已经出现在工作表标签中,代替了旧的名字。

方法 2:在选定的工作表标签上单击鼠标右键,在弹出的快捷菜单上选择"重命名"命令,这时在屏幕上会看到工作表标签反黑显示。在其中输入新的名字,当按下 Enter 键后,会看到新的名字已经出现在工作表标签中,代替了旧的名字。

**6. 工作表窗口的拆分和冻结**

工作中用户经常会建立一些较大的表格,在对其编辑的过程中用户可能希望同时看到表格的不同部分。Excel 为用户提供了拆分工作表的功能，即用户可以将一张工作表按水平方向或按垂直方向进行拆分，这样用户将能同时观察或者编辑同一张表格的不同部分。拆分后的部分被称作为“窗格”，在每一个窗格上都有其各自的滚动条，用户可以使用它们滚动本窗格中的内容。

拆分工作表窗口的方法：

方法 1：在 Excel 功能区上，单击“视图”选项卡中的“拆分”切换按钮，就可将当前工作表中沿着活动单元格的左边框和上边框的方向拆分为 4 个窗格。

方法 2：在 Excel 窗口中，向下拖动垂直滚动条上的水平拆分块或向左拖动水平滚动条上的垂直拆分块，即可对窗口进行水平拆分或垂直拆分。

取消拆分工作表窗口的方法：

要在 Excel 窗口内取消某个拆分条，可将此拆分条拖到窗口的边缘或在拆分条上双击鼠标左键；要取消整个窗口的拆分状态，可在 Excel 功能区上单击“视图”选项卡中的“拆分”切换按钮进行状态切换。

对于大型表格，经常需要在滚动浏览表格时，固定显示表头标题行或标题列，使用“冻结窗格”命令可以方便实现这种效果。冻结窗格与拆分窗口相似，具体实现方法参考案例 5.1。

### 案例 5.1　通过冻结窗口实现固定区域显示

**案例素材**

本案例素材是一张学生成绩表。

**案例要求**

在如图 5-15 所示的表格中，固定显示列标题（第一行），及学号、姓名两列区域（A、B 列）。

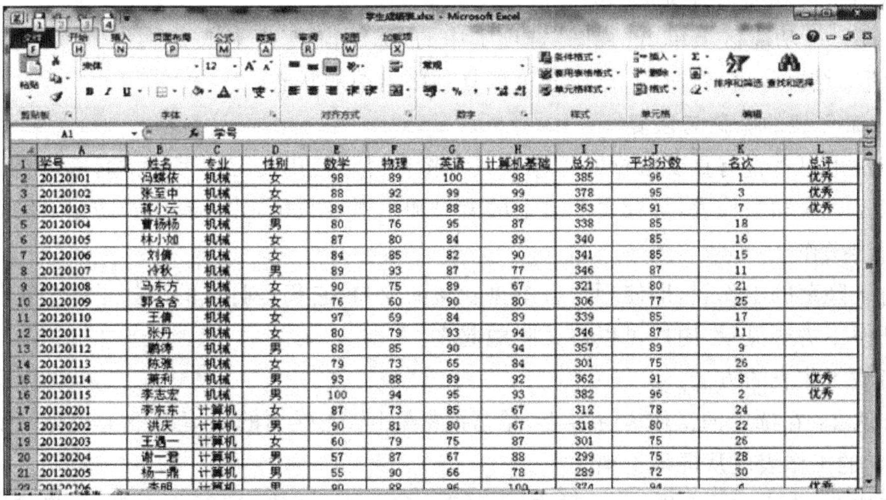

| 学号 | 姓名 | 专业 | 性别 | 数学 | 物理 | 英语 | 计算机基础 | 总分 | 平均分数 | 名次 | 总评 |
|---|---|---|---|---|---|---|---|---|---|---|---|
| 20120101 | 冯蝶依 | 机械 | 女 | 98 | 89 | 100 | 98 | 385 | 96 | 1 | 优秀 |
| 20120102 | 张至中 | 机械 | 女 | 88 | 92 | 99 | 99 | 378 | 95 | 3 | 优秀 |
| 20120103 | 蒋小云 | 机械 | 女 | 89 | 88 | 88 | 98 | 363 | 91 | 7 | 优秀 |
| 20120104 | 曹杨杨 | 机械 | 男 | 80 | 76 | 95 | 87 | 338 | 85 | 18 | |
| 20120105 | 林小如 | 机械 | 女 | 87 | 80 | 84 | 89 | 340 | 85 | 16 | |
| 20120106 | 刘倩 | 机械 | 女 | 84 | 85 | 82 | 90 | 341 | 85 | 15 | |
| 20120107 | 冷秋 | 机械 | 男 | 89 | 93 | 87 | 77 | 346 | 87 | 11 | |
| 20120108 | 马东方 | 机械 | 女 | 90 | 75 | 89 | 67 | 321 | 80 | 21 | |
| 20120109 | 郭含含 | 机械 | 女 | 76 | 60 | 90 | 80 | 306 | 77 | 25 | |
| 20120110 | 王倩 | 机械 | 女 | 97 | 69 | 84 | 89 | 339 | 85 | 17 | |
| 20120111 | 张丹 | 机械 | 女 | 80 | 79 | 93 | 94 | 346 | 87 | 11 | |
| 20120112 | 鹏涛 | 机械 | 男 | 88 | 85 | 90 | 94 | 357 | 89 | 9 | |
| 20120113 | 陈雅 | 机械 | 女 | 79 | 73 | 65 | 84 | 301 | 75 | 26 | |
| 20120114 | 萧利 | 机械 | 男 | 93 | 88 | 89 | 92 | 362 | 91 | 8 | 优秀 |
| 20120115 | 李志宏 | 机械 | 男 | 100 | 94 | 95 | 93 | 382 | 96 | 2 | 优秀 |
| 20120201 | 李东东 | 计算机 | 女 | 87 | 73 | 85 | 67 | 312 | 78 | 24 | |
| 20120202 | 洪庆 | 计算机 | 男 | 90 | 81 | 80 | 67 | 318 | 80 | 22 | |
| 20120203 | 王遇一 | 计算机 | 女 | 60 | 79 | 75 | 87 | 301 | 75 | 26 | |
| 20120204 | 谢一君 | 计算机 | 男 | 57 | 87 | 67 | 88 | 299 | 75 | 28 | |
| 20120205 | 杨一鼎 | 计算机 | 男 | 55 | 90 | 66 | 78 | 289 | 72 | 30 | |

图 5-15　冻结窗格示例表格

**操作步骤**

第一步：需要固定显示是第一行，及学号、姓名两列区域（A、B 列）。因此选定 C2 单元格为当前活动单元格。

第二步：在 Excel 功能区上，单击“视图”选项卡中的“冻结窗格”下拉按钮，在其扩展菜单中选择“冻结拆分窗格”命令，就可显示出沿着活动单元格的左边框和上边框的方向出现水平和垂直方向的两条黑色冻结线，如图 5-16 所示。

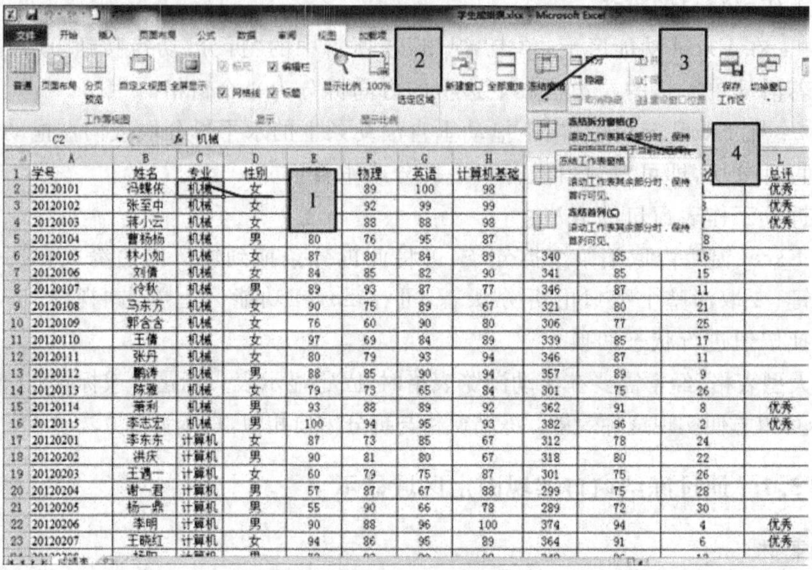

图 5-16　冻结窗格操作

用户还可以在“冻结窗格”下拉按钮的扩展菜单中选择“冻结首行”或“冻结首列”命令，就可快速冻结表格的首行或首列。

取消工作表冻结窗格状态的方法：

在 Excel 功能区上单击“视图”选项卡中的“冻结窗格”下拉按钮，在其扩展菜单中选择“取消冻结拆分窗格”命令，窗口即可恢复到冻结前的状态。

**7. 工作表的隐藏与恢复**

用户可以将含有重要数据的工作表或者将暂时不使用的工作表隐藏起来。在工作簿内隐藏工作簿和工作表，可减少屏幕上的窗口和工作表数量，并且有助于防止对隐藏工作表进行误操作。

对于隐藏的工作表，即使用户看不见隐藏的窗口，它仍是打开的。如果一个工作簿需要打开但不需要显示，用户可以将其隐藏起来。

隐藏工作表的方法：

方法 1：在选定的工作表标签上，单击鼠标右键，在弹出的快捷菜单上选择“隐藏”命令，选定的工作表就从屏幕上消失了。

方法 2：在 Excel 功能区上，单击“开始”选项卡中的“格式”下拉按钮，在其扩展菜单中“隐藏和取消隐藏”选择“隐藏工作表”命令，选定的工作表就从屏幕上消失了。

用户将工作表隐藏以后，如果要使用它们，可以恢复它们的显示。

恢复工作表显示的方法：

在 Excel 功能区上，单击“开始”选项卡中的“格式”下拉按钮，在其扩展菜单中“隐藏和取消隐藏”选择“取消隐藏工作表”命令，在“取消隐藏”对话框中选择要恢复的工作表，单击“确定”按钮即可，如图 5-17 所示。

图 5-17 “取消隐藏”对话框

**8. 选定多张工作表**

通过选中多张工作表，用户则可以同时处理工作簿中的多张工作表，比如：

- 输入多张工作表共用的标题和公式。
- 针对选定工作表上的单元格和区域进行格式化。
- 一次隐藏或者删除多张工作表。

用户可以选定多张工作表使其成为“工作组”，对于工作组的表可以是相邻的工作表，也可以是不相邻的工作表。

**选定多张相邻工作表的操作**

单击想要选定的第一张工作表的标签，按住 Shift 键，然后单击最后一张工作表的标签即可，这时会看到在活动工作表的标题栏上出现“工作组”的字样，如图 5-18 所示。

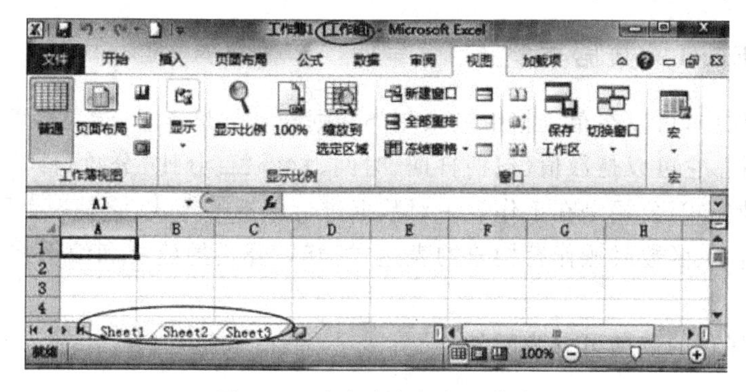

图 5-18 选定多个相邻工作表

**选定不相邻工作表的操作**

单击想要选定的第一张工作表的标签，按住 Ctrl 键，然后单击不相邻工作表的标签即可，如图 5-19 所示。

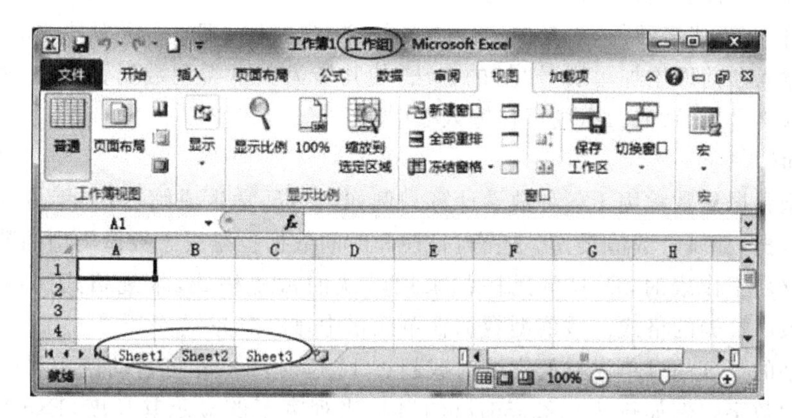

图 5-19 选定多个不相邻工作表

Shift 键和 Ctrl 键可以同时使用。也就是说,可以用 Shift 键选取一些相连的工作表,然后用 Ctrl 键选取另外上些不相连的工作表。在选取了数个工作表后,若要取消已选取的某张工作表,可以按住 Ctrl 键,同时在这张工作表的标签上单击鼠标左键,就可取消。

## 5.2 工作表中的数据操作

在 Excel 2010 中,正确有效地输入数据和编辑数据,对于今后的数据处理与分析工作是非常重要的。本节将详细介绍 Excel 的各种数据类型,数据输入,数据填充与序列以及编辑单元格的方法。

**学习要点:**

1. Excel 的数据类型
2. 数据输入
3. 数据填充与序列
4. 编辑单元格

### 5.2.1 Excel 的数据类型

在日常工作中,可以在单元格中输入两类数据。一类是常量,常量是可以直接键入到单元格中的数据,它可以是数值(包括日期、时间、货币、百分比、分数、科学记数),或者是文本;第二类是公式,公式是在工作表中对数据进行分析的等式,它是一个可以由常量值、单元格引用、名字、函数或操作符构成的表达式,有关公式的建立和编辑将在本章 5.4 节中具体描述。

单元格中保存的数据可分为四种类型:文本、数值、逻辑值和错误值。

**1. 文本**

文本通常是指字符或者是任何数字和字符的组合。任何输入到单元格内的字符集,只要不被系统解释成数值(包括日期),则 Excel 一律将其视为文本。文本数据在单元格中默认靠左对齐。

对于那些不需要进行数值计算的数字,比如:邮政编码、电话号码和身份证号码等这类数字,它们并不代表数量,而是描述性的文本,为了避免被 Excel 认为是数值型数据,通过在这些输入项前面添加单引号“’”的方法,使其转为文本类型数据。例如,要在 A1 单元格中输入学号“20120121”,则可在输入框中输入“’20120121”。

**2. 数值**

数值型数据是常常用于各种数学计算。例如,工资、学生成绩、员工年龄、库存量、销售额等等数据,都属于数值类型。还有,日期和时间数据也是属于数值类型的数据。

当建立新工作表时,所有单元格都采用默认的常规格式,常规格式一般采用整数(126)、小数(12.6)的格式。数值型数据在单元格中靠右对齐。

当数字的长度超过单元格的宽度时或超过 11 位时,Excel 将自动使用科学计数法来表示输入的数字。例如输入“12345678901”时,当列宽不够显示其长度,Excel 会在单元格中用“1.235E+10”来显示该数字。

Excel可以表示和存储的数字最大精确到15位有效数字。对于超过15位的整数数字，Excel会自动将15位以后的数字变为0。

要作为常量值输入数字，选定单元格并键入数字。数字可以是包括数字字符(0－9)和下面特殊字符中的任意字符：＋、－、()、,、/、$、%、.、E、e。在输入数字时，可以参照下面的规则：

- 可以在数字中包括一个逗号，如“1,450,500”。
- 数值项目中的单个句点作为小数点处理。
- 在数字前输入的加号被忽略。
- 在负数前加上一个减号或者用圆括号括起来。

日期和时间也是数值型数据。输入日期型数据，可以使用斜杠“/”或连字符“-”作分隔符，其格式有“年-月-日”等数种；输入时间时，使用冒号“：”作分隔符，其格式有“时：分：秒”等数种。可以在一个单元格既输入日期又输入时间，日期和时间用空格分隔。当在单元格中输入可识别的日期和时间数据时，单元格的格式就会自动从“常规”转换为相应的“日期”或者“时间”格式，而不需要去设定该单元格为日期或者时间格式，如图5-20所示。

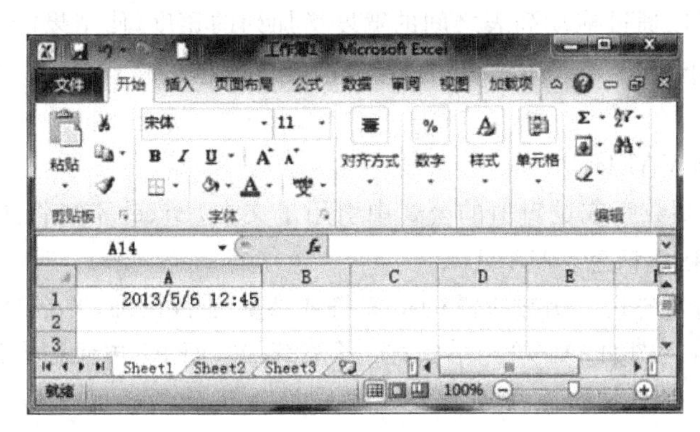


图5-20 日期时间格式

**注**：输入分数时，为了避免系统将输入的分数视作日期，应在分数前键入0(零)和一个空格。

**3. 逻辑值**

逻辑值是一种比较特殊的数据类型，用于表示比较运算的结果。True表示比较的结果为真值，False表示比较的结果为假值。在单元格中可以输入True或False。通常逻辑值经常用于条件公式中，一些公式也返回逻辑值。例如，在如图5-21所示的工作表，通过在A3单元使用的If函数对A1和A2单元格数据进行比较，如果A1大于A2，则在A3中返回结果为逻辑值True否则返回结果为False。

**4. 错误值**

有时会在单元格中看到一些错误信息，例如：在Excel中输入公式后，有时不能正确地计算出结果，并在单元格内显示一个错误信息，这些错误的产生，有语法错误或引用错误等。下面列出是八种常见的错误值及其产生的原因和解决方法。

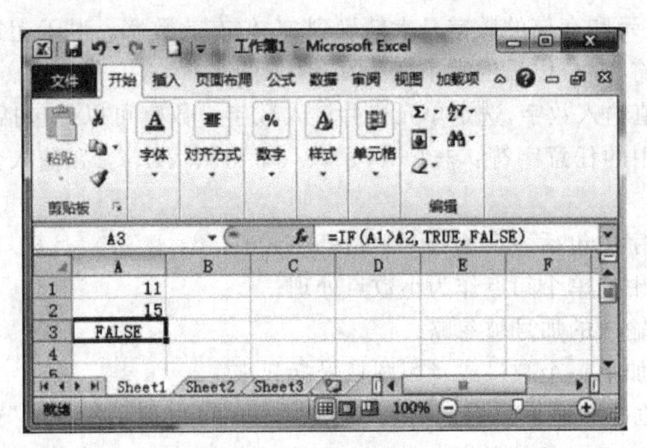


图 5-21　公式返回的逻辑值

• 错误值：＃＃＃＃

原因：输入到单元格中的数字、日期或时间比单元格宽，使结果在单元格中显示不下，或是单元格中日期时间公式出现了负值。单元格中会显示＃＃＃＃。

解决方法：可以通过拖动列表之间的宽度增加列的宽度，使结果能够完全显示；如果是由日期或时间相减产生了负值引起的，可以改变单元格的格式，比如改为文本格式来显示该值。

• 错误值：＃VALUE!

原因 1：在需要数字或逻辑值的公式中引用了文本，Excel 不能将文本转换为正确的数据类型，将产生错误信息＃VALUE

解决方法：确认公式或函数所需的运算符或参数是否正确，并在公式引用的单元格中输入有效的数值。例如，A1 单元格中有一个数字 90，而 B1 单元格中保存文本"优"，则在计算公式"＝A1＋B1"时，系统不能将文本转换为正确的数据类型，因而返回错误值＃VALUE!。

原因 2：赋予需要单一数值的运算符或函数一个数值区域，将产生错误信息＃VALUE!。

解决方法：将数值区域改为单一数值。例如，单元格 D4 中有一个公式"＝LEFT(B5:B6,2)"，LEFT 函数是基于所指定的文本数据中返回文本字符串中的前几个字符，它的第一参数应该是单一数值，现在出现的"B5:B6"一个数值区域，因而返回错误值＃VALUE! 修改方法是将数值区域更改为单一数值。

• 错误值：＃DIV/0!

原因 1：在公式中，除数使用了空单元格或包含零值的单元格（在 Excel 中，空白单元格在公式中被当作零值），将产生错误信息＃DIV/0!

解决方法：修改单元引用，在用作除数的单元格中输入不为零的值。

原因 2：输入的公式中，除数是常量值零。

解决方法：将零值改为非零值，例如，"＝3/0"，将除数改为非零值。

• 错误值：＃NAME!

原因 1：在公式中，使用了不存在的名称（名称代表单元格、单元格区域、函数名或常量值的单词或字符串。名称更易于理解，例如，“产品”可以引用难以理解的区域“销售！B2：B10”）。

解决方法：确认使用的名称确实存在。

原因2：由名称的拼写错误引起的。

解决方法：修改拼写错误。

原因3：在公式中输入文本时没有引用双引号。

解决方法：将公式中的文本用双引号括起来。例如，公式“＝IF(F2＞＝60，及格，不及格)”是对单元格F2中所保存的成绩进行判断，大于等60返回结果为文本常量“及格”，条件不成立，返回结果为文本常量“不及格”。由于公式中文本时没有引用双引号，返回的结果是＃NAME！，应将公式修改为“＝IF(F1＞＝60，"及格"，"不及格")”。

原因4：在数据区域引用中缺少引用运算符。

解决方法：在数据区域引用中加上引用运算符。例如，在工作表中，要对A2、B2和C2单元格求和，使用求和函数“＝SUM(A2B2C2)”，返回的结果是＃NAME！，应将公式修改为“＝SUM(A2：C2)”。

- 错误值：＃N/A

原因：当公式和函数中没有可用数值时，将产生错误值＃N/A。

解决方法：如果是因遗漏数据造成的＃N/A，就补充相关数据；如果是为函数中的参数赋予了不适当的值，就将参数修改为适当的值。例如，在如图5-22所示的工作表中，使用VLOOKUP查找函数查找每个学生的成绩信息，当在查找区域“G2：H11”中找不到“20120100”的学号，就返回＃N/A。

D2 =VLOOKUP($A2,$F$2:$G$11,2,0)

| | A | B | C | D | E | F | G | H |
|---|---|---|---|---|---|---|---|---|
| 1 | 学号 | 姓名 | 性别 | 分数 | | 学号 | 分数 | |
| 2 | 20121100 | 张宏 | 男 | #N/A | | 20121101 | 58 | |
| 3 | 20121102 | 李民 | 男 | 90 | | 20121102 | 90 | |
| 4 | 20121103 | 王虹 | 女 | 59 | | 20121103 | 59 | |
| 5 | 20121104 | 陈琳 | 女 | 60 | | 20121104 | 60 | |
| 6 | 20121105 | 谢晖 | 男 | 87 | | 20121105 | 87 | |
| 7 | 20121201 | 赵晓雨 | 男 | 79 | | 20121201 | 79 | |
| 8 | 20121202 | 王萌 | 女 | 68 | | 20121202 | 68 | |
| 9 | 20121203 | 李丽 | 女 | 92 | | 20121203 | 92 | |
| 10 | 20121204 | 许敏 | 女 | 69 | | 20121204 | 69 | |
| 11 | 20121205 | 陈泉 | 男 | 74 | | 20121205 | 74 | |

图5-22 查找函数中出现的＃N/A

- 错误值：＃REF！

原因：删除了公式中所引用的单元格或将移动的单元格粘贴到由其他公式引用的单元格中，使得单元格引用无效而产生错误值＃REF！。

解决方法：更改公式或单击“撤消”按钮撤消删除操作或粘贴单元格的操作，以恢复工作表中单元格。

- 错误值：＃NUM！

原因1：函数中使用了不能接受的参数。

解决方法：确认函数中使用的参数是有效的。例如，在如图5-23所示的工作表中，要在B1单元格中返回“A1：A5”区域中第一个最小值，但因SMALL函数中第二个参数是0为无效参数，而产生错误值＃NUM！，应改为“{＝SMALL(A1：A5，1)}”。

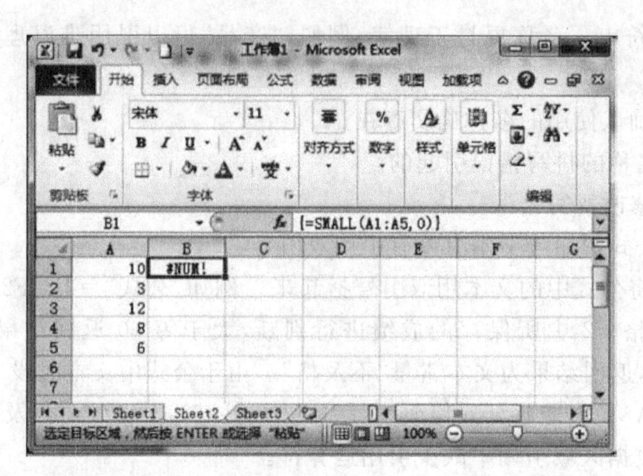


图 5-23　SMALL 函数中使用了无效的参数

原因 2：使用了迭代计算的函数，如 IRR 或 RATE，并且函数不能产生有效的结果。

解决方法：为函数使用不同的初始值。

原因 3：公式产生的数值太大或太小，使得 Excel 不能表示。

解决方法：修改公式，使其结果在有效数字范围之间。

- 错误值：#NULL!

原因：使用了不正确的区域运算符或不正确的单元格引用。

解决方法：如果在公式中要引用两个不相交的区域请使用联合运算符逗号(,)。例如，在工作表中，要对两个不相交的区域进行求和，请确认使用逗号，如"=SUM(A1:A3,B1:B3)"；如果使用空格，如"=SUM(A1:A3 B1:B3)"，Excel 将试图对同时属于 A1:A3 区域和 B1:B3 区域的单元格求和，因这两个区域没有共同单元格，返回的结果便是 #NULL!。

### 5.2.2　数据输入

**1. 在单元格中输入数据**

在 5.2.1 节介绍过，输入的数据都将保存在当前活动单元格中，当前活动单元格也代表了单元格指针。在输入过程中，按下 Enter 键或单击其他单元格都可以确认输入完成。要在输入过程中取消当前输入，则可按<Esc>键退出当前输入状态。

输入数据时，Excel 的状态栏左侧显示"输入"字样，编辑栏上出现两个新的图标，分别是"×"和"✓"，如图 5-24 所示，单击"✓"按钮，可对当前输入的内容进行确认；单击"×"按钮，则取消当前输入。

虽然按 Enter 键或单击"✓"按钮都可以对单元格输入的内容进行确认，但两者效果并不完全相同。按下 Enter 键，单元格指针会移动到下一个单元格；单击"✓"按钮确认输入后，Excel 不会改变活动单元格。

同时有关单元格指针移动方向键的使用参见表 5-1。

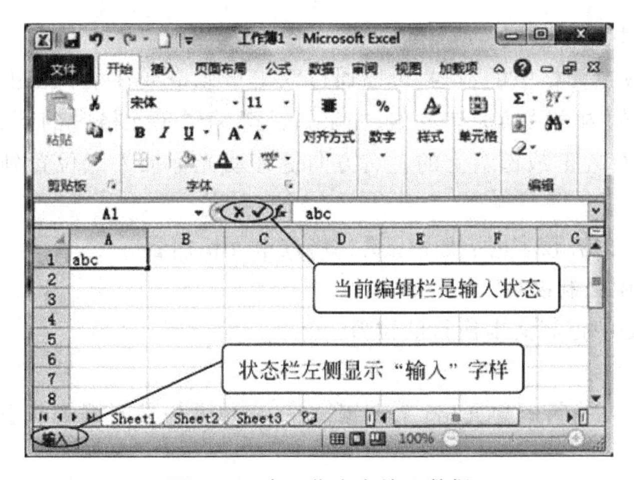


图 5-24　在工作表中输入数据

**表 5-1　单元格指针移动方向**

| 在选定区域内输入数据的方向 | 按　　键 |
| --- | --- |
| 从上到下 | Enter(或↓) |
| 从下到上 | Shift+Enter(或↑) |
| 从左到右 | Tab(或→) |
| 从右到左 | Shift+Tab(或←) |

如果在按 Enter 键后,单元格指针并不移动,可以进入到“文件”菜单中的“选项”命令,这时出现一个“Excel 选项”对话框,选择“高级”项,如图 5-25 所示,在其中的“按 Enter 键后移动所选内容”复选框上单击,如果要指定移动的方向,可以在“方向”列表框上单击,选择单元格移动的方向,最后单击“确定”按钮。

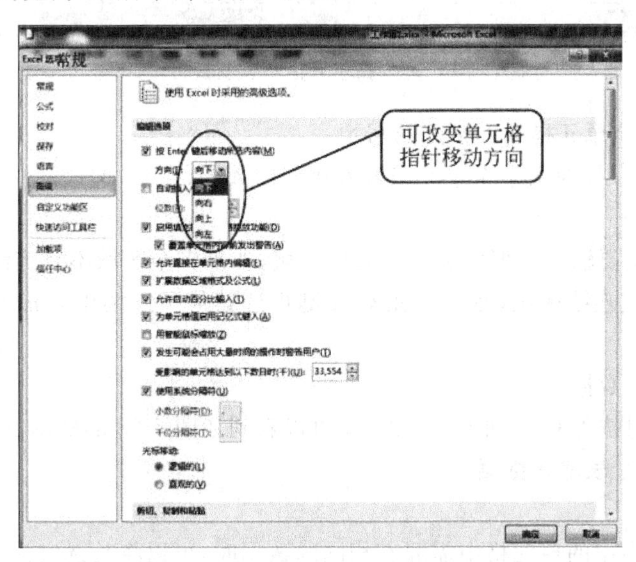


图 5-25　“Excel 选项”对话框

**2. 在单元格中编辑数据**

如果需要修改单元格中的数据,可以通过双击单元格或在编辑栏上单击都可激活单元格,重新输入新的内容替换原有数据;如果只是想编辑单元格中的部分内容,则在激活单元格后,使用鼠标左健或键盘上的左右方向键移动光标插入点位置到修改处就可进行编辑修改。

建议在单元格内容较多时,使用编辑栏修改单元格内容。

**3. 在单元格中强制换行**

可以在单元格中控制文本换行的位置。

**操作步骤**

第一步: 选定要换行的单元格,单击编辑栏,使单元格处于编辑状态或直接双击要换行的单元格。

第二步: 将鼠标定位在需要换行的位置,按 Alt+Enter 组合健为文本添加强制换行符。强制换行后的效果,如图 5-26 中所示。

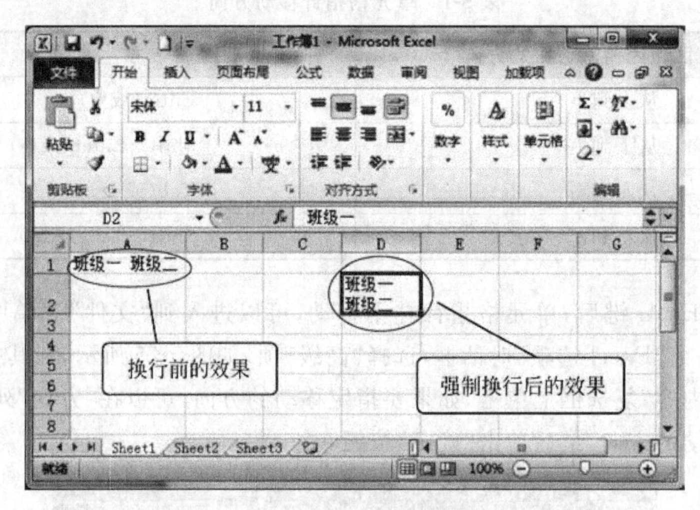


图 5-26　在单元格中强制换行

**4. 同时对多个单元格输入相同数据**

在输入时,可以同时对多个单元格输入相同的数据。

**操作步骤**

第一步: 选定要输入数据的多个单元格区域,如果多个区域不是连续位置,可以先选定第一个单元格或连续区域,然后按住 Ctrl 键再选其他不连续单元格或区域,如图 5-27 所示。

第二步: 输入数据。

第三步: 同时按下 Ctrl 和 Enter 键,就可以看到如图 5-28 的所示。

**5. 同时对多个表输入数据**

**操作步骤**

当多个工作表中的单元格中需要有相同的数据时,可以将其选定为工作表组(方法已

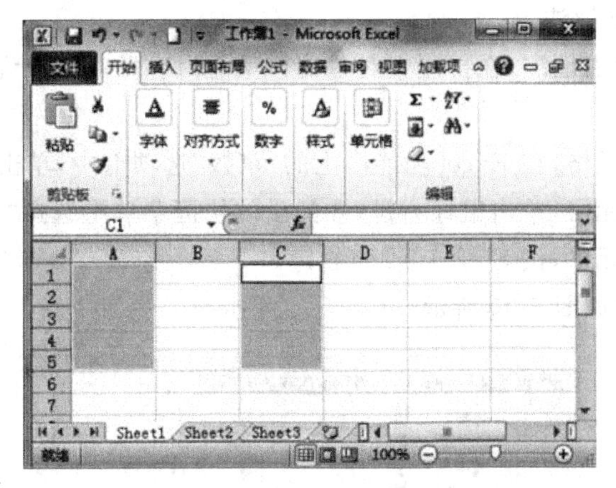

图 5-27　选定多个单元格区域

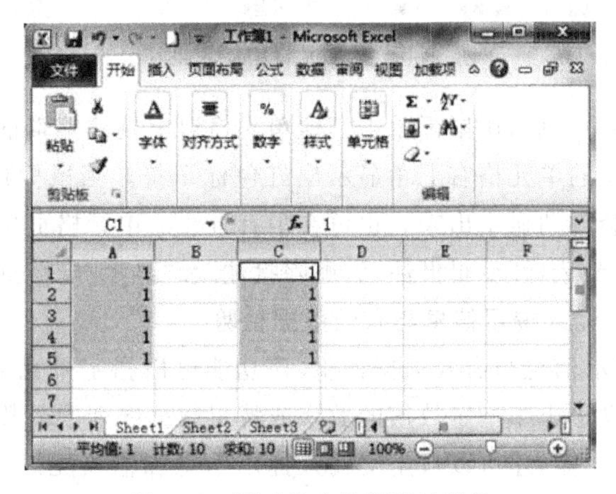

图 5-28　同时输入数据后的效果

在第一节工作表的基本操作中介绍过)，之后在其中的一张工作表中输入数据后，输入的内容就会反映到其他选定的工作表中，如图 5-29 所示。

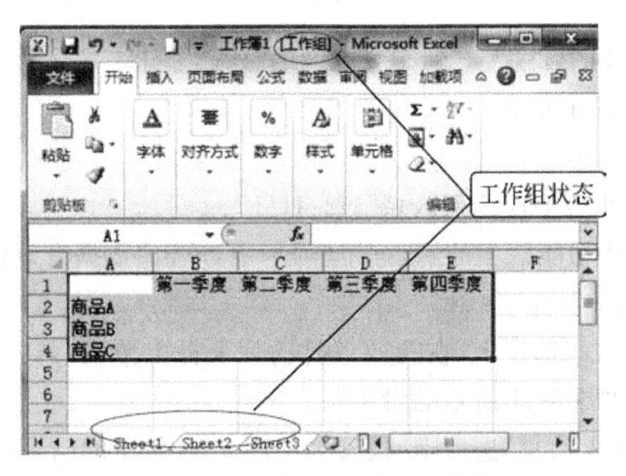


图 5-29　同时对多个表输入数据

**6. 为单元格填加批注**

可在单元格上填加批注，在批注中对单元格里的内容做注释或说明。

填加批注的方法：

方法 1：选定单元格，在 Excel 功能区上的“审核”选项卡中，单击“新建批注”按钮。

方法 2：选定单元格，单击鼠标右键，在弹出的快捷菜单中选择“插入批注”命令。

方法 3：选定单元格，按 Shift＋F2 组合键。

填加批注的效果如图 5-30 所示。

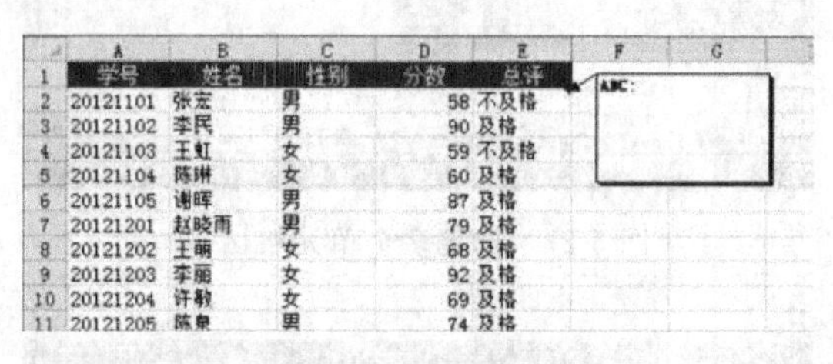

|  | A | B | C | D | E |
|---|---|---|---|---|---|
| 1 | 学号 | 姓名 | 性别 | 分数 | 总评 |
| 2 | 20121101 | 张宏 | 男 | 58 | 不及格 |
| 3 | 20121102 | 李民 | 男 | 90 | 及格 |
| 4 | 20121103 | 王虹 | 女 | 59 | 不及格 |
| 5 | 20121104 | 陈琳 | 女 | 60 | 及格 |
| 6 | 20121105 | 谢晖 | 男 | 87 | 及格 |
| 7 | 20121201 | 赵晓雨 | 男 | 79 | 及格 |
| 8 | 20121202 | 王萌 | 女 | 68 | 及格 |
| 9 | 20121203 | 李丽 | 女 | 92 | 及格 |
| 10 | 20121204 | 许敏 | 女 | 69 | 及格 |
| 11 | 20121205 | 陈泉 | 男 | 74 | 及格 |



图 5-30　在单元格中插入批注

完成批注内容的输入后，用鼠标单击其他单元格退出批注编辑框，此时批注内容呈现隐藏状态，在添加批注的单元格右上角显示出红色标识符。当鼠标移至带有此标识符的单元格上，批注内容会自动显示出来。也可在带有批注的单元格上单击鼠标右键，在弹出的快捷菜单上根据需要选择“编辑批注”、“删除批注”和“显示/隐藏批注”等命令。

**7. 为单元格设置输入提示信息与有效数据检验**

为单元格增加提示信息与有效数据检验，该功能可以指定单元格中允许输入的有效数据的范围。例如，设定小于指定数值的数字或特定数据序列中的数值。

利用数据有效性功能，还可以自定义输入提示信息和输入无效数据时系统显示的出错提示信息。

为单元格设置数据有效性和提示信息的具体实现方法参考以下例子。

**举例：为单元格设置提示输入信息与有效数据检验**

在工作表的分数列中，输入 0 到 100 之间的整数，要求有输入提示信息和输入无效数据时系统显示的出错提示信息。

**操作步骤**

第一步：选定工作表上成绩列区域“H2：H11”。

第二步：在 Excel 功能区上的“数据”选项卡中，单击“数据有效性”下拉按钮，在其扩展菜单中，选择“数据有效性”命令。

第三步：单击“设置”选项卡，在有效条件的列表框上单击，选择需要的类型，这里选择“整数”，然后完成如图 5-31 所示的设置。

第四步：单击“输入信息”选项卡，设置为如图 5-32 所示的结果。

第五步：单击“出错警告”选项卡，并完成如图 5-33 所示的设置。

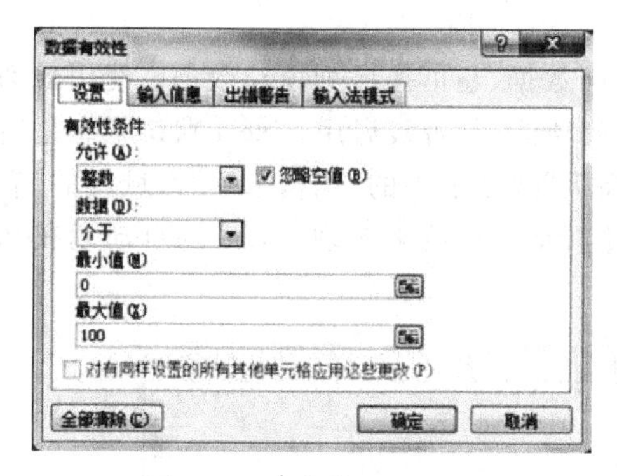


图 5-31　有效数据对话框

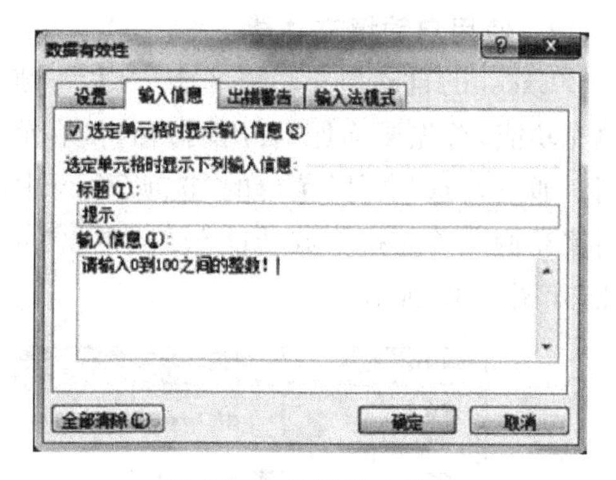


图 5-32　设置输入信息

第六步：单击“确定”按钮。在工作表上，设置了数据有效性及其提示信息后的效果，如图 5-34 所示。

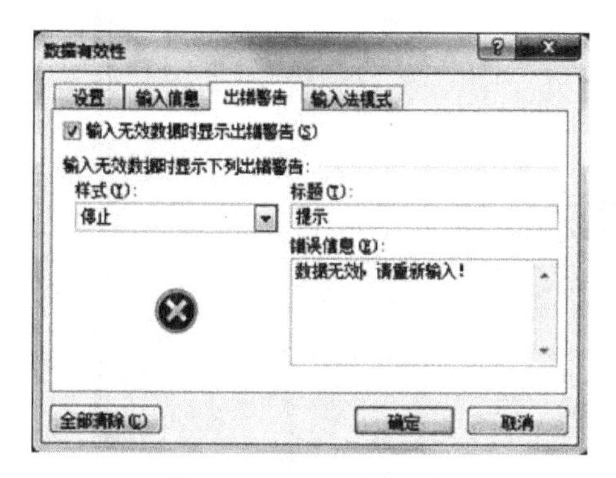


图 5-33　设置错误警告

图 5-34　设置数据有效性后的效果

**删除数据有效性的操作步骤**

第一步：选定需要删除数据有效的单元格。

第二步：在 Excel 功能区上的“数据”选项卡中，单击“数据有效性”下拉按钮，在其扩展菜单中，选择“数据有效性”命令。

第三步：在“数据有效性”对话框的“设置”选项卡中，单击“全部清除”按钮。

第四步：单击“确定”按钮。

**注**：数据有效性可以限制错误数据的录入，但不能阻止错误数据被复制粘贴。

### 5.2.3　数据填充与序列

在输入数据表的时候，可能经常遇到一些输入一个序列数字的情况。例如，对于表格中的项目序号，或者对于一个工资表中的工资序号，再如对于一个日期序列等等。对于这些数据系列，它们都有一定的规律。要在每一个单元格中输入这些数据不仅很烦琐的，而且还会降低工作效率。通过使用 Excel 中的“填充”功能，可以非常轻松地完成过去很繁琐的输入工作。

**1. 使用自动填充功能**

Excel 的自动填充功能非常方便,可填充相同数据,还可按序列填充数据。使用自动填充功能,首先要确保“启用填充柄和单元格拖放功能”是否被启用,Excel 默认状态是启用。通过勾选“文件”菜单的“选项”命令中的“高级”选项卡中的“编辑选项”区域内的“启用填充柄和单元格拖放功能”复选框,便可通过单元格拖放来实现 Excel 的自动填充功能,如图 5-35 所示。

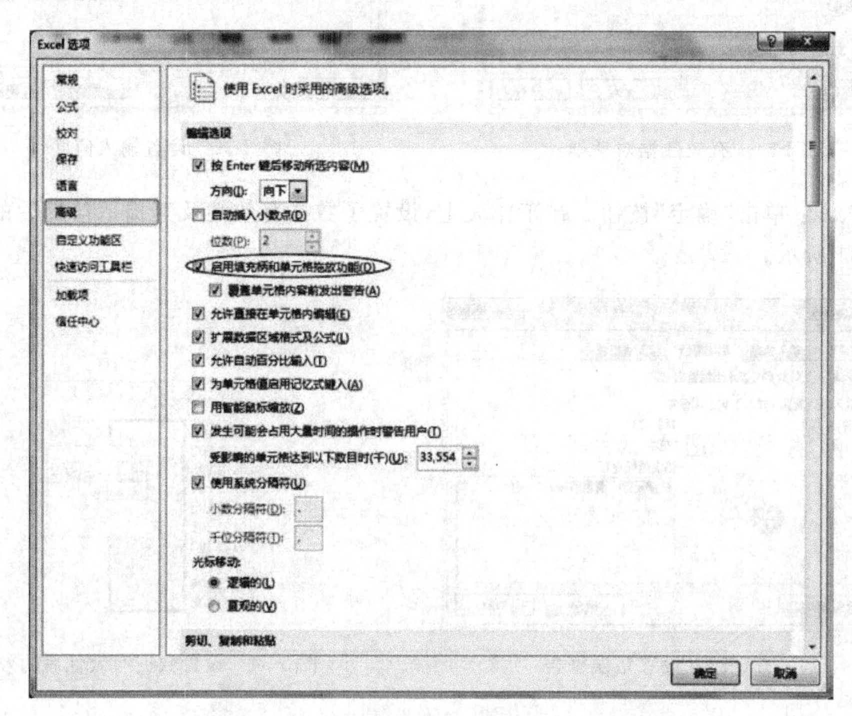


图 5-35　启用填充柄和单元格拖放功能

填充相同数据方法参考以下例子。

**举例:填充相同数据**

在工作表的 A1:A5 区域中,连续输入相同数字 12。

**操作步骤**

第一步:选定 A1 单元格,输入数字 12 后,确认输入。

第二步:选定 A1 单元格,将鼠标移至 A1 单元格的黑色边框的右下角(此处称为填充柄),这时鼠标指针将显示为黑色加号,然后按住鼠标左健向下拖动到 A5 单元格时松开鼠标,结果如图 5-36 所示。

**注:**自动填充功能也同样适用于行的方向。

如果需要填充相同数据,这些数据可以是文本类型或数值类型,其中文本类型的数据是指字符型数据,数值类型是指数字型数据。如果是填充包含数字的文本数据,在填充过程中,文本中的最后一位数字会发生以 1 为单位的增量改变,实现方法参考以下例子。

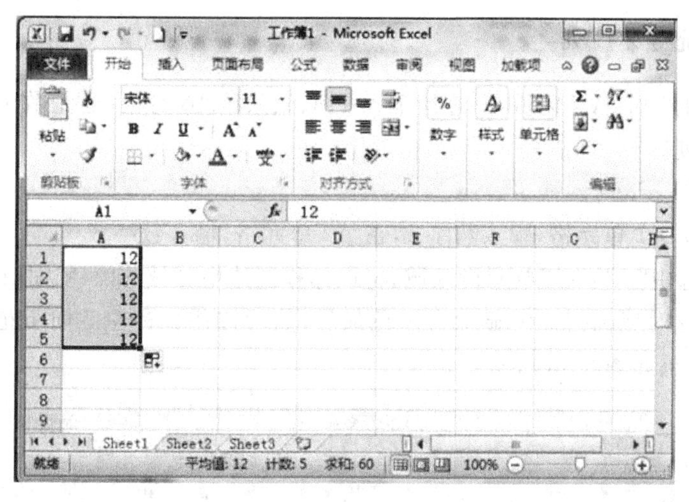


图 5-36　填充相同数据

**举例：填充包含数字的文本序列**

在工作表的 A1:A5 区域中，连续输入“A501”、“A502”、“A503”、“A504”和“A505”。

**操作步骤**

第一步：选定 A1 单元格，输入文本“A501”后，确认输入。

第二步：选定 A1 单元格，将鼠标移至 A1 的填充柄位置，这时鼠标指针将显示为黑色加号，然后按住鼠标左健向下拖动 A5 单元格时松开鼠标，结果如图 5-37 所示。

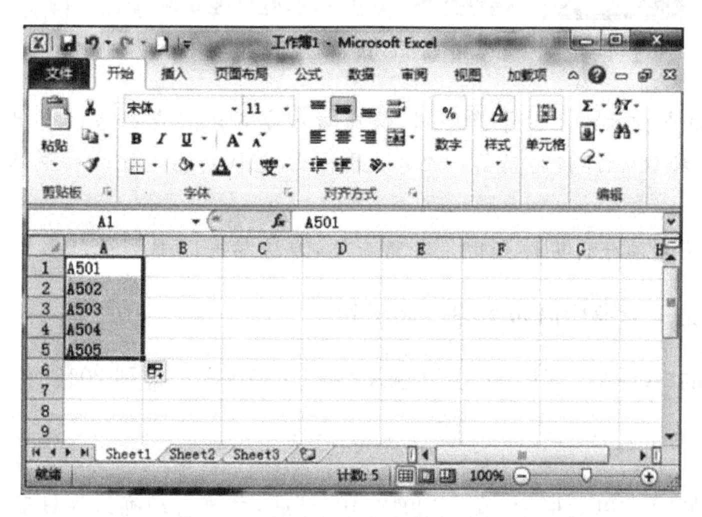


图 5-37　填充包含数字的文本序列

在日常生活中，常常会有在工作表中输入等差序列的需求，使用填充功能实现非常方便，方法参考以下例子。

**举例：填充等差序列**

在工作表的“A1:A5”区域中，连续输入 1、3、5、7、9 数字序列，这个数字序列称为步长为 2 的等差序列。

**操作步骤**

第一步：在 A1 单元格，输入数字 1，在 A2 单元格，输入数字 3。

第二步：选中“A1:A2”单元格区域，将鼠标移至选中区域的黑色边框的右下角(此处称为填充柄)，这时鼠标指针将显示为黑色加号，然后按住鼠标左健向下拖动 A5 单元格时松开鼠标，结果如图 5-38 所示。

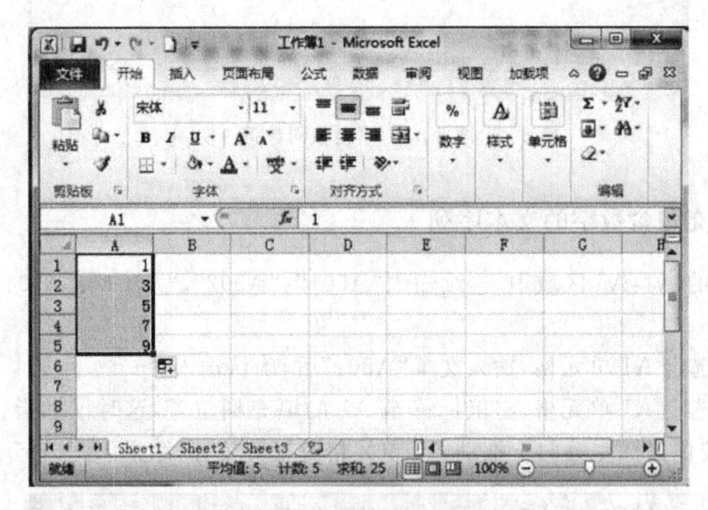


图 5-38　填充等差序列

**注**：如果填充步长为 1 的等差序列，快捷输入方式是首先在第一个单元格中输入一个起始值，然后按住 Ctrl 键拖动第一个单元格的填充柄到指定区域的最后一个单元格的位置。

使用填充功能填充日期序列也是非常方便，方法参考以下例子。

**举例：填充一个步长值为 1 的日期序列**

在工作表的“A1:A7”区域中，连续输入 2013 年 10 月 1 日到 2013 年 10 月 7 日的日期序列。

**操作步骤**

第一步：在“A1”单元格中，输入“2013/10/1”后，系统自动确认为日期数据。

第二步：将鼠标移至“A1”单元格的填充柄位置，这时鼠标指针将显示为黑色加号，然后按住鼠标左健向下拖动到“A7”单元格时松开鼠标，结果如图 5-39 所示。

**注**：如果填充步长值不为 1 的日期序列，就需要输入前两个单元格的日期数据，并选中前两个单元格，将鼠标移至所选区域的填充柄位置，拖动填充柄到指定区域的最后一个单元格的位置。

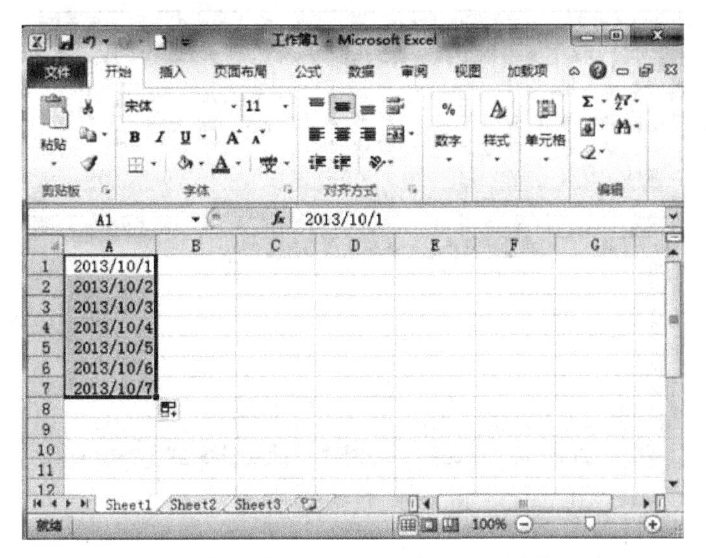


图 5-39　填充日期序列

另外，Excel 中文版根据中国的传统习惯，预先设有以下序列：

星期一，星期二，星期三，星期四，星期五，星期六，星期日

一月，二月，……，十二月

第一季，第二季，第三季，第四季

子，丑，寅，卯，……

甲，乙，丙，丁，……

如何填充 Excel 预设序列，方法参考以下例子。

### 举例：填充星期序列

在工作表的“A1:E5”区域中，连续输入“星期一”、“星期二”、“星期三”、“星期四”和“星期五”。

**操作步骤**

第一步：选定 A1 单元格，输入“星期一”后，确认输入。

第二步：将鼠标移至 A1 单元格的填充柄位置，这时鼠标指针将显示为黑色加号，然后按住鼠标左健向右拖动，拖动到 E5 单元格时松开鼠标左健，结果如图 5-40 所示。

这个序列内容是 Excel 内部定义的序列。用户可以根据需要，自己定义常常用到序列，例如，一个工作表的表头，这样，当使用“自动填充”功能时，就可以将数据自动输入到工作表中，方法参考以下例子。

### 举例：填充自定义的序列

在工作表的“A1:E5”区域中，连续输入“编号”、“名称”、“单价”、“数量”和“金额”。

**操作步骤**

第一步：选择“文件”菜单的“选项”命令，在打开的“Excel 选项”对话框中，单击“高

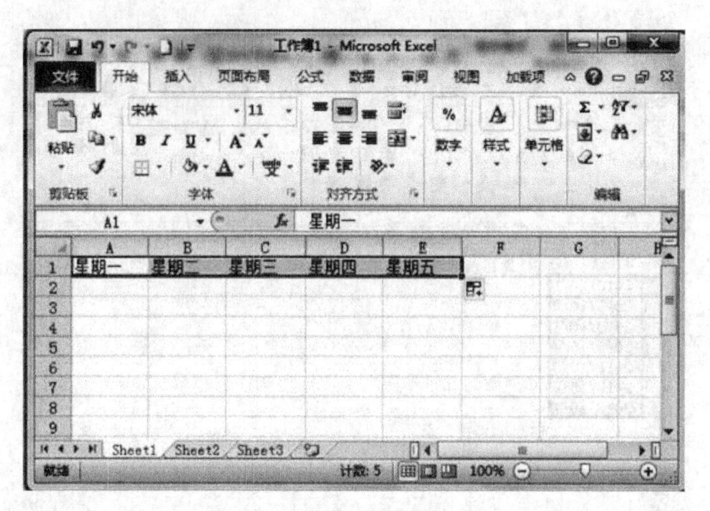


图 5-40　填充星期序列

级”选项卡,在其中的“常规”区域内单击“编辑自定义列表”按钮,打开“自定义序列”对话框,如图 5-41 所示。

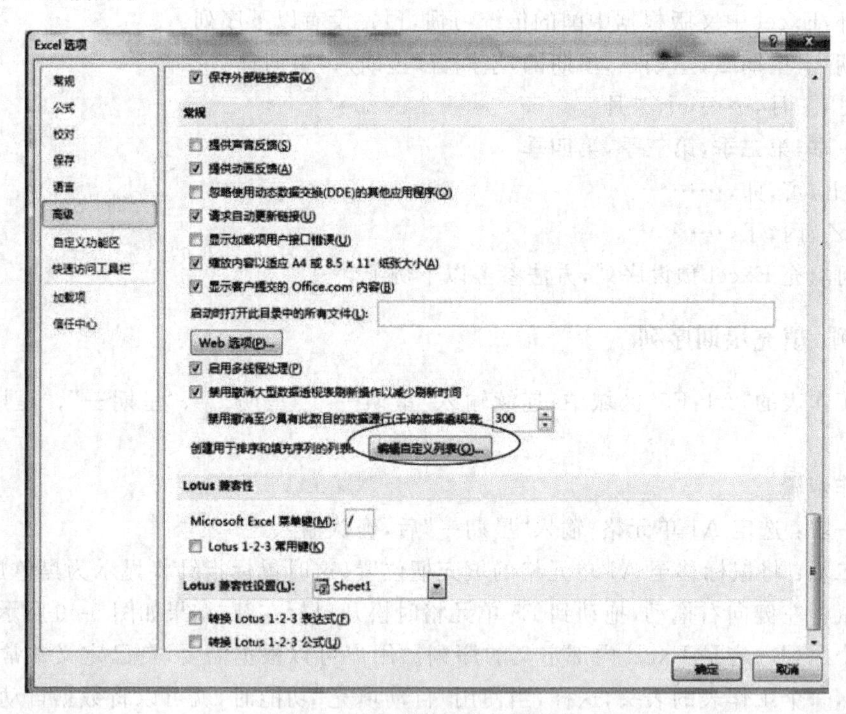


图 5-41　编辑自定义列表

第二步:在“自定义序列”对话框中,将鼠标移至“输入序列”框中,输入“编号”,然后按下 Enter 键,然后输入“名称”,再次按下 Enter 键,重复该过程,直到输入完所有要定义的数据。

第三步:单击“添加”按钮,就可以看到定义的序列已经出现在对话框中了,如图 5-42 所示。

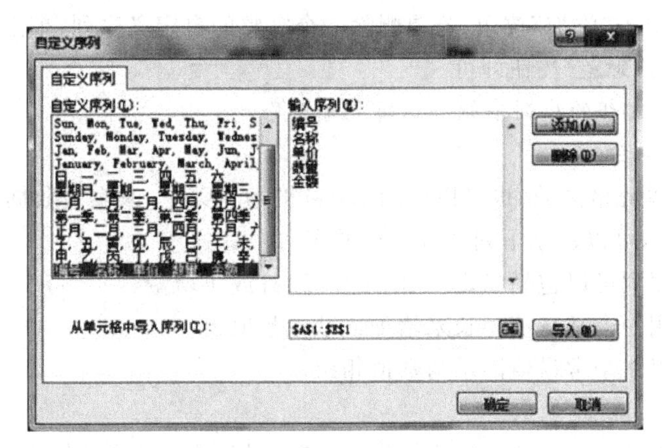


图 5-42　自定义列表

第四步：单击“确定”按钮，退出“自定义序列”，再单击“确定”按钮，退出“Excel 选项”对话框。

第五步：选定 A1 单元格，输入“编号”后，确认输入。

第六步：选定 A1 单元格，将鼠标移至 A1 单元格的填充柄位置，这时鼠标指针将显示为黑色加号，然后按住鼠标左健向右拖动，拖动到 E5 单元格时松开鼠标左健，结果如图 5-43 所示。

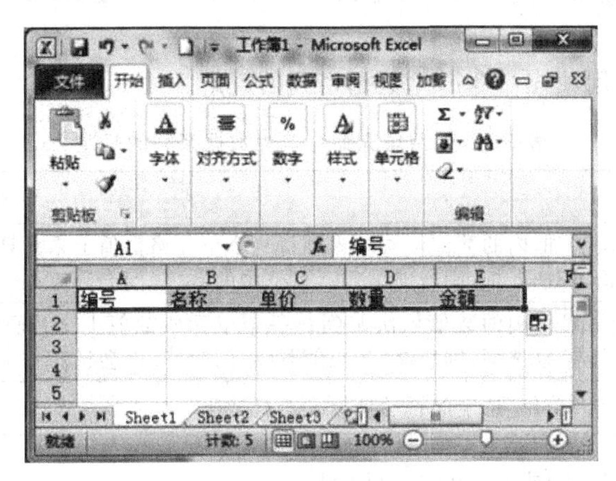


图 5-43　填充自定义序列

对于自定义的序列，在定义过程中必须遵循下列规则：

- 使用数字以外的任何字符作为序列的首字母。
- 单个序列的元素个数为 421 个。

可以对已经存在自定义序列进行编辑或者将不再使用的自定义序列删除掉。

**编辑或删除自定义序列的操作步骤**

第一步：在“自定义序列”对话框中选定要编辑的自定义序列，就会看到它们出现在“输入序列”框中。

第二步：选择要编辑的项，进行编辑：若要删除所选序列中的某一项，按 Backspace

键，编辑完毕后，单击“添加”按钮；若要删除一个完整的自定义序列，单击“删除”按钮。

第三步：单击“确定”按钮即可。

**注**：对 Excel 内部的序列不能够编辑或者删除。

**2. 使用填充命令**

对于选定的单元格区域，也可以使用 Excel 的填充菜单，来实现数据的自动填充。在 Excel 填充命令中，可以建立下列几种类型的序列：

时间：时间序列可以包括指定的日、工作日、月或年增量。

等差级数：用一个常量值步长来增加或减少数值。

等比级数：以一个常量值因子与数值相乘。

**操作步骤**

第一步：首先在第一个单元格中输入一个起始值，选定一个要填充的单元格区域。

第二步：在 Excel 功能区上，单击“开始”选项卡中的“填充”下拉按钮，在其扩展菜单中选择“系列”命令后，在屏幕上出现如图 5-44 所示的对话框。

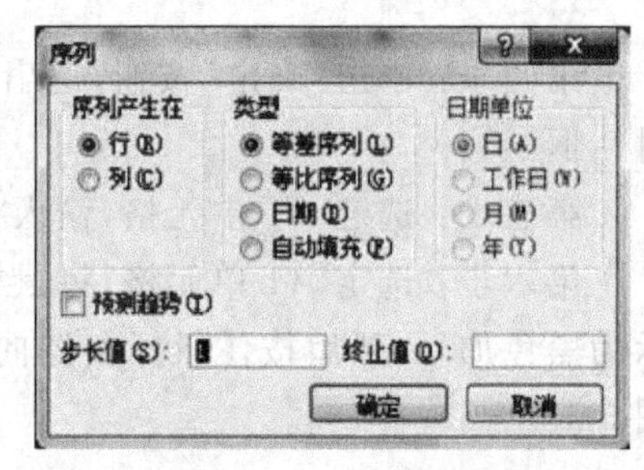


图 5-44 “序列”对话框

第三步：在对话框的“序列产生在”区域中选择“行”或者“列”，然后在“类型”区域中选择需要的序列类型。

第四步：单击“确定”按钮，就能看到所产生的序列。

表 5-2 列出了使用填充命令产生数据系列的规定。

**表 5-2 使用填充命令产生数据系列的规定**

| 类型 | 说　明 |
|---|---|
| 等差级数 | 把“步长值”框内的数值依次加入到每一个单元格数值上来计算一个序列。如果选定“预测趋势”选择框，则忽略“步长值”框中的数值，而会计算一个等差级数趋势序列 |
| 等比级数 | 把“步长值”框内的数值依次乘到每一个单元格数值上来计算一信序列。如果选定“预测趋势”复选框，则忽略“步长值”框中的数值，而会计算一个等比级数趋势序列 |
| 日期 | 根据“日期单位”选定的选项计算一个日期序列 |

表 5-3 列出了产生不同序列的参数说明。

**表 5-3 序列参数说明**

| 参数 | 说　明 |
|---|---|
| 日期单位 | 确定日期序列是否会以日、工作日、月或年来递增 |
| 步长值 | 一个序列递增或递减的量。正数使序列递增；负数使序列递减 |
| 终止值 | 序列的终止值。如果选定区域在序列达到终止值之前已填满，则该序列就终止在那点上 |
| 趋势预测 | 使用选定区域顶端或左侧已有的数值来计算步长值，以便根据这些数值产生一条最佳拟合直线(对于等差级数序列)，或一条最佳拟合指数曲线(对于等比级数序列) |

在表 5-4 中，给出了对选定的一个或多个单元格执行“自动填充”操作的实例。

表 5-4　使用自动填充的举例

| 选定区域的数据 | 建立的序列 |
| --- | --- |
| 1,2 | 3,4,5,6,… |
| 1,3 | 5,7,9,11,… |
| 星期一 | 星期二，星期三，星期四，… |
| 第一季度 | 第二季度，第三季度，第四季度，第一季度，… |

**注**：要将一个或多个数字或日期的序列填充到选定的单元格区域中，在选定区域的每一行或每一列中，第一个或多个单元格的内容被用作序列的起始值。

## 5.2.4　编辑单元格

**1. 通过鼠标来移动和复制单元格**

对于单元格中的数据可以通过移动或复制操作，将它们移动或复制到同一个工作表上的其他地方、另一个工作表中或者另一个应用程序的文档中。

移动：鼠标指向选定的单元格或单元格区域，按住鼠标左键拖动到目的位置。

复制：鼠标指向选定的单元格或单元格区域，按住 Ctrl 键的同时再按住鼠标左键拖动到目的位置。

**2. 利用“剪贴板”来移动和复制文本**

“移动”选定单元格或单元格区域后，在“开始”选项卡中单击“剪贴板”组中“剪切”命令，移动光标到目的位置，单击“剪贴板”组中“粘贴”命令。

“复制”选定单元格或单元格区域后，在“开始”选项卡中单击“剪贴板”组中“复制”命令，移动光标到目的位置，单击“剪贴板”组中“粘贴”命令。

“粘贴选项”单击“粘贴”命令的下拉按钮，打开扩展菜单，看到如图 5-45 所示的更多的粘贴选项。粘贴选项中的大部分内容与“选择性粘贴”命令相同，请参考“选择性粘贴”内容。这里主要介绍粘贴选项中对图片的两种粘贴方式。

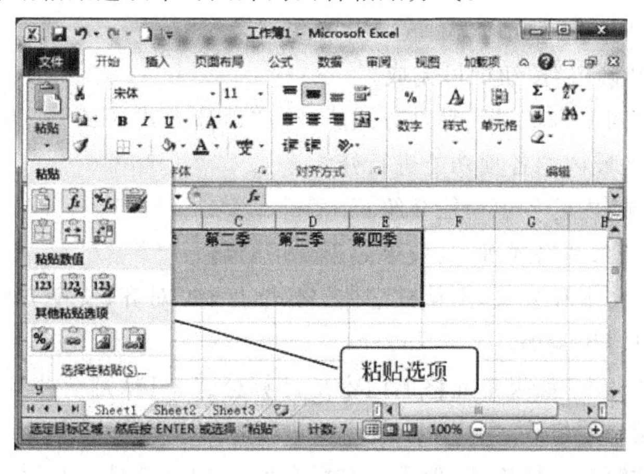


图 5-45　粘贴选项

- 粘贴图片：以图片的形式粘贴被复制的内容，粘贴后的内容看起来像照片，可以被移动到工作表的任何位置，与源区域不再有关联，因此也称作是静态图片。
- 粘贴链接的图片：以动态的形式粘贴被复制的内容，如果数据源区域的内容发生改变，图片也会发生相应的变化。

**3. 选择性粘贴**

在 Excel 中除了能够复制选定的单元格外，还能够有选择地复制单元格内容。例如，只对单元格中的公式或数字或格式行复制。利用该项功能，还能够实现将一行数据复制到一列中，或者反之将一列数据复制到一行中。这些功能是通过“选择性粘贴”命令实现的。

**注**：“选择性粘贴”命令对使用“剪切”命令定义的选定区域不起作用，只能将用“复制”命令定义的数值、格式、公式或批注等粘贴到当前选定区域的单元格中。

**操作步骤**

第一步：先对选定区域执行复制操作并指定粘贴区域。

第二步：单击“粘贴”命令的下拉按钮，打开其扩展菜单，选择“选择性粘贴”命令，打开如图 5-46 所示的“选择性粘贴”对话框。

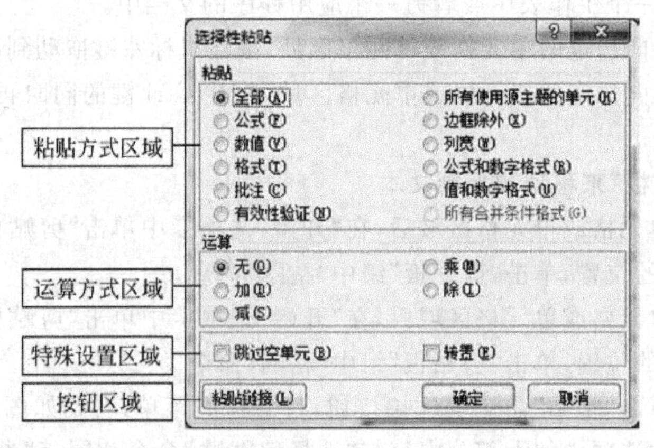

图 5-46 “选择性粘贴”对话框

第三步：选择所要的粘贴方式。

第四步：单击“确定”按钮即可完成。

可以把它划成四个区域，即“粘贴方式区域”、“运算方式区域”、“特殊设置区域”、“按钮区域”下面对各区域内的各项功能进行介绍。

“粘贴方式区域”内的各项功能介绍：

“全部”包括内容、和格式等，其效果等于直接粘贴。

“公式”只粘贴文本和公式，不粘贴字体、格式（字体、对齐、文字方向、数字格式、底纹等）、边框、注释、内容校验等。

“数值”只粘贴文本，如果单元格的内容是计算公式，只粘贴公式计算后的结果，这两项不改变目标单元格的格式。

“格式”仅粘贴源单元格格式，但不能粘贴单元格的有效性。粘贴格式，包括字体、对齐、文字方向、边框、底纹等，不改变目标单元格的文字内容。(功能相当于格式刷)。

"批注"把源单元格的批注内容拷贝过来，不改变目标单元格的内容和格式。

"有效性验证"将复制单元格的数据有效性规则粘贴到粘贴区域，只粘贴有效性验证内容，其他的保持不变。

"所有使用源主题的单元"粘贴全部内容，但使用文件源主题中的格式。

"除边框外"粘贴除边框外的所有内容和格式，保持目标单元格和源单元格相同的内容和格式。

"列宽"将某个列宽或列的区域粘贴到另一个列或列的区域，使目标单元格和源单元格拥有同样的列宽，不改变内容和格式。

"公式和数字格式"仅从选定的单元中格粘贴公式和所有数字格式选项。

"值和数字格式"仅从选定的单元中粘贴值和所有数字格式选项。

"运算方式区域"内的各项功能介绍：

"无"对源区域，不参与运算，按所选择的粘贴方式粘贴。

"加"把源区域内的值，与新区域相加，得到相加后的结果。

"减"把源区域内的值，与新区域相减，得到相减后的结果。

"乘"把源区域内的值，与新区域相乘，得到相加乘的结果。

"除"把源区域内的值，与新区域相除，得到相除后的结果(此时如果源区域是0，那么结果就会显示#DIV/0！错误)。

"特殊设置区域"内的各项功能介绍：

"跳过空白单元格"当复制的源数据区域中有空单元格时，粘贴时空单元格不会替换粘贴区域对应单元格中的值。

"转置"将被复制数据的列变成行，将行变成列。源数据区域的顶行将位于目标区域的最左列，而源数据区域的最左列将位于目标区域的顶行。

"按钮区域"内的各项功能介绍：

"粘贴链接"将被粘贴数据链接到活动工作表。粘贴后的单元格将显示公式。如将A1单元格复制后，通过"粘贴链接"粘贴到E1单元格，则E1单元格中的公式为"=$A$1"。如果更新源单元格的值，目标单元格的内容也会同时更新。

**注**：如果复制单个单元格，粘贴链接到目标单元格，则目标单元格公式中的引用为绝对引用，如果复制单元格区域，则为相对引用。引用概念将在第四节介绍。

"确定"选择好要粘贴的项目后，单击"确定"按钮，执行操作。

"取消"放弃所选择的操作。

### 举例：使用"选择性粘贴"完成一次算术运算

将工作表中D1单元格的数据100乘到"A1:B3"区域中。

**操作步骤**

第一步：选定D1单元格，在"开始"选项卡中单击"剪贴板"组中"复制"命令。

第二步：选中"A1:B3"区域，单击"粘贴"命令的下拉按钮，在其扩展菜单中，选择"选择性粘贴"命令，在"选择性粘贴"对话框的"运算方式区域"中选择"乘"，结果如图5-47

所示。

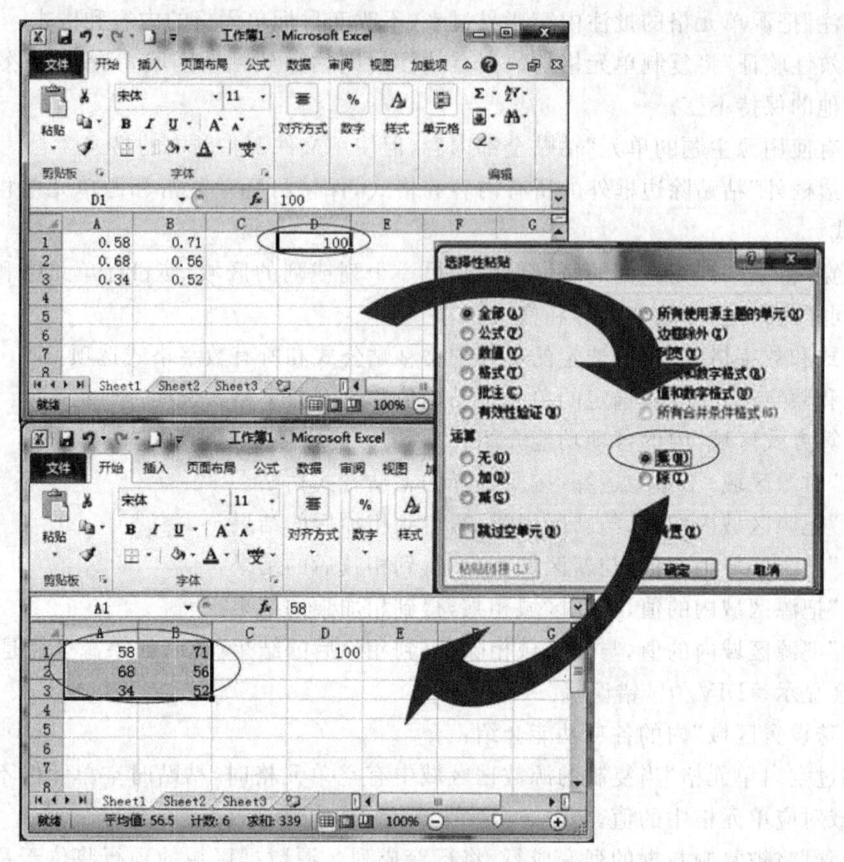


图 5-47　粘贴中的运算

**举例：使用"选择性粘贴"进行转置粘贴**

将工作表中"A1:D1"区域的数据复制到"C4:C7"中。

**操作步骤**

第一步：选中"A1:D1"区域，在"开始"选项卡中单击"剪贴板"组中"复制"命令。

第二步：选定 C4 单元格，单击"粘贴"命令的下拉按钮，在其扩展菜单中，选择"转置"命令，结果如图 5-48 所示。

**4. 在工作表中插入、删除单元格、行和列**

在对工作表的编辑中，可以很容易地插入、删除单元格、行或列。当插入单元格后，现有的单元格将发生移动，给新的单元格让出位置。当删除单元格时，周围的单元格也会移动来填充空格。

**插入单元格的操作步骤**

第一步：选定要插入的单元格，使该单元格成为当前活动单元。在"开始"选项卡中单击"插入"命令的下拉按钮，在其扩展菜单中，选择"插入单元格"命令，打开"插入"对话框；或者在选定要插入的单元格上单击鼠标右键，在弹出的快捷菜单中，选择"插入"命令，

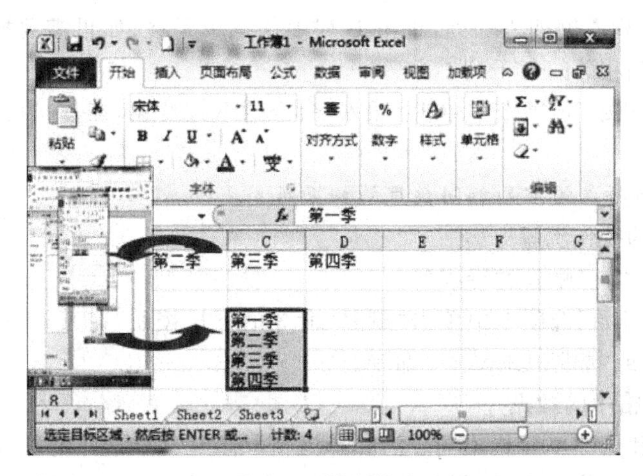


图 5-48　转置粘贴

打开“插入”对话框，如图 5-49 所示。

第二步：在对话框中的选项框中有 4 组选择，分别是“活动单元格右移”、“活动单元格下移”、“整行”、“整列”。选择完毕后，单击“确定”按钮即可。

**删除单元格的操作步骤**

第一步：选定要插入的单元格，使该单元格成为当前活动单元。在“开始”选项卡中单击“删除”命令的下拉按钮，在其扩展菜单中，选择“删除单元格”命令，打开“删除”对话框；或者在选定要插入的单元格上单击鼠标右键，在弹出的快捷菜单中，选择“删除”命令，打开“删除”对话框，如图 5-50 所示。

第二步：在对话框中的选项框中有 4 组选择，分别是“活动单元格右移”、“活动单元格下移”、“整行”、“整列”。选择完毕后，单击“确定”按钮。

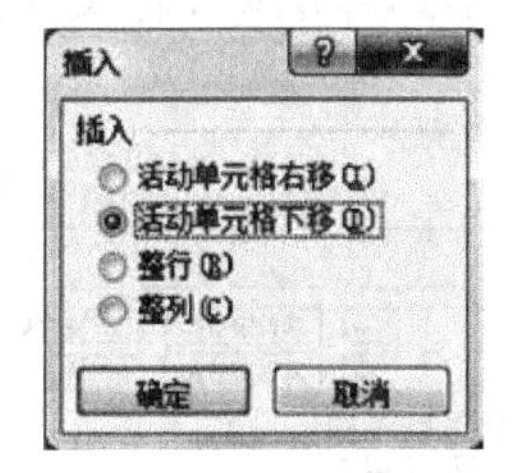


图 5-49　“插入”对话框

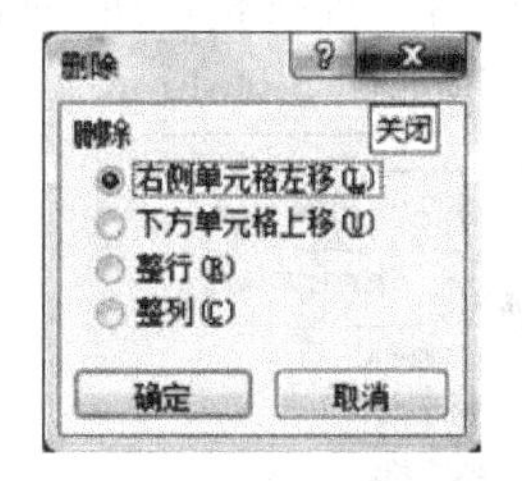


图 5-50　“删除”对话框

**插入行的操作步骤**

第一步：如果只需要插入一行，单击需要插入的新行之下相邻行中的任意单元格。例如，如果要在表中第 5 行之上插入一行，单击第 5 行中任意单元格；如果需要插入多行，单击需要插入的新行之下相邻的若干行。

第二步：在“开始”选项卡中单击“插入”命令的下拉按钮，在其扩展菜单中，选择“插入工作表行”命令。

**注**：选定与待插入的空行相同数目的数据行。

**插入列的操作步骤**

第一步：如果只需要插入一列，单击需要插入的新列右侧相邻列中的任意单元格。

例如,如果要在B列左侧插入一列,单击B列中任意单元格;如果需要插入多列,单击需要插入的新列右侧相邻的若干列。

第二步:在“开始”选项卡中单击“插入”命令的下拉按钮,在其扩展菜单中,选择“插入工作表列”命令。

**注**:选定与待插入的空列相同数目的数据列。

**删除行或列的操作步骤**

第一步:选定需要删除的行或列。

第二步:在“开始”选项卡中单击“删除”命令的下拉按钮,在其扩展菜单中,选择“删除工作表行”命令或“删除工作表列”命令。

**5. 清除单元格中的数据**

清除单元格和删除单元格不同。清除单元格只是从工作表中移去单元格中的内容,单元格本身还留在工作表上;而删除单元格则是将选定的单元格从工作表中移去,同时和被删除单元格相邻的其他单元格做出相应的位置调整。

**操作步骤**

第一步:选定要清除的单元格。

第二步:在“开始”选项卡中单击“清除”命令的下拉按钮,在其扩展菜单中,选择其中的内容,如图5-51所示。

**6. 查找和替换**

查找与替换是在数据编辑整理过程中常用的操作,在Excel中除了可查找和替换文字外,还可查找和替换公式,其应用更为广泛。

**操作步骤**

第一步:在“开始”选项卡下单击“编辑”组中“替换”命令,打开“查找和替换”对话框。

第二步:在“查找和替换”对话框中,输入查找内容,例如,“团体”;输入替换为内容,例如,“单位”,如图5-52所示。

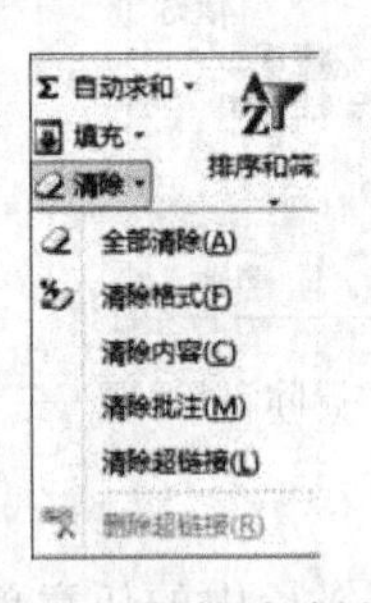


图5-51 “清除”内容选择

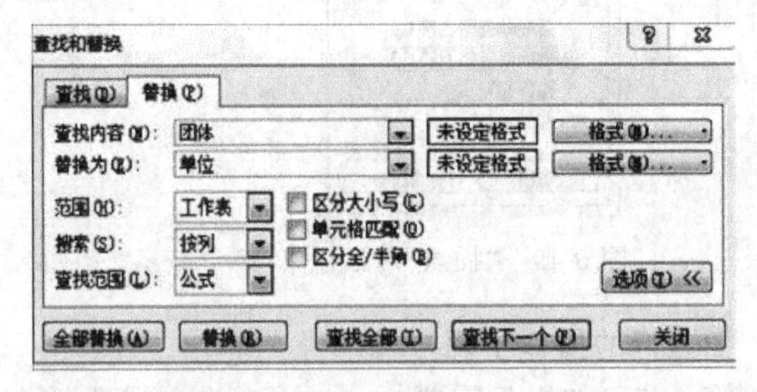


图5-52 “查找和替换”对话框

第三步:单击“选项”,进一步定义,可执行下列任何一项操作。

- 要在工作表或整个工作簿中搜索数据,请在“范围”框中选择“工作表”或“工作簿”。
- 要在行或列中搜索数据,请在“搜索”框中单击“按行”或“按列”。
- 要搜索带有特定详细信息的数据,请在“查找范围”框中单击“公式”、“值”或“批注”。

**注**：“值”和“注释”只在“查找”选项卡上可用。

- 要搜索区分大小写的数据，请选中“区分大小写”复选框。
- 要搜索只包含在“查找内容”框中键入的字符的单元格，请选中“查找内容”复选框。
- 如果想要搜索同时具有特定格式的文本或数字，请单击“格式”，然后在“查找格式”对话框中进行选择。
- 如果想要查找只符合特定格式的单元格，那么可以删除“查找内容”框中的所有条件，然后选择一个特定的单元格格式作为示例。单击“格式”旁边的箭头，单击“从单元格选择格式”，然后单击具有想要搜索的格式的单元格。

**提示**：Excel 会保存上一次定义的格式设置选项。如果想再次在工作表中搜索数据，但找不到确认存在的字符，那么可能需要清除上一次搜索的格式设置选项。在“查找和替换”对话框中，单击“查找”选项卡，然后单击“选项”以显示格式设置选项。单击“格式”旁边的箭头，然后单击“清除查找格式”。

第四步：执行下列操作之一。

- 要查找文本或数字，请单击“查找全部”或“查找下一个”。
- 要替换找到的字符或格式，请单击“替换”或“全部替换”。

如果替换内容为空，则删除查找的内容。

## 5.3 工作表的格式设置

当工作表建立后，通过格式设置，使工作表内容整齐，样式美观。工作表的格式设置包括单元格中数据格式设置和单元格格式设置。

**学习要点**：

1. 单元格格式设置
2. 条件格式的设置
3. 自动套用格式的设置

### 5.3.1 单元格格式设置

#### 1. 格式工具

对于单元格的格式设置和修改，可通过功能区命令组、浮动工具栏以及设置单元格格式对话框等多种方法来操作。

选择格式工具的方法：

方法 1：Excel 的“开始”选项卡功能区提供了多个命令组用于设置单元格格式，这些常用的单元格格式设置命令直接显示在功能区命令组中，包括“字体”、“对齐方式”、“数字”、“样式”等。

- “字体”命令组：包括字体、字号、加粗、倾斜、下划线、填充颜色、字体颜色等。
- “对齐方式”命令组：包括顶端对齐、垂直居中、底端对齐、左对齐、居中、右对齐、方向、减少缩进量、增加少缩进量、自动换行、合并后居中等。
- “数字”命令组：包括对数字进行格式化的各种命令。

• “样式”命令组：包括条件格式、套用表格格式，单元格样式等。

方法 2：选定单元格，单击鼠标右键，会弹出快捷菜单，在快捷菜单的上方会同时出现“浮动工具栏”。“浮动工具栏”中包括了常用的单元格格式设置命令，如图 5-53 所示。

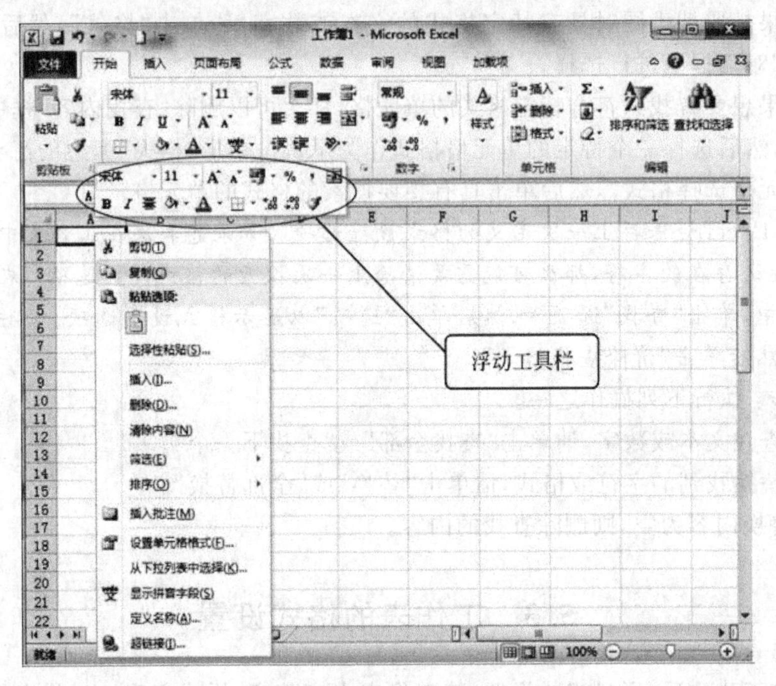

图 5-53　显示“浮动工具栏”

方法 3：在 Excel 选项卡中，单击“字体”、“对齐方式”或“数字”等命令组右下角的“对话框启动”按钮，可直接打开“设置单元格格式”对话框，如图 5-54 所示。

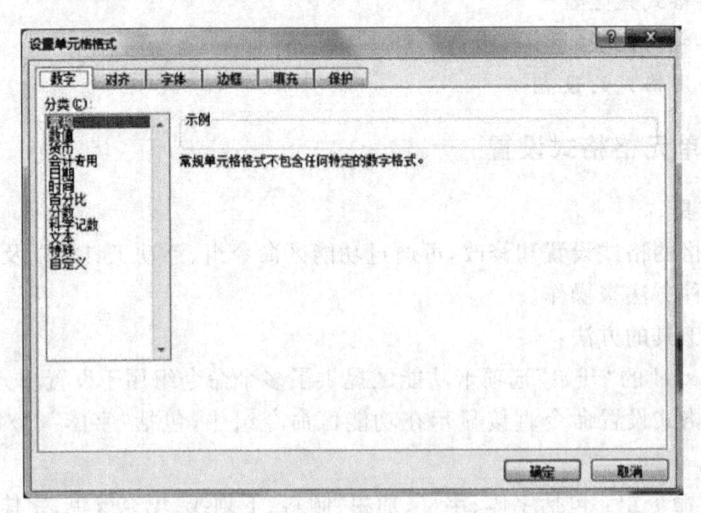

图 5-54　“设置单元格格式”对话框

方法 4：按 Ctrl+1 组合键，打开“设置单元格格式”对话框。

方法 5：对任意单元格，单击鼠标右键，在弹出的快捷菜单中，选择“设置单元格格式”。

**2. 格式刷**

使用“格式刷”可快速复制所选区域的格式到目标对象上。“格式刷”位于“开始”选项卡“剪贴板”组里，如图 5-55 所示。

图 5-55 “开始”选项卡“剪贴板”组中的“格式刷”

**操作步骤**

选定一个单元格或多个单元格，单击（或双击）“格式刷”，将选定区域的格式复制给格式刷，鼠标标识变为一个带小刷子的形状；然后，移动鼠标到目标单元格区域上，按住鼠标左键拖动，即可将格式刷中的格式信息粘贴出来并传递给目标对象。

**注**：单击“格式刷”，格式只能粘贴一次，双击“格式刷”，格式可粘贴多次。

**3. 设置单元格格式**

对于在单元格中设置格式的具体实现方法参考案例 5.2。

## 案例 5.2 美化工作表

**案例素材**

本案例素材是一张假期值班表，经过一系列数据编辑和单元格格式的设置后，达到如图 5-56 中箭头所指示的样张效果。

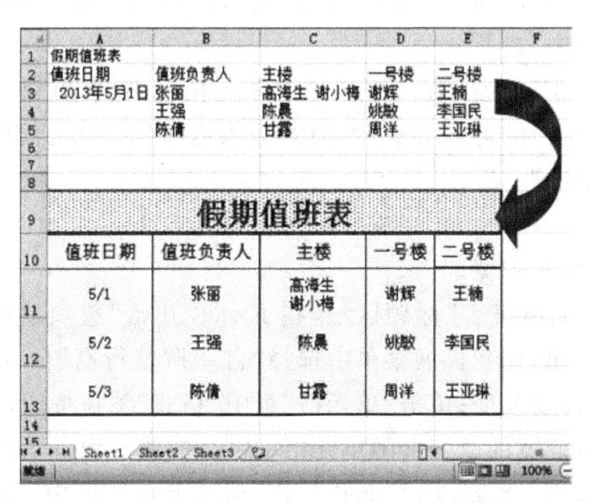


图 5-56 美化工作表

**案例要求**

要求 1：利用日期序列功能填充值班日期，并将日期设置为“月/日”格式。

要求 2：将一个单元格中出现的同时值班的两人名字分两行存放。

要求 3：将表格最上面的标题“假期值班表”标题设置合并居中效果。

要求 4：设置单元格中数据的字体、字号和对齐方式。

要求 5：调整工作表的行高和列宽。

要求 6：对整个表格进行边框、背景等修饰。

**要求 1 的操作步骤**

第一步：选定 A3 单元格，将鼠标移至 A3 的填充柄位置，这时鼠标指针将显示为黑色加号，然后按住鼠标左健向下拖动到 A5 单元格时松开鼠标，步长值为 1 的日期序列填充完成。

第二步：选中 A3:A5 区域，在“设置单元格格式”的“数字”选项卡中，单击“日期”，在右侧显示的“类型”框中，选择“3/14”，便可达到样张中日期数字的格式效果。

**要求 2 的操作步骤**

第一步：鼠标双击 C3 单元格，使 C3 单元格处于编辑状态。

第二步：选中 C3 中高海生与谢小梅之间的空格，按下 Alt＋Enter 组合键就可将两人名字在一个单元格中分两行显示，这种换行方式称作是强制换行。

**要求 3 的操作步骤**

选中 A1:E1 区域，在选中区域上单击鼠标右健，在弹出的快捷菜单上方的“浮动工具栏”中单击“合并后居中”命令，就可看到“假期值班表”标题在所选区域内居中。

**要求 4 的操作步骤**

第一步：选中“假期值班表”标题区域，在选中区域上单击鼠标右健，在弹出的快捷菜单上方的“浮动工具栏”中选择“字号”为 24，选择“字体”为宋体，在 Excel 功能区的“对齐方式”组中选择“垂直居中”和“居中”。

第二步：选中 A2:E2 区域，在选中区域上单击鼠标右健，在弹出的快捷菜单上方的“浮动工具栏”中选择“字号”为 14，选择“字体”为宋体，在 Excel 功能区的“对齐方式”组中选择“垂直居中”和“居中”。

第三步：选中 A3:E5 区域，在选中区域上单击鼠标右健，在弹出的快捷菜单上方的“浮动工具栏”中选择“字号”为 12，选择“字体”为宋体，在 Excel 功能区的“对齐方式”组中选择“垂直居中”和“居中”。

**要求 5 的操作步骤**

调整工作表的行高和列宽。

第一步：选中“假期值班表”标题区域，在 Excel“开始”选项卡功能区中，单击“单元格”组中“格式”下拉按钮，在其扩展菜单中选择“自动调整行高”命令，行高的改变会随单元格中字号的改变而自动改变；单击“单元格”组中“格式”下拉按钮，在其扩展菜单中选择“自动调整列宽”命令，列宽的改变会随单元格中字号的改变而自动改变。

第二步：选中 A2:E2 区域，在 Excel“开始”选项卡功能区中，单击“单元格”组中“格式”下拉按钮，在其扩展菜单中选择“自动调整行高”命令；单击“单元格”组中“格式”下拉按钮，在其扩展菜单中选择“自动调整列宽”命令。

第三步：选中 A3:E5 区域，在 Excel“开始”选项卡功能区中，单击“单元格”组中“格式”下拉按钮，在其扩展菜单中选择“行高”命令，打开“行高”对话框，可自定义行高数。

第四步：用鼠标拖动选中 A 列到 E 列区域，将鼠标移至选中区域中任意一列的列首字母的边线处，鼠标符号会变成带有左右箭头的十字符号，这时双击鼠标左键，使列宽为显示每一列最长内容的宽度。

**要求 6 的操作步骤**

第一步：选中“假期值班表”标题区域，在 Excel“开始”选项卡功能区中，单击“单元格”组中“格式”下拉按钮，在其扩展菜单中选择“双底框线”命令；选中“假期值班表”标题区域，单击“字体”组右下角的“对话框启动”按钮，在打开“设置单元格格式”对话框中，选择“填充”选项，如图 5-57 所示，为标题设置带 6.25%灰色的黄色作为背景填充效果。

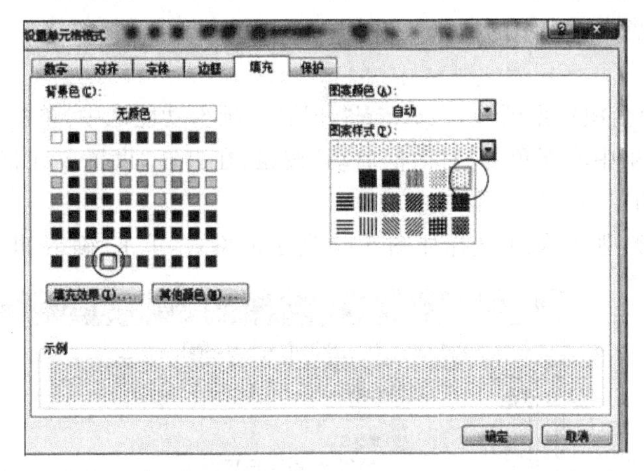


图 5-57 “设置单元格格式”对话框中“填充”设置

第二步：选中 A2:E2 区域，在 Excel“开始”选项卡功能区中，单击“字体”组中“边框”下拉按钮，在其扩展菜单中选择“下框线”命令。

第三步：选中 A2:E5 区域，单击“字体”组右下角的“对话框启动”按钮，在打开的“设置单元格格式”对话框中，选择“边框”选项，选择线条样式，在边框预览草图上添加边框样式，如图 5-58 所示；选中 A2:E5 区域，在“设置单元格格式”对话框中，选择“填充”选项，为选中区域选择黄色作为背景填充色。

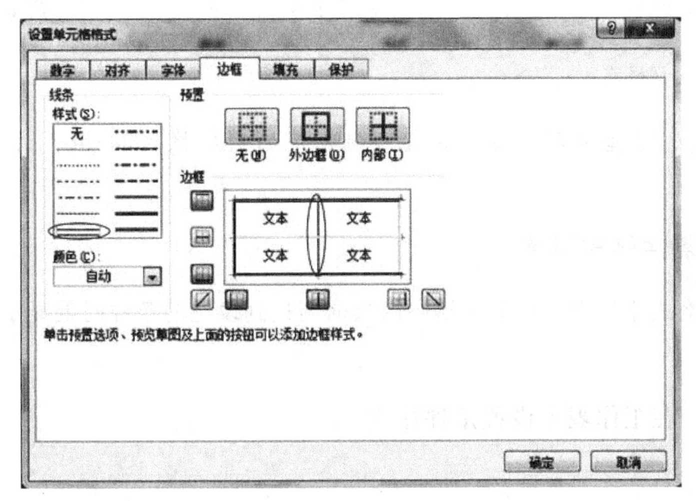


图 5-58 “设置单元格格式”对话框中“边框”设置

第四步：选中 A1:E5 区域，在 Excel“开始”选项卡功能区中，单击“字体”组中“边框”下拉按钮，在其扩展菜单中选择“粗厘框线”命令。

**注**：“边框”是指选定范围的单元格区域的边框。

**举例：设置自定义格式**

**案例要求**

将表中的“金额”的数字格式设置为人民币货币符号、千位分隔符、括号(表示负数)，达到如图 5-59 中箭头所指示的样张效果。

**操作步骤**

第一步：选中金额数据区域，在 Excel“开始”选项卡功能区中，单击“字体”组或“对齐方式”组或“数字”组中右下角的“对话框启动”按钮，在打开“设置单元格格式”对话框中，选择“数字”选项的“自定义”命令。

第二步：在“类型”区域中选择如图 5-60 所示的格式，单击“确定”即可。

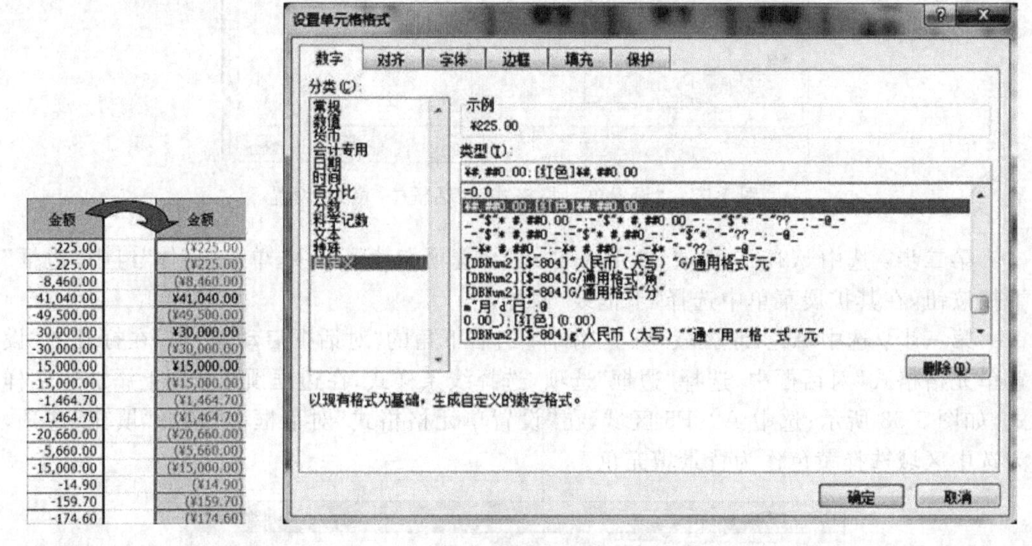

| 金额 | 金额 |
|---|---|
| -225.00 | (¥225.00) |
| -225.00 | (¥225.00) |
| -8,460.00 | (¥8,460.00) |
| 41,040.00 | ¥41,040.00 |
| -49,500.00 | (¥49,500.00) |
| 30,000.00 | ¥30,000.00 |
| -30,000.00 | (¥30,000.00) |
| 15,000.00 | ¥15,000.00 |
| -15,000.00 | (¥15,000.00) |
| -1,464.70 | (¥1,464.70) |
| -1,464.70 | (¥1,464.70) |
| -20,660.00 | (¥20,660.00) |
| -5,660.00 | (¥5,660.00) |
| -15,000.00 | (¥15,000.00) |
| -14.90 | (¥14.90) |
| -159.70 | (¥159.70) |
| -174.60 | (¥174.60) |



图 5-59　使用自定义格式　　　　图 5-60　自定义格式

**注**：“自定义”类型包括了更多用于各种情况的数字格式，并且允许创建新的数字格式。

## 5.3.2　条件格式设置

所谓条件格式化是指规定单元格中的数据当达到设定的条件时的显示。设置方法参考案例 5.3。

### 案例 5.3　在工作表上设置条件格式

**案例素材**

本案例素材是一张学生成绩表。

**案例要求**

在学生成绩表中，将平均分数小于 60 的单元格设置为红色字体颜色。

**操作步骤**

第一步：选中“平均分数”区域。

第二步：在 Excel“开始”选项卡功能区中，单击“条件格式”下拉按钮，在其扩展菜单中选择“突出显示单元格规则”命令，在再一次展开的扩展菜单中，选择“小于”，如图 5-61 所示。

图 5-61　设置条件格式的操作

第三步：在打开的“小于”对话框的“为小于以下值的单元格设置格式”中，输入 60，然后点开“设置为”右侧下拉按钮，在其扩展菜单中选择“红色文本”，单击“确定”按钮，在工作表上即可看到平均分数小于 60 的单元格，数据颜色变为红色，如图 5-62 所示。

| 学号 | 姓名 | 专业 | 性别 | 平均分数 |
|---|---|---|---|---|
| 20123122 | 魏虹 | 信息科技 | 女 | 85 |
| 20123123 | 于佳 | 信息科技 | 女 | 85 |
| 20123124 | 杜宇 | 信息科技 | 男 | 77 |
| 20123125 | 罗琳 | 信息科技 | 女 | 83 |
| 20123126 | 张慧 | 信息科技 | 女 | 86 |
| 20123127 | 陈可 | 信息科技 | 女 | 82 |
| 20123128 | 张数 | 信息科技 | 男 | 87 |
| 20123129 | 林丽 | 信息科技 | 女 | 87 |
| 20123130 | 孙萌 | 信息科技 | 女 | 86 |
| 20123131 | 陈琳 | 信息科技 | 女 | 81 |
| 20123132 | 李雯丽 | 信息科技 | 女 | 78 |
| 20123133 | 李笑 | 信息科技 | 女 | 59 |

小于
为小于以下值的单元格设置格式:
60　设置为　红色文本
确定　取消

图 5-62　“平均分数”区域设置条件格式后的效果

## 5.3.3　自动套用表格格式

Excel 提供了自动格式化的功能，它可以根据预设的格式，对报表进行格式化，产生美观的报表，也就是表格的自动套用。这种自动格式化的功能，可以节省将报表格式化的许多时间，而制作出的报表却很美观。

**操作步骤**

第一步：单击要格式化表中的任意一个单元格，在“开始”选项卡“样式”命令组中，单击“套用表格格式”命令。

第二步：在展开的下拉列表中，选择所需要的表格格式，如图 5-63 所示。

第三步：在弹出的“套用表格式”对话框中，确认应用范围，单击“确定”按钮，数据表被创建为“表格”并应用了格式。

第四步：在“设计”选项卡的“工具”命令组中，单击“转换为区域”命令，如图 5-64 所示。

| 产品编号 | 产品名称 | 单位 | 供应商 | 零售单价 | 销售量 | 销售额 |
| --- | --- | --- | --- | --- | --- | --- |
| 1 | 苹果汁 | 瓶 | 甲 | 3 | 100 | 300 |
| 2 | 鲜橙汁 | 瓶 | 甲 | 3 | 120 | 360 |
| 3 | 蜜桃汁 | 瓶 | 甲 | 3 | 110 | 330 |
| 4 | 雪梨汁 | 瓶 | 甲 | 3 | 80 | 240 |
| 5 | 绿茶 | 瓶 | 甲 | 2.5 | 60 | 150 |
| 6 | 汽水 | 瓶 | 乙 | 2 | 38 | 76 |
| 7 | 矿泉水 | 瓶 | 乙 | 1.5 | 180 | 270 |
| 8 | 咖啡 | 听 | 丙 | 3 | 90 | 270 |
| 9 | 牛奶 | 盒 | 丙 | 3 | 45 | 135 |
| 10 | 酸奶 | 盒 | 丙 | 4 | 60 | 240 |

图 5-63 “套用表格格式”



| 产品编号 | 产品名称 | 单位 | 供应商 | 零售单价 | 销售量 | 销售额 |
| --- | --- | --- | --- | --- | --- | --- |
| 1 | | 瓶 | 甲 | 3 | 100 | 300 |
| 2 | | 瓶 | 甲 | 3 | 120 | 360 |
| 3 | 蜜桃汁 | 瓶 | 甲 | 3 | 110 | 330 |
| 4 | 雪梨汁 | 瓶 | 甲 | 3 | 80 | 240 |
| 5 | 绿茶 | 瓶 | 甲 | 2.5 | 60 | 150 |
| 6 | 汽水 | 瓶 | 乙 | 2 | 38 | 76 |
| 7 | 矿泉水 | 瓶 | 乙 | 1.5 | 180 | 270 |
| 8 | 咖啡 | 听 | 丙 | 3 | 90 | 270 |
| 9 | 牛奶 | 盒 | 丙 | 3 | 45 | 135 |
| 10 | 酸奶 | 盒 | 丙 | 4 | 60 | 240 |

图 5-64 通过“转换为区域”命令将表格转换为普通数据表

第五步：在打开的提示对话框中，单击“确定”按钮，将表格转换为普通数据表，但格式仍被保留。

## 5.4 公式和函数的使用

作为一个电子表格系统，除了进行一般的表格处理外，最主要的功能还是数据计算能力。在 Excel 中，可以在单元格中输入公式或者使用 Excel 提供的函数来完成对工作表的各种计算。

**学习要点：**

1. 认识公式
2. 掌握单元格引用

3. 掌握函数的使用

4. 常用函数的介绍

### 5.4.1 认识公式

**1. 公式的概念**

公式是 Excel 工作表中进行数值计算的等式。公式输入是以“＝”开始的。简单的公式有加、减、乘、除等计算；复杂的公式可能包含函数、引用、运算符和常量。

函数是预先编写的公式，可以对一个或多个值进行运算，并返回一个或多个值。函数可以简化和缩短工作表中的公式，尤其在用公式执行很长或复杂的计算时。

**2. 公式的输入与编辑**

输入公式的操作类似于输入文本型数据。不同的是在输入一个公式的时候总是以一个等号“＝”作为开头，然后才是公式的表达式。在一个公式中可以包含各种算术运算符、常量、变量、函数、单元格地址等。

**示例**

常量运算：“＝100 * 22”

使用单元格地址(变量)：“＝A8－C2”

使用函数：“＝SQRT(B5＋C9)”

**输入公式的操作步骤**

第一步：选择要输入公式的单元格。

第二步：在编辑栏上单击鼠标，输入一个等号“＝”，然后键入数值、单元格地址、函数或者名称，输入完毕，单击 Enter 键或者单击编辑栏上的“√”按钮。

编辑公式的方法：

方法 1：选中公式所在的单元格，按下 F2 键。

方法 2：双击公式所在的单元格。

方法 3：选中工作所在的单元格，在编辑栏上单击鼠标。

**3. 认识公式中使用的运算符**

公式可以使用数字运算符号来完成。比如加法、减法等。通过对这些运算的组合，就可以完成各种复杂的运算。在 Excel 中可以使用的数学运算符号见表 5-5。

表 5-5 算术运算符及举例

| 运算符 | 举例 | 结果 | 操作类型 |
|---|---|---|---|
| ＋ | ＝10＋50 | 60 | 加法 |
| － | ＝100－14 | 86 | 减法 |
| * | ＝2 * 48 | 96 | 乘法 |
| / | ＝5/2 | 2.5 | 除法 |
| % | ＝5% | 0.05 | 百分数 |
| ^ | ＝5^2 | 25 | 乘方 |

在使用算术运算符时，基本上都是要求两个或者两个以上的数值、变量，例如“＝10^2＊5”。但对于百分数来说只要一个数值也可以运算，例如“＝5％”，百分数运算符号会自动地将5除以100，得出0.05来。

在Excel中不仅可以进行算术运算，还提供了可以操作文字的运算。利用这些操作，可以将文字连接起来，例如，可以利用“&”符号将一个字符串和一个单元格的内容连接起来。表5-6给出了文字操作的例子。

表5-6　文本运算符及举例

| 运算符 | 举　例 | 结果 | 操作类型 |
|---|---|---|---|
| & | ＝“销售”&“统计” | 销售统计 | 文本连接 |

此外，Excel还提供了比较运算，比较运算返回逻辑值TRUE(真)和FALSE(假)。比较运算符号见表5-7。

表5-7　比较运算符

| 运算符 | 说明 | 运算符 | 说明 |
|---|---|---|---|
| ＝ | 等于 | ＜＝ | 小于等于 |
| ＜ | 小于 | ＞＝ | 大于等于 |
| ＞ | 大于 | ＜＞ | 不等于 |

示例

在B1单元格中输入公式“＝A12＜120”，如果A12单元格的数值小于120，则B1单元格结果显示为则为TRUE；否则返回FALSE。

Excel环境中，不同的运算符号具有不同的优先级。如果要改变这些运算符号的优先级可以使用括号，以此来改变表达式中的运算次序。在Excel中规定所有的运算符号都遵从“由左到右”的次序来运算。例如，“＝A1＋B2/100”和“＝(A1＋B2)/100”的计算结果是不同的。

各种运算符号的运算次序见表5-8。

表5-8　运算符号的先后次序

| 运　算　符 | 说明 | 运　算　符 | 说明 |
|---|---|---|---|
| － | 负号 | ＋和－ | 加、减 |
| ％ | 百分号 | & | 连接文字 |
| ^ | 乘方 | ＝、＜、＞、＜＝、＞＝、＜＞ | 比较符号 |
| ＊和/ | 乘、除法 | | |

注：在公式中输入负数时，只需在数字前面添加“-”即可。

### 5.4.2　单元格引用

单元格引用位置基于工作表中的行号和列标。一个引用位置代表工作表上的一个单元格或者一组单元格，引用位置告诉 Excel 在哪些单元格中查找公式中要用的数值。通过引用位置，可以在一个公式中使用工作表上不同部分的数据，也可以在几个公式中使用同一个单元格中的数值。同样，可以对工作簿上其他工作表中的单元格进行引用，甚至对其他工作簿或其他应用程序中的数据进行引用。

单元格的引用可分为相对地址引用、绝对地址引用和混合地址引用；对其他工作簿中的单元格的引用称为外部引用，对其他应用程序中的数据的引用称为远程引用。

**1. 单元格地址的输入**

在公式中输入单元格地址时，很容易有输入错误的情况发生，例如，很可能将“D12”输入为“C12”。因此，在公式编辑中，用鼠标选中某个的单元格时，实际上已经把这个选中的单元格地址放到了公式中的当前编辑位置了，从而也就避免了错误输入的发生。在公式中输入单元格地址的时候，最得力的助手就是使用鼠标。

**示例**

要在 A6 单元格中输入公式“＝A1＋A2＋A3”，则选中 A6 单元格，键入一个“＝”号，接着鼠标单击 A1 单元格，再键入“＋”号，重复这个操作过程直到将全部公式输入进去。

**2. 相对地址引用**

在输入公式的过程中，直接用列标和行号表示的单元格地址都是相对引用。例如，在输入公式的过程中，用鼠标获取单元格地址后，这个地址就是相对地址引用。

相对地址引用是指：当把公式复制到其他单元格中时，行或列的引用会改变。所谓行或列的引用会改变，即指代表行的数字和代表列的字母会根据实际的偏移量相应改变。即相对引用表示公式所在位置和引用单元格之间的相对位置保持不变。

**示例**

将 A6 单元格中的公式“＝A1＋A2＋A3”复制到 B7 单元格中。在 B7 单元格中，公式将变为“＝B2＋B3＋B4”。

**3. 绝对地址引用**

在某些情况下，不希望公式中引用的单元格地址变动，就必须使用绝对地址引用。

绝对地址引用是指：当把公式复制到其他单元格中时，引用的单元格地址不会改变。在 Excel 中，绝对地址的表示方法是在列号和行号前面添加美元符号“＄”。

**示例**

如果要求复制公式“＝D4＊E4＋D10”时，公式中的“D10”是不能改变的。就必须在复制前将公式中的 D10 变成绝对地址引用，公式改变为“＝D4＊E4＋＄D＄10”，当对公式进行拷贝时，D10 就不会被当作相对地址引用了。

**4. 混合地址引用**

混合引用是指：行或列中有一个是相对地址引用，另一个是绝对地址引用。在某些情况下，需要在拷贝公式时只有行保持不变或者只有列保持不变。在这种情况下，就要使用混合地址引用。例如，单元格地址“＄A1”就表示“A”列不发生变化，但“行”会随着新的拷贝位置发生变化；同理，单元格地址“A＄1”就表示第 1 行不发生变化，但“列”会随着新的拷贝位置发生变化。当公式不是被拷贝到同一行（或列），而是一个区域时，常使用混合引用。

**示例**

将 B2 单元格中的公式“＝$A2*B$1”复制到 C3 单元格中。在 C3 单元格中，公式将变为“＝$A3*C$1”。

**5. 引用的转换**

可以使用键盘上的功能键 F4 键对公式中已存在的引用进行引用类型转换。每按一下 F4 键就变换一种类型，变换次序的如下：相对，绝对，混合，混合。具体操作方法，参考案例 5.4 和案例 5.5。

## 案例 5.4 在工作表上完成销售额计算

**案例素材**

本案例素材是一张产品销售表。

**案例要求**

使用公式计算产品销售额。

**操作步骤**

第一步：选中 G2 单元格。

第二步：鼠标单击编辑栏，输入“＝”，用鼠标单击 E2 单元格（E2 单元格为相对地址引用），键入键盘上的“*”号，然后鼠标再单击 F2 单元格（F2 单元格为相对地址引用），再键入键盘上的“*”号，再用鼠标单击 I2 单元格，并按下 F4 键，这时 I2 变为“$I$2”（“I2”单元格为绝对地址引用，复制时，I2 保持不变），单击编辑栏上的“✓”按钮，完成公式输入。

第三步：将鼠标移至 G2 单元格的黑色边框的右下角的填充柄位置，这时鼠标指针将显示为黑色加号，然后按住鼠标左健向下拖动到 G11 单元格松开鼠标，结果如图 5-65 所示。

G2 fx =E2*F2*$I$2

| | A | B | C | D | E | F | G | H | I |
|---|---|---|---|---|---|---|---|---|---|
| 1 | 产品编号 | 产品名称 | 单位 | 供应商 | 零售单价 | 销售量 | 销售额 | | 折扣率 |
| 2 | 1 | 苹果汁 | 瓶 | 甲 | ¥3.00 | 100 | ¥285.00 | | 95% |
| 3 | 2 | 鲜橙汁 | 瓶 | 甲 | ¥3.00 | 120 | ¥342.00 | | |
| 4 | 3 | 蜜桃汁 | 瓶 | 甲 | ¥3.00 | 110 | ¥313.50 | | |
| 5 | 4 | 雪梨汁 | 瓶 | 甲 | ¥3.00 | 80 | ¥228.00 | | |
| 6 | 5 | 绿茶 | 瓶 | 甲 | ¥2.50 | 60 | ¥142.50 | | |
| 7 | 6 | 汽水 | 瓶 | 乙 | ¥2.00 | 38 | ¥72.20 | | |
| 8 | 7 | 矿泉水 | 瓶 | 乙 | ¥1.50 | 180 | ¥256.50 | | |
| 9 | 8 | 咖啡 | 听 | 丙 | ¥3.00 | 90 | ¥256.50 | | |
| 10 | 9 | 牛奶 | 盒 | 丙 | ¥3.00 | 45 | ¥128.25 | | |
| 11 | 10 | 酸奶 | 盒 | 丙 | ¥4.00 | 60 | ¥228.00 | | |

图 5-65 使用公式计算产品销售额

## 案例 5.5 在工作表上计算存款到期后的利息

**案例素材**

本案例素材是一张存款到期利息表。

**案例要求**

使用公式计算存款到期后的利息。

**操作步骤**

第一步：选中“B5:F9”区域。

第二步：鼠标单击编辑栏，输入“=”，用鼠标单击 A5 单元格，并依次按下 F4 键直到显示为“$A5”(“$A5”单元格为混合地址引用，复制时，A 列保持不变)，然后键入键盘上的“*”号，然后鼠标再单击 B3 单元格，并依次按下 F4 键直到显示为“B$3”(“B$3”单元格为混合地址引用，复制时，第 3 行保持不变)，再键入键盘上的“*”号，再用鼠标再单击“B4”单元格，并依次按下 F4 键直到显示为“B$4”(“B$4”单元格为混合地址引用，复制时，第 4 行保持不变)。

第三步：公式输入完毕后，按住 Ctrl+Enter 组合键，将公式复制到所选的“B5:F9”区域中，结果如图 5-66 所示。

B5　=$A5*B$3*B$4

| | A | B | C | D | E | F |
|---|---|---|---|---|---|---|
| 1 | 存款到期利息表 | | | | | |
| 2 | 存期 | 半年 | 一年 | 两年 | 三年 | 五年 |
| 3 | | 0.5 | 1 | 2 | 3 | 5 |
| 4 | 利率 本金 | 2.80% | 3.00% | 3.75% | 4.25% | 4.75% |
| 5 | 100 | 1.40 | 3.00 | 7.50 | 12.75 | 23.75 |
| 6 | 200 | 2.80 | 6.00 | 15.00 | 25.50 | 47.50 |
| 7 | 300 | 4.20 | 9.00 | 22.50 | 38.25 | 71.25 |
| 8 | 400 | 5.60 | 12.00 | 30.00 | 51.00 | 95.00 |
| 9 | 500 | 7.00 | 15.00 | 37.50 | 63.75 | 118.75 |

图 5-66　使用公式计算存款到期后的利息

**6. 引用其他工作表区域**

若要在公式中引用其他工作表的单元格区域，可在公式编辑状态下，通过鼠标单击工作表标签，然后选取相应的区域，其表示方式为：工作表名！单元格或单元区域。例如，“Sheet1！A1:A3”，表示公式中所引用的数据来自“Sheet1”工作表中的“A1:A3”区域。

**7. 引用其他工作簿中的工作表区域**

当引用的单元格与公式所在单元格不在同一个工作簿中，其表示方式为：[工作簿文件名]工作表名称！单元格区域。例如，“[平时成绩.xlsx]Sheet1!!$D$2:$D$10”，表示公式中所引用的数据来自“平时成绩”工作簿中“Sheet1”工作表中的“D2:D10”区域。

当被引用的工作簿关闭时，公式将显示引用文件所在的路径地址，例如，“D:\[平时成绩.xlsx]Sheet1!$D$2:$D$10”，表示公式中所引用的数据来自“D”盘上的“平时成绩”工作簿中“Sheet1”工作表中的“D2:D10”区域。

**8. 三维地址引用**

当跨表引用多个相邻的工作表中相同的区域时，可以使用三维引用，而无须逐个工作表地对工作表进行引用。三维引用的表示方式为：按工作表排列顺序，使用冒号将起始工作表和终止工作表进行连接，作为跨表引用的工作表名，后跟惊叹号和单元格地址。例如，要汇总位于连续排列的“广州”、“重庆”、“天津”三张工作表上的相同单元格“B4”内的数据，可在“汇总”工作表的单元格中输入公式：“=SUM(广州:天津!B4)”，就可将广州、重庆、天津三张工作表中的 B4 单元格的内容相加。

### 5.4.3　函数的使用

Excel 中所提的函数其实是一些预定义的公式，它们使用一些称为参数的特定数值按特定的顺序或结构进行计算。Excel 函数按类别分：财务函数、日期与时间函数、数学和三角函数、统计函数、查找与引用函数、数据库函数、文本函数、逻辑函数、信息函数、工程函数、多维数据集函数和兼容性函数。

**1. 函数的语法**

每一个函数描述都包括一个语法行。例如，CELL 函数的语法行为："CELL(info_type，[reference])"，在语法行中，必选参数与任选参数的区别：任选参数是用方括号括起。在这个例子中，参数"Info_type"是必选参数，Reference 是使用方括号括起，因而是任选参数。因此，下列情况都是允许的：

```
"CELL("format",B12)"
"CELL("format")"
```

"CELL()"是不允许的，因为 Info_type 是必选参数。

如果一个参数后面跟有省略号(…)，表示可以使用多个该种数据类型的参数。一个函数中最多可包含 255 个参数。

当使用函数作为另一个函数的参数时，称为函数的嵌套。在 Excel 2010 中，每一个公式最多可以包含 64 层嵌套。每一个公式的开头键入一个等号，但在嵌套公式中的函数前不要键入等号。例如，"PRODUCT"在"＝SUM(3，(PRODUCT(2，4)))"中是一个嵌套函数。

**2. 函数的输入**

在工作表中，可以采取手工输入函数或插入函数输入方法。

**手工输入函数的操作步骤**

手工输入函数的方法同在单元格中输入一个公式的方法一样。需先在输入框中输入一个等号"＝"，然后，输入函数本身即可。例如，在单元格中输入函数："＝SUM(B2:B6)"。

手工输入输入函数时，必须用逗号分隔每个参数，但应注意不要额外地键入逗号。如果用逗号预留了一个参数的位置而未输入该参数，Excel 将用默认值替代该参数，除非该参数是一个必选参数。例如，若输入"函数名( ，arg2，arg3)"作为一个具有三个参数的工作表函数的参数，Excel 就会给 arg1 取一个适当值。若是输入"函数名(arg1，，)"，则为 arg2 和 arg3 取适当值。例如，AVERAGE(1，2，3，4，5)返回 3，而 AVERAGE(，，1，2，3，4，5)却返回 2.14。对大多数参数来说，替代省略参数的值是 0，FALSE 或""(空字符串)，这要依照参数应取的数据类型而定。

手工输入方法输入函数，适用于一些单变量的函数，或者一些简单的函数，对于参数较多或者比较复杂的函数，建议使用粘贴函数来输入。

**使用插入函数输入的操作步骤**

使用插入函数是经常用到的输入方法。利用该方法，可以指导用户一步一步地输入一个复杂的函数，并在"函数参数"对话框中了解每一个参数的说明和要求，避免在输入过程中产生错误。

第一步：选定要输入函数的单元格。

第二步：在 Excel"公式"选项卡功能区中，单击"插入函数"，打开"插入函数"对话框，如图 5-67 所示。

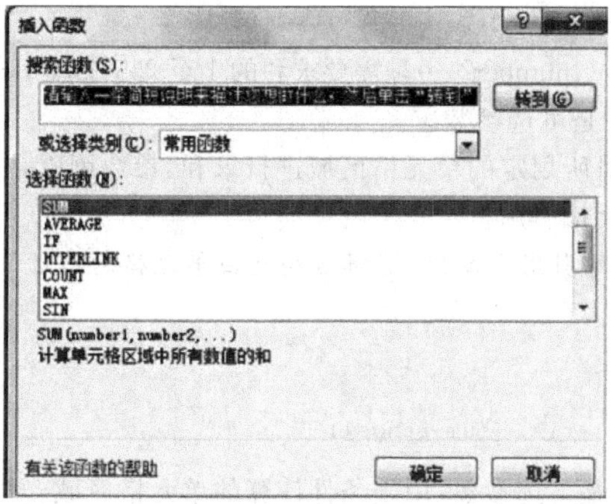

图 5-67 “插入函数”对话框

第三步：在“插入函数”对话框中，从函数分类列表框中选择要输入的函数分类。例如，选择“财务”。当选定函数分类后，再从“函数名”列表框中选择所需要的函数。例如，选择计算在固定利率下，贷款的等额分期偿还额“PMT”函数。

第四步：单击“确定”按钮，会进入“函数参数”对话框。

第五步：在“函数参数”对话框中，依据对话框中参数的说明要求，依次输入每个参数对应的数据，如图 5-68 所示。

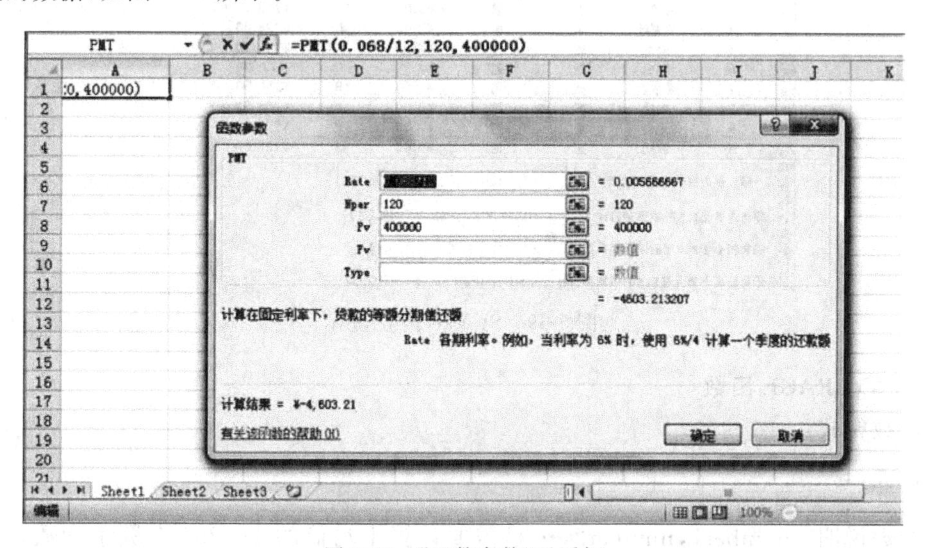


图 5-68 “函数参数”对话框

第六步：单击“确定”按钮，在选定的单元格中显示计算结果。

## 5.4.4 常用函数的介绍

### 1. SUM 函数

函数格式：

```
SUM(number1, [number2], …)
```

参数说明：number1,number2,…是需要求和的1至255个数字参数。其中number1是必选参数,number2,…是可选参数。

该函数的功能是对所划定的单元格区域进行求和,参数可以是数值、公式、区域,或者计算结果是数值的单元格引用。

**注**：SUM函数忽略引用文本值、逻辑值和空白单元格的参数。

**2. SUMIF函数**

函数格式：

```
SUMIF(range, criteria, [sum_range])
```

参数说明：range是必选参数,用于条件计算的单元格区域。每个区域中的单元格都必须是数字或名称、数组或包含数字的引用,空值和文本值将被忽略;criteria是必选参数,用于确定对哪些单元格求和的条件,其形式可以为数字、表达式、单元格引用、文本或函数;sum_range是可选参数,指定要求和的单元格。如果sum_range参数被省略,Excel会对在range参数中指定的单元格(即应用条件的单元格)求和。

该函数的功能是根据指定的单个条件对若干单元格求和,具体例子参考图5-69所示。

| | A | B | C | D | E | F | G | H | I |
| --- | --- | --- | --- | --- | --- | --- | --- | --- | --- |
| 1 | 产品编号 | 产品名称 | 单位 | 供应商 | 零售单价 | 销售量 | 销售额 | | 折扣率 |
| 2 | 1 | 苹果汁 | 瓶 | 甲 | ¥3.00 | 100 | ¥285.00 | | 95% |
| 3 | 2 | 鲜橙汁 | 瓶 | 甲 | ¥3.00 | 120 | ¥342.00 | | |
| 4 | 3 | 蜜桃汁 | 瓶 | 甲 | ¥3.00 | 110 | ¥313.50 | | |
| 5 | 4 | 雪梨汁 | 瓶 | 甲 | ¥3.00 | 80 | ¥228.00 | | |
| 6 | 5 | 绿茶 | 瓶 | 甲 | ¥2.50 | 60 | ¥142.50 | | |
| 7 | 6 | 汽水 | 瓶 | 乙 | ¥2.00 | 38 | ¥72.20 | | |
| 8 | 7 | 矿泉水 | 瓶 | 乙 | ¥1.50 | 180 | ¥256.50 | | |
| 9 | 8 | 咖啡 | 听 | 丙 | ¥3.00 | 90 | ¥256.50 | | |
| 10 | 9 | 牛奶 | 盒 | 丙 | ¥3.00 | 45 | ¥128.25 | | |
| 11 | 10 | 酸奶 | 盒 | 丙 | ¥4.00 | 60 | ¥228.00 | | |
| 12 | | | | | | | | | |
| 13 | "甲"供应商的销售额合计 | | | =SUMIF(D2:D11,"甲",G2:G11) | | | | | |
| 14 | | | | | | | | | |
| 15 | 零售单价是1.5的销售额合计 | | | =SUMIF(E2:E11,1.5,G2:G11) | | | | | |
| 16 | | | | | | | | | |
| 17 | 销售额小于200元的销售额合计 | | | =SUMIF(G2:G11,"<200") | | | | | |
| 18 | | | | | | | | | |
| 19 | 销售量高于单元格H19的销售额合计 | | | =SUMIF(F2:F11,">"&G19,G2:G11) | | | 135 | | |

图5-69　SUMIF函数应用

**3. AVERAGE函数**

函数格式：

```
AVERAGE(number1, [number2], …)
```

参数说明：number1,number2,…是需要计算平均值的1～255个数字参数。其中number1是必选参数,number2,…是可选参数。

该函数的功能是对所划定的单元格区域进行求平均值计算,参数是数值。

**4. MAX函数**

函数格式：

```
MAX(number1, [number2], …)
```

参数说明：number1,number2,…是要从中找出最大值的1～255个数字参数。其中

number1 是必选参数，number2，…是可选参数。

该函数的功能是返回一组数中的最大值。参数可以是数值、公式、区域，或者计算结果是数值的单元格引用。如果参数不包含数字，函数 MAX 返回 0(零)。

**5. MIN 函数**

函数格式：

```
MIN(number1, [number2], …)
```

参数说明：number1，number2，…是要从中找出最小值的 1～255 个数字参数。其中 number1 是必选参数，number2，…是可选参数。

该函数的功能是返回一组数中的最大值。参数可以是数值、公式、区域，或者计算结果是数值的单元格引用。如果参数不包含数字，函数 MIN 返回 0(零)。

**6. ROUND 函数**

函数格式：

```
ROUND(number, num_digits)
```

参数说明：number 是需要进行四舍五入的数字；num_digits 指定的位数，按此位数进行四舍五入。

该函数的功能是返回某个数字按指定位数取整后的数字。其中 number 参数可以为数值，含有数值的单元格引用，或者是计算结果为数值的公式；num_digits 可以是任意的正整数或负整数，它确定将要舍入多少位，指定负 num_digits 参数则舍入到小数位左边的位数，若指定的 num_digits 为 0 则舍入到最接近的整数值。Excel 是按照四舍五入原则进行数值舍入的。表 5-9 列出了 ROUND 函数的几个例子。

**表 5-9　ROUND 函数的几个例子**

| 参　数 | 返回 | 参　数 | 返回 |
|---|---|---|---|
| =ROUND(123.4567,-2) | 100 | =ROUND(123.4567,1) | 123.5 |
| =ROUND(123.4567,-1) | 120 | =ROUND(123.4567,2) | 123.46 |
| =ROUND(123.4567,0) | 123 | =ROUND(123.4567,3) | 123.457 |

**7. INT 函数**

函数格式：

```
INT(number)
```

参数说明：number 是需要进行向下舍入取整的实数。

该函数的功能是把一个数向下舍入到最接近的整数，例如，公式“=INT(100.01)”返回值为 100，公式“=INT(100.99999999)”返回值也是 100，尽管 100.99999999 近似等于 101。当 number 为负数时，INT 也把这个数向下舍入到最接近的整数。例如，公式“=INT(-100.9999999)”返回值为-101。

**8. COUNT 函数**

函数格式：

```
COUNT(value1, [value2], …)
```

参数说明：value 是包含或引用各种类型数据的 1～255 个参数。其中 value1 是必选参数，value2，…是可选参数。

该函数的功能是计算包含数字的单元格以及参数列表中数字的个数。例如，输入公式"=COUNT(A1:A20)"可以计算区域"A1:A20"中数字的个数，如果该区域中有五个单元格包含数字，则结果为 5。

**9. COUNTA 函数**

函数格式：

```
COUNTA(value1, [value2], …)
```

参数说明：value 是包含或引用各种类型数据的 1～255 个参数。其中 value1 是必选参数，value2，…是可选参数。

该函数的功能是可对包含任何类型信息的单元格进行计数，这些信息包括错误值和空文本("")。例如，如果区域包含一个返回空字符串的公式，则 COUNTA 函数会将该值计算在内，如图 5-70 所示。

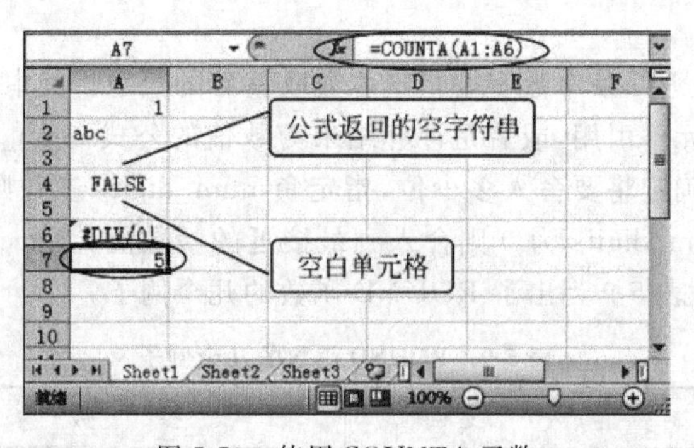


图 5-70　使用 COUNTA 函数

**注**：COUNTA 函数不会对空单元格进行计数。

**10. COUNTIF 函数**

函数格式：

```
COUNTIF(range, criteria)
```

参数说明：range 是必选参数，是对其进行计数的一个或多个单元格，其中包括数字或名称、数组或包含数字的引用。空值和文本值将被忽略；criteria 是必选参数，用于定义将对哪些单元格进行计数的数字、表达式、单元格引用或文本字符串。

该函数的功能是对区域中满足单个条件的单元格进行计数。具体例子参考图 5-71 所示。

**11. TODAY 函数**

函数格式：

```
TODAY()
```

O2 =COUNTIF(L2:L31,"优秀")

| | A | B | C | D | L | M | N | O | P |
|---|---|---|---|---|---|---|---|---|---|
| 1 | 学号 | 姓名 | 专业 | 性别 | 总评 | | | | |
| 2 | 20121101 | 冯蝶依 | 机械 | 女 | 优秀 | | 总评优秀的人数 | 8 | |
| 3 | 20121102 | 张至中 | 机械 | 女 | 优秀 | | | | |
| 4 | 20121103 | 蒋小云 | 机械 | 女 | 优秀 | | | | |
| 5 | 20121104 | 曹杨杨 | 机械 | 男 | | | | | |
| 6 | 20121105 | 林小如 | 机械 | 女 | | | | | |
| 7 | 20121106 | 刘倩 | 机械 | 女 | | | | | |
| 8 | 20121107 | 冷秋 | 机械 | 男 | | | | | |
| 9 | 20121108 | 马东方 | 机械 | 女 | | | | | |
| 10 | 20121109 | 郭含含 | 机械 | 女 | | | | | |
| 11 | 20121110 | 王倩 | 机械 | 女 | | | | | |
| 12 | 20121111 | 张丹 | 机械 | 女 | | | | | |
| 13 | 20121112 | 鹏涛 | 机械 | 男 | | | | | |
| 14 | 20121113 | 陈雅 | 机械 | 女 | | | | | |
| 15 | 20121114 | 兼利 | 机械 | 男 | 优秀 | | | | |
| 16 | 20121115 | 李志宏 | 机械 | 男 | 优秀 | | | | |
| 17 | 20122101 | 李东东 | 计算机 | 女 | | | | | |
| 18 | 20122102 | 洪庆 | 计算机 | 男 | | | | | |
| 19 | 20122103 | 王遇一 | 计算机 | 女 | | | | | |
| 20 | 20122104 | 谢一君 | 计算机 | 男 | | | | | |
| 21 | 20122105 | 杨一鼎 | 计算机 | 男 | | | | | |
| 22 | 20122106 | 李明 | 计算机 | 男 | 优秀 | | | | |
| 23 | 20122107 | 王晓红 | 计算机 | 女 | 优秀 | | | | |

图 5-71　COUNTIF 函数应用

TODAY 函数没有参数。

该函数的功能是返回当前日期。例如,公式"＝TODAY()＋5",返回值是当前日期加 5 天,如果当前日期为 2013/5/7,此公式返回为 2013/5/12。

**12. NOW 函数**

函数格式:

```
NOW()
```

NOW 函数没有参数。

该函数的功能是返回当前日期和时间。例如,公式"＝NOW()",返回值是当前日期和时间,如果当前日期为 2013/5/7,当前时间是下午 5 点半,此公式返回为 2013-5-7　17:30。

**13. RIGHT 函数**

函数格式:

```
RIGHT(text, [num_chars])
```

参数说明:text 是必选参数,包含要提取字符的文本字符串;num_chars 是可选参数,指定要由 RIGHT 提取的字符数量。

该函数的功能是根据所指定的字符数返回文本字符串的最后一个或多个字符。

**注**:num_chars 必须大于或等于零;如果 num_chars 大于文本长度,则 RIGHT 返回全部文本;如果省略 num_chars,则假设其值为 1。

**14. LEFT 函数**

函数格式:

```
LEFT(text, [num_chars])
```

参数说明:text 是必选参数,包含要提取字符的文本字符串;num_chars 是可选参数,指定要由 RIGHT 提取的字符数量。

该函数的功能是根据所指定的字符数返回文本字符串的第一个或前几个字符。

**注**：num_chars 必须大于或等于零；如果 num_chars 大于文本长度，则 LEFT 返回全部文本；如果省略 num_chars，则假设其值为 1。

**15. MID 函数**

函数格式：

```
MID(text, start_num, num_charas)
```

参数说明：text 是必选参数，包含要提取字符的文本字符串；start_num 是必选参数，指的是文本中要提取的第一个字符的位置；num_charas 是必选参数，指定从文本中返回字符的个数。

该函数的功能是返回文本字符串中从指定位置开始的特定数目的字符，该数目由用户指定。具体例子参考图 5-72 所示。

**注**：如果 start_num 大于文本长度，则 MID 返回空字符串("")；如果 start_num 小于文本长度，但 start_num 加上 num_chars 超过了文本的长度，则 MID 只返回至多直到文本末尾的字符；如果 start_num 小于 1，则 MID 返回错误值＃VALUE!；如果 num_chars 是负数，则 MID 返回错误值＃VALUE!。

**16. RANK 函数**

函数格式：

```
RANK(number, ref, [order])
```

参数说明：number 是必选参数，要查找其排位的数字；ref 是必选参数，是数字列表数组或对数字列表的引用，ref 中的非数值型参数将被忽略；order 是可选参数，一个指定数字的排位方式的数字，如果 order 为 0(零)或忽略，对数字的排位就会基于 ref 是按照降序排序的列表。如果 order 不为零，对数字的排位就会基于 ref 是按照升序排序的列表。

该函数的功能是回一个数字在数字列表中的排位。数字的排位是其大小与列表中其他值的比值。具体例子参考图 5-73 所示。

B2 =MID(A2,6,1)

| | A | B | C | D | E | F |
|---|---|---|---|---|---|---|
| 1 | 学号 | 班号 | 姓名 | 性别 | 分数 | |
| 2 | 20121101 | 1 | 张宏 | 男 | 58 | |
| 3 | 20121102 | 1 | 李民 | 男 | 90 | |
| 4 | 20121103 | 1 | 王虹 | 女 | 59 | |
| 5 | 20121104 | 1 | 陈琳 | 女 | 60 | |
| 6 | 20121105 | 1 | 谢晖 | 男 | 87 | |
| 7 | 20121201 | 2 | 赵晓雨 | 男 | 79 | |
| 8 | 20121202 | 2 | 王萌 | 女 | 68 | |
| 9 | 20121203 | 2 | 李丽 | 女 | 92 | |
| 10 | 20121204 | 2 | 许敏 | 女 | 69 | |
| 11 | 20121205 | 2 | 陈泉 | 男 | 74 | |
| 12 | | | | | | |

图 5-72　使用 MID 函数

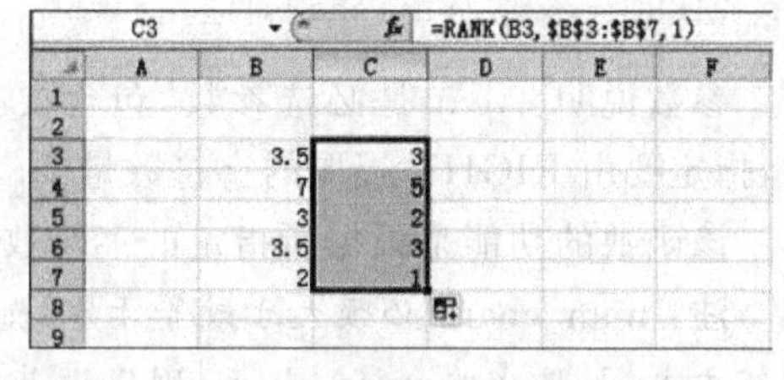

C3 =RANK(B3,$B$3:$B$7,1)

| | A | B | C | D | E | F |
|---|---|---|---|---|---|---|
| 1 | | | | | | |
| 2 | | | | | | |
| 3 | | 3.5 | 3 | | | |
| 4 | | 7 | 5 | | | |
| 5 | | 3 | 2 | | | |
| 6 | | 3.5 | 3 | | | |
| 7 | | 2 | 1 | | | |
| 8 | | | | | | |
| 9 | | | | | | |

图 5-73　使用 RANK 函数进行排位

函数 RANK 对重复数的排位相同。但重复数的存在将影响后续数值的排位。例如，在图 5-73 的例子中，数值 3.5 出现两次，其按照升序排位为 3，则数值 7 的排位就为 5(没有排位为 4 的数值)。

**17. IF 函数**

函数格式：

```
IF(logical_test, [value_if_true], [value_if_false])
```

参数说明：logical_test 是必选参数，计算结果可能为 TRUE 或 FALSE 的任意值或表达式。例如，“D2＞＝60”就是一个逻辑表达式，如果单元格 D2 中的值大于等于等于 60，表达式的计算结果为 TRUE；否则为 FALSE。此参数可使用任何比较运算符。

value_if_true 是可选参数，logical_test 参数的计算结果为 TRUE 时所要返回的值。例如，如果此参数的值为文本字符串“及格”，并且 logical_test 参数的计算结果为 TRUE，则 IF 函数返回文本“及格”；如果 logical_test 的计算结果为 TRUE，并且省略 value_if_true 参数（即 logical_test 参数后仅跟一个逗号），IF 函数将返回 0（零）。若要显示单词 TRUE，请对 value_if_true 参数使用逻辑值 TRUE。value_if_true 也可以是其他公式。

value_if_false 是可选参数。logical_test 参数的计算结果为 FALSE 时所要返回的值。例如，如果此参数的值为文本字符串“不及格”，并且 logical_test 参数的计算结果为 FALSE，则 IF 函数返回文本“不及格”；如果 logical_test 的计算结果为 FALSE，并且省略 value_if_false 参数（即 value_if_true 参数后没有逗号），则 IF 函数返回逻辑值 FALSE；如果 logical_test 的计算结果为 FALSE，且 value_if_false 为空（即 value_if_true 后有逗号，并紧跟着右括号），则 IF 函数返回值 0（零）。value_if_false 也可以是其他公式。

该函数的功能是对工作表中的数值和公式进行条件检测，根据逻辑计算的真假值，返回不同结果。具体例子参考图 5-74 所示。

**18. AND、OR 和 NOT 函数**

这三个函数可以帮助实现复合条件测试，还可以和简单的逻辑运算符“＝”、“＞”、“＜”、“＞＝”、“＜＝”及“＜＞”组合使用。AND 和 OR 函数均可以带有多达 255 个条件。

它们采用的函数格式：

```
AND(logical1, [logical2], …)
OR(logical1, [logical2], …)
NOT(logical)
```

参数说明：AND、OR 和 NOT 的参数可以是条件测试，也可以是含有逻辑值的单元格引用或数组。假设仅当学生分数大于 60 而且旷课次数少于 3 次时，才让 Excel 返回文本值“及格”，如图 5-75 所示。

F2 =IF(E2>=60,"及格","不及格")

| | A | B | C | D | E | F |
|---|---|---|---|---|---|---|
| 1 | 学号 | 班号 | 姓名 | 性别 | 分数 | 总评 |
| 2 | 20121101 | 1 | 张宏 | 男 | 58 | 不及格 |
| 3 | 20121102 | 1 | 李民 | 男 | 90 | 及格 |
| 4 | 20121103 | 1 | 王虹 | 女 | 59 | 不及格 |
| 5 | 20121104 | 1 | 陈琳 | 女 | 60 | 及格 |
| 6 | 20121105 | 1 | 谢晖 | 男 | 87 | 及格 |
| 7 | 20121201 | 2 | 赵晓雨 | 男 | 79 | 及格 |
| 8 | 20121202 | 2 | 王萌 | 女 | 68 | 及格 |
| 9 | 20121203 | 2 | 李丽 | 女 | 92 | 及格 |
| 10 | 20121204 | 2 | 许敏 | 女 | 69 | 及格 |
| 11 | 20121205 | 2 | 陈泉 | 男 | 74 | 及格 |

图 5-74　使用 IF 函数

G2 =IF(AND(E2>=60,F2<3),"及格","不及格")

| | A | B | C | D | E | F | G |
|---|---|---|---|---|---|---|---|
| 1 | 学号 | 班号 | 姓名 | 性别 | 分数 | 旷课 | 总评 |
| 2 | 20121101 | 1 | 张宏 | 男 | 59 | 2 | 不及格 |
| 3 | 20121102 | 1 | 李民 | 男 | 90 | 0 | 及格 |
| 4 | 20121103 | 1 | 王虹 | 女 | 59 | 0 | 不及格 |
| 5 | 20121104 | 1 | 陈琳 | 女 | 60 | 3 | 不及格 |
| 6 | 20121105 | 1 | 谢晖 | 男 | 87 | 0 | 及格 |
| 7 | 20121201 | 2 | 赵晓雨 | 男 | 79 | 0 | 及格 |
| 8 | 20121202 | 2 | 王萌 | 女 | 68 | 0 | 及格 |
| 9 | 20121203 | 2 | 李丽 | 女 | 92 | 0 | 及格 |
| 10 | 20121204 | 2 | 许敏 | 女 | 69 | 0 | 及格 |
| 11 | 20121205 | 2 | 陈泉 | 男 | 74 | 0 | 及格 |

图 5-75　使用 AND 函数建立复杂的条件测试

虽然 OR 函数带有的参数和 AND 函数的参数一样，但是结果是完全不同的。例如，公式“=IF(OR(E2<60, F2>=3), "参赛", "不参赛")”，返回文本值"参赛"与"不参赛"的条件是，学生的分数大于 60 或者学生的旷课次数大于 3 次。因而，OR 函数只要任意一个条件测试为真，则返回逻辑值 TRUE；而 AND 函数当且仅当所有条件测试都为真时，才返回逻辑值 TRUE，如图 5-76 所示。

G2 =IF(OR(E2<60,F2>=3),"不参赛","参赛")

| | A | B | C | D | E | F | G |
|---|---|---|---|---|---|---|---|
| 1 | 学号 | 班号 | 姓名 | 性别 | 分数 | 旷课 | 计算机参赛 |
| 2 | 20121101 | 1 | 张宏 | 男 | 58 | 2 | 不参赛 |
| 3 | 20121102 | 1 | 李民 | 男 | 90 | 0 | 参赛 |
| 4 | 20121103 | 1 | 王虹 | 女 | 59 | 0 | 不参赛 |
| 5 | 20121104 | 1 | 陈琳 | 女 | 60 | 3 | 不参赛 |
| 6 | 20121105 | 1 | 谢晖 | 男 | 87 | 0 | 参赛 |
| 7 | 20121201 | 2 | 赵晓雨 | 男 | 79 | 0 | 参赛 |
| 8 | 20121202 | 2 | 王萌 | 女 | 68 | 0 | 参赛 |
| 9 | 20121203 | 2 | 李丽 | 女 | 92 | 0 | 参赛 |
| 10 | 20121204 | 2 | 许敏 | 女 | 69 | 0 | 参赛 |
| 11 | 20121205 | 2 | 陈泉 | 男 | 74 | 0 | 参赛 |
| 12 | | | | | | | |

图 5-76 使用 OR 函数建立复杂的条件测试

NOT 函数对条件求反，因此它常用于连接其他函数。如果参数为假，NOT 则返回逻辑值 TRUE，而参数为真时，NOT 则返回逻辑值 FALSE。例如，公式“=IF(NOT(A1=10),100,0)”在单元格 A1 的值不是 10 时让 Excel 返回文本值 100。

**19. 嵌套 IF 函数**

有时，只有逻辑运算符和 AND、OR 及 NOT 函数不能解决一个逻辑问题。这类情况下，可以嵌套 IF 函数来建立一个分层测试。例如，公式“=IF(A1>=90, "优", IF(A1>=80, "良", IF(A1>=70, "中", IF(A1>=60, "及格", "不及格"))))”，使用了 4 个 IF 函数。该公式可以读作：如果单元格 E2 内的值大于等于 90，则返回文本“优”；否则，如果单元格 E2 内的值在 80 和 90 之间(即 80～89)，则返回文本“良”；否则，如果单元格 E2 内的值在 70 和 80 之间的(70～79)，则返回文本“中”；否则，如果单元格 E2 内的值在 60 和 70 之间的(60～69)，则返回文本“及格”等；最后，如果这些条件都不为真，则返回文本“不及格”，如图 5-77 所示。

F2 =IF(E2>=90,"优",IF(E2>=80,"良",IF(E2>=70,"中",IF(E2>=60,"及格","不及格"))))

| | A | B | C | D | E | F |
|---|---|---|---|---|---|---|
| 1 | 学号 | 班号 | 姓名 | 性别 | 分数 | 总评 |
| 2 | 20121101 | 1 | 张宏 | 男 | 58 | 不及格 |
| 3 | 20121102 | 1 | 李民 | 男 | 90 | 优 |
| 4 | 20121103 | 1 | 王虹 | 女 | 59 | 不及格 |
| 5 | 20121104 | 1 | 陈琳 | 女 | 60 | 及格 |
| 6 | 20121105 | 1 | 谢晖 | 男 | 87 | 良 |
| 7 | 20121201 | 2 | 赵晓雨 | 男 | 79 | 中 |
| 8 | 20121202 | 2 | 王萌 | 女 | 68 | 及格 |
| 9 | 20121203 | 2 | 李丽 | 女 | 92 | 优 |
| 10 | 20121204 | 2 | 许敏 | 女 | 69 | 及格 |
| 11 | 20121205 | 2 | 陈泉 | 男 | 74 | 中 |

图 5-77 使用 IF 嵌套函数建立复杂的条件测试

**注**：在 Excel 2010 中，一个公式最多可以包含 64 层嵌套函数。

**20. VLOOKUP 函数**

在 Excel 中，对于同一个任务，可以找到不止一种的解决方法。这里用 VLOOKUP 函数来替代嵌套 IF 函数所建立一个分层测试。

函数格式：

```
VLOOKUP(lookup_value, table_array, col_index_num, [range_lookup])
```

参数说明：lookup_value 是必选参数，指的是要在表格或区域的第一列中搜索的值，lookup_value 参数可以是值或引用，如果为 lookup_value 参数提供的值小于 table_array 参数第一列中的最小值，则 VLOOKUP 将返回错误值 #N/A！；table_array 是必选参数，包含数据的单元格区域，table_array 第一列中的值是由 lookup_value 搜索的值。这些值可以是文本、数字或逻辑值，注：文本不区分大小写；col_index_num 是必选参数，col_index_num 参数为 1 时，返回 table_array 第一列中的值，col_index_num 为 2 时，返回 table_array 第二列中的值，依此类推。如果 col_index_num 参数：小于 1，则 VLOOKUP 返回错误值 #VALUE！，大于 table_array 的列数，则 VLOOKUP 返回错误值 #REF！；range_lookup 是可选参数，它是一个逻辑值，指定希望 VLOOKUP 查找精确匹配值还是近似匹配值，如果 range_lookup 是为 TRUE 或被省略，则返回小于 lookup_value 的最大值。如果 range_lookup 参数为 FALSE，VLOOKUP 将只查找精确匹配值。如果 table_array 的第一列中有两个或更多值与 lookup_value 匹配，则使用第一个找到的值。如果找不到精确匹配值，则返回错误值 #N/A。

该函数的功能是搜索某个单元格区域（区域：工作表上的两个或多个单元格。区域中的单元格可以相邻或不相邻。）的第一列，然后返回该区域相同行上任何单元格中的值，如图 5-78 所示。

E2 =VLOOKUP(D2,$G$2:$H$6,2)

| | A | B | C | D | E | F | G | H |
|---|---|---|---|---|---|---|---|---|
| 1 | 学号 | 姓名 | 性别 | 分数 | 总评 | | 分数 | 总评 |
| 2 | 20121101 | 张宏 | 男 | 58 | 不及格 | | 0 | 不及格 |
| 3 | 20121102 | 李民 | 男 | 90 | 优 | | 60 | 及格 |
| 4 | 20121103 | 王虹 | 女 | 59 | 不及格 | | 70 | 中 |
| 5 | 20121104 | 陈琳 | 女 | 60 | 及格 | | 80 | 良 |
| 6 | 20121105 | 谢晖 | 男 | 87 | 良 | | 90 | 优 |
| 7 | 20121201 | 赵晓雨 | 男 | 79 | 中 | | | |
| 8 | 20121202 | 王萌 | 女 | 68 | 及格 | | | |
| 9 | 20121203 | 李丽 | 女 | 92 | 优 | | | |
| 10 | 20121204 | 许敏 | 女 | 69 | 及格 | | | |
| 11 | 20121205 | 陈泉 | 男 | 74 | 中 | | | |

图 5-78　使用 VLOOKUP 函数进行查找

**注**：如果 range_lookup 为 TRUE 或被省略，则必须按升序排列 table_array 第一列中的值；否则，VLOOKUP 可能无法返回正确的值。如果 range_lookup 为 FALSE，则不需要对 table_array 第一列中的值进行排序。

## 5.5 图表的使用

建立工作表的目的在于提供有助于做出更佳决策的信息。将数据以图表的形式显示，可使数据显得更清楚，易于理解。图表可以帮助用户分析数据且比较不同数据之间的差异。

**学习要点**：

1. 创建图表
2. 图表的组成
3. 图表的编辑

4. 图表的格式化

## 5.5.1 创建图表

**1. 引例**

图表是指将工作表中的数据用图形表示出来，以便直观地显示数据的变化趋势。例如：在学生成绩表中，将各门课程在各个分数段的人数统计用柱形图显示出来，如图 5-79 所示。图表可以使数据更加有趣、吸引人、易于阅读和评价。它们也可以帮助用户分析和比较数据。

要绘制出引例中的图表，需要学习如何创建图表以及对图表的编辑和格式修饰。

某公司在各地区业绩对比表

| 地区 | 四月 | 五月 | 六月 |
|---|---|---|---|
| 北京 | 70 | 80 | 81 |
| 南京 | 23 | 44 | 56 |
| 上海 | 60 | 50 | 72 |
| 深圳 | 45 | 72 | 75 |

某公司在各地区销售数据对比

|  | 四月 | 五月 | 六月 |
|---|---|---|---|
| 北京 | 70 | 80 | 81 |
| 南京 | 23 | 44 | 56 |
| 上海 | 60 | 50 | 72 |
| 深圳 | 45 | 72 | 75 |

图 5-79　使用图表直观反映数据

**2. 创建图表的方法**

创建图表的方法有：

方法 1：如果要在工作表内显示图表，可以在工作表上建立嵌入式图表。选中目标数据区域，在 Excel 功能区上的“插入”选项卡中，单击“图表”组中的相应的图表类型按钮，创建所选图表类型的图表，如图 5-80 所示。

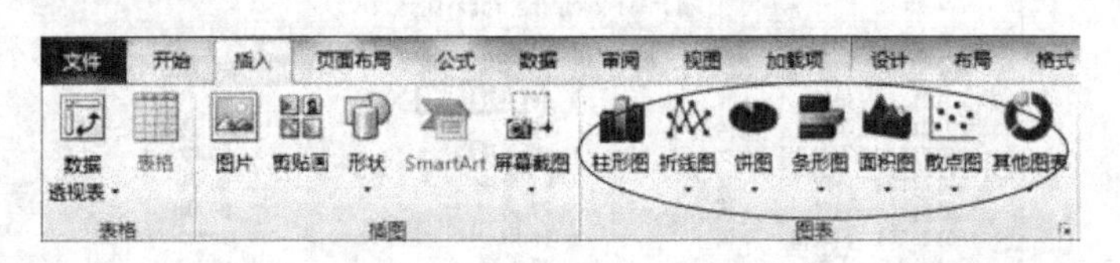


图 5-80　选择图表类型

方法 2：若是要在工作簿的单独工作表上显示图表，则建立独立的图表。选中目标数据区域，按下 F11 快捷键，在新建的图表工作表中创建图表，如图 5-81 所示。

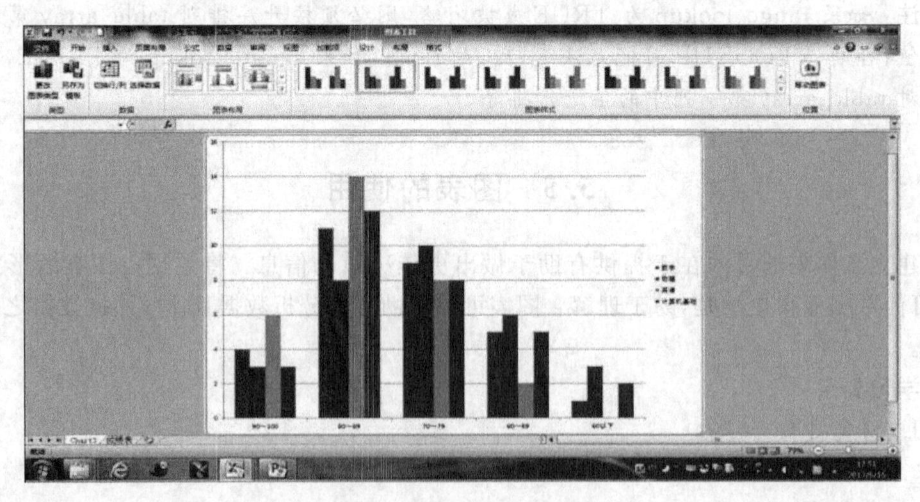

图 5-81　创建独立的图表

方法 3：在"插入图表"对话框中建立图表。选中目标数据区域，在 Excel"插入"选项卡功能中，单击"图表"组右下角的"对话框启动"按钮，在打开"插入图表"对话框，选择图表类型，创建所选图表类型的图表，如图 5-82 所示。

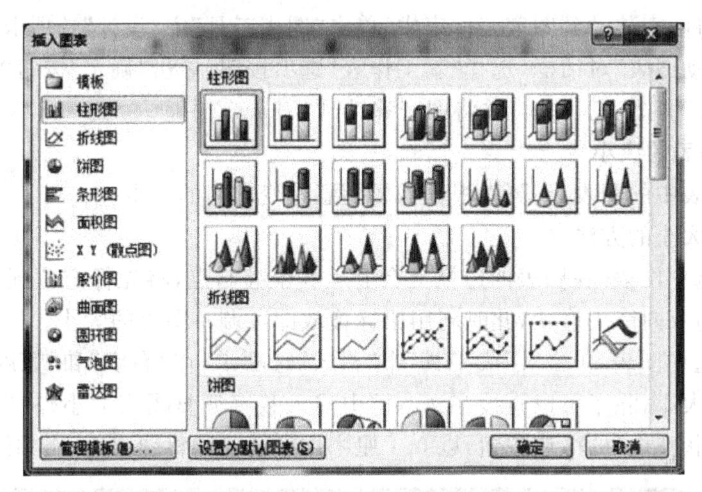


图 5-82 "插入图表"对话框

**注**：也可以先选择图表类型，然后在"选择数据"对话框中，将目标数据导入到空白图表上。

## 5.5.2 图表的组成

认识图表的各个部分组成，对图表的操作是非常重要的。Excel 图表是由图表区、绘图区、标题、坐标轴、数据系列、数据点、数据表、图例和网格线等基本组成部分构成，如图 5-83 所示。

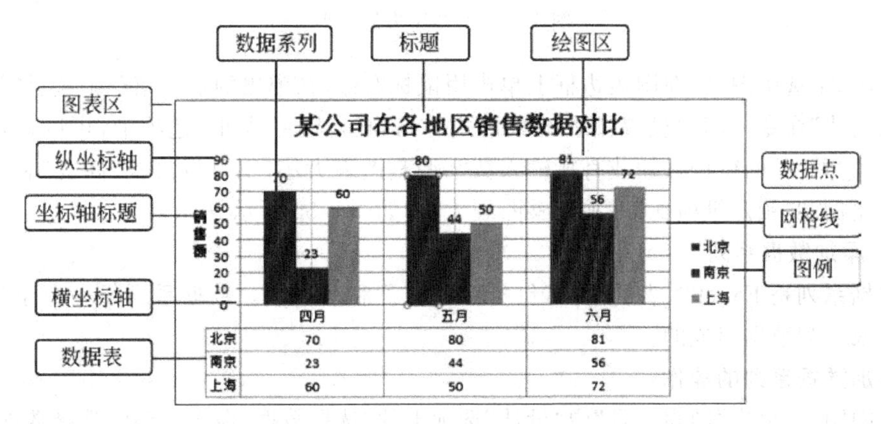


| | 四月 | 五月 | 六月 |
|---|---|---|---|
| 北京 | 70 | 80 | 81 |
| 南京 | 23 | 44 | 56 |
| 上海 | 60 | 50 | 72 |

图 5-83 图表的组成

## 5.5.3 图表的编辑

### 1. 图表的移动

一般情况下，图表是以对象方式嵌入在工作表中的，移动图表有以下三种方法。

图表移动的方法：

方法 1：只需单击要移动的图表，用鼠标拖动它到一个新的位置，然后松开鼠标即可。

方法 2：使用“剪切”和“粘贴”命令可以在不同的工作表之间移动图表。

方法 3：将图表移动到图表工作表中，单击“图表工具”中“设计”选项卡的“移动图表”命令，打开“移动图表”对话框，选择“新工作表”选项按钮，单击“确定”按钮关闭对话框，新建名为“Chart1”的图表工作表，并将图表移动到“Chart1”中。

**2. 改变图表的大小**

对于工作表中的图表，还可以根据需要随意改变它们的大小。

改变图表大小的方法：

方法 1：选中图表，在图表的边框上会显示 8 个控制点，将光标定位到任意控制点上时，光标将变为双向箭头形状，此时利用鼠标拖放即可调整图表的大小。

方法 2：选中图表，单击“图表工具”中“格式”选项卡，在“高度”和“宽度”文本框中显示所选图表的大小，除了可以直接在文本框中输入数字调整图表大小外，也可以单击“形状高度”和“形状宽度”的微调按钮，以 0.1 厘米增量精确调整图表大小，如图 5-84 所示。

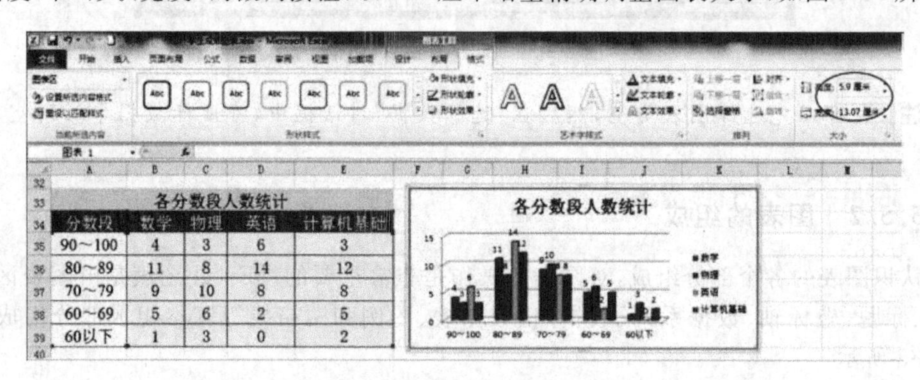


图 5-84　调整图表的大小

方法 3：选中图表，在图表边框上单击用鼠标右键，在弹出的快捷菜单上选择“设置图表区域格式”命令，打开“设置图表区域格式”对话框，选择“大小”选项卡，可以通过调节“高度”和“宽度”的微调按钮或直接输入数字调整图表大小，也可以设置“高度”和“宽度”的纵横比例和“锁定纵横比”选项调整图表大小，如图 5-85 所示。

**3. 添加数据系列**

数据系列是 Excel 图表的基础，包括系列名称和系列值。数据系列每一个系列值是由一行或一列数据组成的。

**添加数据系列的操作**

选中图表，单击“图表工具”中“设计”选项卡的“选择数据”命令，打开“选择数据源”对话框，再单击“添加”按钮，再打开“编辑数据系列”对话框，将光标定位在“系列名称”框中，然后用鼠标选择目标区域中的标题单元格；将光标定位在“系列值”框中，然后用鼠标选择目标区域中的一行或一列数据区域。最后单击“添加”按钮关闭对话框，完成数据系列的添加。

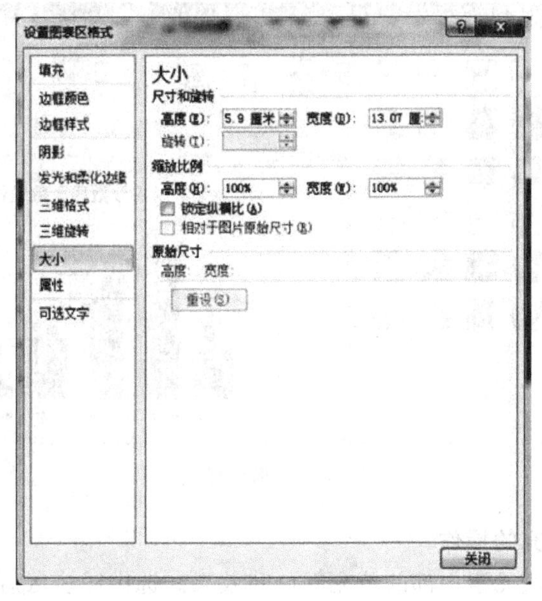


图 5-85 设置图表区大小

**4. 编辑数据系列**

**编辑数据系列的操作**

选中图表，单击“图表工具”中“设计”选项卡的“选择数据”命令，打开“选择数据源”对话框，再单击“编辑”按钮，再打开“编辑数据系列”对话框，将光标定位在“系列名称”框中，可以直接修改系列名称；将光标定位在“系列值”框中，可以直接修改系列值。最后单击“添加”按钮关闭对话框，完成编辑数据系列的工作。

**5. 删除数据系列**

**删除数据系列的操作**

方法 1：在图表中选中一个数据系列，按 Delete 键，可以直接删除数据系列。

方法 2：选中图表，单击“图表工具”中“设计”选项卡的“选择数据”命令，在打开的“选择数据源”对话框中，先选中“图例项(系列)”列表中的一个系列，再单击“删除”按钮。

### 5.5.4 图表格式化

设置图表格式是设置图表中标题、图例、坐标轴、数据系列等图表元素的格式，主要设置每种元素中的填充色、边框颜色、边框样式、阴影等美化效果。

**1. 设置图表快速样式**

Excel 2010 在形状与颜色方面与以前版本相比，其中一项重大改进是：提供了形状样式库可供快速选择使用。

**设置图表快速样式的操作**

形状样式是指图表元素的边框、填充、文本的组合样式。选中图表区后，单击“格式”选项卡中的“形状样式”下拉按钮，打开“形状样式”库，单击选择 42 种样式中的一种，如图 5-86 所示。

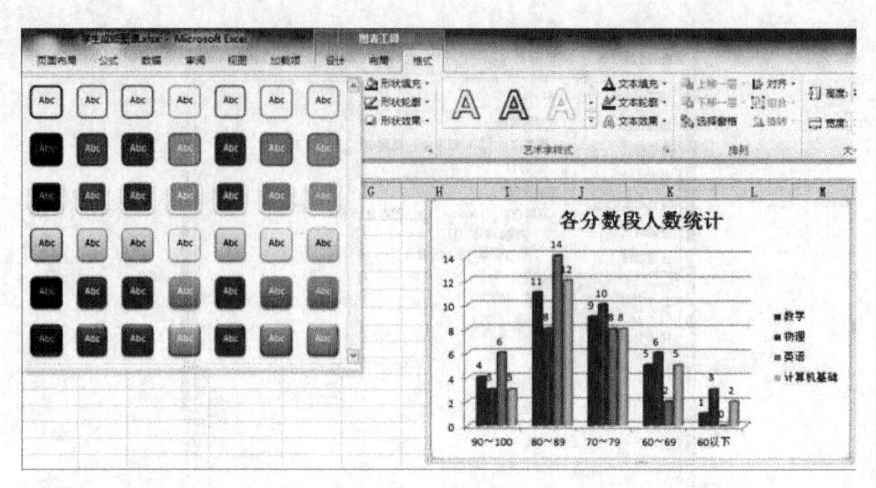


图 5-86　形状样式

**设置图表形状填充的操作**

形状填充是指图表元素内部的填充颜色和效果。选中图表区后，单击“格式”选项卡中的“形状填充”下拉按钮，打开“形状填充”下拉列表，选择主题颜色、标准色、无填充颜色、图片、渐变、纹理，如图 5-87 所示。

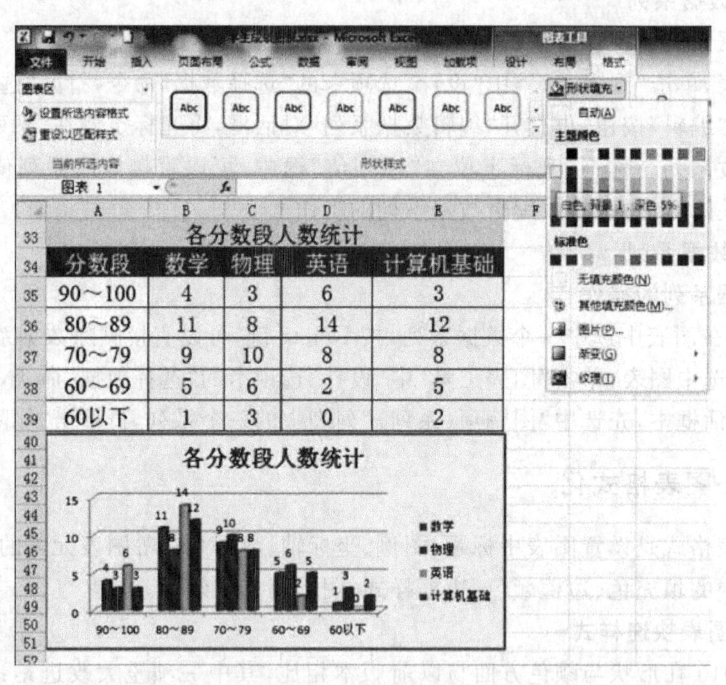

| 各分数段人数统计 | | | | |
|---|---|---|---|---|
| 分数段 | 数学 | 物理 | 英语 | 计算机基础 |
| 90～100 | 4 | 3 | 6 | 3 |
| 80～89 | 11 | 8 | 14 | 12 |
| 70～79 | 9 | 10 | 8 | 8 |
| 60～69 | 5 | 6 | 2 | 5 |
| 60以下 | 1 | 3 | 0 | 2 |



图 5-87　形状填充

**设置图表形状轮廓的操作**

形状填充是指图表元素边宽的颜色和效果。选中图表区后，单击“格式”选项卡中的“形状填充”下拉按钮，打开“形状轮廓”下拉列表，选择主题颜色、标准色、无轮廓、其他轮廓颜色、粗细、虚线、箭头，如图 5-88 所示。

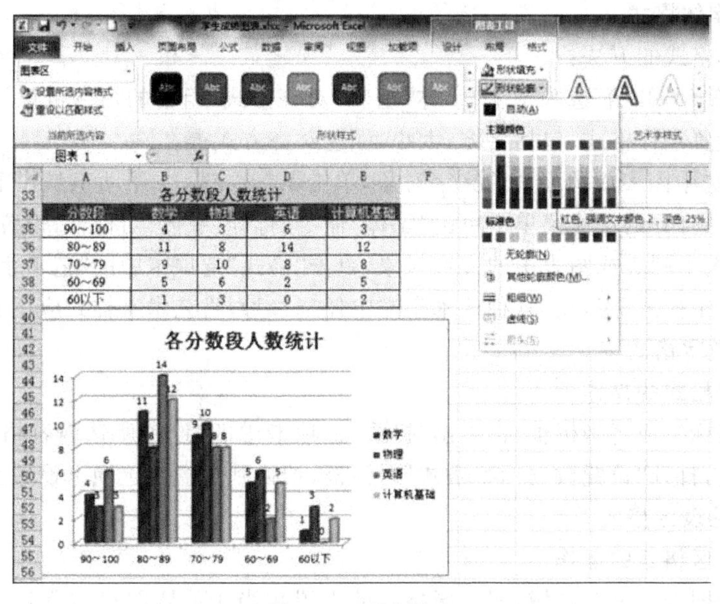


图 5-88　形状轮廓

**设置图表形状效果的操作**

形状填充是指图表元素阴影和三维效果。选中图表区后，单击“格式”选项卡中的“形状填充”下拉按钮，打开“形状效果”下拉列表，选择预设、阴影、映像、发光、柔化边缘、棱台、三维旋转，如图 5-89 所示。

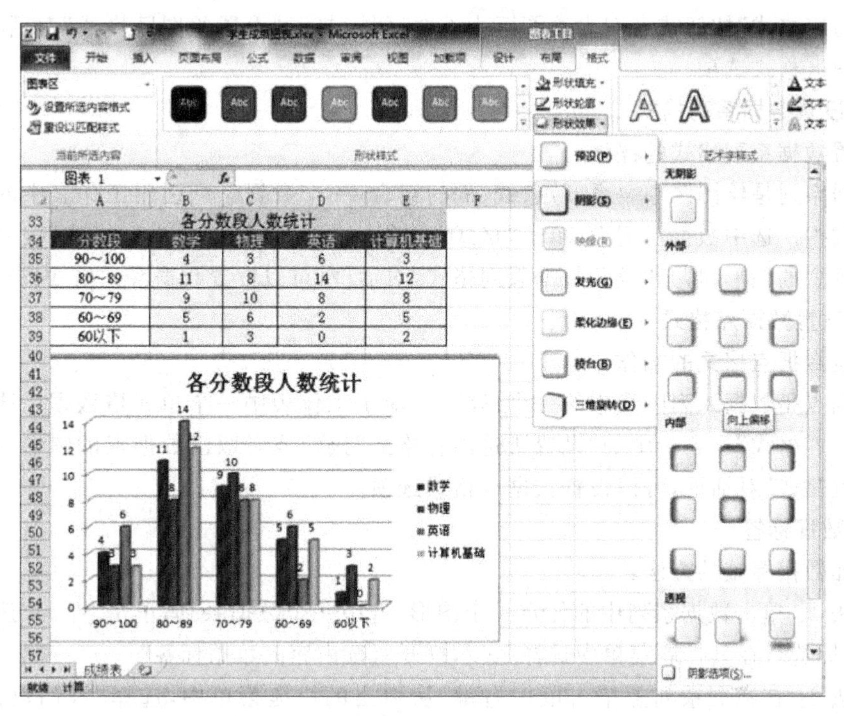


图 5-89　形状效果

**2. 设置字体格式**

设置字体格式的方法：

方法1：使用"开始"选项卡上"字体"组和"对齐方式"组中的命令可以为图表中含有文字的对象设置字体格式，包括字体、大小、颜色对齐方式等。

方法2：选中图表或图表中的文字对象，单击鼠标右键，在浮动工具栏上直接选择字体格式；也可在打开的快捷菜单中单击"字体"命令，打开"字体"对话框，设置字体格式。

方法3：选中图表或图表中的文字对象，单击"格式"选项卡中的"艺术字样式"下拉按钮，打开"艺术字样式"库，在20种艺术字样中任选一种，将艺术字样式应用到图表中。

**3. 设置数字格式**

**设置数字格式的操作**

选择数据标签或者坐标轴，再单击"格式"选项卡中的"设置所选内容格式"按钮或者双击数据标签，打开"设置数据标签格式"对话框，切换到"数字"选项卡设置数字格式。

**4. 设置图表区格式**

**设置图表区格式的操作**

图表区是图表的整个区域，图表区格式的设置相当于设置图表的背景。选中图表区后，单击"格式"选项卡中的"设置所选内容格式"按钮或者双击图表区中空白区域，打开"设置图表区格式"对话框，可以设置图表区格式选项。

**5. 设置绘图区格式**

**设置绘图区格式的操作**

绘图区是图表区中由坐标轴围成的部分。选中绘图区后，单击"格式"选项卡中的"设置所选内容格式"按钮或者双击绘图区中空白区域，打开"设置绘图区格式"对话框，可以设置绘图区格式选项。

**6. 设置数据系列格式**

**设置数据系列格式的操作**

数据系列是绘图区中一系列点、线、面的组合，一个数据系列引用工作表中的一行或一列的数据。选中数据系列后，单击"格式"选项卡中的"设置所选内容格式"按钮或者双击数据系列的图形，打开"设置数据系列格式"对话框，可以设置数据系列格式选项。

**7. 设置数据点格式**

**设置数据点格式的操作**

数据点是数据系列图形中的一个形状，对应于工作表中一个单元格数据。选中数据点后，单击"格式"选项卡中的"设置所选内容格式"按钮或者双击数据点的图形，打开"设置数据点格式"对话框，可以设置数据点格式选项。

**8. 数据标签**

添加数据标签的方法：

方法1：单击数据系列中的任意一个图形，选中一个数据系列，单击"布局"选项卡中的"数据标签"，在其扩展菜单中选择"显示打开所选内容的数据标签"。

方法2：在数据系列上单击鼠标右键，从弹出的快捷菜单中，选择"添加数据标签"命令。

**设置数据标签格式的操作**

选中数据标签后，单击“格式”选项卡中的“设置所选内容格式”按钮或者双击数据标签，打开“设置数据标签格式”对话框，可以设置数据标签选项。

### 9. 设置坐标轴格式

**设置坐标轴格式的操作**

坐标轴是组成绘图区边界的直线。选中坐标轴后，单击“格式”选项卡中的“设置所选内容格式”按钮或者双击坐标轴，打开“设置坐标轴格式”对话框，可以设置坐标轴格式选项。

### 10. 设置网格线格式

**设置网格线格式的操作**

网格线的主要作用是在未显示数据标签时，可以大致读出数据点对应坐标轴的刻度。选中网格线后，单击“格式”选项卡中的“设置所选内容格式”按钮或者双击网格线，打开“设置主（次）要网格线格式”对话框，可以设置网格线格式选项。

### 11. 设置图例格式

**设置图例格式的操作**

图例用于显示数据系列指定的图案和文本说明。图例是由图例项组成，每一个数据系列对应于一个图例项。选中图例后，单击“格式”选项卡中的“设置所选内容格式”按钮或者双击图例，打开“设置图例格式”对话框，可以设置图例格式选项。

### 12. 设置标题格式

**设置标题格式的操作**

标题包括图表标题和坐标轴标题。选中标题后，单击“格式”选项卡中的“设置所选内容格式”按钮或者双击标题，打开“设置图表标题格式”对话框，可以设置标题格式选项。

### 13. 设置数据表格式

**设置数据表格式的操作**

图表数据表是附加到图表的表格，用于显示图表的源数据。选中数据表后，单击“格式”选项卡中的“设置所选内容格式”按钮或者双击数据表，打开“设置模拟运算表格式”对话框，可以设置数据表格式选项。

下面通过如图 5-90 所示的案例 5.6 来完成一张图表的制作。

## 案例 5.6　制作饼图

**案例素材**

本案例素材各门课程在各分数段人数统计数据表。

**案例要求**

将“计算机基础”在各分数段的人数比例绘制成饼图。

**操作步骤**

第一步：在 Excel“插入”选项卡功能中，单击“图表”组右下角的“对话框启动”按钮，在打开“插入图表”对话框的“饼图”选项中选择“三维饼图”。

| | A | B | C | D | E |
|---|---|---|---|---|---|
| 33 | 各分数段人数统计 | | | | |
| 34 | 分数段 | 数学 | 物理 | 英语 | 计算机基础 |
| 35 | 90～100 | 4 | 3 | 6 | 3 |
| 36 | 80～89 | 11 | 8 | 14 | 12 |
| 37 | 70～79 | 9 | 10 | 8 | 8 |
| 38 | 60～69 | 5 | 6 | 2 | 5 |
| 39 | 60以下 | 1 | 3 | 0 | 2 |

图 5-90　各门课程在各分数段人数统计数据表

第二步：单击“确定”按钮，将在工作表上看到一个空白图表，出现空白图表的原因是因为没有选工作表的目标数据。用鼠标右键在空白图表上单击，在打开快捷菜单中选择“选择数据”，如图 5-91 所示。

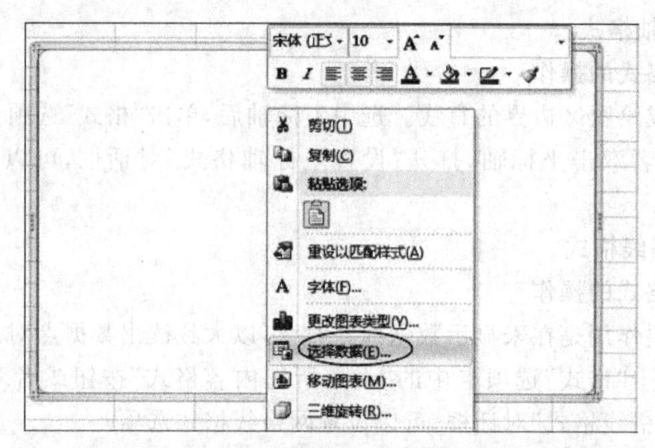


图 5-91　在打开的快捷菜单中选择“选择数据”命令

第三步：在打开“选择数据源”对话框中，单击“添加”按钮，如图 5-92 所示。

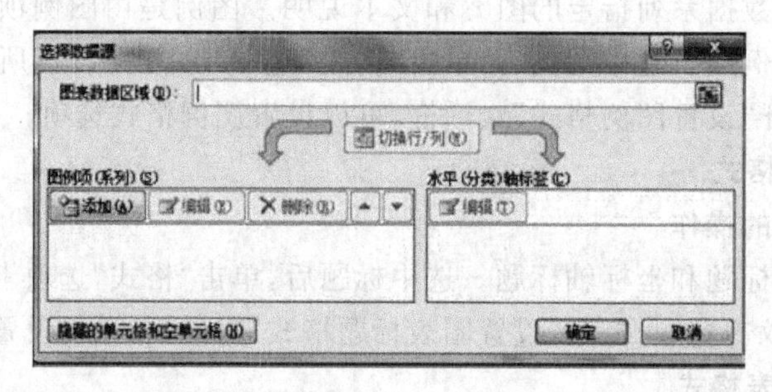


图 5-92　在打开的“选择数据源”对话框中，单击“添加”按钮

第四步：在打开“编辑数据系列”对话框中，将光标定位在“系列名称”框中，然后用鼠标选择 E34 单元格；将光标定位在“系列值”框中，然后用鼠标选择目标区域中的一行或一列数据区域，这里选择“E35:E39”一列数据区域，再单击“添加”按钮，如图 5-93 所示，单击“确定”按钮。

第五步：返回到“选择数据源”对话框中，在右边“水平(分类)轴标签”区域中单击“编辑”按钮，打开“轴标签”对话框，在“轴标签区域”中用鼠标左键选择目标数据区域中的标签信息，如图 5-94 所示，单击“确定”按钮。

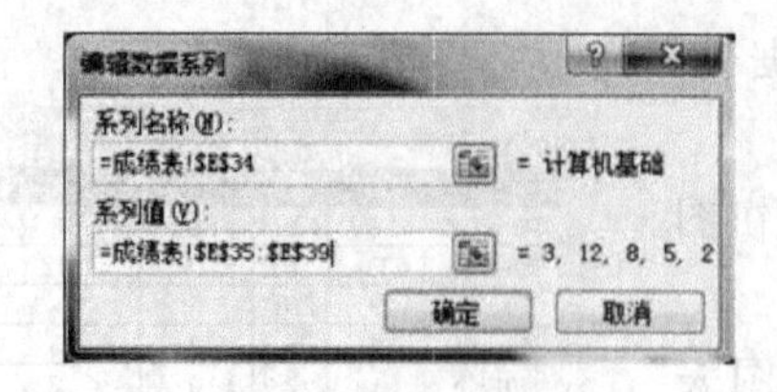


图 5-93　编辑数据系列

图 5-94　在“轴标签区域”中导入目标数据中的标签地址

第六步：返回到“选择数据源”对话框中，数据添加完毕，如图 5-95 所示，单击“确定”按钮。

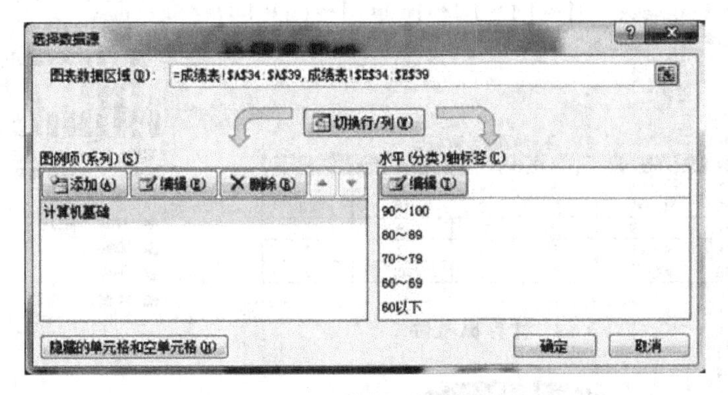


图 5-95　数据添加完毕

第七步：在工作表上显示出生成的图表。需要进一步修饰图表，例如，在饼图上添加数据标签，在图表上单击鼠标右键，在弹出的快捷菜单上选择“添加数据标签”，如图 5-96 所示。

第八步：在已添加数据标签的图表上。要进一步修饰数据标签的格式，在标签上单击鼠标右键，在弹出的快捷菜单上选择“设置数据标签格式”，打开“设置数据标签格式”对话框，如图 5-97 所示，设置完毕后，单击“关闭”按钮。

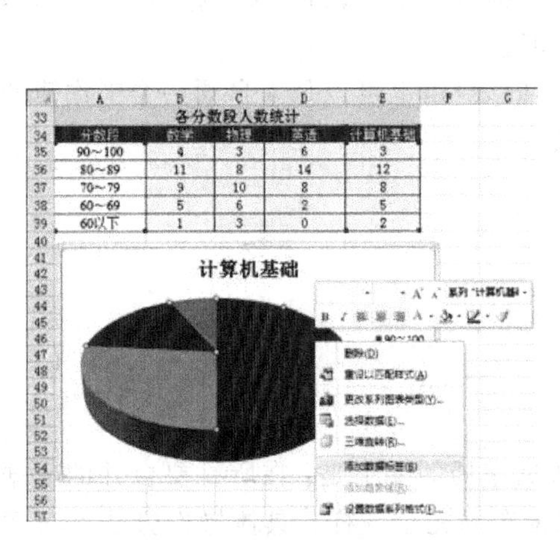

图 5-96　添加数据标签

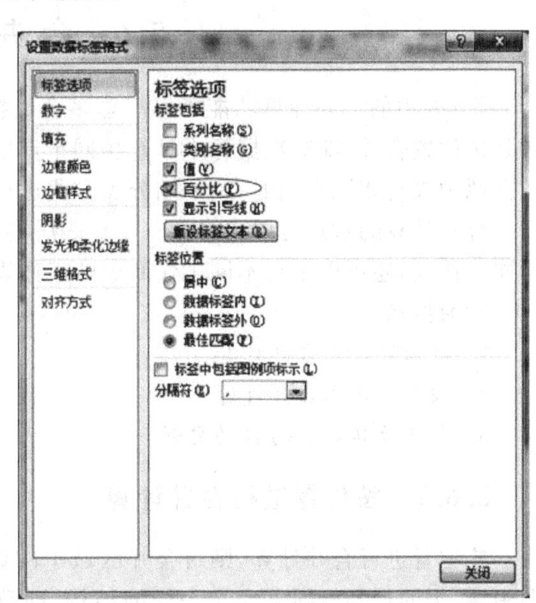


图 5-97　设置数据标签格式

第九步：在图表上还可以设置其他格式。例如，要给图表区添加背景颜色，单击“图表工具”的“格式”选项卡的“形状填充”下拉按钮，在下拉列表中，选择填充的颜色即可，如图 5-98 所示。

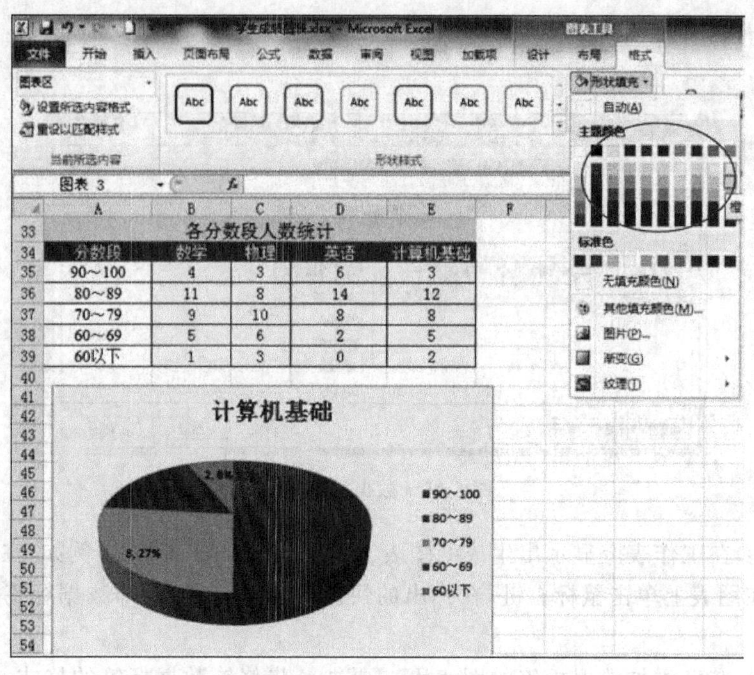


图 5-98　设置图表区格式

## 5.6　合并计算

Excel中的合并计算功能可以汇总多个数据源区域中的数据。具体有两种方法：一种是按位置合并，即对数据源中具有相同布局的数据进行汇总；另一种是按分类合并，当数据源中没有相同布局时，则采用分类方式进行汇总。

合并计算的数据可以来自同一工作表中的不同表格，也可以是来自同一个工作簿的不同工作表，还可以来自不同工作簿中的工作表。

**学习要点：**

1. 按位置建立合并计算
2. 按类别建立合并计算
3. 合并计算数据的自动更新

### 5.6.1　按位置进行合并计算

按位置进行合并计算，则对合并区域中的数据布局的要求是：在所有要合并的数据源中，数据的行列标题是完全一样的结构，即数据布局完全一样。具体操作方法参考案例5.7。

**案例5.7　对同一工作簿中不同工作表按位置进行合并计算**

**案例素材**

本案例素材是一张各地区产品销售表。

**案例要求**

按位置将各地区产品销售表1中的“北京”、“天津”、“上海”三张工作表的“销售量”合并到“汇总”表中，如图5-99所示。

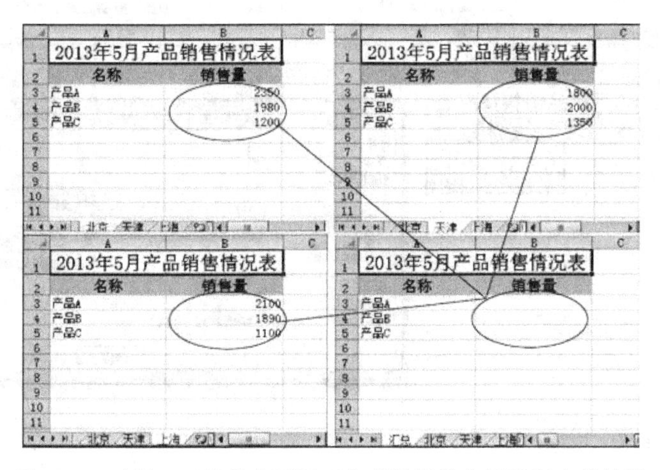

图5-99 对同一工作簿中不同工作表数据按位置进行合并计算

**操作步骤**

第一步：在“汇总”工作表中，选中“B3:B5”区域。单击“数据”选项卡“数据工作”组中“合并计算”按钮，打开“合并计算”对话框。

第二步：在“函数”框中，选择进行合并计算数据的汇总函数“求和函数”。求和(SUM)函数在“合并计算”对话框中是默认的函数。

第三步：激活“引用”位置，选中“北京”工作表中的“B3:B5”区域，然后在“合并计算”对话框中，单击“添加”按钮，所引用的单元格区域地址会出现在“所有引用位置”的列表框中，使用同样方法，依次将“天津”和“上海”工作表中的“B3:B5”区域添加到“所有引用位置”的列表框中。

第四步：在“合并计算”对话框中，取消勾选“标签位置”的“首行”和“最左列”复选项，然后单击“确定”按钮，生成合并的结果如图5-100所示。

对同一工作表上的数据按位置进行合并的方法参考案例5.7，如图5-101所示。

**注**：使用按位置合并的方式，Excel不关心多个数据源表中的行列标题是否一致，只是将数据源表格中相同位置上的数据进行合并计算，并不会进行分类计算。

## 5.6.2 按分类进行合并计算

当几个需要合并的数据源区域的数据以不同方式排列时，就要按分类进行数据的合并计算。例如，“北京”、“天津”和“上海”三张工作表分别销售不同的产品，汇总表要得到完整的销售报表时，就必须按“分类”对数据进行合并计算。

下面就以案例5.8和案例5.9来说明这一操作过程。

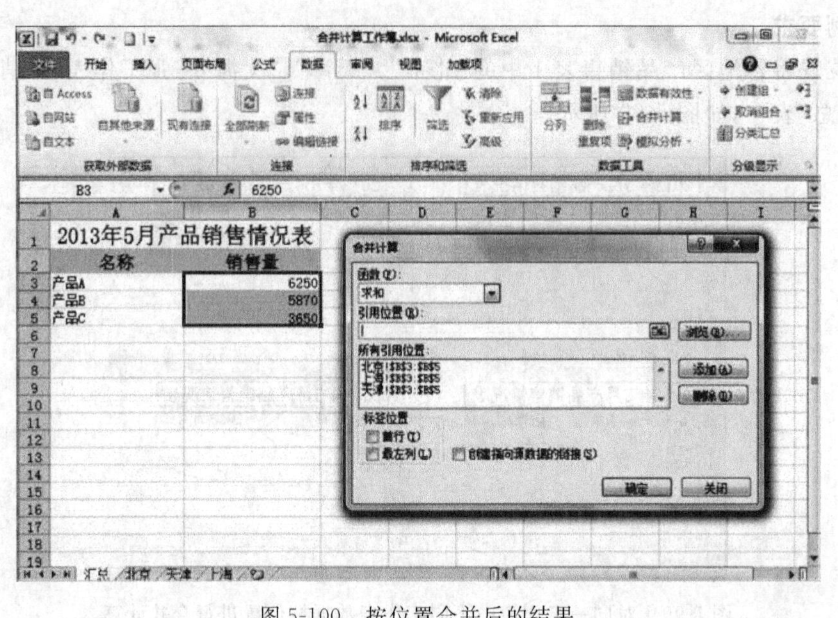


图 5-100　按位置合并后的结果

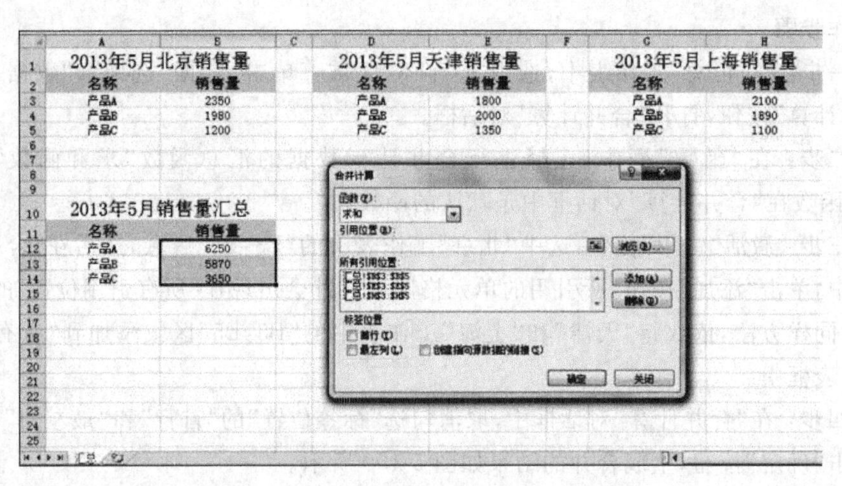


图 5-101　按位置合并同一工作表的数据

## 案例 5.8　对同一工作簿中不同工作表按分类进行合并计算

### 案例素材

本案例素材是一张各地区产品销售表 2。

### 案例要求

按分类将各地区产品销售表 2 中的“北京”、“天津”、“上海”三张工作表的“销售量”合并到“汇总”表中，如图 5-102 所示。

### 操作步骤

第一步：在“汇总”工作表中，选中 A2 单元格，作为保存合并计算结果的起始位置。

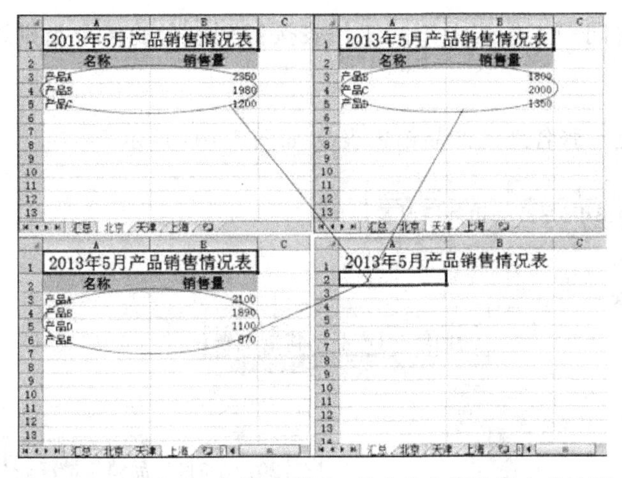


图 5-102　对同一工作簿中不同工作表按分类进行合并计算

单击“数据”选项卡“数据工作”组中“合并计算”按钮，打开“合并计算”对话框。

第二步：在“函数”框中，选择进行合并计算数据的汇总函数“求和函数”。

第三步：激活“引用”位置，选中“北京”工作表中的“A2:B5”区域，然后在“合并计算”对话框中，单击“添加”按钮；选中“天津”工作表中的“A2:B5”区域，单击“添加”按钮；选中“上海”工作表中的“A2:B6”区域，单击“添加”按钮。所引用的单元格区域地址依次出现在“所有引用位置”的列表框中。

第四步：在“合并计算”对话框中，勾选“标签位置”的“首行”和“最左列”复选框，然后单击“确定”按钮，生成合并的结果如图 5-103 所示。

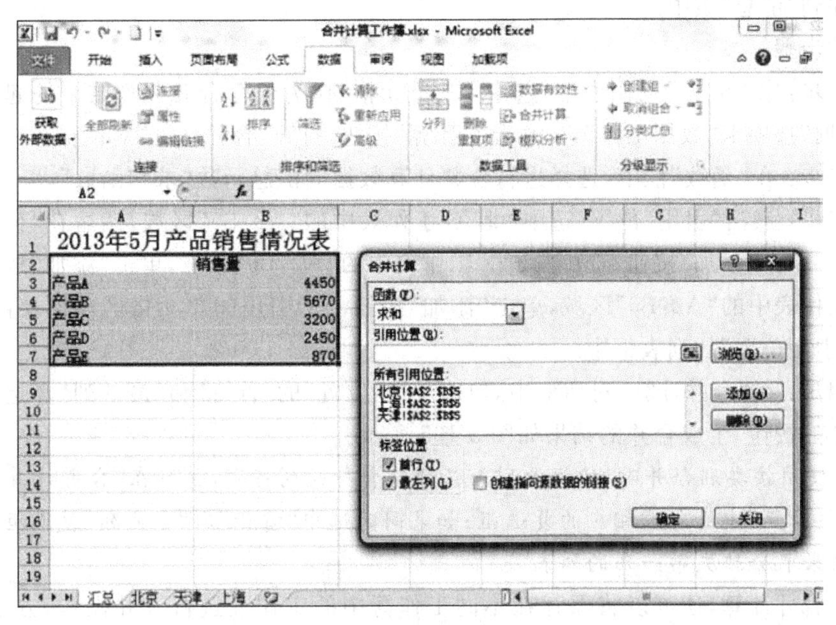


图 5-103　按类别合并

## 案例 5.9　对同一工作簿中不同工作表按行列包含的多个类别进行汇总

### 案例素材

本案例素材是一张各地区产品销售表 3，如图 5-104 所示。

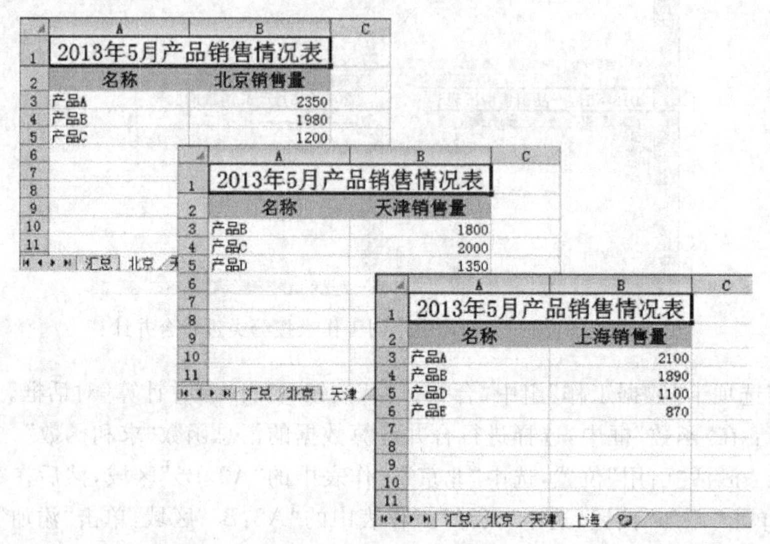


图 5-104　对同一工作簿中不同工作表按行列包含的多个类别进行合并计算

### 案例要求

按分类将各地区产品销售表 3 中的"北京"、"天津"、"上海"三张工作表的所有项目和数据合并到"汇总"表中。

### 操作步骤

第一步：在"汇总"工作表中，选中 A2 单元格，作为保存合并计算结果的起始位置。单击"数据"选项卡"数据工作"组中"合并计算"按钮，打开"合并计算"对话框。

第二步：在"函数"框中，选择进行合并计算数据的汇总函数"求和函数"。

第三步：激活"引用"位置，选中"北京"工作表中的"A2:B5"区域，然后在"合并计算"对话框中，单击"添加"按钮；选中"天津"工作表中的"A2:B5"区域，单击"添加"按钮；选中"上海"工作表中的"A2:B6"区域，单击"添加"按钮。所引用的单元格区域地址依次出现在"所有引用位置"的列表框中。

第四步：在"合并计算"对话框中，勾选"标签位置"的"首行"和"最左列"复选框，然后单击"确定"按钮，生成合并的结果如图 5-105 所示。

**注**：使用按类别合并时，数据源列表必须包含行或列标题，并且在"合并计算"对话框中的"标签位置"中的勾选相应的复选框；如果同时选中"首行"和"最左列"复选框，所生成的合并结果表会缺失第一列的列表。

对于合并计算，还可以将保存在不同工作簿中的工作表进行合并操作，方法是：在"合并计算"对话框中，如果需要的工作表没有被打开，单击"浏览"按钮，之后出现一个如图 5-106 所示的"浏览"对话框，可以从中选定包含源区域的工作簿。

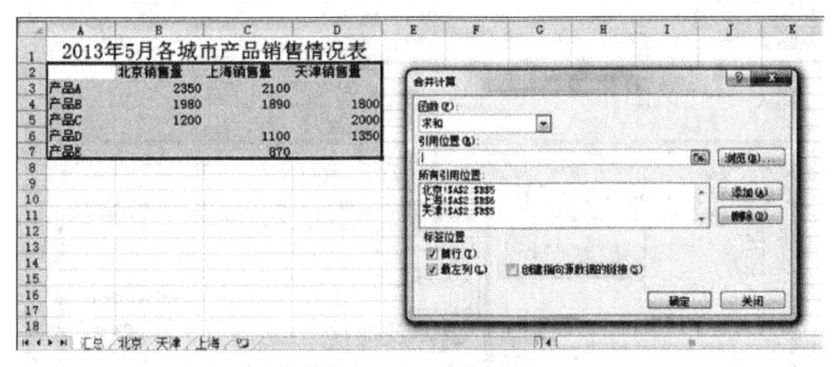


图 5-105　制作各城市销售量明细汇总表

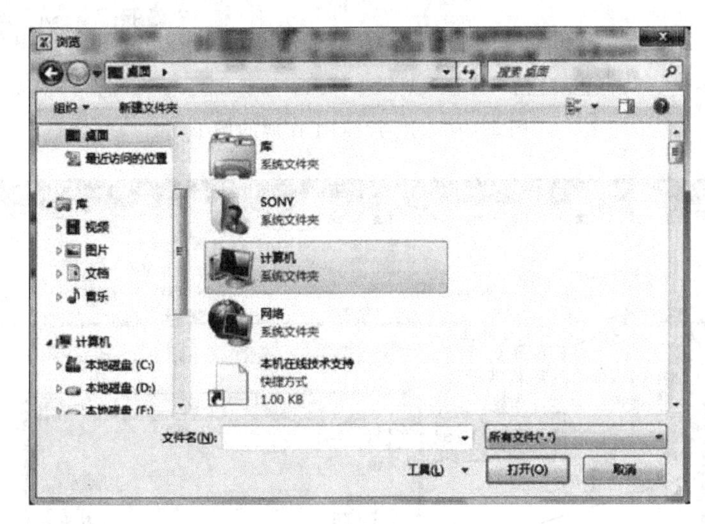


图 5-106　“浏览”对话框

当选择了“确定”按钮后，Excel 将在“引用位置”框中插入文件名和一个感叹号“!”。将光标定位在“!”后，可以键入单元格地址或数据源区域的地址，单击“添加”按钮，所引用的外部工作簿的数据源区域地址会出现在“所有引用位置”的列表框中，使用同样方法，将其他工作簿中要合并的数据源区域陆续添加到“所有引用位置”的列表框中。最后单击“确定”按钮完成不同工作簿的数据合并计算的工作，如图 5-107 所示。

## 5.6.3　合并计算数据的自动更新

此外，在 Excel 中还可以利用链接功能来实现表格的自动更新。也就是说，当源数据改变时，Excel 会自动更新合并计算表。要实现该功能的方法是，在“合并计算”对话框中勾选“创建指向源数据的链接”复选框，这样，当每次更新源数据时，就不必都要再使用一次“合并计算”命令，如图 5-108 所示。

**注**：当源和目标区域在同一张工作表时，是不能够建立链接的。

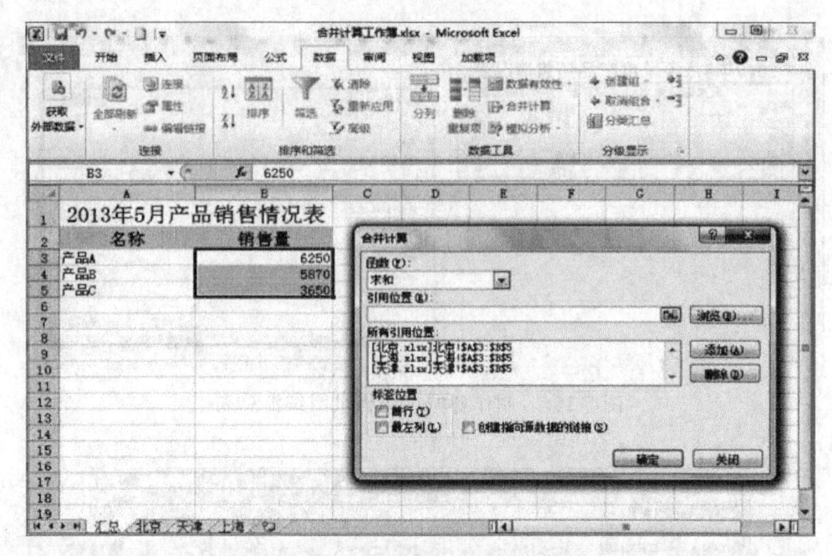


图 5-107　引用不同工作簿的例子

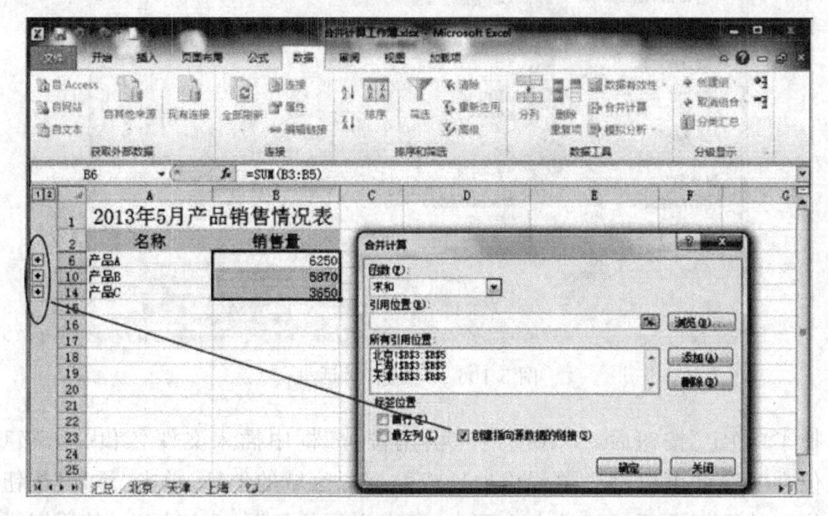


图 5-108　创建指向源数据的链接

## 5.7　工作表的打印

通常情况下,经常会有打印表格的需求。本节将介绍工作表打印的基本操作和设置技巧。

**学习要点:**

1. 设置打印区域
2. 版面设定
3. 打印设置
4. 打印预览的使用

### 5.7.1 快速打印

所谓“快速打印”，指的是不需要用户进行进一步的确认即直接输出到打印机任务中。如果当前工作表没有进行过有关打印选项的设置，则 Excel 会以默认的打印方式进行打印。默认的打印设置内容如下：

- 打印内容：当前工作表中所包含的数据。
- 打印份数：1 份。
- 打印范围：整个工作表中所包含的数据和格式区域。
- 打印方向：纵向。
- 打印顺序：从上至下，再从左至右。
- 打印缩放：无缩放，即 100%正常尺寸。
- 页边距：上下页边距为 1.91 厘米，左右页边距为 1.78 厘米，页眉页脚页边距为 0.76 厘米。
- 页眉页脚：无页眉页脚。
- 打印标题：无标题。

**快速打印的操作步骤**

利用“快速打印”命令。通过单击“快速访问工具栏”右侧下拉箭头，在弹出的命令列表中单击“快速打印”命令项，即可将其添加为“快速访问工具栏”上的按钮，如图 5-109 所示。

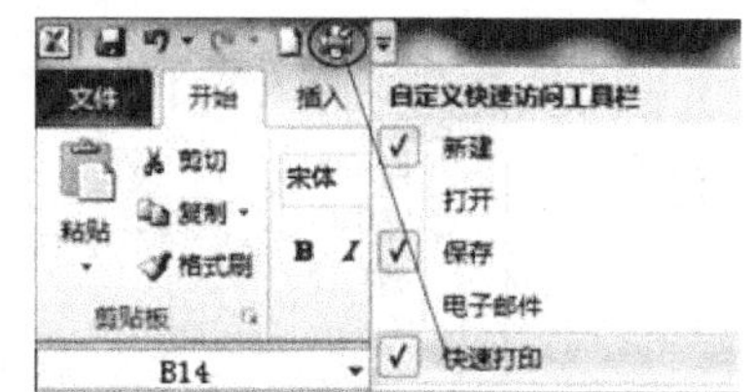


图 5-109 在“快速访问工具栏”上添加“快速打印”按钮

### 5.7.2 设置打印区域

**1. 工作表的打印选取**

在默认状态下，Excel 仅打印活动工作表上的内容。如果要打印多个工作表的内容，可以在打印之前同时选中工作簿中的所有工作表。也可以使用“打印”中的“设置”进行设置。

**打印选取的操作步骤**

第一步：单击“文件”菜单中的“打印”项，打开打印选项菜单。

第二步：单击“打印活动工作表”按钮，选择“打印整个工作簿”命令。

第三步：单击“打印”按钮，即可打印当前工作簿中所有工作表内容，如图 5-110 所示。

**2. 打印选定区域**

如果希望打印数据表中某一部分，就需要进行打印区域的设置。

设置打印区域的方法：

方法 1：在工作表上选定需要打印的区域。单击“文件”菜单中的“打印”项，打开打印选项菜单，单击“打印活动工作表”按钮，选择“打印选定区域”命令。

方法 2：在工作表上选定需要打印的区域。单击“页面布局”选项卡中的“打印区域”按钮，在出现的下拉列表中，选择“打印选定区域”命令，打开打印选项菜单，单击“打印活动工作表”按钮，选择“设置打印区域”命令，即可将当前选中区域设置为打印区域，如图 5-111 所示。

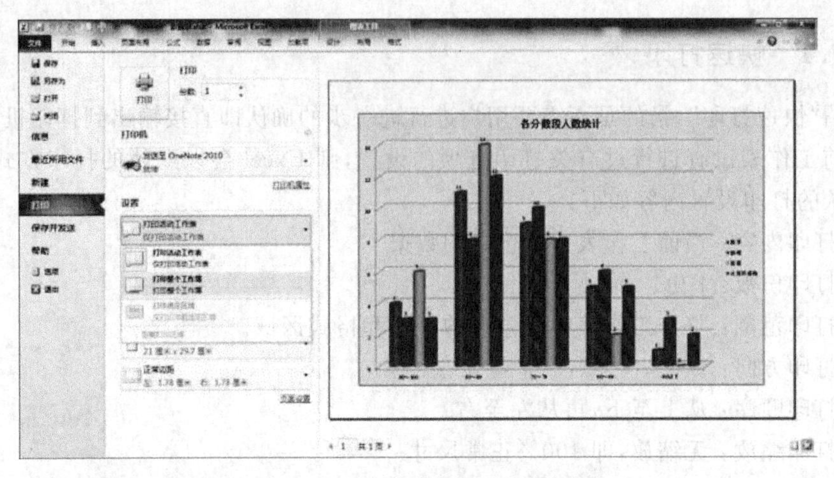


图 5-110 “打印”中的“设置”选项

| | 图书销售统计表 | | | | | | |
|---|---|---|---|---|---|---|---|
| 2 | 客户 | 类型 | 购买日期 | 书号 | 定价 | 数量 | 金额 |
| 3 | 章为民 | 个人 | 41276 | TP001 | 28 | 2 | 56 |
| 4 | 海成公司 | 单位 | 41286 | TP002 | 26 | 30 | 780 |
| 5 | 刘小东 | 个人 | 41315 | TP003 | 31 | 2 | 62 |
| 6 | 蓝色快车 | 单位 | 41327 | TP004 | 29 | 20 | 580 |
| 7 | 陈一凡 | 个人 | 41341 | TP002 | 26 | 1 | 26 |
| 8 | 李晓阳 | 个人 | 41355 | TP001 | 28 | 1 | 28 |
| 9 | 章毅 | 个人 | 41374 | TP003 | 31 | 3 | 93 |
| 10 | 郭虹 | 个人 | 41406 | TP004 | 29 | 2 | 58 |
| 11 | 胡玫 | 个人 | 41427 | TP005 | 32 | 3 | 96 |

图 5-111 设置打印区域

方法 3：单击“页面布局”选项卡中的“打印标题”按钮，在弹出的“页面设置”对话框中，单击“工作表”选项卡，将鼠标定位到“打印区域”的编辑栏中，然后在当前工作表中选取需要打印的区域，选取完成后，单击对话框上的“确定”按钮，如图 5-112 所示。

打印区域可以是连续的单元格区域，也可以是非连续的单元格区域。如果选取非连续的单元格区域进行打印，Excel 会将不同的区域页面各自打印在单独的纸张页面上；如果想将一张工作表上非连续的单元格区域打印在同一个纸张页面上，可使用“隐藏”行或“隐藏”列命令将需要放在一页打印的数据连续排列在一起即可。

**3. 分页预览**

使用“分页预览”的视图模式可以方便地显示当前工作表的打印区域以及分页设置，并且可以直接在视图中调整分页。单击“视图”选项卡的“分页预览”按钮，即可进入分页预览模式。如果需要打印的工作表中的内容不止一页，Excel 会自动在其中插入分页符，

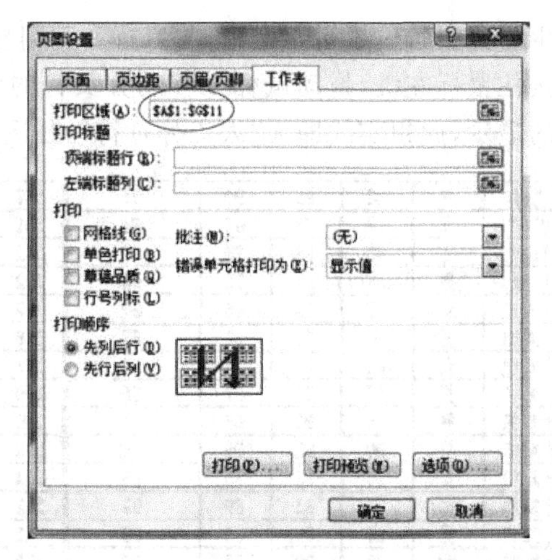


图 5-112 “页面设置”对话框的“工作表”选项卡

将工作表分成多页。这些自动分页符的位置取决于纸张的大小、页边距设置和设定的打印比例,“自动分页符”在分页预览视图中以粗虚线显示,如图 5-113 所示。

| | | | | | | | | | | | |
|---|---|---|---|---|---|---|---|---|---|---|---|
| 20122104 | 谢一君 | 计算机 | 男 | 57 | 87 | 67 | 88 | 299 | 75 | 60 | |
| 20122105 | 杨一鼎 | 计算机 | 男 | 55 | 90 | 66 | 78 | 289 | 72 | 63 | |
| 20122106 | 李明 | 计算机 | 男 | 90 | 88 | 96 | 100 | 374 | 94 | 4 | 优秀 |
| 20122107 | 王晓红 | 计算机 | 女 | 94 | 86 | 95 | 89 | 364 | 91 | 7 | 优秀 |
| 20122108 | 杨阳 | 计算机 | 男 | 78 | 83 | 89 | 92 | 342 | 86 | 29 | |
| 20122109 | 陈勇 | 计算机 | 男 | 80 | 89 | 85 | 88 | 342 | 86 | 29 | |
| 20122110 | 杨丽 | 计算机 | 女 | 95 | 90 | 93 | 92 | 370 | 93 | 5 | 优秀 |
| 20122111 | 陈华 | 计算机 | 女 | 79 | 80 | 88 | 90 | 337 | 84 | 38 | |
| 20122112 | 李民 | 计算机 | 男 | 70 | 75 | 80 | 90 | 315 | 79 | 50 | |
| 20122113 | 李智宏 | 计算机 | 男 | 68 | 77 | 72 | 80 | 297 | 74 | 62 | |
| 20122114 | 王莉 | 计算机 | 女 | 80 | 79 | 88 | 82 | 329 | 82 | 42 | |
| 20122115 | 杨倩倩 | 计算机 | 女 | 88 | 80 | 90 | 92 | 350 | 88 | 16 | |
| 20123101 | 王丽 | 信息科技 | 女 | 90 | 75 | 85 | 67 | 317 | 79 | 48 | |
| 20123102 | 张章 | 信息科技 | 男 | 87 | 79 | 80 | 67 | 313 | 78 | 51 | |
| 20123103 | 杨玉 | 信息科技 | 女 | 60 | 79 | 75 | 87 | 301 | 75 | 57 | |
| 20123104 | 谢红 | 信息科技 | 女 | 57 | 87 | 67 | 88 | 299 | 75 | 60 | |
| 20123105 | 袁雨欣 | 信息科技 | 女 | 80 | 89 | 70 | 78 | 317 | 79 | 48 | |
| 20123106 | 李明 | 信息科技 | 男 | 90 | 88 | 91 | 100 | 369 | 92 | 6 | 优秀 |
| 20123107 | 舒畅 | 信息科技 | 女 | 91 | 87 | 90 | 89 | 357 | 89 | 11 | |
| 20123108 | 陈阳 | 信息科技 | 男 | 75 | 86 | 90 | 92 | 343 | 86 | 28 | |
| 20123109 | 王勇 | 信息科技 | 男 | 88 | 90 | 85 | 88 | 351 | 88 | 15 | |
| 20123110 | 刘霞 | 信息科技 | 女 | 85 | 83 | 93 | 92 | 353 | 88 | 13 | |
| 20123111 | 陈一林 | 信息科技 | 男 | 80 | 90 | 88 | 90 | 348 | 87 | 19 | |
| 20123112 | 孙萌 | 信息科技 | 女 | 80 | 87 | 80 | 90 | 337 | 84 | 38 | |
| 20123113 | 陈琳 | 信息科技 | 女 | 70 | 78 | 79 | 80 | 307 | 77 | 55 | |
| 20123114 | 孔莉 | 信息科技 | 女 | 83 | 70 | 86 | 82 | 321 | 80 | 45 | |
| 20123115 | 李力 | 信息科技 | 男 | 90 | 86 | 91 | 92 | 359 | 90 | 10 | |
| 20123116 | 张刚 | 信息科技 | 男 | 90 | 90 | 78 | 91 | 349 | 87 | 17 | |
| 20123117 | 谢一梅 | 信息科技 | 男 | 90 | 83 | 89 | 90 | 352 | 88 | 14 | |
| 20123118 | 张瑜 | 信息科技 | 男 | 90 | 88 | 90 | 81 | 349 | 87 | 17 | |
| 20123119 | 马进敏 | 信息科技 | 女 | 90 | 90 | 83 | 82 | 345 | 86 | 25 | |
| 20123120 | 曾霞 | 信息科技 | 女 | 90 | 84 | 69 | 92 | 335 | 84 | 40 | |
| 20123121 | 田鑫 | 信息科技 | 女 | 90 | 74 | 91 | 86 | 341 | 85 | 31 | |
| 20123122 | 魏红 | 信息科技 | 女 | 90 | 75 | 90 | 84 | 339 | 85 | 34 | |
| 20123123 | 于佳 | 信息科技 | 女 | 90 | 81 | 85 | 83 | 339 | 85 | 34 | |
| 20123124 | 杜宇 | 信息科技 | 男 | 90 | 66 | 73 | 79 | 308 | 77 | 54 | |
| 20123125 | 罗琳 | 信息科技 | 女 | 90 | 79 | 83 | 80 | 332 | 83 | 41 | |
| 20123126 | 张慧 | 信息科技 | 女 | 90 | 93 | 78 | 84 | 345 | 86 | 25 | |

图 5-113 分页预览视图

用户可以对自动产生的分页符位置进行调整，将鼠标移至粗虚线的上方，当鼠标指针显示为黑色双向箭头可按住鼠标左键，拖动鼠标以移动分页符的位置。移动后的分页符由粗虚线改变为粗实线的显示，此粗实线即为“人工分页符”，如图 5-114 所示。

| | | | | | | | | | | |
|---|---|---|---|---|---|---|---|---|---|---|
| 20121112 | 鹏涛 | 机械 | 男 | 88 | 85 | 90 | 94 | 357 | 89 | 11 |
| 20121113 | 陈雅 | 机械 | 女 | 79 | 73 | 65 | 84 | 301 | 75 | 57 |
| 20121114 | 蒂利 | 机械 | 男 | 93 | 88 | 89 | 92 | 362 | 91 | 9 |
| 20121115 | 李志宏 | 机械 | 男 | 100 | 94 | 95 | 93 | 382 | [illegible] | 2 |
| 20122101 | 李东东 | 计算机 | 女 | 87 | 73 | 85 | 67 | 312 | 78 | 52 |
| 20122102 | 洪庆 | 计算机 | 男 | 90 | 81 | 80 | 67 | 318 | 80 | 47 |
| 20122103 | 王遇一 | 计算机 | 女 | 60 | 79 | 75 | 87 | 301 | 75 | 57 |
| 20122104 | 谢一君 | 计算机 | 男 | 57 | 87 | 67 | 88 | 299 | 75 | 60 |
| 20122105 | 杨一鼎 | 计算机 | 男 | 55 | 90 | 66 | 78 | 289 | 72 | 63 |
| 20122106 | 李明 | 计算机 | 男 | 90 | 88 | 96 | 100 | 374 | 94 | 4 |
| 20122107 | 王晓红 | 计算机 | 女 | 94 | 86 | 95 | 89 | 364 | 91 | 7 |
| 20122108 | 杨阳 | 计算机 | 男 | 78 | 83 | 89 | 92 | 342 | 86 | 29 |
| 20122109 | 陈勇 | 计算机 | 男 | 80 | 89 | 85 | 88 | 342 | 86 | 29 |
| 20122110 | 杨丽 | 计算机 | 女 | 95 | 90 | 93 | 92 | 370 | 93 | 5 |
| 20122111 | 陈华 | 计算机 | 女 | 79 | 80 | 88 | 90 | 337 | 84 | 38 |
| 20122112 | 李民 | 计算机 | 男 | 70 | 75 | 80 | 90 | 315 | 79 | 50 |
| 20122113 | 李智宏 | 计算机 | 男 | 68 | 77 | 72 | 80 | 297 | 74 | 62 |
| 20122114 | 王莉 | 计算机 | 女 | 80 | 79 | 88 | 82 | 329 | 82 | 42 |
| 20122115 | 杨倩倩 | 计算机 | 女 | 88 | 80 | 90 | 92 | 350 | 88 | 16 |
| 20123101 | 王丽 | 信息科技 | 女 | 90 | 75 | 85 | 67 | 317 | 79 | 48 |
| 20123102 | 张章 | 信息科技 | 男 | 87 | 79 | 80 | 67 | 313 | 78 | 51 |
| 20123103 | 杨玉 | 信息科技 | 女 | 60 | 79 | 75 | 87 | 301 | 75 | 57 |
| 20123104 | 谢红 | 信息科技 | 女 | 57 | 87 | 67 | 88 | 299 | 75 | 60 |
| 20123105 | 康雨欣 | 信息科技 | 女 | 80 | 89 | 70 | 78 | 317 | 79 | 48 |
| 20123106 | 李明 | 信息科技 | 男 | 90 | 88 | 91 | 100 | 369 | 92 | 6 |
| 20123107 | 舒畅 | 信息科技 | 女 | 91 | 87 | 90 | 89 | 357 | 89 | 11 |
| 20123108 | 陈阳 | 信息科技 | 男 | 75 | 86 | 90 | 92 | 343 | 86 | 28 |
| 20123109 | 王勇 | 信息科技 | 男 | 88 | 90 | 85 | 88 | 351 | 88 | 15 |
| 20123110 | 刘霞 | 信息科技 | 女 | 85 | 83 | 93 | 92 | 353 | 88 | 13 |
| 20123111 | 陈一林 | 信息科技 | 男 | 80 | 90 | 88 | 90 | 348 | 87 | 19 |
| 20123112 | 孙萌 | 信息科技 | 女 | 80 | 87 | 80 | 90 | 337 | 84 | 38 |
| 20123113 | 陈琳 | 信息科技 | 女 | 70 | 78 | 79 | 80 | 307 | 77 | 55 |
| 20123114 | 孔莉 | 信息科技 | 女 | 83 | 70 | 86 | 82 | 321 | 80 | 45 |
| 20123115 | 李力 | 信息科技 | 男 | 90 | 86 | 91 | 92 | 359 | 90 | 10 |
| 20123116 | 张刚 | 信息科技 | 男 | 90 | 90 | 78 | 91 | 349 | 87 | 17 |
| 20123117 | 谢一恒 | 信息科技 | 男 | 90 | 83 | 89 | 90 | 352 | 88 | 14 |
| 20123118 | 张维 | 信息科技 | 男 | 90 | 88 | 90 | 81 | 349 | 87 | 17 |
| 20123119 | 马进敏 | 信息科技 | 女 | 90 | 90 | 83 | 82 | 345 | 86 | 25 |

图 5-114　设置人工分页符

除了调整分页符的位置，也可以在打印区域中插入新的分页符。

**插入水平分页符的操作**

选定分页位置的下一行的最左侧单元格，单击鼠标右键，在弹出的快捷菜单中选择“插入分页符”，Excel 将沿着选定的单元格边框上沿插入一条水平方向的分页符实线。

**插入垂直分页符的操作**

选定分页位置的右册列的最顶端单元格，单击鼠标右键，在弹出的快捷菜单中选择“插入分页符”，Excel 将沿着选定的单元格左侧边框上沿插入一条垂直方向的分页符实线。

如果选定的单元格并非处于打印区域的边缘，则在选择“插入分页符”命令后，会沿着单元格的左侧边框和上侧边框同时插入垂直分页符和水平分页符各一条。

**删除人工分页符的操作**

选定要删除的水平分页符下方的单元格，或垂直分页符右侧的单元格，单击鼠标右键，在弹出的快捷菜单中选择“删除分页符”；如果要去除所有的人工分页符，恢复自动分页的初始状态，可在打印区域中任意单元格上单击鼠标右键，在弹出的快捷菜单中选择“重设所有分页符”。

**注**：自动分页符不能被删除。

### 5.7.3 版面设定

通过改变“页面设置”对话框中的选项，可以控制打印工作表的外观或版面。例如，工作表既可以纵向打印也可以横向打印，而且可以使用不同大小的纸张。工作表中的数据可以在左右页边距及上下页边距之间居中显示，还可以改变打印页码的顺序以及起始页码。

**1. 设置页面**

单击“页面布局”选项卡中的“打印标题”按钮或单击“页面布局”选项卡的“页面设置”组右下角的“对话框启动”按钮，可以打开“页面设置”对话框，然后单击其中的“页面”选项卡，如图 5-115 所示。

用户在此对话框中，可以完成设定纸张大小、打印方向、起始页码等工作。

- 纸张大小：在“纸张大小”下拉列表选择框中，单击所需的纸张大小选项。
- 改变打印方向：在“方向”区域中，单击“纵向”或“横向”选项。
- 改变起始页的页码：在“起始页码”区域中，键入所需的工作表起始页的页码。

**2. 设置页边距**

单击“页面设置”对话框的“页边距”选项卡，如图 5-116 所示。

图 5-115 “页面设置”对话框中的“页面”选项卡

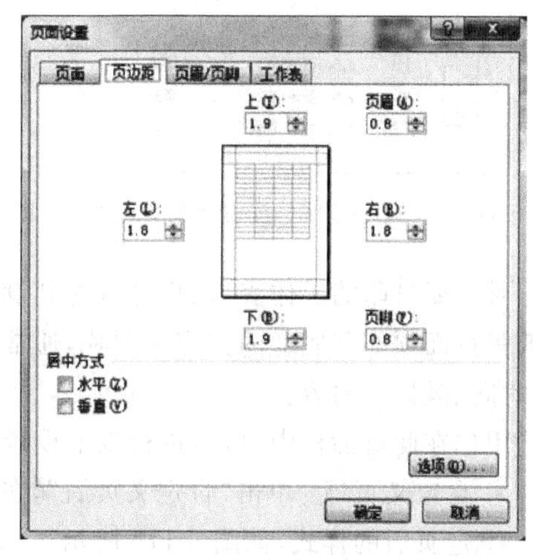


图 5-116 “页面设置”对话框中的“页边距”选项卡

用户在此对话框中，可以进行以下设置。

- “页边距”：可在上、下、左、右四个方向上设置打印区域与纸张边界之间的留出空白的距离。

- “页眉”：在页眉微调框内可以设置页眉至纸张顶端之间的间距，通常此距离要小于上页边距。
- “页脚”：在页脚微调框内可以设置页脚至纸张底端之间的间距，通常此距离要小于下页边距。
- “居中方式”：如果要使工作表中的数据在左右页边距之间水平居中，选择“水平”复选框；如果要使工作表中的数据在上下页边距之间垂直居中，选择“垂直”复选框。

此外，在“页面布局”选项卡中单击“页边距”按钮也可对页边距进行调整，如图 5-117 所示。

**3. 设置页眉/页脚**

单击“页面设置”对话框的“页眉/页脚”选项卡，如图 5-118 所示。

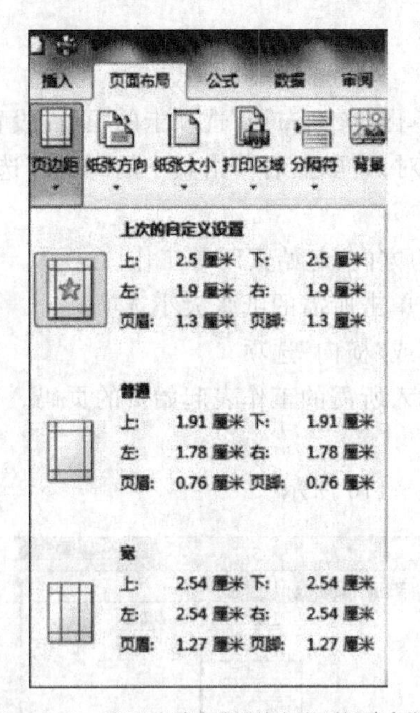


图 5-117　通过“页边距”按钮调整页边距

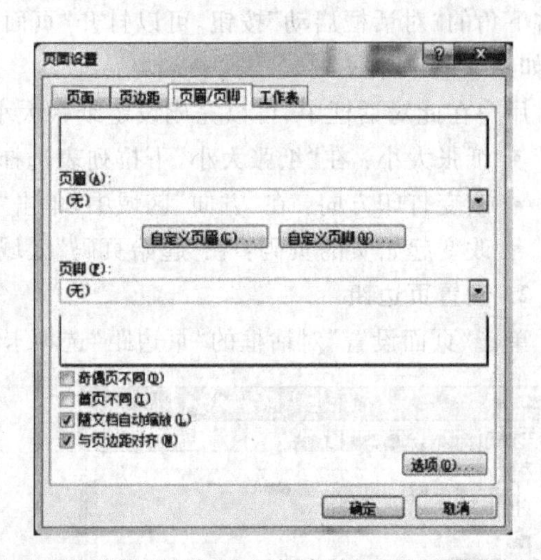


图 5-118　“页面设置”对话框中的“页眉/页脚”选项卡

对于要打印的工作表，用户可以为其设定页眉和页脚。页眉和页脚指的是打印在每张纸张页面顶部和底部的文字和图片，通常情况用户会在这些区域设置一些表格标题、页码、时间、徽标等内容。

用户在此对话框中，可以进行以下设置。

- 自定义页眉：单击“自定义页眉”，在“页眉”框中，用户可以在左、中、右 3 个位置设定页眉的样式，如图 5-119 所示。
- 自定义页脚：单击“自定义页脚”，在“页脚”框中，用户可以在左、中、右 3 个位置设定页脚的样式，如图 5-120 所示。

要删除已经添加的页眉或页脚，在“页眉”或“页脚”列表框中选择“无”即可。

如果希望对纸张页面奇数页和偶数页分别设置不同的页眉和页脚，可以勾选“奇偶页

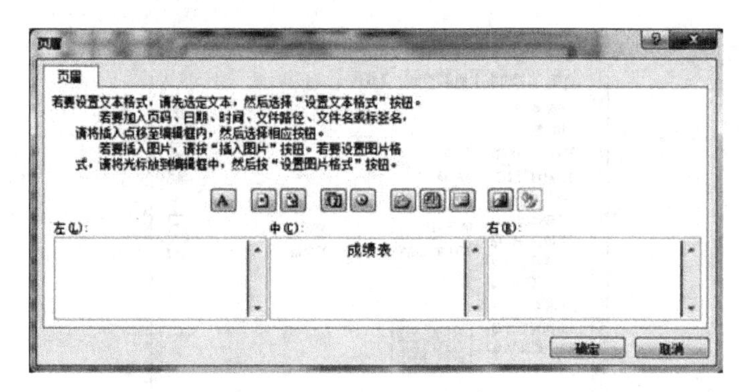


图 5-119　自定义页眉对话框

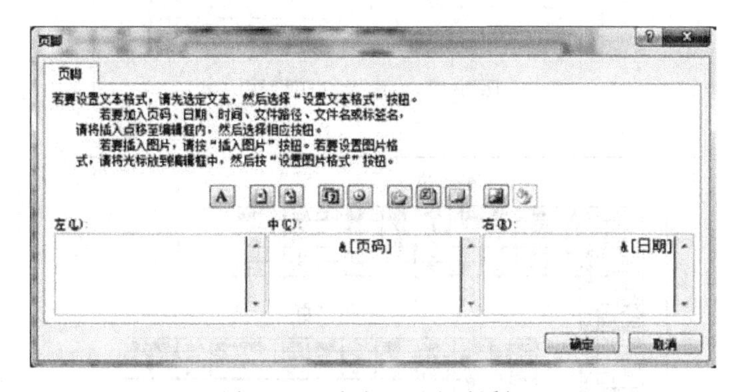


图 5-120　自定义页脚对话框

不同”的复选框，然后分别编辑奇数页和偶数页的页眉、页脚即可。

**4. 设置页面的打印标题和打印顺序**

**打印标题的操作**

如果表格内容较多，需要打印成多页时，Excel 允许将标题行或标题列重复打印在每一个页面上。具体实现方法参考案例 5.10。

## 案例 5.10　设置打印标题

**案例素材**

本案例素材是一张学生成绩表。

**案例要求**

学生成绩表在进行多页打印时，要求重复列标题和行标题(学号和姓名)。

**设置打印标题的操作步骤**

第一步：在“页面设置”对话框的“工作表”选项卡中。将鼠标定位到“顶端标题行”框中，然后在工作表中选中列标题区域，即表格的第一行。

第二步：将鼠标定位到“左侧标题列”框中，然后在工作表中选中“学号”和“姓名”所在列，如图 5-121 所示。

第三步：最后单击对话框上的“确定”按钮，打印效果如图 5-122 所示。

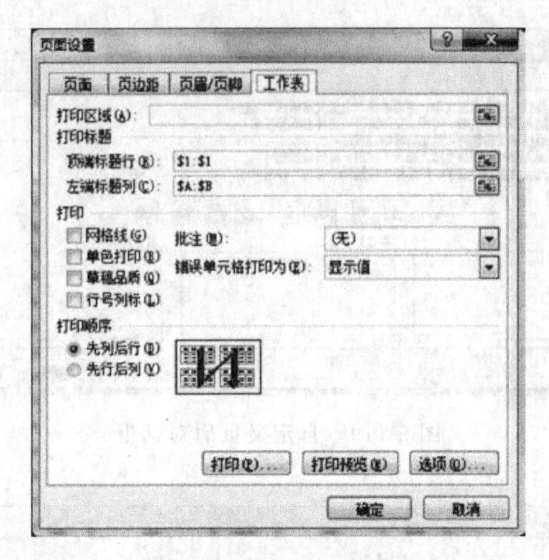


图 5-121　设置打印标题

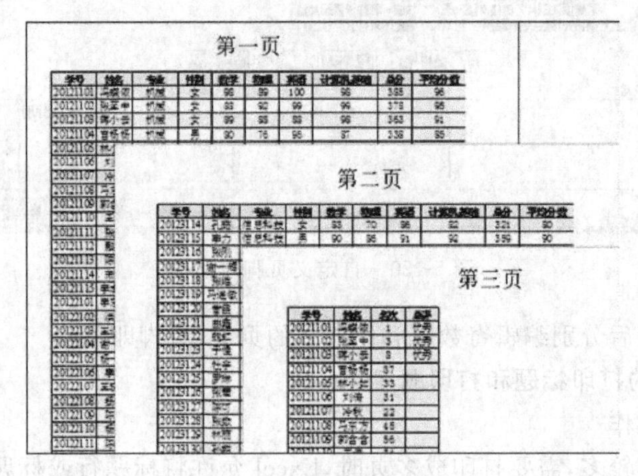


图 5-122　设置打印标题

设置打印标题后的表格打印将在显示横向内容的每页上都有相同的行标题，在显示纵向内容的每页上都有相同的列标题。

**注**：打印标题可以选择多行或多列，但不能选择非连续的多行或多列。

**设置打印顺序的操作步骤**

在“页面设置”对话框的“工作表”选项卡的“打印顺序”中，单击所需的“先列后行”或“先行后列”选项。

### 5.7.4　打印设置

在“文件”菜单中选择的“打印”命令，可对打印方式进行更多的设置，如图 5-108 所示。

- “打印机”：在“打印机”区域的下拉列表框中可以选择当前计算机上所安装的打印机。

- “页数”：可以选择需要打印的页面范围，全部打印或指定某个页面范围。
- “打印活动工作表”：可以选择打印的对象。默认情况下，Excel 打印当前工作表，也可以选择整个工作簿或当前选定区域。
- “份数”：可以选择打印文档的份数。用户可以键入份数也可以单击“份数”区域中的上下箭头按钮来增加或减少数目。

### 5.7.5 打印预览的使用

一旦准备好要打印数据时，用户就可以先查看打印结果的预览效果，并且可以调整页面的设置来得到所要的打印输出效果。

**1. 查看打印预览**

除了在“文件”菜单中的“打印”选项右侧可以查看打印文档的预览，还可以在“视图”选项卡中单击“页面布局”按钮对文档进行预览，如图 5-123 所示。

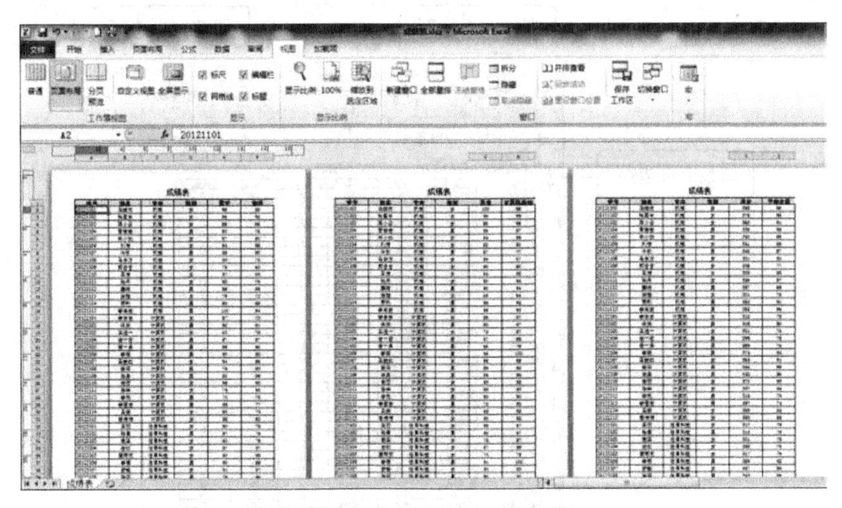

图 5-123 “页面布局”中的预览模式

在“页面布局”的预览视图下，“视图”选项卡中各按钮的作用如表 5-10 所示。

**表 5-10 “视图”选项卡中各按钮的说明**

| 按　钮 | 说　明 |
|---|---|
| 普通 | 返回“普通”视图模式 |
| 页面布局 | 进入“页面布局”视图模式 |
| 分页预览 | 以“分页预览”的视图模式显示工作表 |
| 自定义视图 | 打开“视图管理器”对话框，用户可以添加自定义的视图 |
| 全屏显示 | 全屏显示“页面布局”视图模式 |
| 标尺 | “标尺”位于编辑栏的下方，拖动“标尺”的灰色区域可以调整页边距，取消“标尺”复选框的勾选将不显示“标尺” |
| 设置 | 显示工作表中默认的网格线，取消“网格线”复选框的勾选将不再显示网格线 |

续表

| 按　钮 | 说　明 |
| --- | --- |
| 编辑栏 | 输入公式或编辑文本,取消“编辑栏”复选框的勾选将隐藏“编辑栏” |
| 标题 | 显示行号和列标,取消“标题”复选框的勾选将不 再显示行号和列标 |
| 显示比例 | 放大或缩小预览显示 |
| 100% | 将文档缩放为正常大小的100% |
| 缩放到选定区域 | 用于重点关注的表格区域,使当前所选单元格区域充满整个窗口 |

**2. 预览模式下调整页边距**

在如图5-124所示的打印预览模式下,可直接拖动标尺的灰色区域来调整上、下、左、右页边距的位置,以达到最佳的排版效果。

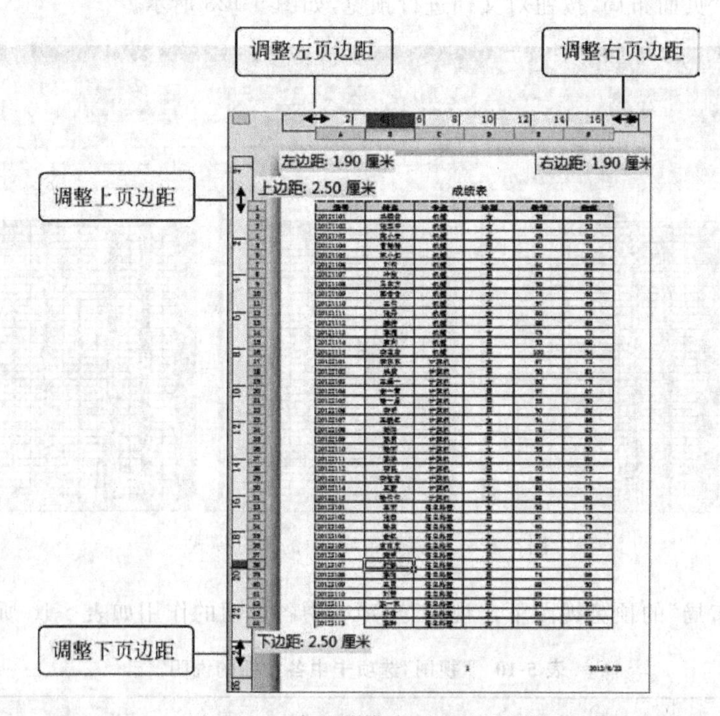


图5-124　在预览模式下调整页边距

在预览模式下,除了可以调整页边距,还可以使用编辑栏,也可以切换不同选项卡对工作表进行编辑。

在预览模式下,用户对打印输出的显示效果认可后,即可单击“快速打印”按钮进行实际打印输出。

# 第 6 章　Excel 2010 高级应用

第 5 章介绍了如何使用 Excel 基本应用功能，本章将分 3 节介绍在 Excel 中运用各种分析工具进行数据分析的高级应用功能。

## 6.1　在数据列表中分析数据

本节将介绍如何在数据列表中使用排序、筛选、高级筛选、记录单和分类汇总功能。

**学习要点：**

1. 了解 Excel 数据列表
2. Excel 记录单的功能
3. 在数据列表中进行排序
4. 在数据列表中进行筛选
5. 在数据列表中创建分类汇总

### 6.1.1　了解 Excel 数据列表

Excel 的数据列表是由多行多列组成的包含相关数据的二维表，例如，工资表、学生成绩表等。数据列表可以像数据库一样使用，其中行表示记录，列表示字段，如图 6-1 所示。

| | A | B | C | D | E | F | G | H | I |
|---|---|---|---|---|---|---|---|---|---|
| 1 | 编号 | 姓名 | 部门 | 基本工资 | 全勤奖 | 岗位 | 应发工资 | 扣款 | 实发工资 |
| 2 | 1 | 张欣 | 办公室 | 1800.00 | 1000.00 | 1000.00 | 3800.00 | 50.00 | 3750.00 |
| 3 | 2 | 李军 | 人力资源部 | 2000.00 | 1000.00 | 1100.00 | 4100.00 | 0.00 | 4100.00 |
| 4 | 3 | 王亚云 | 培训部 | 1800.00 | 1000.00 | 1000.00 | 3800.00 | 0.00 | 3800.00 |
| 5 | 4 | 周慧敏 | 企划部 | 1800.00 | 0.00 | 1000.00 | 2800.00 | 0.00 | 2800.00 |
| 6 | 5 | 杨奕凡 | 市场部 | 2000.00 | 1000.00 | 1100.00 | 4100.00 | 100.00 | 4000.00 |
| 7 | 6 | 王芳 | 设计部 | 2500.00 | 1000.00 | 1500.00 | 5000.00 | 0.00 | 5000.00 |
| 8 | 7 | 高建军 | 销售部 | 1600.00 | 0.00 | 900.00 | 2500.00 | 100.00 | 2400.00 |
| 9 | 8 | 杨春红 | 设计部 | 2100.00 | 1000.00 | 1200.00 | 4300.00 | 0.00 | 4300.00 |
| 10 | 9 | 陈燕梅 | 市场部 | 1800.00 | 1000.00 | 1000.00 | 3800.00 | 0.00 | 3800.00 |
| 11 | 10 | 黄勇 | 销售部 | 1600.00 | 1000.00 | 900.00 | 3500.00 | 0.00 | 3500.00 |

图 6-1　数据列表示例

数据列表必须具备以下特点。

- 每一列首行必须是标题，每个标题描述对应列的信息。
- 列表中不能存在重复的标题。
- 每一列的数据类型必须相同。

在数据列表中，用户可以完成下列工作。

- 在数据列表中输入和编辑数据。

• 根据特定的条件对数据列表进行排序和筛选。

• 对数据列表进行分类汇总。

• 在数据列表中创建数据透视表。

用户可以很容易地对数据列表中的数据进行管理和分析。在运用这些功能时,请根据下述准则在数据列表中输入数据。

**1. 数据列表的大小和位置**

• 避免在一个工作表上建立多个数据列表,因为数据列表的某些功能(如筛选)等,一次只能在同一工作表的一个数据列表中使用。

• 数据列表与其他数据之间至少留出一个空白列和一个空白行。在使用排序、筛选或插入自动分类汇总等操作时,这将有利于 Excel 检测和选定数据列表。

• 避免在数据列表中放置空白行和列,这将有利于 Excel 检测和选定数据列表。

**2. 列标题**

• 在数据列表的第一行里创建列标题。Excel 使用这些标题创建报告,并查找和组织数据。

• 列标题体使用的字体、对齐方式、格式、图案、边框或大小写样式,应当与数据列表中其他数据的格式相区别。

• 如果要将标题和其他数据区分开,应使用单元格边框(而不是空格或短划线),在标题行下插入一行直线。

**3. 行和列内容**

• 在设计数据列表时,应使同一列中的数据项类型一致。

• 在单元格的开始处不要插入多余的空格,因为多余的空格影响排序和查找。

• 不要使用空白行将列标题和第一行数据分开。

### 6.1.2 使用记录单

**1. 使用记录单添加记录**

用户可以直接在数据列表下方的第一空行内输入记录,也可以在"记录单"对话框中输入记录。

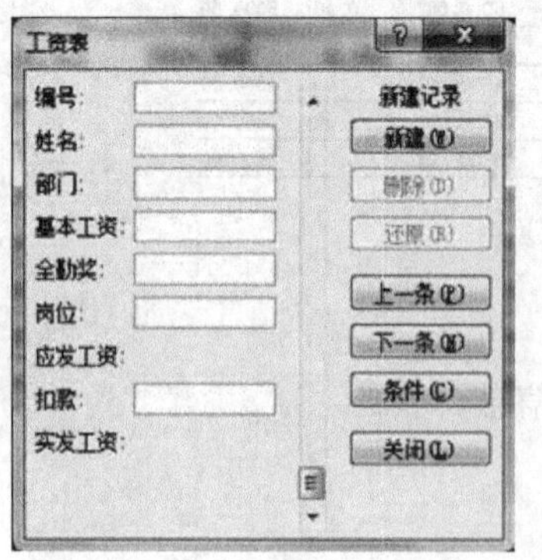


图 6-2 "记录单"对话框

操作步骤

第一步:单击数据列表区域中任意一个单元格。

第二步:依次按下 Alt 键、D 键和 O 键,出现"记录单"对话框,单击"新建"按钮出现"数据列表"空白对话框,如图 6-2 所示。

第三步:在"数据列表"空白对话框的空白字段中输入相关信息,可以使用 Tab 键在字段中快速移动,数据输入完毕后,单击"新建"或"关闭"按钮,也可以直接按 Enter 键,新建的记录即可显示在数据列表中。

**2. 使用记录单修改数据**

**操作步骤**

第一步：单击数据列表区域中任意一个单元格。

第二步：依次按下 Alt 键、D 键和 O 键，出现"记录单"对话框，单击"条件"按钮出现"数据列表"空白对话框。

第三步：在"数据列表"空白对话框的空白字段中输入相关信息，单击"上一条"或"下一条"或"表单"按钮可显示修改满足条件的数据，数据修改完毕后，单击"条件"按钮，修改的数据即可显示在数据列表中。

**注**：在修改数据时，如果要撤消所做的修改，在按下 Enter 键或单击"条件"按钮或单击"关闭"按钮之前，单击"还原"按钮。

**3. 使用记录单删除记录**

**操作步骤**

第一步：单击数据列表区域中任意一个单元格。

第二步：依次按下 Alt 键、D 键和 O 键，出现"记录单"对话框，单击"条件"按钮出现"数据列表"空白对话框。

第三步：在"数据列表"空白对话框的空白字段中输入相关信息，单击"上一条"或"下一条"或"表单"按钮可显示满足条件的记录，单击"删除"按钮，这时屏幕会弹出一个提示记录将被删除的对话框，如图 6-3 所示，在对话框中单击"确定"按钮，这条记录在数据列表中被删除了。

图 6-3 提示记录将被删除

**注**：使用记录单删除记录后就不能撤消删除操作了，意味这个记录永远被删除了。如果出现误删除情况，可及时关闭文档，并选择不保存的提示。

### 6.1.3 在数据列表中进行排序

Excel 提供了多种方法对数据列表进行排序，用户可以根据需要按行或按列、按升序或降序进行排序，也可以自定义排序。

当对数据排序时，Excel 会遵循以下的原则：

- 如果用户用某一列来作排序，那么该列上有完全相同项的行将保持它们的原始次序。
- 在排序列中有空白单元格的行会被放置在排过序的数据列表的最后。
- 隐藏行不会被移动，除非它们是分级显示的一部分。
- 排序选项如选定的列、顺序（升序或降序）和方向（从上到下或从左到右）等，在最后一次排序后便会被保存下来，直到用户修改它们为止。
- 如果用户按一列以上作排序，主要列中有完全相同项的行会根据用户指定的第二列作排序。第二列中有完全相同项的行会根据用户指定的第三列作排序。

**1. 按单列进行排序**

经过排序后的数据列表，便于用户查找分析数据。按单列排序是一种简单的排序操作，只要单击需要排序列中的任意单元格，在“数据”选项卡中单击“升序”按钮或“降序”按钮即可，如图 6-4 所示。

| | A | B | C | D | E | F |
|---|---|---|---|---|---|---|
| 1 | 月份 | 产品类别 | 商品 | 售价 | 销售量 | 销售额 |
| 2 | 6 | 服装 | 衬衣 | 60 | 300 | ¥18,000.00 |
| 3 | 6 | 服装 | 凉鞋 | 60 | 300 | ¥18,000.00 |
| 4 | 6 | 服装 | 裤子 | 80 | 200 | ¥16,000.00 |
| 5 | 8 | 服装 | 衬衣 | 80 | 200 | ¥16,000.00 |
| 6 | 12 | 服装 | 羽绒服 | 500 | 200 | ¥100,000.00 |
| 7 | 7 | 鞋帽 | 凉鞋 | 50 | 180 | ¥9,000.00 |
| 8 | 7 | 服装 | 裤子 | 80 | 150 | ¥12,000.00 |
| 9 | 10 | 服装 | 大衣 | 400 | 150 | ¥60,000.00 |
| 10 | 12 | 服装 | 大衣 | 400 | 150 | ¥60,000.00 |
| 11 | 5 | 服装 | 衬衣 | 80 | 120 | ¥9,600.00 |
| 12 | 9 | 服装 | 衬衣 | 80 | 120 | ¥9,600.00 |
| 13 | 9 | 鞋帽 | 裤子 | 120 | 120 | ¥14,400.00 |
| 14 | 11 | 服装 | 大衣 | 450 | 120 | ¥54,000.00 |
| 15 | 1 | 鞋帽 | 裤子 | 150 | 100 | ¥15,000.00 |
| 16 | 3 | 鞋帽 | 皮鞋 | 200 | 100 | ¥20,000.00 |
| 17 | 7 | 服装 | 衬衣 | 60 | 100 | ¥6,000.00 |
| 18 | 8 | 鞋帽 | 凉鞋 | 40 | 100 | ¥4,000.00 |
| 19 | 9 | 服装 | 夹克 | 200 | 100 | ¥20,000.00 |
| 20 | 10 | 服装 | 夹克 | 180 | 100 | ¥18,000.00 |
| 21 | 10 | 鞋帽 | 裤子 | 150 | 100 | ¥15,000.00 |
| 22 | 1 | 鞋帽 | 皮鞋 | 300 | 80 | ¥24,000.00 |
| 23 | 2 | 服装 | 裤子 | 150 | 80 | ¥12,000.00 |
| 24 | 3 | 服装 | 裤子 | 200 | 80 | ¥16,000.00 |
| 25 | 4 | 鞋帽 | 皮鞋 | 200 | 80 | ¥16,000.00 |

图 6-4　按单列排序

**2. 按多个关键字进行排序**

按多个关键字进行排序参考案例 6.1。

## 案例 6.1　按多个关键字进行排序

**案例素材**

本案例素材是一张图书销售统计表。

**案例要求**

对表中的“类型”、“数量”、“金额”三个关键字进行排序，其中“数量”、“金额”按降序排列。

**操作步骤**

第一步：选择数据列表中任意一个单元格，如 B2。在“数据”选项卡中单击“排序”按钮，在弹出的“排序”对话框中，选择“主要关键字”为“类型”，然后单击“添加条件”按钮。

第二步：继续在“排序”对话框中设置新的条件，将“次要关键字”依次设为“数量”、“金额”，排序次序设为降序，如图 6-5 所示。

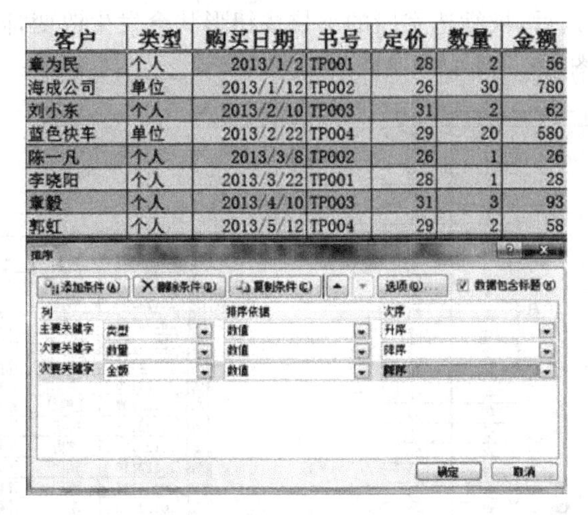

| 客户 | 类型 | 购买日期 | 书号 | 定价 | 数量 | 金额 |
|---|---|---|---|---|---|---|
| 章为民 | 个人 | 2013/1/2 | TP001 | 28 | 2 | 56 |
| 海成公司 | 单位 | 2013/1/12 | TP002 | 26 | 30 | 780 |
| 刘小东 | 个人 | 2013/2/10 | TP003 | 31 | 2 | 62 |
| 蓝色快车 | 单位 | 2013/2/22 | TP004 | 29 | 20 | 580 |
| 陈一凡 | 个人 | 2013/3/8 | TP002 | 26 | 1 | 26 |
| 李晓阳 | 个人 | 2013/3/22 | TP001 | 28 | 1 | 28 |
| 章毅 | 个人 | 2013/4/10 | TP003 | 31 | 3 | 93 |
| 郭虹 | 个人 | 2013/5/12 | TP004 | 29 | 2 | 58 |



图 6-5　设置多个排序关键字

第三步：单击“确定”按钮，关闭“排序”对话框，完成排序。经过排序后的表格效果如图 5-6 所示。

| 客户 | 类型 | 购买日期 | 书号 | 定价 | 数量 | 金额 |
|---|---|---|---|---|---|---|
| 海成公司 | 单位 | 2013/1/12 | TP002 | 26 | 30 | 780 |
| 蓝色快车 | 单位 | 2013/2/22 | TP004 | 29 | 20 | 580 |
| 胡玫 | 个人 | 2013/6/2 | TP005 | 32 | 3 | 96 |
| 章毅 | 个人 | 2013/4/10 | TP003 | 31 | 3 | 93 |
| 刘小东 | 个人 | 2013/2/10 | TP003 | 31 | 2 | 62 |
| 郭虹 | 个人 | 2013/5/12 | TP004 | 29 | 2 | 58 |
| 章为民 | 个人 | 2013/1/2 | TP001 | 28 | 2 | 56 |
| 李晓阳 | 个人 | 2013/3/22 | TP001 | 28 | 1 | 28 |
| 陈一凡 | 个人 | 2013/3/8 | TP002 | 26 | 1 | 26 |

图 6-6　多个关键字排序后的表格

**注**：Excel 2010 的“排序”对话框可以指定多达 64 个排序条件。

### 6.1.4　在数据列表中进行筛选

筛选数据列表可以使用户快速寻找和使用数据列表中的数据子集。筛选功能可以使 Excel 只显示出符合用户设定筛选条件的行，而隐藏其他行。在 Excel 中提供了“筛选”和“高级筛选”令来筛选数据。一般情况下，“筛选”就能够满足用户的大部分需要。不过，当用户需要利用复杂的条件来筛选数据列表时，就必须使用“高级筛选”才可以。

**1. 使用“筛选”**

**操作步骤**

第一步：单击数据列表区域中任意一个单元格，然后单击“数据”选项卡中“筛选”按钮，即可启用筛选功能，此时，功能区中的“筛选”按钮呈现高亮显示状态，数据列表所有标题单元格中的右侧会出现下拉箭头。

第二步：数据列表进入筛选状态后，单击需要筛选的字段所在的标题单元格中下拉箭头，弹出下拉菜单，提供排序和筛选的详细选项，如图 6-7 所示。不同数据类型的字段能够使用的筛选选项也不同。

第三步：完成筛选后，被筛选字段的下拉按钮形状会发生改变，同时数据列表中的行号颜色也会改变，如图 6-8 所示。

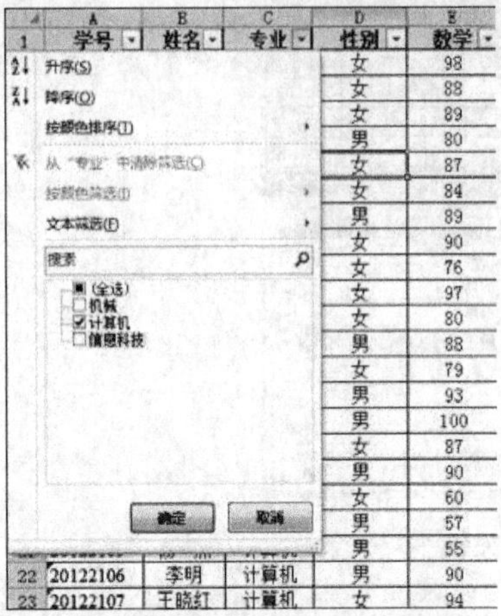

图 6-7　包含排序和筛选的下拉菜单

|  | 学号 | 姓名 | 专业 | 性别 | 数学 |
|---|---|---|---|---|---|
| 17 | 20122101 | 李东东 | 计算机 | 女 | 87 |
| 18 | 20122102 | 洪庆 | 计算机 | 男 | 90 |
| 19 | 20122103 | 王遇一 | 计算机 | 女 | 60 |
| 20 | 20122104 | 谢一君 | 计算机 | 男 | 57 |
| 21 | 20122105 | 杨一鼎 | 计算机 | 男 | 55 |
| 22 | 20122106 | 李明 | 计算机 | 男 | 90 |
| 23 | 20122107 | 王晓红 | 计算机 | 女 | 94 |
| 24 | 20122108 | 扬阳 | 计算机 | 男 | 78 |
| 25 | 20122109 | 陈勇 | 计算机 | 男 | 80 |
| 26 | 20122110 | 杨丽 | 计算机 | 女 | 95 |
| 27 | 20122111 | 陈华 | 计算机 | 女 | 79 |
| 28 | 20122112 | 李民 | 计算机 | 男 | 70 |
| 29 | 20122113 | 李智宏 | 计算机 | 男 | 68 |
| 30 | 20122114 | 王茹 | 计算机 | 女 | 80 |
| 31 | 20122115 | 杨倩倩 | 计算机 | 女 | 88 |

图 6-8　筛选后的结果

**2. 使用通配符进行模糊筛选**

用于筛选数据的条件，有时并不能明确指定具体的值，而是筛选出某一类的记录。例如，筛选出姓名中的最后一个字是“丽”的学生、产品编号中第二位是 P 的产品，等等。在这种情况下就要使用 Excel 提供的通配符问号“?”或星号“*”进行筛选，通配符问号“?”代表一个(且仅有一个)字符，通配符星号“*”代表多个字符。具体操作方法参考案例 6.2。

### 案例 6.2　使用通配符进行模糊筛选

**案例素材**

本案例素材是一张学生成绩表。

**案例要求**

筛选出成绩表中姓名的最后一个字是“丽”的学生信息。

**操作步骤**

第一步：单击成绩表中任意一个单元格，如 B2。然后单击“数据”选项卡中“筛选”按钮，再单击“姓名”字段所在的标题单元格中的下拉箭头，在弹出下拉菜单中选择“文本筛选”，在其扩展菜单中，选择“自定义筛选”命令，如图 6-9 所示。

第二步：在弹出的“自定义筛选方式”对话框中的“显示行”区域中，选择比较运算符“等于”，输入比较值“*丽”，如图 6-10 所示。

第三步：单击“确定”按钮，关闭“自定义筛选方式”对话框，筛选出的结果如图 6-11 所示。

**注：** 通配符仅能用于文本型数据，而对数值和日期型数据无效。

**3. 筛选多列数据**

用户可以对数据列表中的多列数据同时指定筛选条件。先为数据列表中某一列指定条件进行筛选，然后在筛选出来的记录中再为另一列指定条件进行筛选，依次类推。在对多列同时应用筛选时，筛选条件之间是“与”的关系。具体操作方法参考案例 6.3。

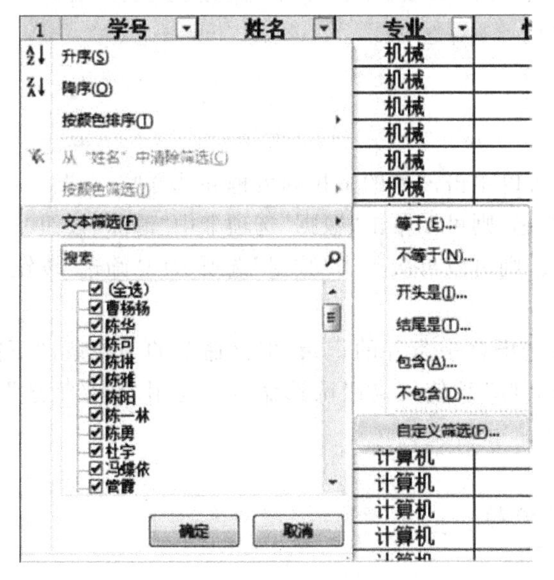


图 6-9 自定义筛选

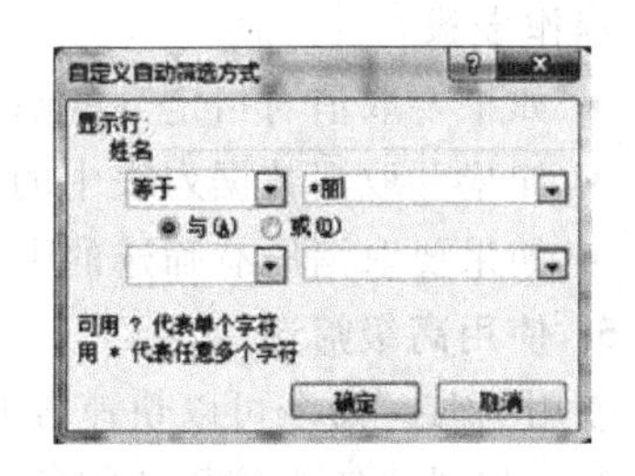


图 6-10 设置模糊条件

| | A | B | C |
|---|---|---|---|
| 1 | 学号 | 姓名 | 专业 |
| 26 | 20122110 | 杨丽 | 计算机 |
| 32 | 20123101 | 王丽 | 信息科技 |
| 60 | 20123129 | 林丽 | 信息科技 |
| 63 | 20123132 | 李雯丽 | 信息科技 |

图 6-11 筛选后的结果

### 案例 6.3 筛选多列数据

**案例素材**

本案例素材是一张学生成绩表。

**案例要求**

筛选出“成绩表”中“数学”、“物理”、“英语”、“计算机基础”四门课成绩大于等于 90 分以上的学生名单。

**操作步骤**

第一步：单击“成绩表”中任意一个单元格，如 B2。然后单击“数据”选项卡中“筛选”按钮，再单击“数学”字段所在的标题单元格中的下拉箭头，在弹出下拉菜单中选择“数字筛选”，在其扩展菜单中，选择“自定义筛选”命令。

第二步：在弹出的“自定义筛选方式”对话框中的“显示行”区域中，选择比较运算符“大于或等于”，输入比较值“90”，如图 6-12 所示。

第三步：单击“确定”按钮，关闭“自定义筛选方式”对话框。接下来依次为“物理”、“英语”、“计算机基础”三个字段设定同样的筛选条件。筛选出的结果如图 6-13 所示。

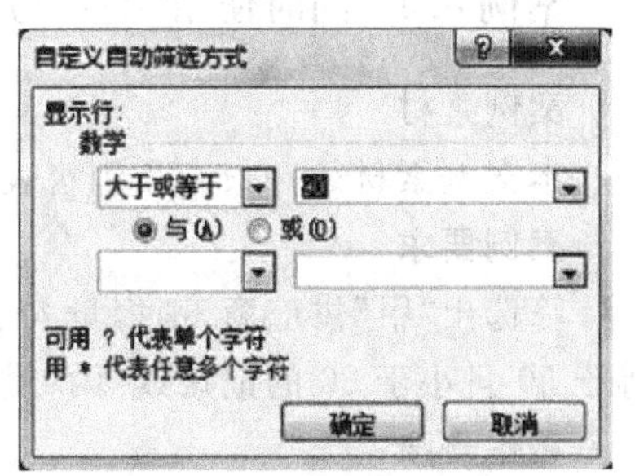


图 6-12 “自定义筛选方式”对话框

| | A | B | C | D | E | F | G | H |
|---|---|---|---|---|---|---|---|---|
| 1 | 学号 | 姓名 | 专业 | 性别 | 数学 | 物理 | 英语 | 计算机基础 |
| 16 | 20121115 | 李志宏 | 机械 | 男 | 100 | 94 | 95 | 93 |
| 26 | 20122110 | 杨丽 | 计算机 | 女 | 95 | 90 | 93 | 92 |

图 6-13 多列筛选结果

### 4. 取消筛选

**操作步骤**

- 如果要取消对指定列的筛选，则可以单击该列的下拉列表框并选择“全部”。
- 如果要取消数据列表中的所有筛选，则可以单击“数据”选项卡中“清除”按钮。
- 如果要取消所有筛选的下拉箭头，则可以再次单击“数据”选项卡中“筛选”按钮。

### 5. 使用高级筛选

使用“筛选”命令可以快速方便地筛选出合乎条件的记录，但该命令的寻找条件不能太复杂。如果要使用较复杂的条件筛选，就必须使用高级筛选命令。使用“高级筛选”命令能够提供以下功能。

- 可以设置更复杂的筛选条件。
- 可以将筛选出的结果输出到指定位置。
- 可以指定计算的筛选条件。
- 可以筛选出不重复的记录项。

在使用“高级筛选”命令前，要在工作表中单独指定一个条件区域，放在数据列表的上方或下方，一定要与数据列表分开，这样可避免数据列表在筛选后所隐藏的行中可能会包含条件区域。设定一个“高级筛选”的条件区域必须遵循以下规则。

- 条件区域的首行必须是标题行，其内容必须与数据列表中的标题相匹配，建议采用“复制”和“粘贴”命令将数据列表中标题复制到条件区域的首行。条件区域并不需要含有数据列表中所有列的标题，与筛选过程无关的列标题可以不用。
- 条件区域标题行的下方为筛选条件值区域，出现在同一行的各个条件之间是“与”的关系，出现在不同行的各个条件之间是“或”的关系。

高级筛选的具体操作方法参考案例 6.4、案例 6.5 和案例 6.6。

## 案例 6.4 同时使用“关系与”和“关系或”条件进行筛选

**案例素材**

本案例素材是一张产品销售表。

**案例要求**

筛选出“甲”供应商，销售量大于等于 50 且小于 80 的记录或“乙”供应商，销售量大于等于 50 且小于 80 的记录或“丙”供应商，销售量大于等于 50 且小于 80 的记录。

**操作步骤**

第一步：在“产品销售表”上方插入五个空行用来放置“高级筛选”的条件。

第二步：在条件区域中输入指定的条件，如图 6-14 所示。

第三步：单击“产品销售表”中任意一个单元格，如 B8。然后单击“数据”选项卡中“高级”按钮，弹出“高级筛选”对话框。

第四步：将光标定位到“高级筛选”对话框中的“条件区域”框内，输入“$B$1:$D$4”，如图 6-15 所示。

| | A | B | C | D | E | F | G |
|---|---|---|---|---|---|---|---|
| 1 | | 供应商 | 销售量 | 销售量 | | | |
| 2 | | 甲 | >=50 | <80 | | | |
| 3 | | 乙 | >=50 | <80 | | | |
| 4 | | 丙 | >=50 | <80 | | | |
| 5 | | | | | | | |
| 6 | 产品编号 | 产品名称 | 单位 | 供应商 | 零售单价 | 销售量 | 销售额 |
| 7 | 1 | 苹果汁 | 瓶 | 甲 | 3 | 100 | 300 |
| 8 | 2 | 鲜橙汁 | 瓶 | 甲 | 3 | 120 | 360 |
| 9 | 3 | 蜜桃汁 | 瓶 | 甲 | 3 | 110 | 330 |
| 10 | 4 | 雪梨汁 | 瓶 | 甲 | 3 | 80 | 240 |
| 11 | 5 | 绿茶 | 瓶 | 甲 | 2.5 | 60 | 150 |
| 12 | 6 | 汽水 | 瓶 | 乙 | 2 | 38 | 76 |
| 13 | 7 | 矿泉水 | 瓶 | 乙 | 1.5 | 180 | 270 |
| 14 | 8 | 咖啡 | 听 | 丙 | 3 | 90 | 270 |
| 15 | 9 | 牛奶 | 盒 | 丙 | 3 | 45 | 135 |
| 16 | 10 | 酸奶 | 盒 | 丙 | 4 | 60 | 240 |

图 6-14 设置“高级筛选”的条件区域

图 6-15 “高级筛选”对话框

第五步：最后单击“确定”按钮，筛选出的结果如图 6-16 所示。

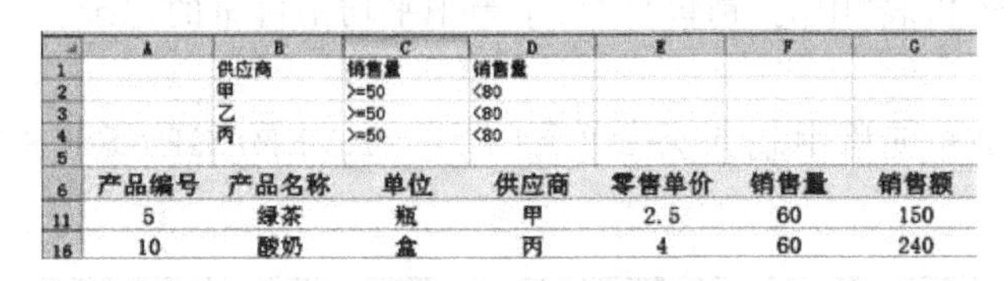

| | A | B | C | D | E | F | G |
|---|---|---|---|---|---|---|---|
| 1 | | 供应商 | 销售量 | 销售量 | | | |
| 2 | | 甲 | >=50 | <80 | | | |
| 3 | | 乙 | >=50 | <80 | | | |
| 4 | | 丙 | >=50 | <80 | | | |
| 5 | | | | | | | |
| 6 | 产品编号 | 产品名称 | 单位 | 供应商 | 零售单价 | 销售量 | 销售额 |
| 11 | 5 | 绿茶 | 瓶 | 甲 | 2.5 | 60 | 150 |
| 16 | 10 | 酸奶 | 盒 | 丙 | 4 | 60 | 240 |

图 6-16 同使用“关系与”和“关系或”条件进行筛选后的结果

## 案例 6.5 利用“高级筛选”筛选不重复的数据项并输出到指定位置

**案例素材**

本案例素材是一张产品销售表。

**案例要求**

筛选“供应商”字段中不重复的数据项，并复制到当前工作表的指定位置。

**操作步骤**

第一步：选中“产品销售表”中的“供应商”列（包括标题）。然后单击“数据”选项卡中“高级”按钮，弹出“高级筛选”对话框。

第二步：选择“方式”项下的“将筛选结果复制到其他位置”选项。

第三步：单击“复制到”编辑框的折叠按钮，返回到“产品销售表”并单击 A19 单元格，再次单击“复制到”编辑框的折叠按钮，返回到“高级筛选”对话框中，勾选“选择不重复的记录”复选框。最后单击“确定”完成设置，筛选出的结果如图 6-17 所示。

**注**：“高级筛选”对话框中的“将筛选结果复制到其他位置”只能复制筛选过的数据到活动工作表。

## 案例 6.6 使用计算条件进行筛选

所谓“计算条件”是指条件由根据数据列表中的数据以某种算法计算而来。使用计算条件可以使高级筛选的功能更加强大。

**案例素材**

本案例素材是一张产品销售表。

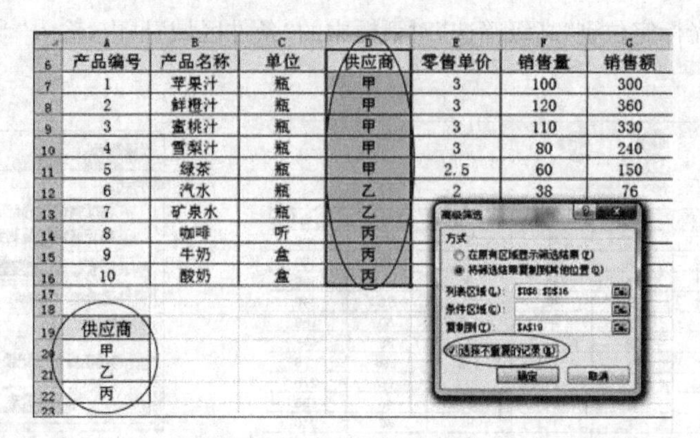

| | A | B | C | D | E | F | G |
|---|---|---|---|---|---|---|---|
| 6 | 产品编号 | 产品名称 | 单位 | 供应商 | 零售单价 | 销售量 | 销售额 |
| 7 | 1 | 苹果汁 | 瓶 | 甲 | 3 | 100 | 300 |
| 8 | 2 | 鲜橙汁 | 瓶 | 甲 | 3 | 120 | 360 |
| 9 | 3 | 蜜桃汁 | 瓶 | 甲 | 3 | 110 | 330 |
| 10 | 4 | 雪梨汁 | 瓶 | 甲 | 3 | 80 | 240 |
| 11 | 5 | 绿茶 | 瓶 | 甲 | 2.5 | 60 | 150 |
| 12 | 6 | 汽水 | 瓶 | 乙 | 2 | 38 | 76 |
| 13 | 7 | 矿泉水 | 瓶 | 乙 | | | |
| 14 | 8 | 咖啡 | 听 | 丙 | | | |
| 15 | 9 | 牛奶 | 盒 | 丙 | | | |
| 16 | 10 | 酸奶 | 盒 | 丙 | | | |
| 19 | 供应商 | | | | | | |
| 20 | 甲 | | | | | | |
| 21 | 乙 | | | | | | |
| 22 | 丙 | | | | | | |



图 6-17 利用"高级筛选"筛选不重复的数据项并输出到指定位置

**案例要求**

筛选出"产品销售表"中的"销售量"大于等于平均销售量的记录。

**操作步骤**

第一步：在 C2 单元格中输入公式"＝F7＞＝AVERAGE(＄F＄7：＄F＄16)"，如图 6-18 所示。

| | A | B | C | D | E | F | G |
|---|---|---|---|---|---|---|---|
| 1 | | | | | | | |
| 2 | | | =F7>=AVERAGE($F$7:$F$16) | | | | |
| 3 | | | AVERAGE(number1, [number2], ...) | | | | |
| 4 | | | | | | | |
| 5 | | | | | | | |
| 6 | 产品编号 | 产品名称 | 单位 | 供应商 | 零售单价 | 销售量 | 销售额 |
| 7 | 1 | 苹果汁 | 瓶 | 甲 | 3 | 100 | 300 |
| 8 | 2 | 鲜橙汁 | 瓶 | 甲 | 3 | 120 | 360 |
| 9 | 3 | 蜜桃汁 | 瓶 | 甲 | 3 | 110 | 330 |
| 10 | 4 | 雪梨汁 | 瓶 | 甲 | 3 | 80 | 240 |
| 11 | 5 | 绿茶 | 瓶 | 甲 | 2.5 | 60 | 150 |
| 12 | 6 | 汽水 | 瓶 | 乙 | 2 | 38 | 76 |
| 13 | 7 | 矿泉水 | 瓶 | 乙 | 1.5 | 180 | 270 |
| 14 | 8 | 咖啡 | 听 | 丙 | 3 | 90 | 270 |
| 15 | 9 | 牛奶 | 盒 | 丙 | 3 | 45 | 135 |
| 16 | 10 | 酸奶 | 盒 | 丙 | 4 | 60 | 240 |
| 17 | | | | | | | |

图 6-18 设置计算条件

第二步：单击"产品销售表"中任意一个单元格，如 B8。然后单击"数据"选项卡中"高级"按钮，弹出"高级筛选"对话框。

第三步：将光标定位到"高级筛选"对话框中的"条件区域"框内，输入"＄C＄1：＄C＄2"。

第四步：最后单击"确定"按钮，筛选出的结果如图 6-19 所示。

| | A | B | C | D | E | F | G |
|---|---|---|---|---|---|---|---|
| 1 | | | | | | | |
| 2 | | | TRUE | | | | |
| 3 | | | | | | | |
| 4 | | | | | | | |
| 5 | | | | | | | |
| 6 | 产品编号 | 产品名称 | 单位 | 供应商 | 零售单价 | 销售量 | 销售额 |
| 7 | 1 | 苹果汁 | 瓶 | 甲 | 3 | 100 | 300 |
| 8 | 2 | 鲜橙汁 | 瓶 | 甲 | 3 | 120 | 360 |
| 9 | 3 | 蜜桃汁 | 瓶 | 甲 | 3 | 110 | 330 |
| 13 | 7 | 矿泉水 | 瓶 | 乙 | 1.5 | 180 | 270 |
| 14 | 8 | 咖啡 | 听 | 丙 | 3 | 90 | 270 |

图 6-19 利用计算条件进行"高级筛选"

**注**：使用计算条件要注意以下两点。(1)条件区域的首行是空白单元格或者是一个不同于数据列表中同名的字段标题。(2)使用数据列表中首行数据来创建计算条件的公式，首行数据的引用使用相对引用而不要使用绝对引用。

### 6.1.5 在数据列表中创建分类汇总

分类汇总也是对数据列表上的数据进行分析的一种方法。分类汇总能够快速地以某个字段为分类项，对数据列表中的其他字段的数值进行各种统计计算，如求和、计数、平均值、最大值、最小值、乘积等。

**注**：使用分类汇总之前，必须对数据列表中需要分类的字段进行排序。

**1. 创建简单的分类汇总**

创建简单的分类汇总的具体操作方法，参考案例 6.7。

### 案例 6.7 创建简单的分类汇总

**案例素材**

本案例素材是一张产品销售表，并已对“供应商”进行排序。

**案例要求**

对“产品销售表”表中“供应商”的“销售量”和“销售额”进行汇总。

**操作步骤**

第一步：单击“产品销售表”中任意一个单元格。

第二步：单击“数据”选项卡中“分类汇总”按钮，弹出“分类汇总”对话框。

第三步：在“分类汇总”对话框，“分类字段”选择“供应商”，“汇总方式”选择“求和”，“选定汇总项”勾选“销售量”和“销售额”，并勾选“汇总结果显示在数据下方”复选框，如图 6-20 所示。

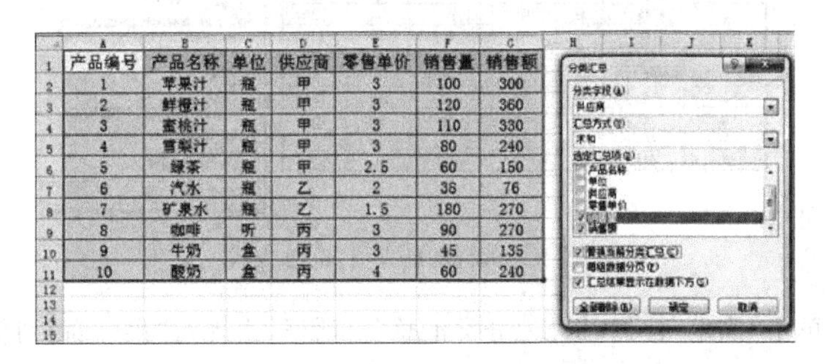

| 产品编号 | 产品名称 | 单位 | 供应商 | 零售单价 | 销售量 | 销售额 |
|---|---|---|---|---|---|---|
| 1 | 苹果汁 | 瓶 | 甲 | 3 | 100 | 300 |
| 2 | 鲜橙汁 | 瓶 | 甲 | 3 | 120 | 360 |
| 3 | 蜜桃汁 | 瓶 | 甲 | 3 | 110 | 330 |
| 4 | 雪梨汁 | 瓶 | 甲 | 3 | 80 | 240 |
| 5 | 绿茶 | 瓶 | 甲 | 2.5 | 60 | 150 |
| 6 | 汽水 | 瓶 | 乙 | 2 | 38 | 76 |
| 7 | 矿泉水 | 瓶 | 乙 | 1.5 | 180 | 270 |
| 8 | 咖啡 | 听 | 丙 | 3 | 90 | 270 |
| 9 | 牛奶 | 盒 | 丙 | 3 | 45 | 135 |
| 10 | 酸奶 | 盒 | 丙 | 4 | 60 | 240 |



图 6-20 “分类汇总”对话框

第四步：最后单击“确定”按钮，Excel 会分析数据列表，运用 SUBTOTAL 函数插入指定的公式，结果如图 6-21 所示。

**2. 创建多重分类汇总**

创建多重分类汇总的具体操作方法，参考案例 6.8。

| | 产品编号 | 产品名称 | 单位 | 供应商 | 零售单价 | 销售量 | 销售额 |
|---|---|---|---|---|---|---|---|
| 2 | 1 | 苹果汁 | 瓶 | 甲 | 3 | 100 | 300 |
| 3 | 2 | 鲜橙汁 | 瓶 | 甲 | 3 | 120 | 360 |
| 4 | 3 | 蜜桃汁 | 瓶 | 甲 | 3 | 110 | 330 |
| 5 | 4 | 雪梨汁 | 瓶 | 甲 | 3 | 80 | 240 |
| 6 | 5 | 绿茶 | 瓶 | 甲 | 2.5 | 60 | 150 |
| 7 | | | | 甲 汇总 | | 470 | 1380 |
| 8 | 6 | 汽水 | 瓶 | 乙 | 2 | 38 | 76 |
| 9 | 7 | 矿泉水 | 瓶 | 乙 | 1.5 | 180 | 270 |
| 10 | | | | 乙 汇总 | | 218 | 346 |
| 11 | 8 | 咖啡 | 听 | 丙 | 3 | 90 | 270 |
| 12 | 9 | 牛奶 | 盒 | 丙 | 3 | 45 | 135 |
| 13 | 10 | 酸奶 | 盒 | 丙 | 4 | 60 | 240 |
| 14 | | | | 丙 汇总 | | 195 | 645 |
| 15 | | | | 总计 | | 883 | 2371 |

图 6-21　分类汇总的结果

## 案例 6.8　创建多重分类汇总

**案例素材**

本案例素材是一张产品销售表，并已对“供应商”进行排序。

**案例要求**

显示“产品销售表”表中每个“供应商”“销售量”的最大值和最小值，需要进行多重分类汇总。

**操作步骤**

第一步：单击“产品销售表”中任意一个单元格。

第二步：单击“数据”选项卡中“分类汇总”按钮，弹出“分类汇总”对话框。

第三步：在“分类汇总”对话框，“分类字段”选择“供应商”，“汇总方式”选择“最大值”，“选定汇总项”勾选“销售量”，并勾选“汇总结果显示在数据下方”复选框，如图 6-22 所示。

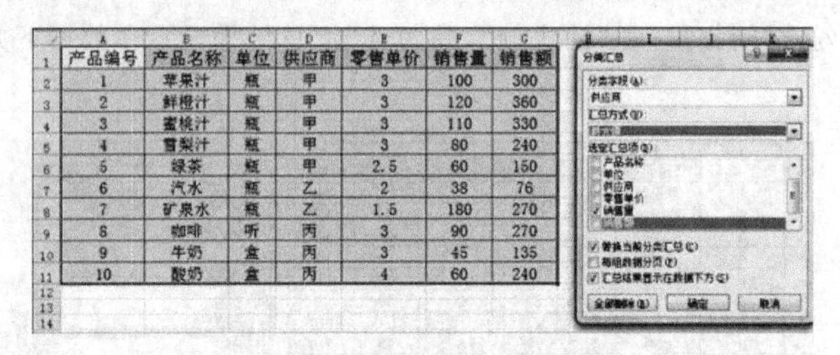

| | 产品编号 | 产品名称 | 单位 | 供应商 | 零售单价 | 销售量 | 销售额 |
|---|---|---|---|---|---|---|---|
| 2 | 1 | 苹果汁 | 瓶 | 甲 | 3 | 100 | 300 |
| 3 | 2 | 鲜橙汁 | 瓶 | 甲 | 3 | 120 | 360 |
| 4 | 3 | 蜜桃汁 | 瓶 | 甲 | 3 | 110 | 330 |
| 5 | 4 | 雪梨汁 | 瓶 | 甲 | 3 | 80 | 240 |
| 6 | 5 | 绿茶 | 瓶 | 甲 | 2.5 | 60 | 150 |
| 7 | 6 | 汽水 | 瓶 | 乙 | 2 | 38 | 76 |
| 8 | 7 | 矿泉水 | 瓶 | 乙 | 1.5 | 180 | 270 |
| 9 | 8 | 咖啡 | 听 | 丙 | 3 | 90 | 270 |
| 10 | 9 | 牛奶 | 盒 | 丙 | 3 | 45 | 135 |
| 11 | 10 | 酸奶 | 盒 | 丙 | 4 | 60 | 240 |



图 6-22　设置“最大值”汇总方式

第四步：单击“确定”按钮，退出“分类汇总”对话框，出现对“供应商”销售量“最大值”汇总结果。

第五步：单击 “产品销售表”汇总区域中的任意一个单元格，再次单击“数据”选项卡中“分类汇总”按钮，弹出“分类汇总”对话框。

第六步：在“分类汇总”对话框，“分类字段”选择“供应商”，“汇总方式”选择“最小值”，“选定汇总项”勾选“销售量”，并取消“替换当前分类汇总”复选框的勾选，如图 6-23 所示。

第七步：单击“确定”按钮，退出“分类汇总”对话框。多重分类汇总的结果如图 6-24 所示。

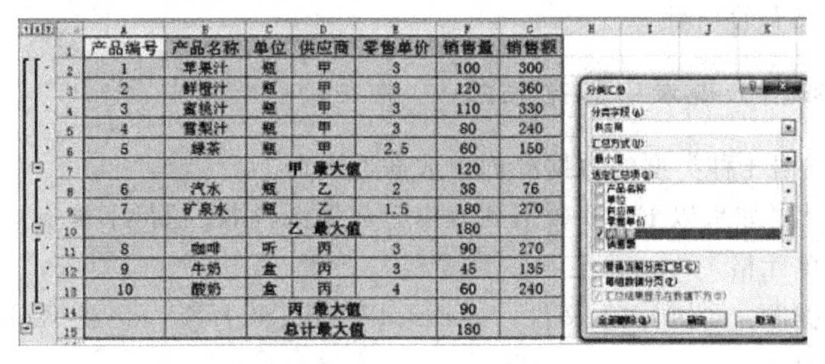

| 产品编号 | 产品名称 | 单位 | 供应商 | 零售单价 | 销售量 | 销售额 |
| --- | --- | --- | --- | --- | --- | --- |
| 1 | 苹果汁 | 瓶 | 甲 | 3 | 100 | 300 |
| 2 | 鲜橙汁 | 瓶 | 甲 | 3 | 120 | 360 |
| 3 | 蜜桃汁 | 瓶 | 甲 | 3 | 110 | 330 |
| 4 | 雪梨汁 | 瓶 | 甲 | 3 | 80 | 240 |
| 5 | 绿茶 | 瓶 | 甲 | 2.5 | 60 | 150 |
| | | | 甲 最大值 | | 120 | |
| 6 | 汽水 | 瓶 | 乙 | 2 | 38 | 76 |
| 7 | 矿泉水 | 瓶 | 乙 | 1.5 | 180 | 270 |
| | | | 乙 最大值 | | 180 | |
| 8 | 咖啡 | 听 | 丙 | 3 | 90 | 270 |
| 9 | 牛奶 | 盒 | 丙 | 3 | 45 | 135 |
| 10 | 酸奶 | 盒 | 丙 | 4 | 60 | 240 |
| | | | 丙 最大值 | | 90 | |
| | | | 总计最大值 | | 180 | |

图 6-23 设置“最小值”汇总方式

| 产品编号 | 产品名称 | 单位 | 供应商 | 零售单价 | 销售量 | 销售额 |
| --- | --- | --- | --- | --- | --- | --- |
| 1 | 苹果汁 | 瓶 | 甲 | 3 | 100 | 300 |
| 2 | 鲜橙汁 | 瓶 | 甲 | 3 | 120 | 360 |
| 3 | 蜜桃汁 | 瓶 | 甲 | 3 | 110 | 330 |
| 4 | 雪梨汁 | 瓶 | 甲 | 3 | 80 | 240 |
| 5 | 绿茶 | 瓶 | 甲 | 2.5 | 60 | 150 |
| | | | 甲 最小值 | | 60 | |
| | | | 甲 最大值 | | 120 | |
| 6 | 汽水 | 瓶 | 乙 | 2 | 38 | 76 |
| 7 | 矿泉水 | 瓶 | 乙 | 1.5 | 180 | 270 |
| | | | 乙 最小值 | | 38 | |
| | | | 乙 最大值 | | 180 | |
| 8 | 咖啡 | 听 | 丙 | 3 | 90 | 270 |
| 9 | 牛奶 | 盒 | 丙 | 3 | 45 | 135 |
| 10 | 酸奶 | 盒 | 丙 | 4 | 60 | 240 |
| | | | 丙 最小值 | | 45 | |
| | | | 丙 最大值 | | 90 | |
| | | | 总计最小值 | | 38 | |
| | | | 总计最大值 | | 180 | |

图 6-24 多重分类汇总的结果

**3. 移去所有的分类汇总**

对于不再需要的或者错误的分类汇总，用户可以将之取消。

**操作步骤**

第一步：在分类汇总数据列表中选择一个单元格。

第二步：单击“数据”选项卡中“分类汇总”按钮，弹出“分类汇总”对话框。

第三步：单击“全部删除”按钮即可。

## 6.2 使用数据透视表分析数据

对于数据列表，还有一项重要的功能就是数据透视表。它是一种对大量数据快速汇总和建立交叉列表的交互式动态表格。数据透视表综合了数据排序、筛选、分类汇总等数据分析的优点，为用户提供了一种以不同的角度去分析数据的简便方法。本节将介绍创建数据透视表的基本方法和运用技巧。

**学习要点：**

1. 创建数据透视表
2. 更改数据透视表布局
3. 编辑数据透视表字段
4. 设置数据透视表格式

5. 数据透视表的刷新

### 6.2.1 数据透视表中数据来源

用户可以根据 4 种类型的数据源创建数据透视表。

- 数据列表：如果以 Excel 数据列表作为数据源，则标题行不能有空白单元格或者合并的单元格。
- 外部数据源：例如，文本文件、Access、dBASE、SQL Server 或 Web 服务器上创建的数据库。
- 多个独立的 Excel 数据列表：数据透视表在创建过程中，可以将各个独立表格中的数据信息汇总到一起。
- 其他的数据透视表：可以基于一个创建完成的数据透视表来创建另一个数据透视表。

### 6.2.2 数据透视表结构

数据透视表的组成分为 4 个部分，如图 6-25 所示。

- 报表筛选：此区域放置数据透视表的筛选字段。
- 行标签：此区域放置数据透视表的行字段。
- 列标签：此区域放置数据透视表的列字段。
- 数值：此区域显示数据透视表的汇总数据。

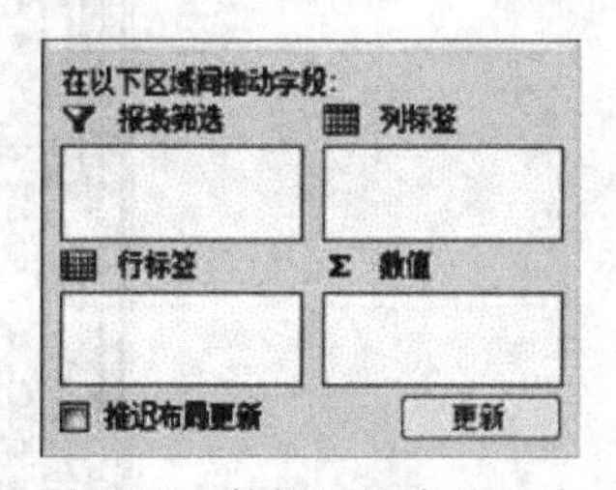

图 6-25 数据透视表的组成

### 6.2.3 创建数据透视表

创建数据透视表的操作过程参考案例 6.9。

**案例 6.9 创建数据透视表**

**案例素材**

本案例素材是一张 12 个月的销售表。

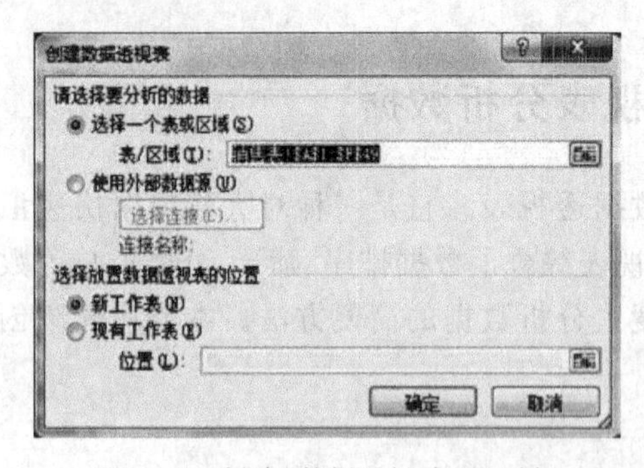

图 6-26 创建"数据透视表"对话框

**案例要求**

需要分产品类别按月份统计商品销售量。

**操作步骤**

第一步：选择数据列表中任意一个单元格，如 B2。在"插入"选项卡中单击"数据透视表"按钮，弹出的"数据透视表"对话框中，如图 6-26 所示。

第二步：保持"数据透视表"默认的选项不变，单击"确定"按钮即可创建一张空的数据透视表，如图 6-27 所示。

第三步：在"数据透视表字段列表"对话框中，用鼠标左键依次将"月份"字段拖曳至"列标签"区域内，将"商品"字段拖曳至"行标签"区域内，将"产品类别"字段拖曳至"报表

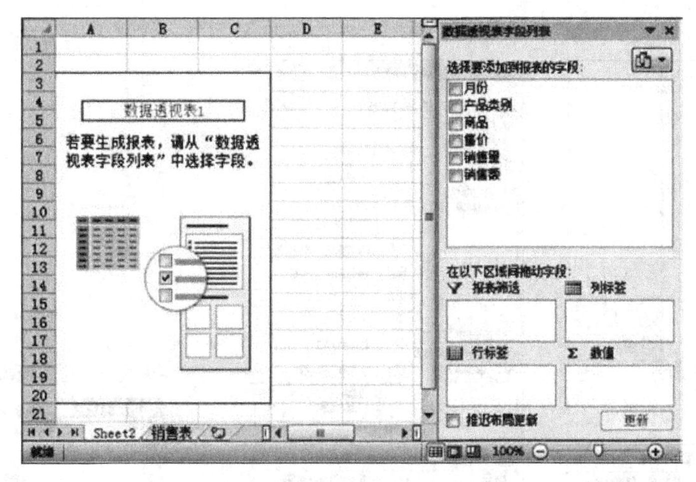


图 6-27　创建空的数据透视表

筛选”区域内，将“销售量”字段拖曳至“数值”区域内，最终完成的数据透视表如图 6-28 所示。

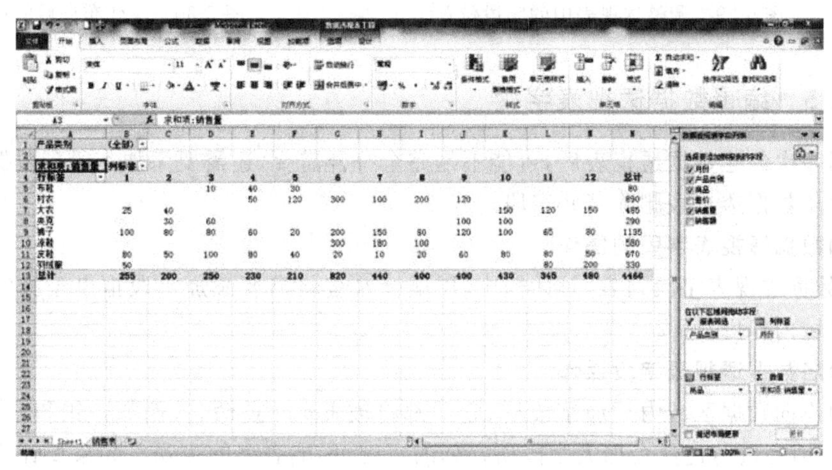

图 6-28　向数据透视表中添加字段

### 6.2.4　改变数据透视表的整体布局

只要在“数据透视表字段列表”对话框中拖动字段按钮就可以重新安排数据透视表的布局。

**示例**

以图 6-28 所示数据透视表为例，如果希望“报表筛选”中“产品类别”与“列标签”中“月份”位置进行交换，只需在“数据透视表字段列表”对话框中，单击“报表筛选”中“产品类别”的下拉箭头，在弹出的下拉菜单中选择“移动到列标签”命令，单击“列标签”中“月份”的下拉箭头，在弹出的下拉菜单中选择“移动到报表筛选”命令，如图 6-29 所示；还可以直接用鼠标左键拖曳需要调整位置的字段到指定的区域内。改变布局后的透视表如

图 6-30 所示。

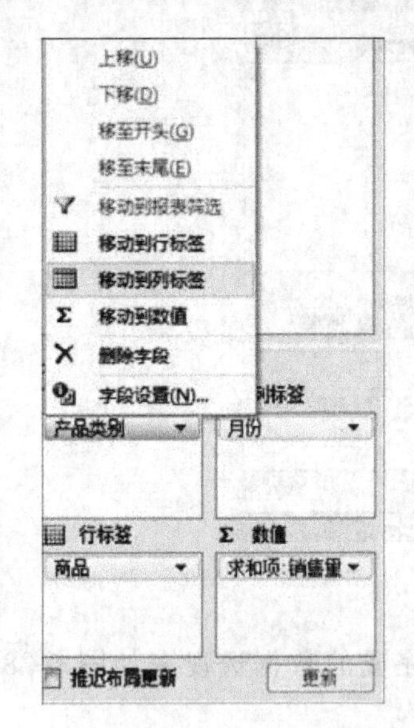


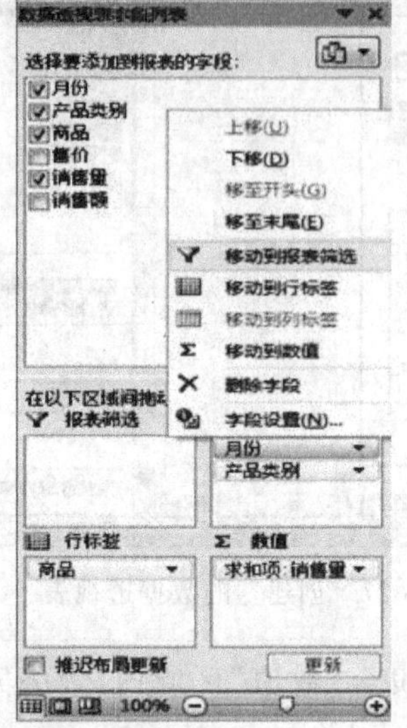


图 6-29 调整透视表中的字段位置

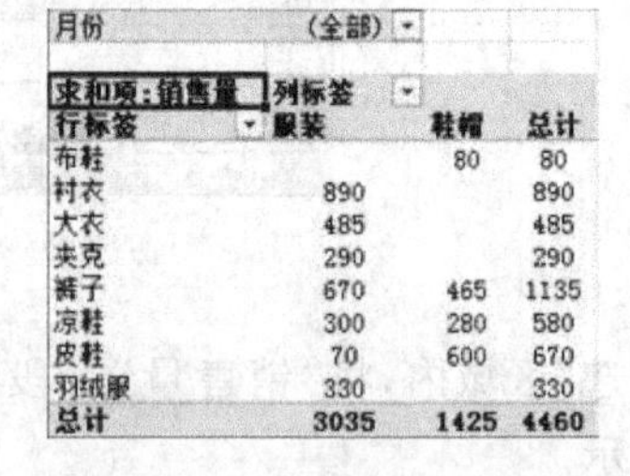

| 月份 | (全部) | | |
|---|---|---|---|
| 求和项:销售量 | 列标签 | | |
| 行标签 | 服装 | 鞋帽 | 总计 |
| 布鞋 | | 80 | 80 |
| 衬衣 | 890 | | 890 |
| 大衣 | 485 | | 485 |
| 夹克 | 290 | | 290 |
| 裤子 | 670 | 465 | 1135 |
| 凉鞋 | 300 | 280 | 580 |
| 皮鞋 | 70 | 600 | 670 |
| 羽绒服 | 330 | | 330 |
| 总计 | 3035 | 1425 | 4460 |

图 6-30 改变布局后的透视表

## 6.2.5 编辑数据透视表字段

当第一次创建数据透视表后，可能不是完全符合需要，还需要添加字段到数据透视表中或删除从数据透视表删除某些字段。

**添加数据透视表字段的操作**

在“数据透视表字段列表”对话框中，用鼠标左键将需要添加字段拖曳至指定的数据透视表区域内即可。

**重命名数据透视表字段操作**

当用户向数据区域内添加字段后，它们都将被 Excel 重命名，例如，“销售量”变成了“求和项：销售量”，这样会加大字段所在列的宽度，影响表格的美观。如果要让列表题看起来更简洁，可直接输入新标题，按下 Enter 键即可，如图 6-31 所示。

**注**：重命名数据透视表字段时需要注意，数据透视表中每个字段的名称必须唯一，Excel 不接受任意两个字段具有相同的名称。

**删除数据透视表字段的操作**

对数据透视表中不再需要分析显示的字段可通过“数据透视表字段列表”对话框进行删除。在“数据透视表字段列表”对话框单击要删除的字段的下拉箭头，在弹出的下拉菜单中选择“删除”命令即可，如图 6-32 所示。

## 6.2.6 设置数据透视表格式

在数据透视表创建完成后，可进一步美化数据透视表的外观。

在“数据透视表工具”中的“设计”选项卡的“数据透视表样式”区域，提供了 84 种可供用户套用的表格格式。

| 1 | 产品类别 | (全部) | |
|---|---|---|---|
| 2 | 月份 | (全部) | |
| 3 | | | |
| 4 | 行标签 | 产品销售量 | 产品销售额 |
| 5 | 布鞋 | 80 | 2400 |
| 6 | 衬衣 | 890 | 63200 |
| 7 | 大衣 | 485 | 198000 |
| 8 | 夹克 | 290 | 49700 |
| 9 | 裤子 | 1135 | 140550 |
| 10 | 凉鞋 | 580 | 31000 |
| 11 | 皮鞋 | 670 | 138000 |
| 12 | 羽绒服 | 330 | 165000 |
| 13 | 总计 | 4460 | 787850 |

图 6-31　对数据透视表字段重命名

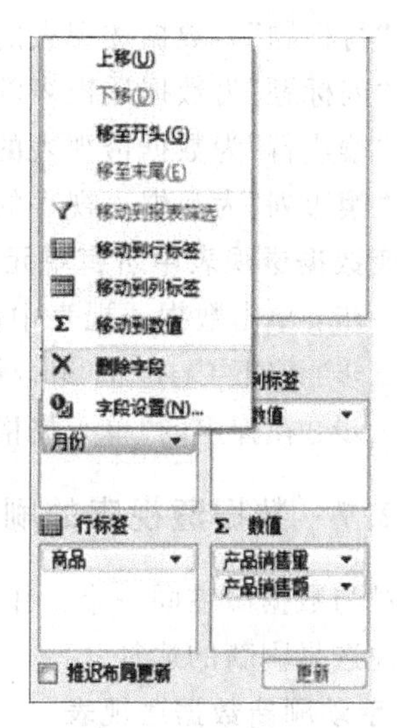


图 6-32　删除数据透视表字段

**数据透视表自动套用格式的操作步骤**

第一步：单击数据透视表中任意一个单元格。

第二步：在“数据透视表工具”“设计”选项卡中展开“数据透视表样式”库，鼠标在各种样式缩略图上移动，数据透视表即显示相应的预览。

第三步：单击某种样式，数据透视表会自动套用该样式，如图 6-33 所示。

| | A | B | C |
|---|---|---|---|
| 1 | 产品类别 | (全部) | |
| 2 | 月份 | (全部) | |
| 3 | | | |
| 4 | 行标签 | 产品销售量 | 产品销售额 |
| 5 | 布鞋 | 80 | 2400 |
| 6 | 衬衣 | 890 | 63200 |
| 7 | 大衣 | 485 | 198000 |
| 8 | 夹克 | 290 | 49700 |
| 9 | 裤子 | 1135 | 140550 |
| 10 | 凉鞋 | 580 | 31000 |
| 11 | 皮鞋 | 670 | 138000 |
| 12 | 羽绒服 | 330 | 165000 |
| 13 | 总计 | 4460 | 787850 |

图 6-33　数据透视表自动套用格式后的效果

“数据透视表样式选项”命令组中还提供了“行标题”、“列标题”、“镶边行”和“设镶边列”4 种应用样式的具体设置选项。它们的作用是：

- “行标题”为数据透视表的第一列应用特殊格式。
- “列标题”为数据透视表的第一行应用特殊格式。
- “镶边行”为数据透视表的奇数行和偶数行分别设置不同的格式。
- “镶边列”为数据透视表的奇数列和偶数列分别设置不同的格式。

**改变数据透视表中所有单元格的数字格式的操作步骤**

第一步：单击数据透视表中任意一个单元格。

第二步：按下 Ctrl+A 组合键，选中整个数据透视表，按 Ctrl+1 组合键。

第三步：在弹出的“单元格格式”对话框中单击“数字”选项卡，设置数字格式。

## 6.2.7 数据透视表的刷新

针对与数据源在同一个工作簿的数据透视表，如果透视表的数据源内容发生改变，用户有几种选择刷新的途径。

**1. 手动刷新数据透视表**

用户需要手动刷新数据透视表，使数据透视表中的数据得到及时更新。

在数据透视表的任意一个区域单击鼠标右键，在弹出的快捷菜单中单击“刷新”命令，如图 6-34 所示。

此外，利用“数据透视表工具”中的“刷新”按钮也可以实现对数据透视表的刷新。

**2. 打开文件时刷新**

用户还可以设置数据透视表的自动更新。

**操作步骤**

第一步：在数据透视表的任意一个区域单击鼠标右键，在弹出的快捷菜单中选择“数据透视表选项”命令。

第二步：在“数据透视表选项”对话框中单击“数据”选项卡，勾选“打开文件时刷新数据”复选框，最后单击“确定”按钮对话框完成设置，如图 6-35 所示。

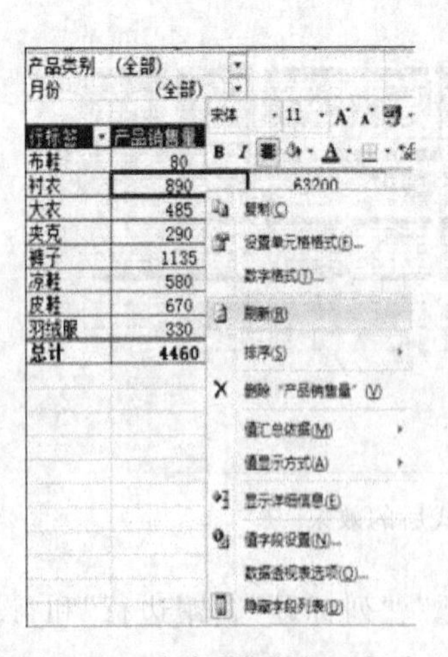


图 6-34 手动刷新数据透视表

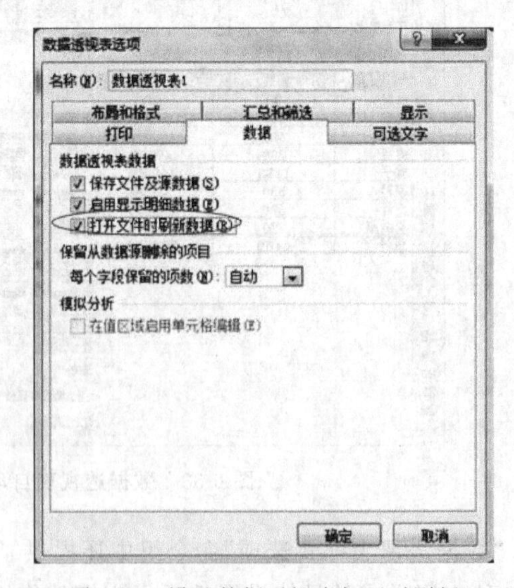


图 6-35 设置数据透视表打开时刷新

完成此设置后，每当用户打开数据透视表所在的工作簿时，工作簿里的数据透视表都会自动刷新数据。

**3. 全部刷新数据透视表**

如果要刷新工作簿中包含的多个数据透视表，可以单击任意一个数据透视表中的任意单元格，单击“数据透视表工具”中的“选项”选项卡的“刷新”按钮的下拉箭头，在弹出的下拉菜单中选择“全部刷新”命令，如图 6-36 所示。

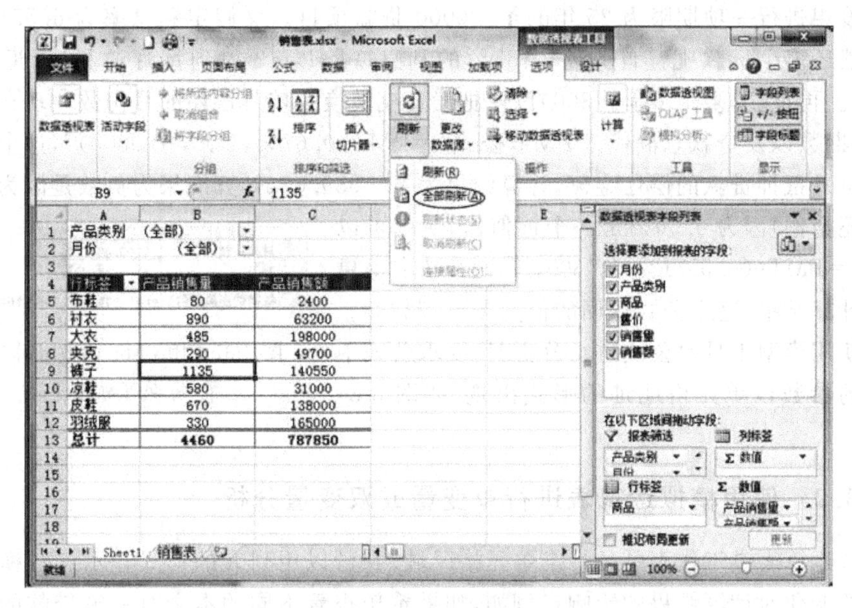


图 6-36　全部刷新数据透视表

## 6.3　使用 Excel 进行模拟分析

模拟分析又称假设分析，主要用于基于现有的计算模型，在影响最终结果诸多因素中进行测算与分析，以寻求最接近目标的方案。本节将介绍使用模拟运算表和方案管理器来进行模拟分析，使用单变量求解工具进行逆向模拟分析。

**学习要点：**

1. 使用模拟运算表进行单变量或双变量分析
2. 创建方案进行分析
3. 使用单变量求解工具进行逆向模拟分析

### 6.3.1　范例模型的介绍

本节案例中将采用 PMT 函数作为分析工具中使用的范例模型。该函数的功能是计算在固定利率下，贷款的等额分期偿还额。

PMT 函数格式：

```
PMT(rate, nper, pv, [fv], [type])
```

参数说明：rate 是必选参数，表示贷款利率；nper 是必选参数，表示该项贷款的付款总数；pv 是必选参数，表示现值或一系列未来付款的当前值的累积和，也称为本金；fv 是可选参数，表示未来值或在最后一次付款后希望得到的现金余额，如果省略 fv，则假设其值为 0(零)，也就是一笔贷款的未来值为 0。type 是可选参数，数字 0(零)或 1，用以指示各期的付款时间是在期初还是期末，如果是 0type 或省略代表期末，如果是 1 代表期初。

**示例**

假设想进行一项期限为 25 年的￥100000 贷款项目。又假定利息率为 6.55%，那么每月将偿还多少贷款呢？首先将 6.55%的利息率除以 12 得到每月的利率(近似等于 0.56%)。再把 25 乘 12(等于 300)以便把偿还期转换为按月偿还的月份数。现在把月利率、偿还期数以及贷款总额代入 PMT 公式“＝PMT(0.67%，300，100000)”，这个公式就可算出每月抵押贷款的偿还金额，计算结果为￥－689.02(计算结果为负数是因为它是要支付偿还金额)因为 0.56%是一个近似值，所以可以用公式“＝PMT((6.55/12)%，300，100000)”求得更精确的计算结果，这个公式返回的值为￥－678.33。

| | A | B | C | D |
|---|---|---|---|---|
| 1 | 贷款总额 | ¥100,000.00 | | |
| 2 | 利率 | 6.55% | | |
| 3 | 偿还期数（月） | 300 | | |
| 4 | 每期偿还额（月） | =PMT($B$2/12,$B$3,$B$1) | | |
| 5 | | | | |

图 6-37 用 PMT 函数计算贷款每期等额偿还额

在使用模型工具对公式进行分析时，要求公式中被分析的参数以单元格地址的形式出现，如图 6-37 所示。

### 6.3.2 使用模拟运算表进行单变量或双变量分析

模拟运算表是工作表中的一个单元格区域，它可以用列表的形式显示计算模型中某些参数的变化对计算结果的影响。例如，如果希望查看不同的本金对一笔贷款的月偿还额产生的影响，可以使用单变量模拟运算表；如果希望查看不同的本金和不同的偿还期数对月偿还额产生的影响，可以使用双变量模拟运算表。

**1. 创建单变量模拟运算表**

单变量模拟运算表的结构特点是，其输入数值被排列在一列中(列引用)或一行中(行引用)。单变量模拟运算表中使用的公式必须引用保存参数的单元格。

**举例**

查看不同的贷款本金对月偿还额的影响。

**操作步骤**

第一步：在如图 6-38 所示的工作表中，依次在“A7:A9”单元格区域中输入不同的本金数值，在 B6 单元格输入公式“＝B4”。

第二步：选中单元格区域“A6:B9”，单击“数据”选项卡中的“模拟分析”，在其下拉列表中选择“模拟运算表”。

第三步：在弹出的“模拟运算表”对话框中，在“输入引用列的单元格”输入“$B$1”，如图 6-38 所示。

第四步：最后单击“确定”按钮，如图 6-39 所示。

在已经生成结果的模拟运算表中，如果原有的数值和公式引用有变化，结果区域会自动更新。

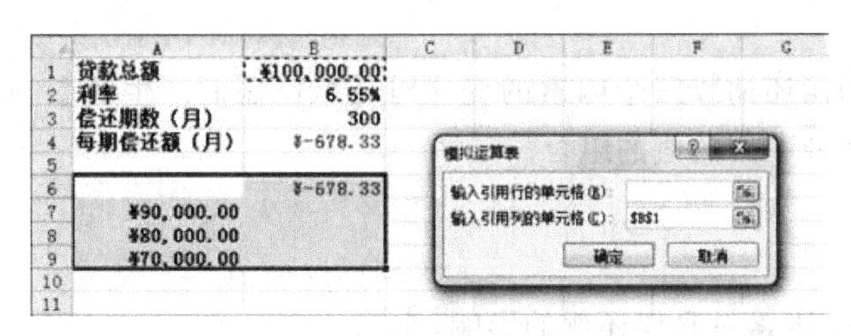


图 6-38　创建单变量模拟运算表

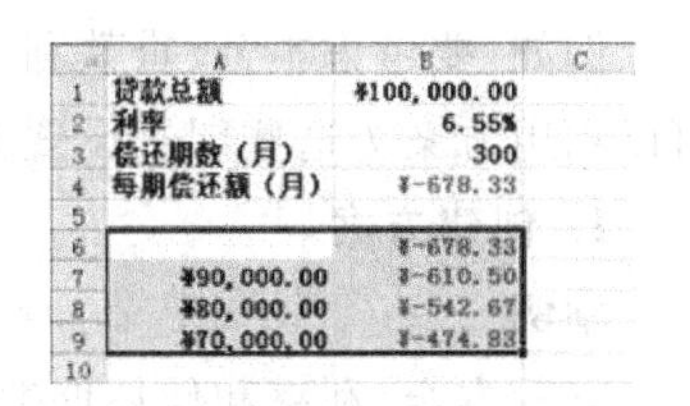


图 6-39　单变量模拟运算结果

**2. 创建双变量模拟运算表**

复杂的情况，还可以使用双变量对各种情况进行模拟，例如，要考虑不同的本金和不同的偿还期数对贷款偿还额产生的影响。双变量模拟运算表中的两组输入数值使用同一个公式。这个公式必须引用两个不同的参数单元格。

**举例**

查看不同的本金和不同的偿还期数对月偿还额的影响。

**操作步骤**

第一步：在如图 6-36 所示的工作表中，依次在“A7:A9”单元格区域中输入不同的本金数值，依次在“B6:D6”单元格区域中输入不同偿还期数，在 A6 单元格输入公式“=B4”。

第二步：选中单元格区域“A6:D9”，单击“数据”选项卡中的“模拟分析”，在其下拉列表中选择“模拟运算表”。

第三步：在弹出的“模拟运算表”对话框中，在“输入引用行的单元格”输入“$B$3”，在“输入引用列的单元格”输入“$B$1”，如图 6-40 所示。

第四步：最后单击“确定”按钮，如图 6-41 所示。

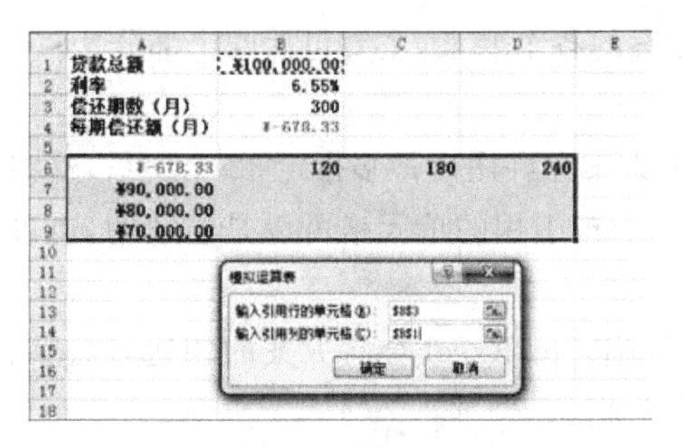


图 6-40　创建双变量模拟运算表

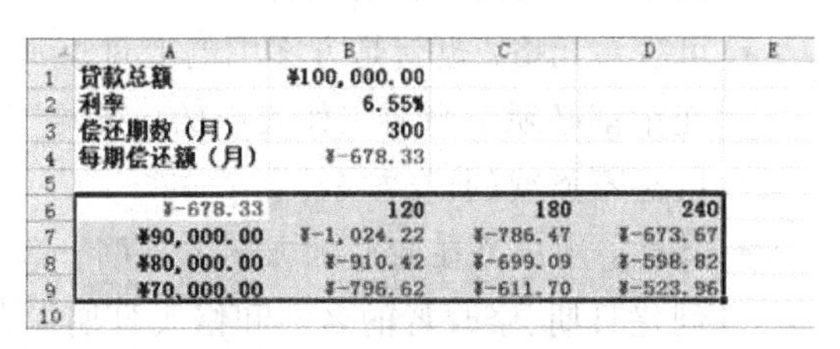


图 6-41　双变量模拟运算结果

## 6.3.3　创建方案进行分析

在分析一到两个关键因素的变化对结果的影响时，使用模拟运算表非常方便。如果要考虑更多的关键因素来进行分析时，模拟运算表就会暴露出它的局限性而比较难满足需求。在这样的情况下使用方案将更容易处理问题。

方案是一组称为可变单元格的输入值，并为其指定的名字保存起来。每组可变单元格代表了一组假设分析的前提，可作用于一个工作簿中。用户可以在这些定义的方案之间任意切换，查看不同的方案结果。

例如，要考虑本金、贷款利率和偿还期数三个因素的变化对贷款偿还额产生的影响，可以利用方案为这些因素设置为多种不同的值的组合。

**1. 创建方案**

**举例**

查看本金、利率和偿还期数三个因素对月偿还额的影响。

**操作步骤**

第一步：单击“数据”选项卡中的“模拟分析”，在其下拉列表中单击“方案管理器”，弹出“方案管理器”对话框，如图 6-42 所示。

第二步：单击“添加”按钮，打开“添加方案”对话框，如图 6-43 所示。

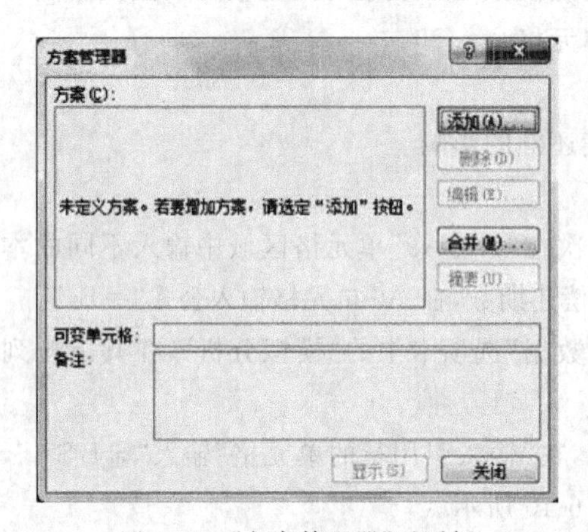


图 6-42 “方案管理器”对话框

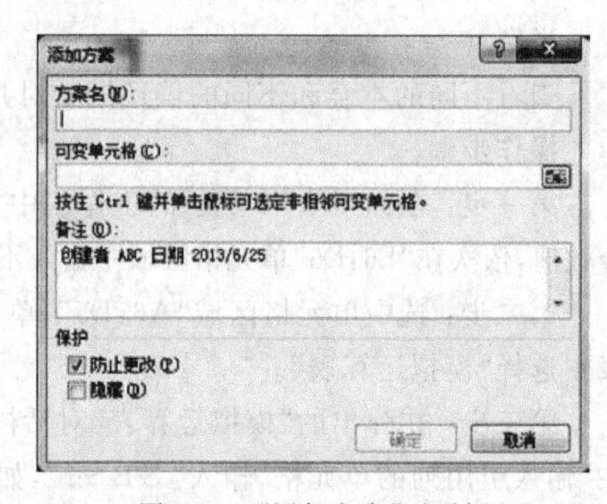


图 6-43 “添加方案”对话框

第三步：在“添加方案”对话框中可以定义方案的各个要素，主要包括四个部分。

- 方案名：当前方案的名称。
- 可变单元格：也就是方案中的变量。每个方案允许用户最多指定 32 个变量，这些变量都必须是当前工作表中的单元格引用。被引用的单元格可以是连续的，也可以是不连续的。
- 备注：用户可在此添加方案的说明。默认情况下，Excel 会将方案的创建者名字、创建日期、修改者的名字和修改日期保存在此。
- 保护：当工作表被保护且“保护工作表”对话框中的“编辑方案”选项被勾选时，此处的设置才会生效。“防止更改”选项可以防止此方案被修改，“隐藏”选项可以此方案不出现在“方案管理器”对话框中。

第四步：在本例中先定义“五年以上”的方案，在“添加方案”对话框中输入方案名和可变单元格区域，然后单击“确定”按钮，弹出“方案变量值”对话框，用户输入指定变量在本方案的具体数值。输入完毕后单击“确定”按钮，相关的设置如图 6-44 所示。

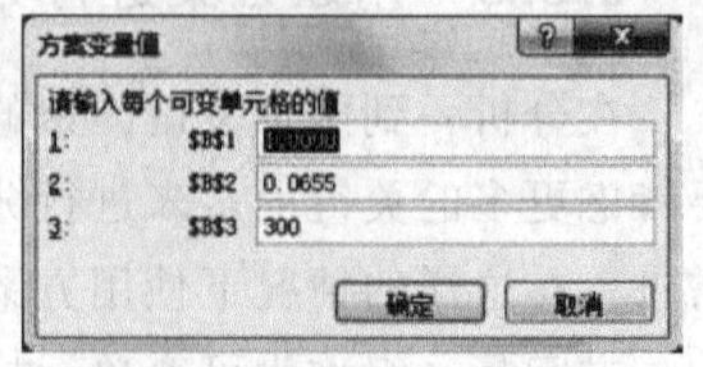


图 6-44 “方案变量值”对话框

重复步骤 2～步骤 4，继续添加其他方案。“方案管理器”会显示已创建的方案列表，如图 6-45 所示。

**2. 显示方案**

在“方案管理器”对话框的方案列表中选择一个方案后单击“显示”按钮或直接双击某个方案，Excel 将用该方案设定的变量值替换工作表中相应单元格原来的值，以显示根据此方案的定义所生成的结果，如图 6-46 所示。

图 6-45 “方案管理器”中已创建的方案列表

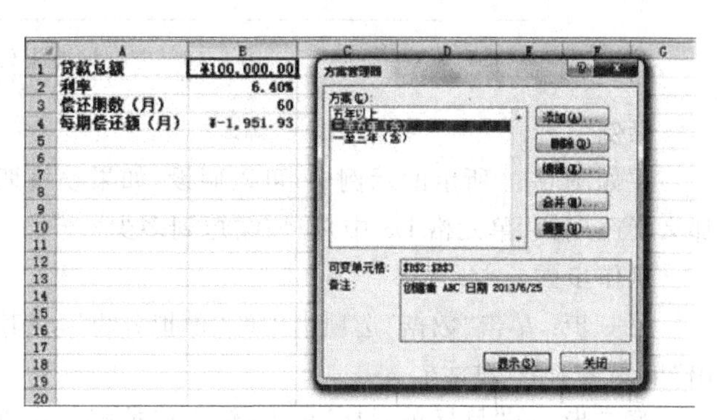


图 6-46 显示方案

**3. 修改方案**

在“方案管理器”对话框的方案列表中选择一个方案，单击“编辑”按钮，打开“编辑方案”对话框。此对话框与“添加方案”对话框完全相同，用户可在此对话框中修改方案中的变量值。

**4. 删除方案**

如果不再需要某个方案，可在“方案管理器”对话框的方案列表中选中它，然后单击“删除”按钮即可。

**5. 建立摘要报告**

为了便于进一步的对比分析，Excel 的方案功能允许用户生成报告。在“方案管理器”中单击“摘要”按钮，打开“方案摘要”对话框，如图 6-47 所示。

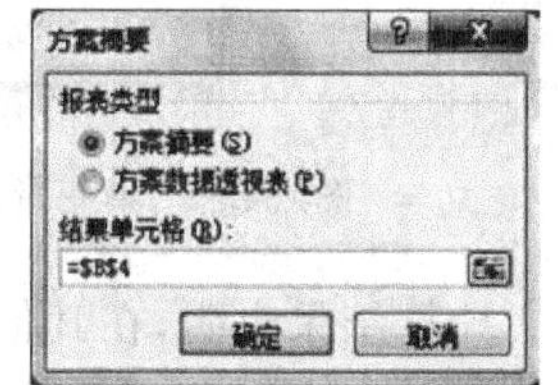


图 6-47 “方案摘要”对话框

在该对话框中可以生成两种类型的摘要报告：“方案摘要”以大纲形式展示报告；“方案数据透视表”以数据透视表形式展示报告。“结果单元格”是指方案中的计算结果，也就是用户希望进行对比分析的最终目标。单击“确定”按钮，将在新的工作表中生成相应类型的报告，如图 6-48 所示。

### 6.3.4 使用单变量求解工具进行逆向模拟分析

在进行模拟分析时，有时会遇到需要进行逆向模拟分析的需求，例如，如果已知公式预期的结果，而不知得到这个结果所需的输入值，就可以使用“单变量求解”功能。

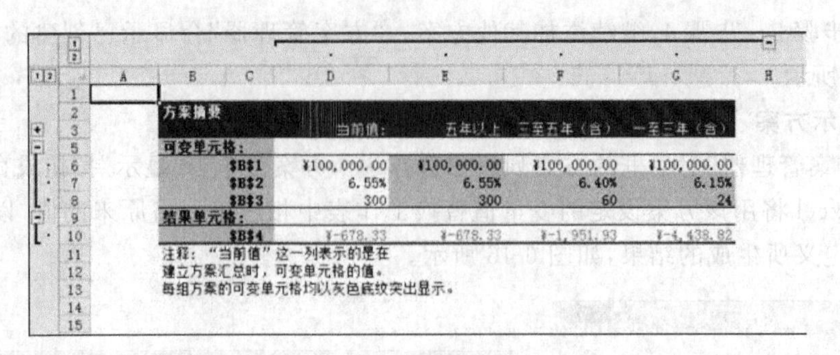

| | 当前值: | 五年以上 | 三至五年（含） | 一至三年（含） |
|---|---|---|---|---|
| 可变单元格: | | | | |
| $B$1 | ¥100,000.00 | ¥100,000.00 | ¥100,000.00 | ¥100,000.00 |
| $B$2 | 6.55% | 6.55% | 6.40% | 6.15% |
| $B$3 | 300 | 300 | 60 | 24 |
| 结果单元格: | | | | |
| $B$4 | ¥-678.33 | ¥-678.33 | ¥-1,951.93 | ¥-4,438.82 |

方案摘要

注释："当前值"这一列表示的是在建立方案汇总时，可变单元格的值。每组方案的可变单元格均以灰色底纹突出显示。

图 6-48　方案摘要报告

**举例**

在如图 6-36 所示的示例中，可以假设，如果要每期偿还额（单元格 D4 中）为“1,000”，那么偿还期数（单元格 D3 中）应该缩短到多少？

**操作步骤**

第一步：单击“数据”选项卡中的“模拟分析”，在其下拉列表中单击“单变量求解”，弹出“单变量求解”对话框。

第二步：在“目标单元格”框中，输入待求解公式所在单元格的引用，这里输入“D4”。

第三步：在“目标值”框中，输入预定的目标值“－1000”。

第四步：在“可变单元格”框中，输入偿还期数所在的单元格地址，这里输入“＄B＄3”，如图 6-49 所示。

第五步：单击“确定”按钮，弹出“单变量求解状态”对话框，会看到如图 6-50 所示结果，说明已求到一个解。

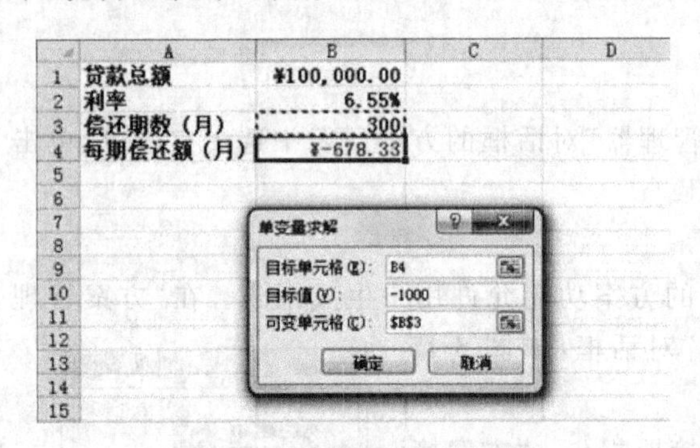


图 6-49　“单变量求解”对话框

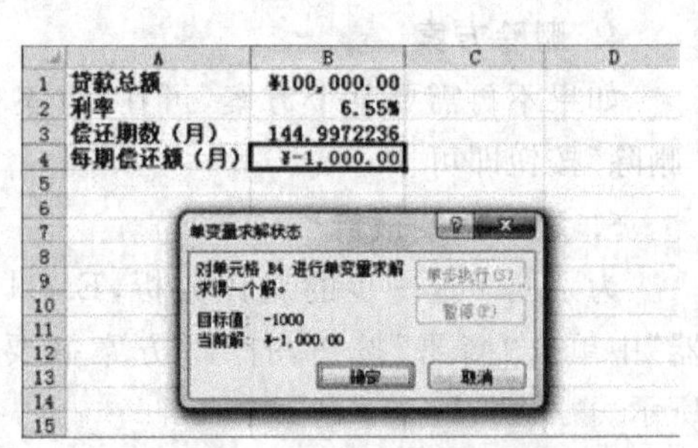


图 6-50　单变量求解完成

计算结果表明，在其他条件保持不变的情况下，要使每期偿还额增加到 1000 元，偿还次数减少到大约 145 次。

如果单击“单变量求解”对话框中的“确定”按钮，求解结果将被保留；如果单击“取消”按钮，则将取消本次求解运算，工作表的数据恢复如初。

# 第 7 章　PowerPoint 2010 演示文稿制作

PowerPoint 是微软办公软件里用来制作演示文稿的工具软件。通过 Microsoft PowerPoint 2010，您可以使用文本、图形、照片、视频、动画和更多手段来设计具有视觉震撼力的演示文稿。创建 PowerPoint 2010 演示文稿后，您可以随后亲自放映演示文稿，通过 Web 进行远程发布，或与其他用户共享文件。

作为办公软件 Office 的一部分，PowerPoint 的主要功能是以幻灯片的形式向观众展示，用以对演讲内容进行补充。

**案例　下面是一个用 PowerPoint 2010 完成的作品——“青花瓷介绍”**

第 1 张：封面，文稿的标题，如图 7-1 所示。

第 2 张：演示文稿的内容列表，如图 7-2 所示。

图 7-1　封面

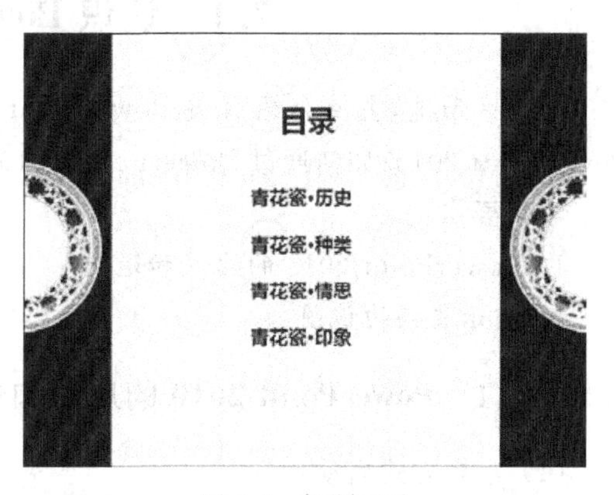


图 7-2　标题目录

第 3 张：第一节标题页，如图 7-3 所示。

第 4 张：通过文字介绍青花瓷，用艺术字显示青花瓷特点，如图 7-4 所示。

图 7-3　第一标题页

图 7-4　文本占位符与艺术汉字应用

第 5 张：通过 SmartArt 显示青花瓷种类，如图 7-5 所示。

第 6 张：从屏幕下方滚进文字“完 谢谢观看”，如图 7-6 所示，演示文稿结束。

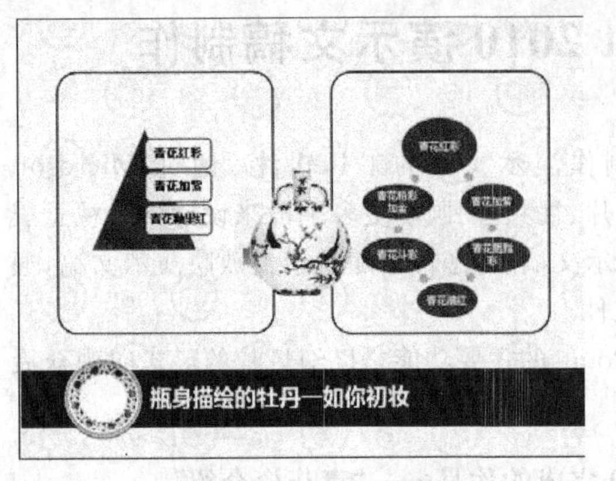


图 7-5　SmartArt 应用

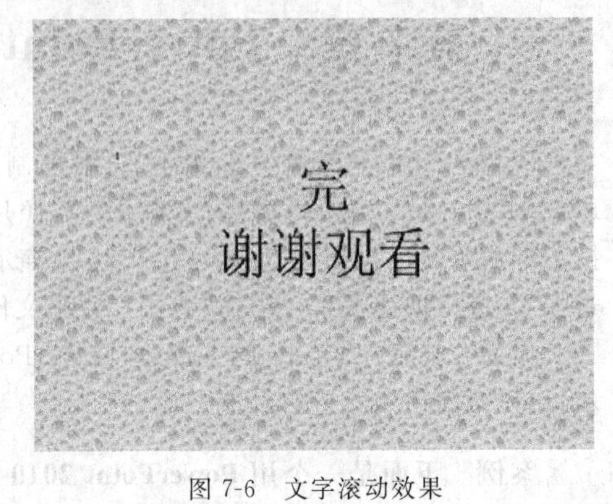


图 7-6　文字滚动效果

## 7.1　认识 PowerPoint 2010

在这一节里，主要介绍有关 PowerPoint 2010 的基本操作，包括：如何启动和退出 PowerPoint 2010；如何通过 PowerPoint 2010 查看演示文稿。

**学习要点：**

1. PowerPoint 2010 的启动和退出
2. 演示文稿的视图

### 7.1.1　PowerPoint 2010 的启动和退出

（1）常规方式启动：

最常用的 PowerPoint 2010 的启动方法是：在 WIN7 的任务栏上鼠标左键单击“开始”→“所有程序”→ Microsoft Office → Microsoft Office PowerPoint 2010 即可启动 PowerPoint 2010。

（2）从桌面快捷方式启动：

安装办公软件时如果已经将 PowerPoint 2010 的快捷图标复制到桌面上，可以用鼠标双击该快捷图标来启动 PowerPoint 2010。

（3）通过演示文稿文件启动：

在桌面上或者准备存储 PowerPoint 2010 演示文稿的目录下单击鼠标右键，在弹出的快捷菜单中选择“新建”→“演示文稿”命令，就可以新建一个演示文稿文件。双击该文件或者已经保存的演示文稿文件，就可以启动 PowerPoint 2010。

（4）退出：

退出 PowerPoint 2010 应用程序，可以采用以下方法：

（1）单击“文件”菜单的“退出”命令。

(2) 单击标题栏右边的“关闭”按钮。

(3) 快捷键 Alt+F4。

### 7.1.2 PowerPoint 2010

在学习 PowerPoint 2010 基本操作之前,首先了解一下它的工作界面,如图 7-7 所示。PowerPoint 2010 界面主要由快速访问工具栏、标题栏、选项卡、组、幻灯片编辑区、备注编辑区等部分组成。

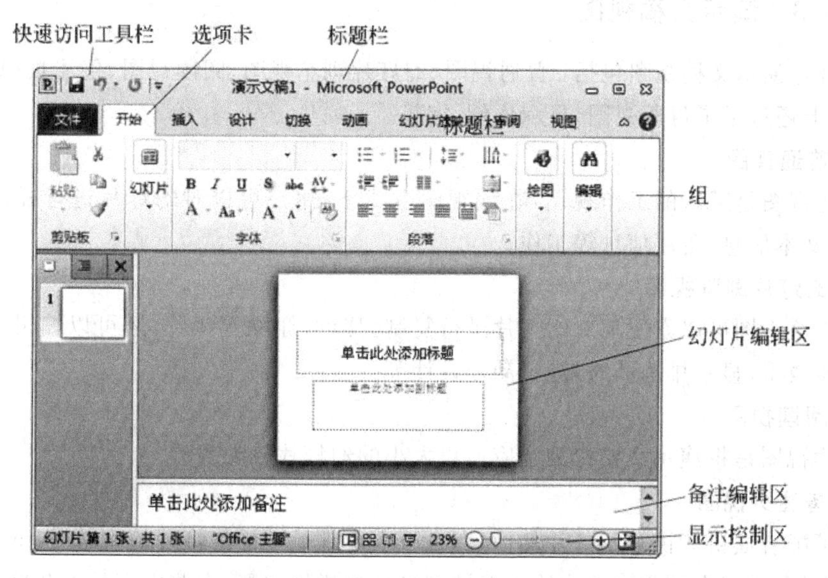


图 7-7　PowerPoint 2010 工作界面

#### 1. 功能区

在 PowerPoint 2010 中,功能区代替了传统的下拉式菜单和工具条界面,用选项卡代替了下拉菜单,并将命令排列在选项卡的各个组中。在默认状态下,功能区主要包括“文件”、“开始”、“插入”、“设计”、“切换”、“动画”、“幻灯片放映”、“审阅”、“视图”共 9 个选项卡。单击某选项卡按钮,即可将其打开,用户就可以查看和使用排列在各个组内的命令按钮。比如用户只要单击“开始”选项卡按钮,就可以打开“开始”选项卡,在组中就列出了它对应的具体操作命令。

#### 2. 幻灯片编辑区

幻灯片编辑区是 PowerPoint 2010 窗口中最大的组成部分,它是进行幻灯片制作的主要区域。文字输入、图片插入、表格等操作都是在该区域。

#### 3. 显示控制区

显示控制区左边的按钮用于切换演示文稿的视图方式,从左到右分别是:普通视图、幻灯片浏览视图、阅读视图、幻灯片放映视图。中间的滑动条可以改变幻灯片编辑区中幻灯片的大小。

#### 4. 幻灯片导航区

在 PowerPoint 2010 窗口的左侧是幻灯片导航区,它由两个选项卡组成:“幻灯片”和

"大纲"。这也是"普通视图"模式下的两种幻灯片查看方式。

系统默认的是"幻灯片"查看方式。幻灯片都以缩略图的形式排列在导航区。切换到大纲视图,导航区显示的仅是幻灯片的文本内容。

**5. 备注编辑区**

单击备注编辑区,可以直接输入当时正在编辑的幻灯片的备注信息,以备幻灯片放映时使用。

### 7.1.3 演示文稿视图

幻灯片演示文稿视图包括:普通视图、幻灯片浏览视图、阅读视图、备注页视图。"视图"选项卡还包括了母版视图,显示比例,宏等。

**1. 普通视图**

普通视图是默认的工作视图,在该视图方式下,用户可以对幻灯片进行插入各种对象,浏览文本信息,备注信息等工作。

**2. 幻灯片浏览视图**

利用该视图可以方便地对幻灯片进行复制、移动、删除等操作,还可以编辑每张幻灯片的切换效果,显示排练计时,进行动作设计等。

**3. 阅读视图**

阅读视图是将演示文稿作为适应窗口大小的幻灯片放映查看。

**4. 备注页视图**

为了配合演讲者讲解幻灯片的内容,每页上半部是当前幻灯片的缩略图,下半部分是一个文本框,可以在该文本框中输入对该幻灯片的详细解释,有些内容是不会显示在该幻灯片上。

## 7.2 演示文稿编辑

**学习要点:**

1. 创建空白演示文稿
2. 编辑演示文稿中的幻灯片

### 7.2.1 创建演示文稿

在 PowerPoint 2010 中创建演示文稿的方法有很多。

**1. 创建空白演示文稿**

(1) 启动创建

启动 PowerPoint 2010 时系统自动创建一个空演示文稿,默认名为"演示文稿 1"。并且带有一张"标题幻灯片"版式的空白幻灯片。

(2) 文件菜单"新建"命令

单击"文件"→"新建",选择空白演示文稿,再单击下方的"创建"。如图 7-8 所示。

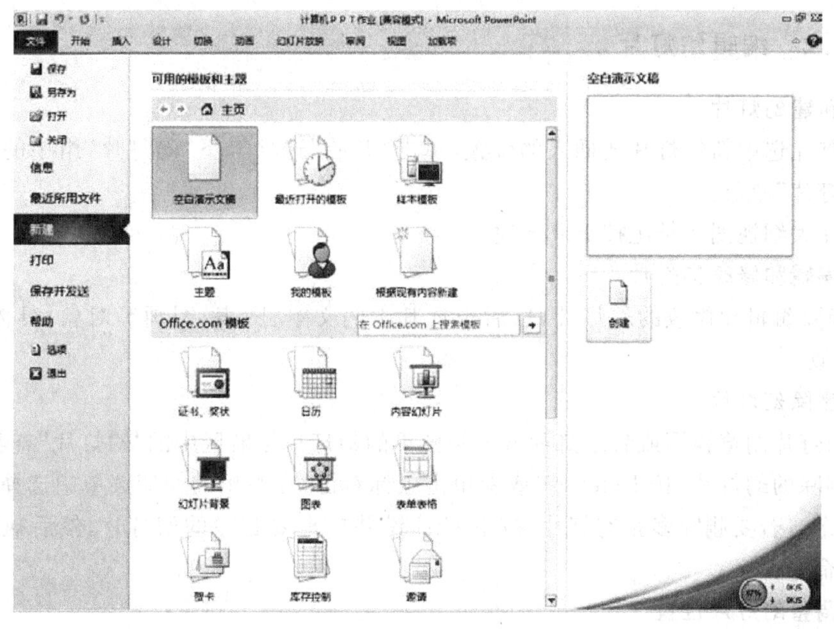


图 7-8　利用文件菜单创建空白演示文稿视图

**2. 根据设计模板创建演示文稿**

用户可以使用 PowerPoint 2010 提供的一系列设计模板来创建演示文稿。单击“文件”→“新建”，可以看到“可用模板和主题”里有很多可用的模板。每个模板都将演示文稿的背景图案、文字布局、颜色大小等样式和风格设置好了。用户只需要向其中加入文本即可。

**3. 根据现有内容创建演示文稿**

PowerPoint 2010 演示文稿的内容是可以共享和重复使用的。单击“文件”→“新建”，选择“可用模板和主题”里的“根据现有内容新建”选项。打开“根据现有演示文稿新建”对话框，如图 7-9 所示。选择需要应用的演示文稿文件，单击“创建”按钮，则现有的演示文稿的所有内容就被引用到新建的演示文稿中来。

图 7-9　根据现有演示文稿新建另一个演示文稿

### 7.2.2 编辑幻灯片

**1. 新建幻灯片**

- 首先选中新幻灯片要插入的位置，单击“开始”选项卡下“幻灯片”组中的“新建幻灯片”命令。
- 在大纲视图的结尾按 Enter 键。

**2. 编辑和修改幻灯片**

选择要编辑和修改的幻灯片，然后选择其中的文本、图表、图画等对象，具体编辑和Word 相似。

**3. 删除幻灯片**

在幻灯片浏览视图或者幻灯片普通视图里的幻灯片导航区中的“幻灯片”查看方式下选择要删除的幻灯片，按 Delete 键或者单击鼠标右键，在弹出的快捷菜单中选择“删除幻灯片”命令。若要删除多张幻灯片，按下 Ctrl 键并单击要删除的幻灯片，然后执行“删除幻灯片”命令。

**4. 调整幻灯片位置**

在幻灯片浏览视图或者幻灯片普通视图里的幻灯片导航区中的“幻灯片”查看方式下选择要调整位置的幻灯片，按住鼠标左键，拖动鼠标。

**5. 为幻灯片编号和添加日期**

演示文稿创建完毕后，可以为全部幻灯片编号，操作如下：

(1) 单击“插入”选项卡下“文本”组中的“幻灯片编号”或者“页眉页脚”命令按钮，打开如图 7-10 所示的“页眉页脚”对话框。

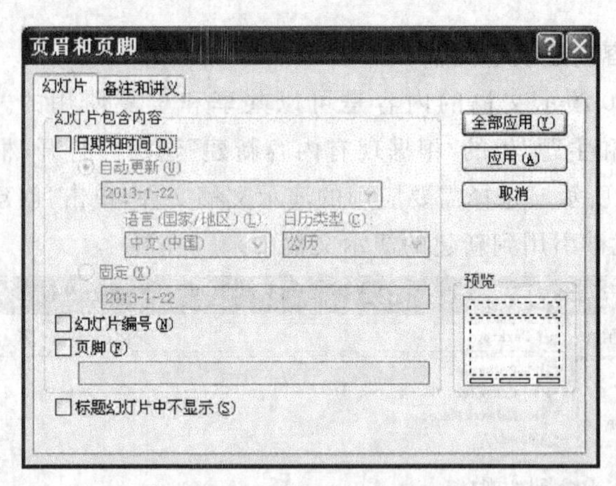


图 7-10 页眉页脚对话框

(2) 切换到“幻灯片”选项卡，勾选“幻灯片编号”复选框。

(3) 根据需要单击“全部应用”或者“应用”按钮。

(4) 在对话框中通过勾选或者取消勾选“日期和时间”复选框，在幻灯片上显示或者删除日期和时间。

**6. 隐藏幻灯片**

用户可以根据自身需要把暂时不需要放映的幻灯片隐藏起来，操作如下：

在幻灯片浏览视图或者"幻灯片导航区"选中要隐藏的幻灯片，单击鼠标右键，在弹出的快捷菜单中选择"隐藏幻灯片"命令，则被隐藏的幻灯片的编号从左上角到右下脚的出现一条斜杠。若想取消对幻灯片的隐藏，可以选中该幻灯片，再单击一次"隐藏幻灯片"命令。

**7. 简单放映与保存幻灯片**

(1) 制作完幻灯片后要在计算机屏幕或者投影仪上播放。操作步骤如下：在"幻灯片导航区"、"幻灯片编辑区"或者幻灯片浏览视图中选中要放映的幻灯片单击"幻灯片显示区"的"幻灯片放映"按钮。

(2) 保存演示文稿，可以单击快速访问工具栏的"保存"按钮，或者单击"文件"菜单"保存"或者"另存为"。PowerPoint 2010 演示文稿的默认扩展名为 PPTX。

## 7.3 创建多媒体演示文稿

为了使演示文稿更加个性化，更加形象生动地表现主题和重心，在 PowerPoint 2010 中，除了文本以外，还可以插入图片，图表，声音和影片等。

**学习要点：**

1. 如何在演示文稿中输入文本
2. 如何在演示文稿中的幻灯片中插入图片、图表、声音和影片编辑

### 7.3.1 占位符

在 PowerPoint 2010 幻灯片中是不可以随便输入文本的，必须通过占位符或者文本框进行文本的输入。

占位符是一种带有虚线或者阴影线边缘的框，在占位符中可以插入文字信息、对象内容等。若要在占位符中输入文本，先鼠标单击占位符框内的任何位置，当光标变成编辑状态后即可输入文字，文本编辑操作同 Word 类似；若要在占位符中插入对象，例如表格、图表、图片、媒体剪辑等，单击占位符中相应的工具按钮，即可弹出对应的对话框。在占位符的虚线框上单击鼠标，进入占位符选中状态，此时可以移动、复制、粘贴、删除占位符，还可以调整占位符大小。

### 7.3.2 文本框

**1. 插入文本框**

切换到"插入"选项卡，单击"文本"组中的"文本框"命令按钮下面的下三角按钮，在弹出的下拉列表中选择"横排文本框"或"垂直文本框"，然后在幻灯片相应位置单击鼠标，输入相应的文字。

**2. 文本框格式设置**

选中需要设置格式的文本框，功能区将出现"绘图工具"→"格式"选项卡，切换到"格

式”选项卡，可以通过“插入形状”、“形状样式”、“艺术字样式”、“排列”、“大小”组中的命令按钮选择需要的格式设置。

### 7.3.3 插入图片及剪贴画

为了美化我们的演示文稿，在 PowerPoint 2010 中可以插入图片和剪贴画。

**1. 通过剪贴板插入图片**

先将图片复制到剪贴板，然后再粘贴到幻灯片中。

**2. 通过“插入”选项卡插入来自文件的图片**

切换到“插入”选项卡，单击“图像”组中的“图片”命令按钮，在弹出的“插入图片”对话框中选中要插入到幻灯片的图片文件，单击“插入”按钮，即可将选中的图片文件插入到幻灯片中。

**3. 设置图片格式**

(1) 选中需要设置格式的图片，此时功能区出现“图片工具”→“格式”选项卡。

(2) 切换到“格式”选项卡，其中包括 4 个组：“调整”、“图片样式”、“排列”、“排列”、“大小”。其中“调整”组允许用户调整图片的颜色、艺术效果、压缩图等。“图片样式”组可以调整图片边框、图片效果、图片版式，如图 7-11 所示。

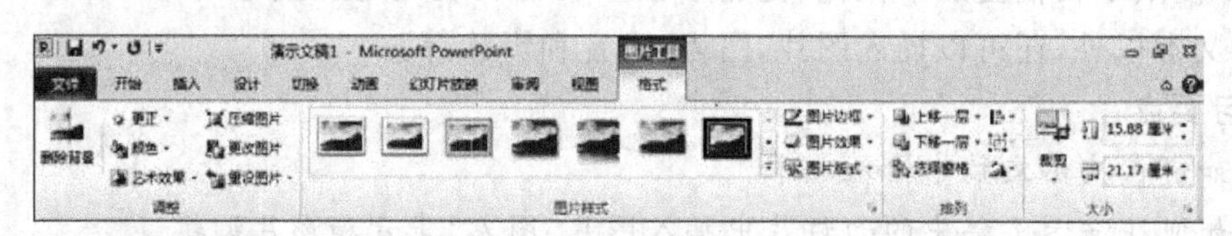

图 7-11 “图片工具”→“格式”选项卡截图

**4. 插入剪贴画**

Office2010 中增加了大量剪贴画，切换到“插入”选项卡，单击“图像”组中的“剪贴画”命令按钮，打开“剪贴画”窗格，在“搜索文字”文本框中输入要搜索的剪贴画类型或什么都不输，然后单击“搜索”按钮，则符合条件的剪贴画搜索出来并列在搜索结果列表区中，如图 7-12 所示，单击需要的剪贴画，剪贴画就直接插入到幻灯片中。

图 7-12 “剪贴画”窗口

**5. 插入和编辑图表**

插入图表有两种方法：一是通过“插入”选项卡下的“图表”命令；二是通过内容占位符中的“插入图标”按钮。下面介绍第一种方法。

(1) 切换到“插入”选项卡，单击“插图”组中的“图表”命令，打开“插入图表”对话框，如图 7-13 所示。选择好相应的图表样式后，单击“确定”按钮即可插入相应图表。

(2) 此时自动打开标题为“Microsoft Office PowerPoint 中的图表”的 Excel 窗口，幻灯片中显示的是按照示例数据产生的图表，如图 7-14 所示。

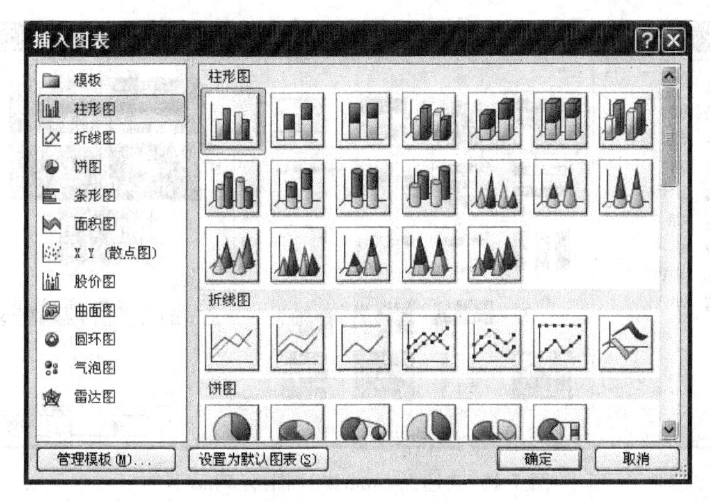


图 7-13 “插入图表”对话框

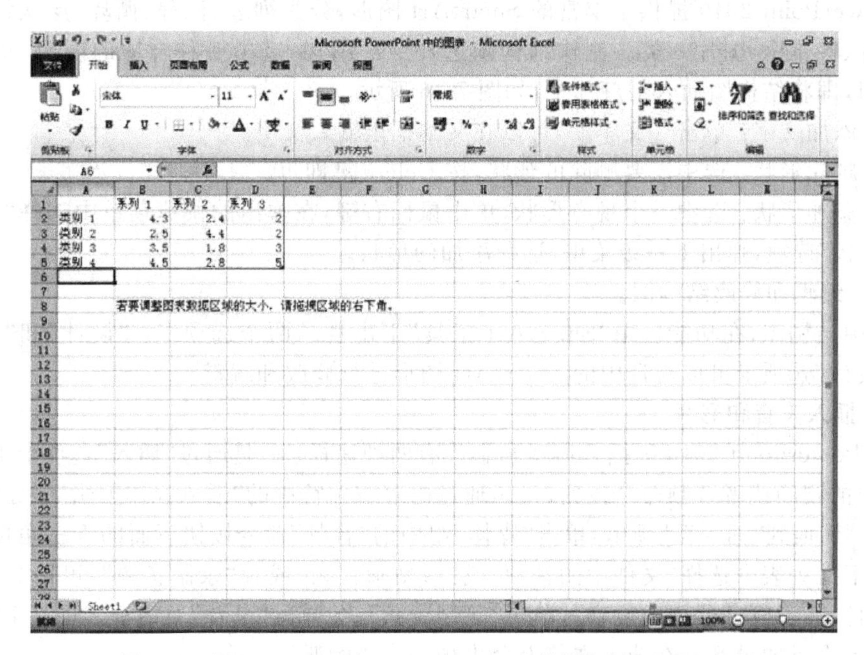


图 7-14 “Microsoft Office PowerPoint 中的图表”的 Excel 窗口

(3) 编辑和修改数据。对演示文稿的图表的行或者列要执行删除，应先调整 Excel 数据区域。

**6. 制作**

在反映公司架构、工作流程、关系等方面，画流程图，结构图是不可避免的。是一个图形设计工具。

(1) 制作结构图。

制作结构图有两种途径：一是通过“插入”选项卡下的“插图”组中 SmartArt 命令按钮；二是通过内容占位符中的“插入 SmartArt 图形”按钮。两种途径都会打开“选择 SmartArt 图形”对话框，如图 7-15 所示。

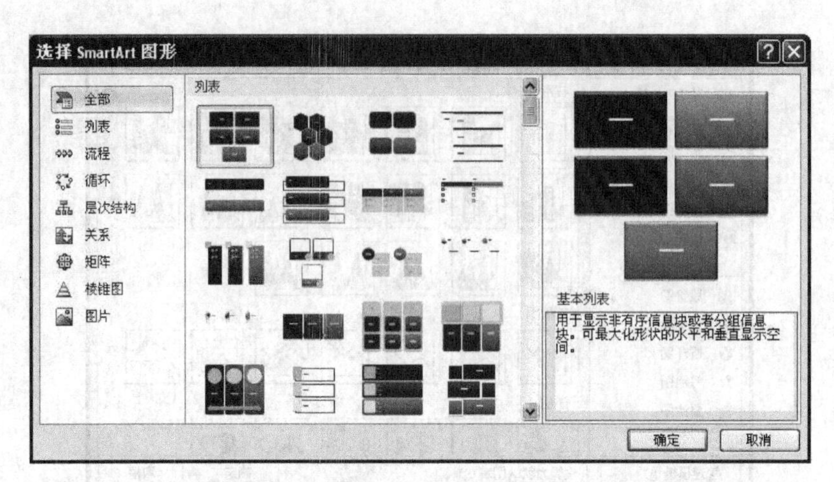


图 7-15 “选择 SmartArt 图形”对话框

PowerPoint 2010 提供了丰富的 SmartArt 图形，分为列表、流程、循环、层次结构、关系、矩阵、棱锥图、图片 8 类。制作结构图选择层次结构，选中一种合适的图形，单击“确定”按钮，即将结构图插入幻灯片中，如图 7-16 所示。

- 添加文字：单击“[文本]”，可以在文本框里输入文字。
- 删除形状：选中需要删除的形状，按 Delete 键即可。
- 添加形状：选中一个现有形状，单击鼠标右键，在弹出的快捷菜单中选择“添加形状”选项，弹出下一级菜单，选择添加的形状。

(2) 编辑和修改结构图。

选中结构图，在功能区中“SmartArt 工具”下出现了两个选项卡：“设计”和“格式”。通过“设计”选项卡可以对选中的 SmartArt 图形进行修改和编辑。

**7. 插入声音和影片**

在 PowerPoint 2010 中插入声音和影片有两种途径：一是通过“插入”选项卡下的“媒体”组中的视频或者音频命令按钮；二是通过内容占位符中的“插入媒体剪辑”按钮。

(1) 切换到“插入”选项卡，单击“媒体”组中的“音频”命令按钮下面的下三角按钮，在弹出的下拉列表中选择“文件中的音频”或“剪贴画音频”或者“录制音频”，可以分别插入声音文件、剪辑管理器中的声音。单击“录制音频”，会弹出“录音”对话框如图 7-17 所示，可以插入自己的录音。在演示文稿上会出现一个小喇叭。

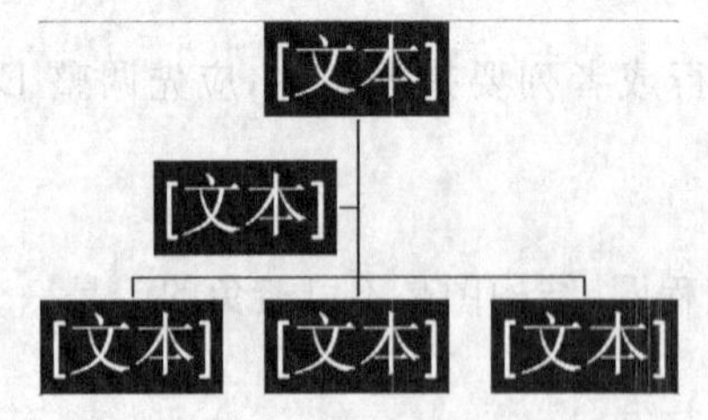


图 7-16 层次结构图

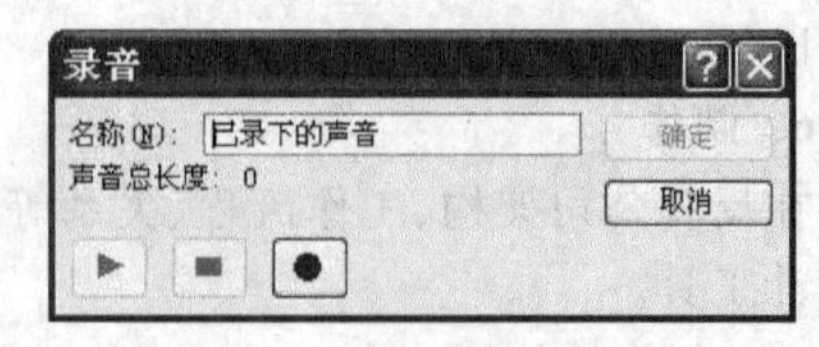


图 7-17 “录音”对话框

(2) 选中小喇叭图标，在功能区自动添加了“音频工具”下的“格式”和“播放”选项卡，切换到“播放”选项卡，可以对声音进行设置，如图 7-18 所示。

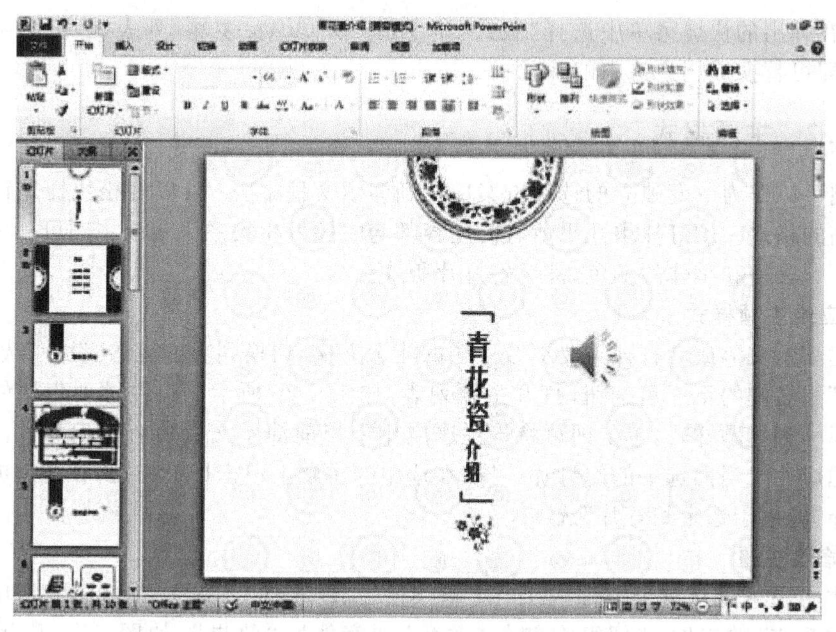


图 7-18　“音频工具”下的“播放”选项卡

## 7.4　演示文稿外观设计

演示文稿要有统一的的幻灯片外观，PowerPoint 2010 为用户提供了大量的预设格式。

**学习要点：**

1. 如何建立演示文稿的幻灯片版式
2. 如何修改演示文稿中的幻灯片的主题及背景
3. 如何利用母版建立个性化的演示文稿

### 7.4.1　幻灯片版式

PowerPoint 2010 允许用户建立自己的版式。

**1. 新建幻灯片时使用版式**

在“开始”选项卡下，单击“幻灯片”组中的“新建幻灯片”命令按钮右下面的下三角按钮，打开“Office 主题”下拉列表，其中包括“标题幻灯片”、“标题和内容”、“节标题”、“两栏内容”等 11 种版式，如图 7-19 所示。单击需要应用的版式，即可在当前位置插入一张应用该版式的幻灯片。

**2. 修改现有幻灯片的版式**

选中需要修改版式的幻灯片，单击“开始”选项卡下“幻灯片”组中的“版式”命令按钮，或者单击鼠

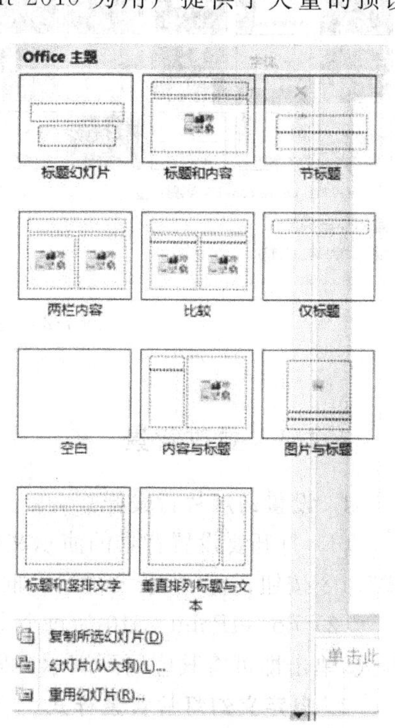


图 7-19　“Office 主题”下拉列表

标右键，在弹出的快捷菜单中选择“版式”命令，打开“Office 主题”列表框，单击需要应用的版式，即可替换成用户选中的版式。

### 7.4.2 主题样式

主题可以作为一套独立的选择方案应用到演示文稿中去，可以轻松快捷地设置整个演示文稿的格式。幻灯片中几乎所有的内容都与主题发生关系。更改主题可以更改背景颜色、图示、表格和字体的颜色，甚至幻灯片版式。

**1. 应用主题样式**

新建演示文稿或者打开需要更改主题的演示文稿，切换到功能区的“设计”选项卡，单击“主题”组右侧的下三角按钮，打开主题列表，如图 7-20 所示。在主题列表框的“内置”区中选择一种主题样式，单击即可将该主题应用于当前演示文稿所有的幻灯片。若只想将该主题应用于当前选中的幻灯片，可以在选中的主题上单击鼠标右键，在弹出的快捷菜单中选择“应用于选定幻灯片”选项。

**2. 修改主题**

修改主题可以从三个方面入手：主题颜色、主题字体、主题效果。切换到功能区的“设计”选项卡，单击“主题”组右侧的“颜色”、“字体”、“效果”，如图 7-21 所示来进行修改。

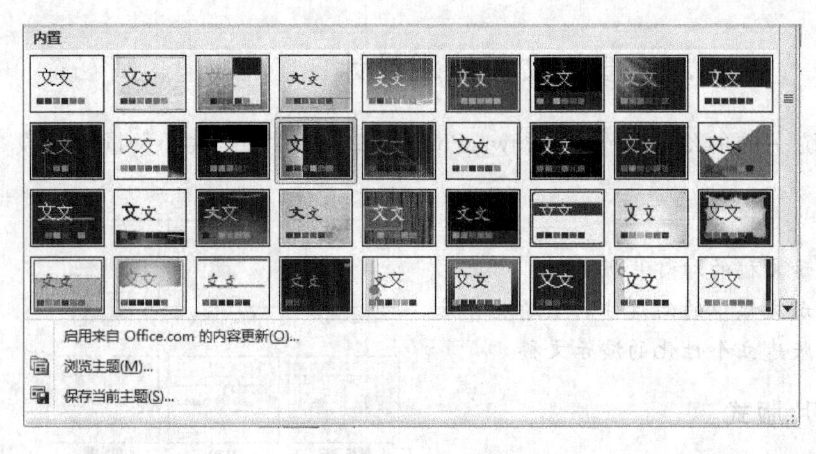


图 7-20 主题列表

图 7-21 “主题”组右侧的功能表

### 7.4.3 更改背景

**1. 设置幻灯片背景样式**

(1) 打开要设置背景的演示文稿，切换到“设计”选项卡，单击“背景”组中的“背景样式”命令按钮，打开背景设置列表框。

(2) PowerPoint 2010 为每个主题提供了 12 种背景样式，用户可以选择列表中一种样式，单击即可将其应用到演示文稿中去。

**2. 自定义幻灯片背景样式**

除了系统提供的 12 种背景样式，用户还可以设置自己的背景样式。在“设计”选项卡下的“背景”组中单击右下角的对话框启动器，打开“设置背景格式”对话框，如图 7-22 所示，进行设置。

### 7.4.4 母版

幻灯片母版是模板的一部分，决定着幻灯片的整体外观，因此可以利用母版建立具有个性化的演示文稿。PowerPoint 2010 中包含 3 大类母版：

- 幻灯片母版：用于设计幻灯片中各个对象的属性，影响所有基于该母版的幻灯片样式。
- 备注母版：用于设计备注页格式，主要用于打印。
- 讲义母版：用于设计讲义的打印格式。

**1. 编辑幻灯片母版**

新建一张幻灯片，在功能区切换到“视图”选项卡，单击“母版视图”组中的“幻灯片母版”命令按钮，进入幻灯片母版编辑状态，如图 7-23 所示。

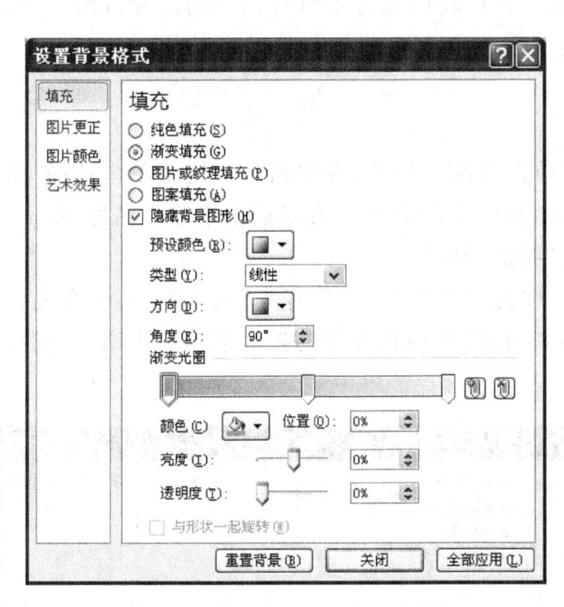


图 7-22 “设置背景格式”对话框

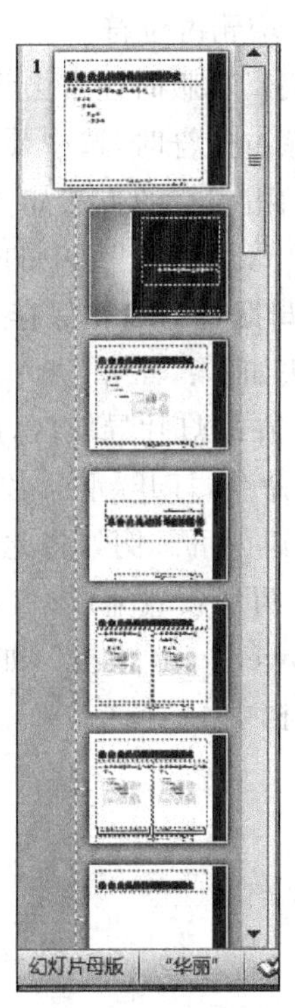


图 7-23 幻灯片母版编辑状态视图

很显然，幻灯片母版由一组版式集组成，在左侧导航区列出了常用的版式幻灯片。在第一张版式母版中所做的一切改动会影响所有的幻灯片，在其下任意版式中所作的更改只影响使用该版式的幻灯片。用户可以添加或者删除版式。

此时在功能区增加了“幻灯片母版”选项卡，其中包括了 6 个组：“编辑母版”、“母版版式”、“编辑主题”、“页面设置”、“背景”、“关闭”。

下面介绍几个常用的操作。

(1) 插入图片

选中第一张版式幻灯片，切换到“插入”选项卡，在“图像”组中单击“图片”命令按钮，打开“插入图片”对话框，找到合适图片，单击“插入”按钮即可。

(2) 更改标题文字的字体和颜色

在母版中选中“单击此处编辑母版标题样式”占位符，通过“编辑主题”组可以设置颜色，字体，效果等。

(3) 更改背景颜色

单击“背景”组右下角的对话框启动器按钮，打开“设置背景格式”对话框，可以进行设置。

(4) 设置页眉和页脚

在幻灯片母版编辑状态下，切换到“插入”选项卡，在“文本”组中单击“页眉和页脚”命令按钮，打开“页眉和页脚”对话框，可以设置母版的“日期和时间”、“幻灯片编号”、“页脚”等。

(5) 增删占位符

在编辑母版时经常会将版式幻灯片中的占位符删除或者添加新的占位符。

删除占位符时，选中要删除的占位符，直接按 Delete 键即可删除该占位符。

增加占位符的方法如下：选中要增加占位符的母版幻灯片，在“幻灯片母版”选项卡下，单击“母版版式”组中的“插入占位符”命令按钮，打开占位符样式列表。

**2. 母版重命名和保存**

方法如下：

(1) 在幻灯片导航区，用鼠标右键单击母版幻灯片，在弹出的快捷菜单中选择“重命名母版”命令，打开“重命名版式”对话框，如图 7-24 所示。在对话框中输入名称，单击“重命名”按钮即可。例如将此母版命名为“我的母版”。

(2) 母版设置完成后，单击“文件”→“另存为”，打开“另存为”对话框，将保存类型设置为“PowerPoint 模板”，如图 7-25 所示。幻灯片模板文件的扩展名为 POTX，一般存储在库|文档中。

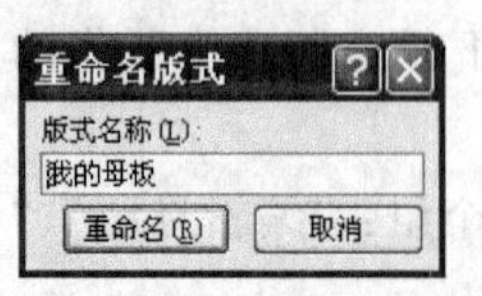


图 7-24 “重命名版式”对话框

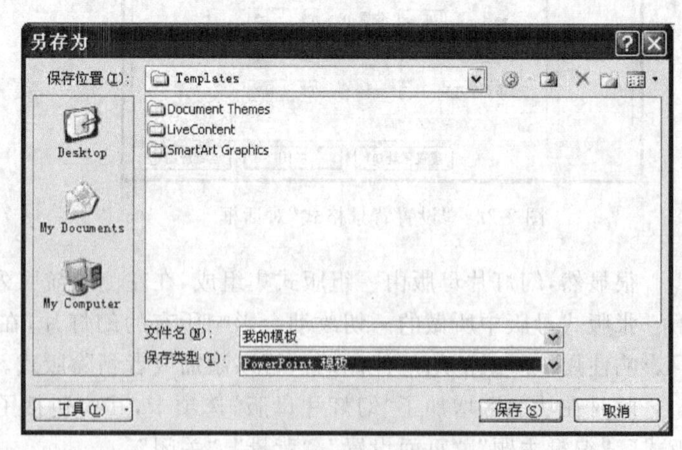


图 7-25 “另存为”对话框

## 7.5 设置幻灯片动画效果

创建好一篇演示文稿后，要进行放映。放映效果很重要。要使演示文稿放映时更加生动，我们可以来给演示文稿设置动画。

**学习要点：**

1. 设置幻灯片的动画效果
2. 设置幻灯片间的动画效果

### 7.5.1 设置内容动画

内容动画用于设置一张幻灯片中各种对象的动画效果，包括进入时动画、强调时动画、退出时动画以及动作路径动画 4 大类。

(1) 选定需要设置动画效果的对象，例如：文本框、图表、图片等。

(2) 单击“动画”选项卡，单击“动画”组右侧的下三角按钮，打开自定义动画效果列表，如图 7-26 所示。

- 进入效果：对象出现时的效果。
- 强调效果：对象出现后需要强调时的效果。
- 退出效果：对象消失时的效果。
- 动作路径：使对象按照指定的路径运动。

图 7-26 自定义动画效果列表

(3) 选择一种效果,则相应的对象旁出现一个带有数字的矩形标志,表示该对象已经设定了动画,数字标号表示该对象在动画中的序号,也就是动画播放的顺序。同一个对象允许设置多个动画效果。

(4) 选中相应的数字,可以通过"计时"组来设置动画的属性。

(5) 删除动画效果:选中带数字的矩形框,单击 Delete 键即可。

(6) 调整动画顺序:选中带数字的矩形框,单击"计时"组里的"对动画重新排序"、"向前移动"或"向后移动"。

### 7.5.2 设置幻灯片的切换效果

在 PowerPoint 2010 中,用户还可以分别给每张幻灯片的切换增加效果。步骤如下:

- 选中需要设置动画效果切换的幻灯片,在功能区找到"切换"选项卡,如图 7-27 所示。可以选择幻灯片切换时的声音效果。

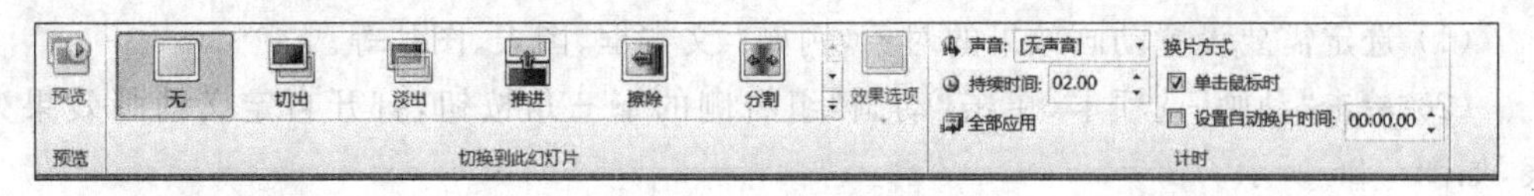


图 7-27 "切换"选项卡

- 单击"切换到此幻灯片"组右侧的下三角按钮,打开幻灯片切换效果列表,如图 7-28 所示。选择一种切换方案,将该方案应用到当前选中幻灯片。

图 7-28 幻灯片切换效果列表

## 7.6 放映和发布演示文稿

下面介绍演示文稿的放映和发布。包括以下几点。

**学习要点:**

1. 如何放映演示文稿

2. 打印输出演示文稿

3. 打包输出演示文稿

### 7.6.1 演示文稿放映

当演示文稿制作好后，就要根据不同的放映环境播放。演示文稿放映可以采用多种方法。

切换到“幻灯片放映”选项卡，在“设置”组中单击“设置幻灯片放映”命令，打开“设置放映方式”对话框，如图 7-29 所示。

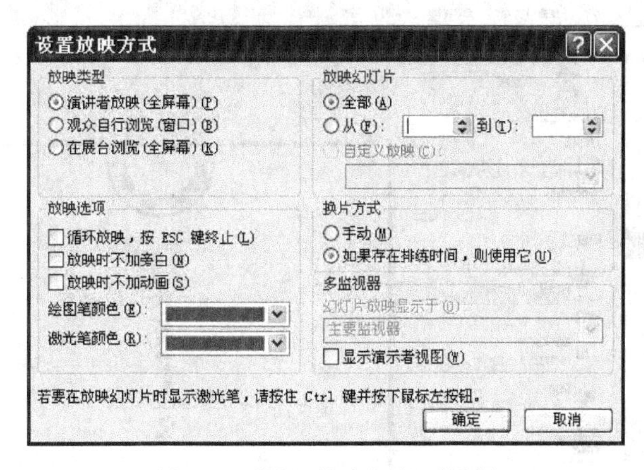


图 7-29 “设置放映方式”对话框

#### 1. 放映类型

- “演讲者放映”方式：运行全屏显示的演示文稿，必须在有人看管的情况下放映，是最常用的放映方式。一般采用手动放映方式，可以让演讲者自己控制放映速度。
- “观众自行浏览”方式：允许观众移动、编辑、复制和打印幻灯片。一般用在会议上或展览中。
- “在展台浏览”方式：该方式可以自动运行演示文稿。这种方式不需要专人控制演示文稿，一般用于展台循环播放。

#### 2. 放映幻灯片

- “全部”：播放所有幻灯片。
- “从…到…”：指定播放幻灯片的范围。
- “自定义放映”：选择一种存储的已经定义的放映方式。

#### 3. 换片方式

- “手动”：由人工控制播放的节奏。
- “如果存在排练时间，则使用它”：按照事先排练的方式播放。

#### 4. 演示文稿放映

演示文稿放映的方法是通过“幻灯片放映”选项卡的“开始放映幻灯片组”。

### 7.6.2 演示文稿输出

一个演示文稿完成后，可以打印出来，也可以以多种形式发布。

**1. 演示文稿打印**

单击“文件”→“打印”选项，如图 7-30 所示。在“设置”里可以选择打印全部幻灯片，打印所选幻灯片，打印当前幻灯片，自定义范围。在“整页幻灯片”里可以选择打印版式：整页，备注页，大纲。若打印讲义，可以选择一张纸容纳几张幻灯片。

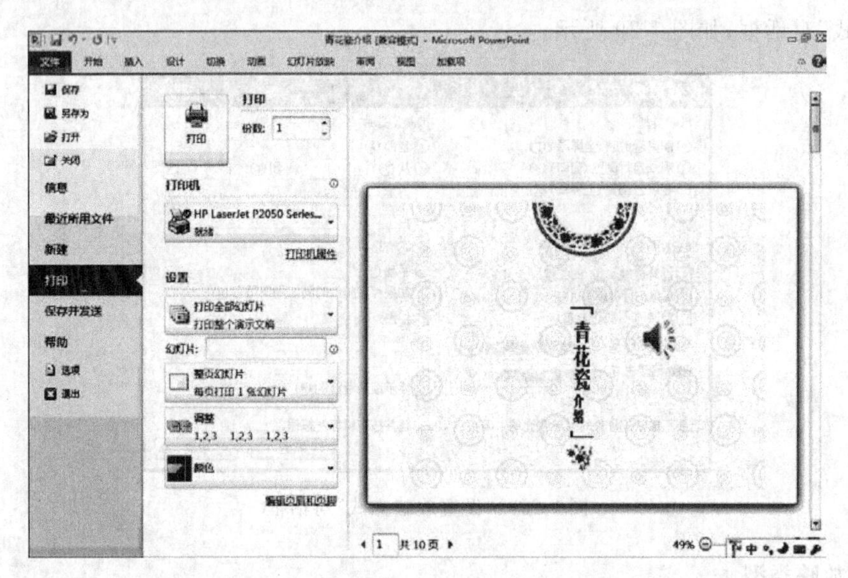


图 7-30 打印窗口

**2. 演示文稿打包发布成 CD 数据包**

在不同版本的 PowerPoint 下播放演示文稿，可能会损失部分效果。如果要保证在其他计算机上正常播放演示文稿，需要将演示文稿打包。这里我们讲一下如何将演示文稿打包成 CD 数据包。单击“文件”→“保存并发送”→“将演示文稿打包成 CD”选项，如图 7-31 所示。单击“打包成 CD”按钮，打开“打包成 CD”对话框，如图 7-32 所示。

其中：

- “添加…”按钮：将多个演示文稿一起打包。
- “选项”按钮：允许用户做更多设置。例如是否包含链接的文件，设置打开和修改演示文稿的密码等。
- “复制到文件夹…”按钮：将打包的文件复制到指定的文件夹中。
- “复制到 CD”按钮：将打包的文件复制到 CD 上。但要注意的是，必须使用刻录机和可刻录光盘，才能将演示文稿打包成 CD。使用时，只需要将光盘放入光盘驱动器，即可自动播放。

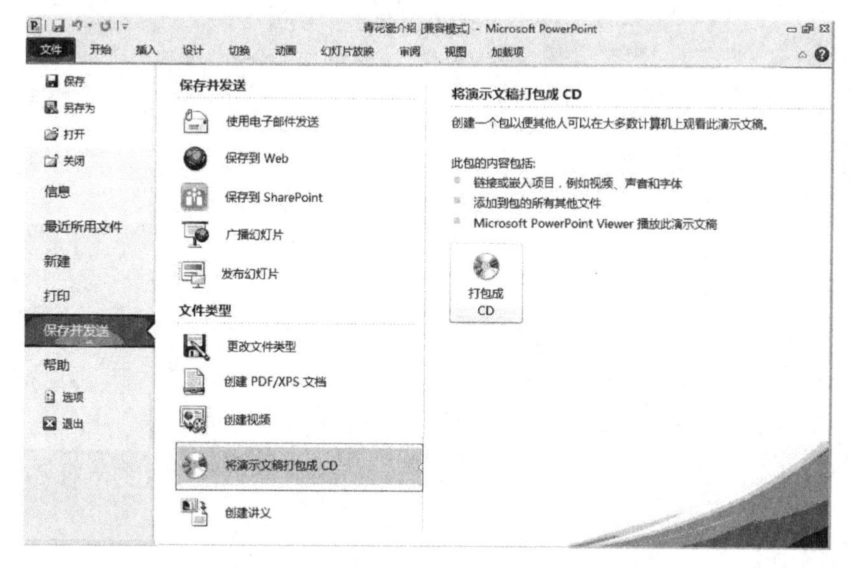

图 7-31 “保存并发送”窗口

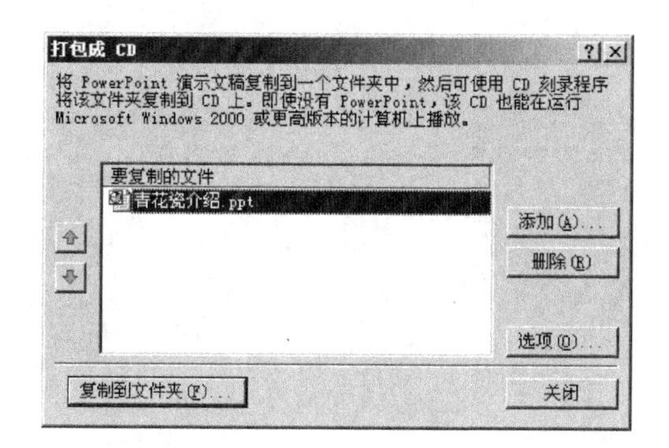

图 7-32 “打包成 CD”窗口